中国国际重要湿地生态系统评价

主　编　马广仁

副主编　鲍达明　曹春香

科学出版社

北京

内 容 简 介

本书从湿地生态系统健康、功能和价值3方面构建了一套与国际湿地评价接轨的中国特色湿地生态系统评价指标体系，并通过实地调查、数据采集、内业影像处理、指标计算和综合评价等方法流程，对中国45处国际重要湿地（香港米埔-后海湾除外）开展了评价，满足了中国不同区域、不同类型湿地的评价及比较的需求，规范和促进了中国湿地评价和保护工作，从而全面、快速、准确地掌握中国湿地的现状、空间分布及变化趋势，明确全国及区域湿地保护的重点与方向，为有关湿地主管部门制定合理的湿地保护和利用对策提供科学依据。

本书内容丰富，资料性强，可供从事湿地保护与管理的科技人员及规划人员参考，也可供林业院校相关专业的师生阅读使用。

图书在版编目(CIP)数据

中国国际重要湿地生态系统评价/马广仁主编.—北京:科学出版社,2016.9

ISBN 978-7-03-049338-5

Ⅰ.①中… Ⅱ.①马… Ⅲ.①湿地资源-生态系统-环境生态评价-中国 Ⅳ.①P942.078

中国版本图书馆CIP数据核字(2016)第158023号

责任编辑:彭胜潮 赵 晶 / 责任校对:张小霞
责任印制:肖 兴 / 封面设计:图阅社

科学出版社 出版
北京东黄城根北街16号
邮政编码:100717
http://www.sciencep.com
中国科学院印刷厂印刷
科学出版社发行 各地新华书店经销
*
2016年9月第 一 版 开本:787×1092 1/16
2016年9月第一次印刷 印张:23 1/2 插页:12
字数:534 000
定价:98.00元
(如有印装质量问题,我社负责调换)

《中国国际重要湿地生态系统评价》
编委会

前　　言

湿地是全球三大生态系统类型之一，被誉为"地球之肾"，它不仅为人类的生产、生活提供丰富的物质资源，而且具有巨大的环境功能和生态效益，对于维持地球生态平衡具有重要意义。首次全国湿地资源调查和第二次湿地资源调查结果表明，中国现有湿地总面积 5360.26 万公顷，近 10 年来，中国湿地面积减少了 339.63 万公顷，减少率为 8.82%，年均减少率为 0.92%；其中自然湿地减少了 337.62 万公顷，减少率为 9.33%，人工湿地减少了 2.02 万公顷，减少率为 0.88%。自然湿地中，近海与海岸湿地减少率最高，为 22.91%，减少面积为 136.12 万公顷；其次是河流湿地，减少率为 19.28%，减少面积为 158.27 万公顷；再次是湖泊湿地，减少率为 7.05%，减少面积为 58.91 万公顷；仅有沼泽湿地面积增加了 15.68 万公顷，增加率为 1.14%。此外，湿地还面临各种各样的威胁。第二次全国湿地资源调查发现，69% 的重点调查湿地受到不同程度的威胁，35% 以上的重点调查湿地受到多重威胁因子的影响，其中 25% 以上湿地遭到破坏，无法自然恢复，50% 以上省份的重点调查湿地平均生态状况处于"差"等级；湿地的五大威胁因子是污染、过度捕捞和采集、围垦、外来物种入侵和基建占用。目前，中国湿地保护率仅为 43.51%，湿地保护状况不容乐观，湿地保护形势非常严峻。对湿地生态系统的现状进行评价是实现湿地保护和合理利用的基础，以美国为代表的西方国家在湿地生态系统评价上的研究处于世界领先水平，中国湿地面积大、分布范围广、类型多，但目前没有形成系统的湿地生态系统评价指标体系。

面对湿地退化明显、湿地评价工作起步较晚、缺少评价部门和行业标准的现状，为了使我国的湿地管理工作有据可依，国家林业局湿地保护管理中心组织中国科学院遥感与数字地球研究所牵头研发一套既科学合理又可操作的湿地生态系统评价指标体系。在研发过程中，针对我国湿地生态系统评价研究工作中的薄弱环节，基于广泛的材料收集和科学文献分析，在综合分析国内外关于湿地生态系统评价研究现状基础上，结合中国湿地生态系统类型及特点，通过体系理论依据分析、指标筛选、体系构建、专家咨询、实地验证、体系修正、体系论证，构建了适用于我国湿地类型和特点，并可推向全国示范应用的湿地生态系统评价指标体系。该指标体系包括湿地生态系统健康、功能和价值 3 方面，其中健康评价共五大类 13 个指标，功能评价共四大类 7 个指标，价值评价共四大类 8 个指标。通过不同类型、不同区域的典型湿地进行试点评价，验证了指标体系的科学性和可操作性。

基于构建的湿地生态系统评价指标体系，2012～2014 年国家林业局湿地保护管理中心组织中国科学院遥感与数字地球研究所、国家林业局华东林业调查规划设计院和国家林业局西北林业调查规划设计院 3 家单位完成全国 45 处国际重要湿地的生态系统评价工作，本书即是对此工作的总结。针对我国 45 处国际重要湿地的现状和面临的威胁，基于生态系统健康、功能和价值 3 方面构建了湿地生态系统评价指标体系，进而通过实地调查、数据采集、内业影像处理、指标计算和综合评价等过程对 45 处国际重要湿地开展了有针对性的评价工作,从而全面掌握了全国国际重要湿地的生态状况、变化趋势,对规范全国湿地评价、明确湿地保护的重点和方向、制定合理的湿地保护与利用对策将产生深远影响。

全书共 5 章。第 1 章为绪论,系统概述了中国国际重要湿地资源的数量、特点、现状及面临的威胁,介绍了湿地生态系统评价指标体系的构建背景,进而引出本书的主要内容和意义。第 2 章是对中国湿地生态系统评价体系构建理论方法和技术流程的详细阐述。首先从湿地生态系统健康、功能和价值三者之间的相互关系总结出湿地生态系统评价的逻辑概念框架,从而确定从健康、功能和价值 3 方面进行湿地生态系统评价,然后阐述了湿地生态系统评价体系构建的流程与方法,最后从健康、功能和价值 3 方面介绍了湿地生态系统评价指标体系的筛选原则及最终的指标体系组成。第 3 章是对中国湿地生态系统评价方法的具体说明。首先逐一介绍湿地生态系统评价的 4 种主要数据及其获取方式,在此基础上按照健康、功能和价值的分类逐个介绍 28 个二级指标的具体计算方法,以及健康和功能指标权重的计算方法,健康、功能和价值的综合评价方法和结果表现形式。第 4 章详述如何基于构建的湿地生态系统评价指标体系对我国 45 处国际重要湿地开展有针对性的评价工作。首先从时间、工作内容、承担单位等方面概述 45 处国际重要湿地评价工作的执行和完成情况,然后介绍 45 处国际重要湿地各自的基本概况及评价结果,最后对全部工作进行总结,并归纳分析这 45 处国际重要湿地的现状、面临的威胁和主要问题,有针对性地提出了一些保护和治理的建议。第 5 章是对湿地生态系统评价的展望,主要论证了湿地生态系统评价体系的可行性和应用前景,并展望本书对全国湿地管理和保护工作的推动作用,以及对我国履行湿地公约和提高国际话语权的科学支撑作用。

目　　录

前言
第1章　绪论 ………………………………………………………………………………… 1
　1.1　中国国际重要湿地资源及现状 ………………………………………………… 1
　1.2　湿地生态系统评价体系构建背景 ……………………………………………… 3
　1.3　本书的主要内容及意义 …………………………………………………………… 4
第2章　中国湿地生态系统评价体系构建 ……………………………………………… 5
　2.1　湿地生态系统评价指标体系逻辑结构分析 …………………………………… 5
　2.2　湿地生态系统评价体系构建流程与方法 ……………………………………… 6
　2.3　湿地生态系统评价指标体系 …………………………………………………… 7
　　2.3.1　湿地生态系统健康评价指标体系 ………………………………………… 7
　　2.3.2　湿地生态系统功能评价指标体系 ………………………………………… 10
　　2.3.3　湿地生态系统价值评价指标体系 ………………………………………… 13
第3章　中国湿地生态系统评价方法 …………………………………………………… 16
　3.1　湿地生态系统评价数据获取方式 ……………………………………………… 16
　3.2　湿地生态系统评价指标计算方法 ……………………………………………… 16
　　3.2.1　健康评价指标计算方法 …………………………………………………… 16
　　3.2.2　功能评价指标计算方法 …………………………………………………… 24
　　3.2.3　价值评价指标计算方法 …………………………………………………… 25
　3.3　湿地生态系统综合评价方法 …………………………………………………… 28
　　3.3.1　湿地生态系统健康评价 …………………………………………………… 28
　　3.3.2　湿地生态系统功能评价 …………………………………………………… 29
　　3.3.3　湿地生态系统价值评价 …………………………………………………… 31
第4章　中国国际重要湿地生态系统评价 ……………………………………………… 32
　4.1　中国国际重要湿地评价工作概述 ……………………………………………… 32
　4.2　中国国际重要湿地生态系统评价结果 ………………………………………… 33
　　4.2.1　甘肃尕海国际重要湿地 …………………………………………………… 33
　　4.2.2　黑龙江东方红国际重要湿地 ……………………………………………… 39
　　4.2.3　黑龙江洪河国际重要湿地 ………………………………………………… 45
　　4.2.4　黑龙江南瓮河国际重要湿地 ……………………………………………… 52
　　4.2.5　黑龙江七星河国际重要湿地 ……………………………………………… 58
　　4.2.6　黑龙江三江国际重要湿地 ………………………………………………… 64
　　4.2.7　黑龙江兴凯湖国际重要湿地 ……………………………………………… 71
　　4.2.8　黑龙江扎龙国际重要湿地 ………………………………………………… 77

4.2.9 黑龙江珍宝岛国际重要湿地 ……………………………………… 84

4.2.10 湖北大九湖国际重要湿地 …………………………………………… 90

4.2.11 吉林莫莫格国际重要湿地 …………………………………………… 96

4.2.12 吉林向海国际重要湿地 ……………………………………………… 102

4.2.13 西藏玛旁雍错国际重要湿地 ………………………………………… 108

4.2.14 西藏麦地卡国际重要湿地 …………………………………………… 114

4.2.15 云南大山包国际重要湿地 …………………………………………… 121

4.2.16 云南拉什海国际重要湿地 …………………………………………… 127

4.2.17 广东海丰国际重要湿地 ……………………………………………… 133

4.2.18 广东惠东港口海龟国际重要湿地 …………………………………… 140

4.2.19 广东湛江红树林国际重要湿地 ……………………………………… 147

4.2.20 广西北仑河口国际重要湿地 ………………………………………… 154

4.2.21 广西山口红树林国际重要湿地 ……………………………………… 160

4.2.22 湖北沉湖国际重要湿地 ……………………………………………… 166

4.2.23 湖南东洞庭湖国际重要湿地 ………………………………………… 172

4.2.24 湖南南洞庭湖国际重要湿地 ………………………………………… 178

4.2.25 湖南西洞庭湖国际重要湿地 ………………………………………… 185

4.2.26 江苏大丰麋鹿国际重要湿地 ………………………………………… 191

4.2.27 江苏盐城国际重要湿地 ……………………………………………… 197

4.2.28 辽宁大连斑海豹国际重要湿地 ……………………………………… 203

4.2.29 辽宁双台河口国际重要湿地 ………………………………………… 209

4.2.30 上海长江口中华鲟国际重要湿地 …………………………………… 216

4.2.31 浙江杭州西溪国际重要湿地 ………………………………………… 222

4.2.32 海南东寨港国际重要湿地 …………………………………………… 228

4.2.33 湖北洪湖国际重要湿地 ……………………………………………… 234

4.2.34 江西鄱阳湖国际重要湿地 …………………………………………… 240

4.2.35 山东黄河三角洲国际重要湿地 ……………………………………… 247

4.2.36 上海崇明东滩国际重要湿地 ………………………………………… 254

4.2.37 福建漳江口红树林国际重要湿地 …………………………………… 261

4.2.38 内蒙古鄂尔多斯国际重要湿地 ……………………………………… 267

4.2.39 内蒙古达赉湖国际重要湿地 ………………………………………… 273

4.2.40 青海鸟岛国际重要湿地 ……………………………………………… 279

4.2.41 青海扎陵湖国际重要湿地 …………………………………………… 285

4.2.42 青海鄂陵湖国际重要湿地 …………………………………………… 292

4.2.43 四川若尔盖国际重要湿地 …………………………………………… 298

4.2.44 云南碧塔海国际重要湿地 …………………………………………… 305

4.2.45 云南纳帕海国际重要湿地 …………………………………………… 311

4.3 中国国际重要湿地现状总结 ………………………………………… 317

　　4.3.1　评价结果总结　·· 317

　　4.3.2　中国国际重要湿地面临的主要威胁和问题　················· 321

　　4.3.3　中国国际重要湿地保护和治理的建议　····················· 323

第5章　展望·· 325

　5.1　湿地生态系统评价体系的应用前景　··························· 325

　5.2　国际重要湿地评价对中国湿地管理工作的影响　············· 326

参考文献··· 328

附录1　土壤样品采集点布设规范　····································· 332

附录2　土壤重金属元素含量、**pH**、含水量测量流程　············· 333

附录3　公众湿地认识及保护意识调查问卷　························· 336

附录4　湿地生态系统功能评价调查问卷　····························· 339

附录5　遥感图像解译方法　··· 340

附录6　中国国际重要湿地生态系统健康、功能与价值评价结果汇总表　·········· 342

附录7　中国国际重要湿地范围内动植物拉丁学名表　·············· 344

彩图

第1章 绪 论

1.1 中国国际重要湿地资源及现状

湿地是最具生产力的生态系统之一，不仅为生物提供了独特丰富的栖息地环境，还具有许多经济和服务功能，如供水和水质改善，以及娱乐服务（Chen and Lin，2013）。在《世界自然保护大纲》中，湿地与森林、海洋一起并称为全球三大生态系统类型（吕宪国等，2008）。由于其丰富的资源和独特的生态结构及功能，湿地生态系统被誉为"自然之肾"（Zhang and Wang，2000）。自 20 世纪 70 年代以来，全球对以碳为基础的温室气体排放及其对全球气候变化的重要影响已达成共识，IPCC 近期的报告指出，湿地对全球气候变化高度敏感，湿地生态系统状况的好坏直接决定湿地生态系统在碳汇碳源之间的转换。

1971 年 2 月 2 日，来自 18 个国家的代表在伊朗南部海滨小城拉姆萨尔签署了一个旨在保护和合理利用全球湿地的公约——《关于特别是作为水禽栖息地的国际重要湿地公约》（以下简称《湿地公约》）。《湿地公约》于 1975 年 12 月 21 日正式生效，截至 2014 年 1 月有 168 个缔约方，共计 2171 个在生态学、植物学、动物学、湖沼学或水文学方面具有独特意义的湿地被列入《国际重要湿地名录》。

依照《湿地公约》第二条，各缔约方应指定其领土内适当湿地列入《国际重要湿地名录》，并给予充分、有效的保护。目前，我国已有 46 处湿地分七批列入了该名录。第一批的黑龙江扎龙等 6 处国际重要湿地是中国 1992 年加入《湿地公约》时列入的；1997 年香港回归祖国，香港米埔-后海湾成为我国第 7 处国际重要湿地。第二、第三、第四批分别有 14 处、9 处和 6 处湿地于 2002 年、2005 年和 2008 年获得《湿地公约》认可。2009 年浙江杭州西溪国际重要湿地被列入该名录。2011 年甘肃尔海国际重要湿地等 4 处被列入该名录。最近的第七批则有山东黄河三角洲等 5 处国际重要湿地被列入名录。截至 2013 年 10 月的中国国际重要湿地名录见表 1-1。

人类社会与湿地息息相关，湿地为人类及其社会提供了必要的生活和生产资料，人类的文明和发展不可避免地要对湿地进行开发，从而可能引起湿地的退化及丧失（崔保山和杨志峰，2006）。据 Zedler 和 Kercher（2005）与 Shine 和 de Klemm（1999）研究成果报道，由于人类活动的影响，20 世纪世界上约 50% 的湿地已经消失，现存的湿地正在持续退化。中国湿地总面积达 53 万平方公里，居亚洲第一，世界第四，由于对湿地资源的不合理利用，湿地过度开垦、水质污染等问题导致湿地面积持续减少、功能急剧下降，湿地生态系统发生明显退化（曹春香，2013）。首次全国湿地资源调查和第二次湿地资源调查结果表明，近 10 年来，中国湿地面积减少了 339.63 万公顷，减少率为 8.82%，年均减少率为 0.92%，其中自然湿地减少了 337.62 万公顷，减少率为 9.33%，人工湿地

表 1-1　中国国际重要湿地名录（截至 2013 年 10 月）

批次	列入时间	数量	名称
第一批	1992 年	6	黑龙江扎龙国际重要湿地、吉林向海国际重要湿地、海南东寨港国际重要湿地、青海鸟岛国际重要湿地、湖南东洞庭湖国际重要湿地、江西鄱阳湖国际重要湿地
	1995 年	1	香港米埔-后海湾国际重要湿地
第二批	2002 年	14	上海崇明东滩国际重要湿地、辽宁大连斑海豹国际重要湿地、江苏大丰麋鹿国际重要湿地、内蒙古达赉湖国际重要湿地、广东湛江红树林国际重要湿地、黑龙江洪河国际重要湿地、广东惠东港口海龟国际重要湿地、内蒙古鄂尔多斯国际重要湿地、黑龙江三江国际重要湿地、广西山口红树林国际重要湿地、湖南南洞庭湖国际重要湿地、湖南西洞庭湖国际重要湿地、黑龙江兴凯湖国际重要湿地、江苏盐城国际重要湿地
第三批	2005 年	9	辽宁双台河口国际重要湿地、云南大山包国际重要湿地、云南拉什海国际重要湿地、云南碧塔海国际重要湿地、云南纳帕海国际重要湿地、青海鄂陵湖国际重要湿地、青海扎陵湖国际重要湿地、西藏麦地卡国际重要湿地、西藏玛旁雍错国际重要湿地
第四批	2008 年	6	上海长江口中华鲟国际重要湿地、广西北仑河口国际重要湿地、福建漳江口红树林国际重要湿地、湖北洪湖国际重要湿地、广东海丰国际重要湿地、四川若尔盖国际重要湿地
第五批	2009 年	1	浙江杭州西溪国际重要湿地
第六批	2011 年	4	黑龙江七星河国际重要湿地、黑龙江南瓮河国际重要湿地、黑龙江珍宝岛国际重要湿地、甘肃尕海国际重要湿地
第七批	2013 年	5	湖北沉湖国际重要湿地、湖北大九湖国际重要湿地、山东黄河三角洲国际重要湿地、吉林莫莫格国际重要湿地、黑龙江东方红国际重要湿地

减少了 2.02 万公顷，减少率为 0.88%。自然湿地中，近海与海岸湿地减少率最高，为 22.91%，减少面积为 136.12 万公顷；其次是河流湿地，减少率为 19.28%，减少面积为 158.27 万公顷；再次是湖泊湿地，减少率为 7.05%，减少面积为 58.91 万公顷；仅有沼泽湿地面积增加了 15.68 万公顷，增加率为 1.14%。此外，湿地还面临各种各样的威胁，第二次湿地资源调查发现，69% 的重点调查湿地受到不同程度的威胁，35% 以上的重点调查湿地受到多重威胁因子的影响，其中 25% 以上的湿地遭到破坏，无法自然恢复，50% 以上的省份的重点调查湿地平均生态状况处于"差"等级，湿地的五大威胁因子是污染、过度捕捞和采集、围垦、外来物种入侵及基建占用（国家林业局，2013）。目前，中国湿地保护率仅为 43.51%，湿地保护状况不容乐观，湿地保护形势非常严峻。湿地退化引发了严重的环境问题，然而国际社会从 20 世纪 50 年代起才逐渐意识到湿地对人类生存的意义（吕宪国等，2008），湿地生态系统保护迫在眉睫。

1.2　湿地生态系统评价体系构建背景

基于目前国内外对湿地生态系统评价的研究状况，湿地生态系统评价的基本流程是根据湿地的内部组织结构和外部服务特性，选取一定数量的评价指标，构建湿地生态系统评价模型，将获取的指标带入模型进行计算，根据模型计算的结果来评价湿地生态系统的功能状况和健康状态，为湿地的保护、管理、开发和利用提供科学依据。这一流程在各阶段都存在一些问题，总结如下。

（1）指标体系。由于出发点不同，评价指标的选择原则也不同，尺度不同、区域不同、湿地类型不同都会导致选取关键指标的差异。不同学者针对特定研究区构建的指标体系往往普适性和可参考性差。此外，选择指标所依据的概念模型不是特别针对湿地生态系统而构建，所以很难选出全面、科学性强且符合湿地生态系统特点的指标体系。

（2）评价标准。评价标准的划分需结合湿地生态系统健康的内涵进行。对湿地生态系统进行评价的前提是承认生态系统存在健康标准，关键问题是湿地生态系统处于什么状况是健康的，至今尚无统一标准，这使得湿地健康等级划分主观性比较强，同时部分指标对湿地生态系统健康的影响还缺少比较合理的测度方法，赋分主要是基于主观性的判定，未充分进行科学论证，所以难以客观地反映和准确评价湿地健康状况。

（3）评价方法。确立评价指标之后就可以对湿地生态系统进行健康评价，但由于评价方法的不确定性，对于相同湿地生态系统的健康程度而言，采用不同方法得到的评价结果差异明显。对所选方法的合理性、可操作性、适用范围、结果精度等问题还缺乏研究，如何选择合理的湿地生态系统健康评价方法面临着非常大的挑战。此外，评价指标包含范围广，涉及水文、土壤、植被、社会经济等各方面指标，数据类型包括统计数据、野外采样数据等，遥感等空间信息技术的应用程度不够，大尺度的湿地生态系统评价仍是难题。

国家林业局发布的《全国湿地资源调查技术规程（试行）》中将中国湿地类型划分为近海及海岸湿地、河流湿地、湖泊湿地、沼泽湿地和人工湿地五大类。本指标体系针对这一分类体系中所有的湿地类型，制订了湿地生态系统健康、功能和价值评价指标体系的各级指标及其计算方法，可用于评价以湿地所在的自然保护区或最小行政区域为单元的单块湿地的健康状况、功能强弱和经济价值，也可用于比较同类型湿地生态系统的健康、功能和价值。

美国环保署（United States Environmental Protection Agency）组织实施的美国国家湿地状况评估（National Wetland Condition Assessment）包括湿地生态系统的状况、湿地生态系统服务功能及其价值 3 个方面（EPA Website），澳大利亚、英国等其他国家和国际组织对湿地评价也大都从功能和价值两个方面展开，对不同类型的湿地，评价的侧重点有所不同（Fennessy et al.，2004；Resolutions of the 9th Meeting of the Conference of the Contracting Parties，2005；Index of wetland condition-review of wetland assessment methods，2007；Edward and Tom，2009）。国内学者大都从湿地生态系统健康、湿地生态系统服务功能价值两个方面来评价湿地，综合国内外湿地研究现状，考虑中国湿地功能和价值评价的重要意义，本指标体系提出从健康、功能和价值 3 个方面对湿地生态系统进行评价，湿地生态系统健康、功能和价值评价的重要意义如下。

（1）湿地生态系统健康评价涵盖了湿地生态系统状况评估、湿地生态系统服务功能的整体性和系统性，以及湿地生态系统与人类社会和经济系统之间的关系。湿地生态系统健康是随着 20 世纪 80 年代"生态系统健康"概念的兴起（Schaeffer and Herricks，1988；Rapport，1995）而逐渐成为研究热点的。由于湿地生态系统是自然-经济-社会复合系统（崔保山和杨志峰，2006），评价湿地生态系统健康状况，诊断由自然因素和人类活动引起的湿地生态系统的破坏和退化程度，以此发出预警，可以对复杂的湿地生态系统定量化、简单化，为湿地保护和管理工作提供衡量标准，保障湿地生态系统可持续发展。

（2）湿地生态系统服务功能是湿地保护的目标，是湿地利用的资本，即保护和管理湿地的最终目的是使得湿地生态系统更好地为人类服务（MA，2006），因此，合理的湿地生态系统功能评价可为湿地合理利用提供决策依据（鞠美庭等，2009）。

（3）湿地的价值是湿地的社会属性，是湿地生态系统服务功能的定量分析。湿地的功能可以客观地评估或衡量，而湿地价值本质上是主观的，很难评估。然而，决策是一个权衡的过程，价值的评估影响功能的权重，因此必须考虑到决策方案所造成的湿地价值的变化，以及变化产生的后果（Thiesing，2001；IWC Report，2007）。湿地生态系统服务价值评价研究综合了生态学、经济学、社会学、伦理学等学科的相关内容，对湿地功能、相关利益者进行分析，将湿地资源的外部特性进行数字表征，部分或全部体现湿地生态服务的经济价值。

1.3　本书的主要内容及意义

湿地生态系统评价是湿地保护的基础，湿地监测与评价政策的合理制定与发展有利于定量化地了解人类活动对湿地健康的影响，进而提高人类的湿地保护与管理意识（Sims et al.，2013）。为满足湿地保护、恢复和管理等方面的需求，在 20 世纪 70 年代以后，湿地评价逐渐成为湿地研究的热点（武海涛等，2005）。

面对中国湿地明显退化、评价工作起步较晚、尚没有评价部门和行业标准的现状，本书从湿地生态系统健康、功能和价值 3 方面构建了一套与国际湿地评价接轨的中国特色湿地生态系统评价指标体系，并通过实地调查、数据采集、内业影像处理、指标计算和综合评价等方法流程，对中国 45 处国际重要湿地（香港米埔-后海湾除外）开展了示范试点评价，满足了中国不同区域、不同类型湿地的评价及比较的需求，规范和促进了中国湿地评价和保护工作，从而全面、快速、准确地掌握中国湿地的现状、空间分布及变化趋势，明确全国及区域湿地保护的重点与方向，为有关湿地主管部门制定合理的湿地保护和利用对策提供科学依据，整体上提高全国湿地生态环境管理水平。

第 2 章　中国湿地生态系统评价体系构建

2.1　湿地生态系统评价指标体系逻辑结构分析

湿地生态系统是自然-经济-社会复合系统(崔保山和杨志峰,2006),保护和管理湿地的最终目的是使得湿地生态系统更好地服务于人类福祉(MA,2006)。湿地生态系统健康评价是从整体上对湿地生态系统进行评估,不仅能反映湿地生态系统本身的物理、化学、生态功能的完整性,反映湿地生态系统本身的健康,以及湿地生态系统对人类福祉的影响,间接反映经济发展、人类活动对湿地生态系统的扰动。

湿地生态系统功能是湿地的基本属性,是提供服务的基础和前提(陈宜瑜和吕宪国,2003),湿地生态系统服务功能不仅表现在为人类的生产、生活提供多种资源,而且具有巨大的环境功能和生态效益,在抵御洪水、调节径流、蓄洪防旱、控制污染、调节气候、控制土壤侵蚀、促淤造陆、美化环境等方面具有不可替代的作用(鞠美庭等,2009)。因此,对湿地生态系统功能评价侧重于对提供某些服务的湿地生态系统功能的评估,这些服务包括供给服务、调节服务、文化服务和支持服务。湿地功能评价通过确定湿地单项功能或总体功能与评价标准的符合程度,来为制定正确的决策提供依据。

湿地生态系统价值评价则是基于湿地生态系统提供的服务,运用评价方法,将抽象的服务转化为人们能感知的货币,直观地反映湿地各项服务所创造的价值(童春富,2002),通过湿地生态系统价值的货币形式量化,体现湿地生态系统的功能状况,使其与当地的社会和经济状况相联系,提高人类对湿地的认识,使得湿地管理和保护机构可以运用经济手段对其进行保护,从而促进湿地生态环境与社会、经济的可持续协调发展。

湿地生态系统的健康、功能和价值三者互为统一,相互联系,有包含有交叉,但是不可相互替代,其逻辑结构如图 2-1 所示。

因此,从湿地生态系统健康、功能和价值 3 方面评价湿地生态系统的状况,能全面掌握湿地现状,实现自然、社会、经济的整合及协调,从而更加适合中国湿地管理和保护的发展需求。

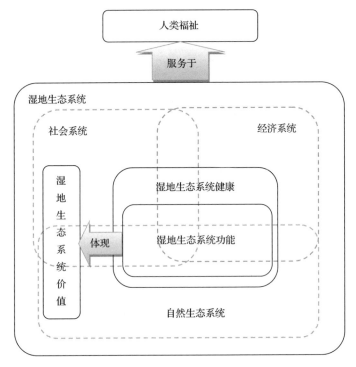

图 2-1　湿地生态系统评估的逻辑概念框架

2.2　湿地生态系统评价体系构建流程与方法

构建湿地生态系统评价指标体系必须遵循生态规律、经济规律和社会规律，采用科学的方法和手段，确立的指标必须是通过观察、测试、评议等方式能够得出明确结论的定性或定量指标。本着构建中国湿地生态系统评价体系的科学性原则，首先对国内外相关研究的文献进行广泛深入调研，寻找评价框架划分的理论依据，并总结国内外湿地生态系统评价研究的研究区域划分、指标选择、评价方法等异同，综合平衡各要素，要考虑周全、统筹兼顾，通过多参数、多标准、多尺度分析、衡量，从整体的联系出发，注重多因素的综合性分析。

此后，根据调研和综合分析结果对指标体系进行初步构建。指标体系分为健康、功能和价值 3 部分，分别对其进行概念界定、确定构建原则和评价方法，分层次对指标体系进行构建，同时将指标体系的各个要素相互联系，构成一个有机整体，从而形成《指标体系（初稿）》。随后选择不同区域、不同类型的湿地进行野外调查和数据采集，从而验证所选指标的科学性和可操作性。对野外验证结果进行总结，并进一步调研文献，选择一些指标从整体层次上把握评价目标的协调程序，以保证评价的全面性和可信度；按照指标间的层次递进关系，尽可能体现层次分明，通过一定的梯度，准确反映指标间的支配关系，同时兼顾不同区域湿地的特征，以及动态性变化规律，在分层次、区域性、动态性评价原则上形成《指标体系（征求意见稿）》。而后通过广泛地咨询湿地相关专家和中国湿地管理最高部门(国家林业局湿地保护管理中心)工作人员,根据收集到的反馈意见对指标体系修订完善,形成《指标体系(论证稿)》。最后,由国家林业局科技司组织国内湿地相关领域专家对指标体系及对应的技术手册进行论证(湿地生态系统评价指标体系科技委专家论证会,2012 年 2 月 29 日),在专家组意见的指导下完善形成《指标体系(终稿)》,并在全国范围内进行示范试点应用。整个湿地生态系统评价指标体系构建流程如图 2-2 所示。

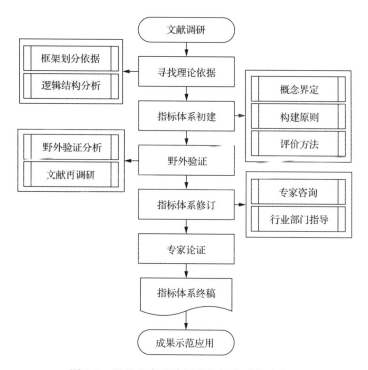

图 2-2　湿地生态系统评价指标体系构建流程

2.3　湿地生态系统评价指标体系

2.3.1　湿地生态系统健康评价指标体系

1. 湿地生态系统健康的定义

湿地生态系统健康是生态系统健康的一个重要组成部分。生态系统健康思想最早来源于土地健康(吴良冰等,2009),几个世纪以来,学者们不断发展生态系统健康的概念和内涵,最初学者们主要从生态学的角度考虑生态系统健康,认为生态系统健康就是生态系统的组织未受到损害或减弱,并具有一定的恢复能力,后来又考虑了人类健康因素,认为生态系统健康依赖于社会系统的判断,应考虑人类福利要求。

从生态系统健康的内涵出发,考虑湿地的自然属性,湿地生态系统的健康可定义为湿地生态系统内部组织结构完整,功能健全,对周围生态系统和人类健康不造成危害,且在长期或突发的自然或人为扰动下能保持弹性和稳定性。湿地生态系统健康应该包括以下几个特征：能够维持生态系统内的物质循环和能量流动的正常；湿地生态系统内部组成保持功能完整性；生态系统过程对邻近生态系统和人类不产生损害；能为自然和人类提供完整的生态服务。

2. 湿地生态系统健康评价指标体系构建依据

湿地类型多样，分布广泛，不同湿地类型有不同特征，但也有一些共同特征：具有饱和或者浅层积水的湿地土壤，都积累有机物质并且分解缓慢，具有多种多样的适应于饱和状态下的动物和植物。因此，水、土壤和植被是湿地的 3 个最显著的特征。湿地的水文特征是进出水流量、湿地地形地貌和地下水条件之间平衡的表征，是建立和维持湿地及其过程特有类型的最重要的决定因子；湿地土壤既是湿地化学转换发生的中介，也是大多植物可获得的化学物质最初的储存场所；湿地植被有助于减缓水流的速度，能帮助沉淀杂质、排除毒物（崔保山和杨志峰，2006）。因此，构建湿地生态系统健康指标体系时必须同时考虑到湿地的水、土壤和植被要素特征。

湿地生态系统景观格局变化既是景观背景上湿地生态系统对于土地利用/覆盖变化的一种具体响应，同时也深刻影响湿地生态系统在整体上的功能实现。评价和监控景观尺度湿地生态系统需要定量描述空间上的土地覆被格局，同时，确定湿地生态系统景观格局的状态和趋势有助于了解景观背景上湿地生态系统的整体状况（孙妍，2009；邬建国，2000）。因此，景观尺度上的指标是健康指标体系必要的组成部分。

人类是湿地生态系统的重要组成部分之一，保护和管理湿地的最终目的是使得湿地生态系统更好地服务于人类福祉（Assessment，2005），健康的湿地生态系统不会对周围生态系统和人类健康造成危害。生态系统不仅是生态学的健康，还包括经济学的健康和人类健康（肖风劲和欧阳华，2002），因此湿地生态系统健康评价还应考虑社会经济和人类福祉，选择能够体现这些因素的社会性指标是构建健康指标体系的重要内容。

国内湿地生态系统健康评价大都选定一个概念模型作为指标选择的基础，以概念模型评价的几个方面作为所构建指标体系的一级指标，常用的概念模型是压力-状态-响应（pressure-state-response，PSR）模型和活力-组织结构-恢复力（vigor-organization-resilience，VOR）模型。PSR 模型是联合国环境规划署（UNEP）和经济合作与发展组织部门（OECD）开发的一项反映可持续发展机理的概念框架（Rapport and Friend，1979），该模型从社会经济与环境有机统一的观点出发，精确地反映了生态系统健康的自然、经济、社会因素间的关系，为生态系统健康指标构建提供了一种逻辑基础，因而被广泛承认和使用。VOR 模型是 Costanza 等（1992）提出的，该模型从生态系统的活力、组织结构和恢复力 3 个属性来量化生态系统健康，将健康指数（health index，HI）定义为 $HI = V \times O \times R$；O 指生态系统的组织结构，它结合了生态系统多样性和食物链；V 指生态系统活力，包括生态系统活性、生产力和代谢能力；R 指生态系统弹性，表明生态系统对扰动的恢复能力（Jørgensen，2000）。该湿地生态系统健康评价指标体系采用新的分类体系，在充分理解 PSR 模型和 VOR 模型内涵的基础上，从湿地发生学的原理出发，以湿地水、土壤和植被三要素为主线，综合考虑景观格局变化及社会经济、人类活动的影响。

指标选取以科学性、逻辑性、可操作性、可测量性和可报告性为主要原则，具体有 10 条：①显示出自然和时间变化；②对状态变化高度响应；③可重复测量；④指标明确，避免模棱两可；⑤指标获取经济易行；⑥具有区域适应性；⑦与生物学相关；⑧采用简单常用的观察参数；⑨对生态系统无破坏性；⑩结果能汇总，便于非专业人士理解。

3. 湿地生态系统健康评价指标体系

在广泛调研国内外湿地状况评价研究的基础上，选取国内外学者关注度高、在文献中出现频率高的指标作为候选指标，综合考虑中国湖泊、沼泽和滨海湿地的特点，构建出该湿地生态系统健康评价指标体系，包括水环境指标、土壤指标、生物指标、景观指标和社会指标共 5 个一级指标，13 个二级指标，见表 2-1。

表 2-1　湿地生态系统健康评价指标体系

一级指标	二级指标	指标意义及选取说明
水环境指标	地表水水质	地表水水质表征水环境质量，直接反映湿地的受污染状况，间接反映湿地的净化能力，以此来评价湿地生态系统内部组织的功能状况和系统活力
	水源保证率	水源保证率是湿地最重要的水文指标，表征湿地生态系统的水文状态，是维持湿地生态系统基本功能的保证，体现湿地换水周期、蓄水量和生态需水量的综合作用结果，以此来评价湿地生态系统内部组织的功能状况和系统活力
土壤指标	土壤重金属含量	湿地作为重金属污染物的一个有效汇集库，积累了许多重金属污染物，这些污染物不易被微生物分解，且在一定的物理、化学和生物作用下可释放到上层水体中，使湿地成为一个非常重要的次生污染源。湿地周围土壤和底泥中重金属污染物的含量是评价湿地生态系统健康及其潜在生态危害风险的重要指标之一
	土壤 pH	土壤 pH 是湿地土壤重要的化学性质之一，其变化能够直接影响土壤生态系统的物理、化学和生物过程，与湿地干湿交替周期、地下潜流、植被生长特征等一起影响湿地土壤中有机质及全氮的空间分布，在一定程度上决定了植被分布及其生物量，反映了湿地生态系统对动植物提供栖息地的适宜度
	土壤含水量	土壤含水量是土壤的重要物理性质，其变化能够直接影响土壤生态系统的物理、化学和生物过程，是土壤养分和重金属等污染物有效性和迁移性的重要限制性因素。此外，土壤含水量变化还是湿地退化与否的直接表现因子，可以作为湿地边界确定的参考指标
生物指标	生物多样性	生物多样性是指生命有机体及其赖以生存的生态综合体的多样化和变异性。湿地是自然界富有生物多样性和较高生产力的生态系统，是许多野生物种的重要繁殖地和觅食地，在保护生物多样性方面发挥了重要作用。从物种多样性的角度评价湿地的生物多样性特征，能反映湿地实际或潜在支持和保护自然生态系统与生态过程、支持人类活动和保护生命财产的能力，是湿地生态系统健康的重要特征之一
	外来物种入侵度	生物入侵是全球变化的重要组成部分，会导致入侵地区生物多样性减少、生物均匀化和生态系统及其功能的退化，致使原有群落或生态系统优势种、物理特征、营养循环及生产力等基本生态学特征，以及整个生态系统的结构和功能发生改变，造成重大经济损失。湿地生态系统敏感而脆弱，极易被外来生物入侵。外来物种入侵度表征湿地生态系统受到外来物种干扰的程度，间接反映了湿地生态系统组织和功能的状态

一级指标	二级指标	指标意义及选取说明
景观指标	野生动物栖息地指数	野生动物栖息地指数从植被覆盖度和景观破碎化两方面综合表征湿地对野生动物提供栖息地的适宜度，反映湿地对野生动植物的承载能力。景观提供物种栖息地功能因种不同而异，景观破碎化直接影响着景观中的生物多样性，因此景观破碎化在功能上对物种的影响最为重要，是评价湿地生态系统健康现状的重要指标之一
	湿地面积变化率	湿地面积变化是湿地生态环境变化的直接结果，是湿地健康状况的直观表现。湿地面积变化率以现有湿地面积占前一年同时期湿地面积的百分比来表示，可以反映湿地的动态变化，便于分析影响因素，对湿地资源的合理开发和保护具有极为重要的意义
	土地利用强度	区域土地利用及其结构变化不仅能够改变自然湿地景观组成，而且改变着景观要素之间的生态过程，进而影响湿地景观格局和功能。土地利用强度用影响湿地生态系统维持自然状态的土地利用方式所占面积与研究区土地总面积的百分比来表征人类活动和自然界的各种扰动变化对湿地生态系统的压力
社会指标	人口密度	人类活动对湿地生态系统的结构和功能的实现存在潜在威胁，人口密度表征湿地系统所受的人口压力，间接反映人类活动强度，是湿地生态系统健康状况的胁迫指标
	物质生活指数	物质生活指数用人均纯收入衡量当地人们物质生活水平，反映社会经济发展的程度，表征人类社会对湿地生态系统结构和功能的潜在压力
	湿地保护意识	湿地保护意识表征湿地相关知识在湿地周围地区民众中的普及程度，间接反映当地主管部门对湿地认知的宣传程度和湿地保护的重视程度，是湿地生态系统健康的响应指标，能够反映人类社会对维护和改善湿地生态系统状态的资金投入、科技水平及管理能力

2.3.2　湿地生态系统功能评价指标体系

1. 湿地生态系统功能的定义

湿地功能是湿地内部物理、化学，以及生物组分之间的一般或特征化相互作用的生态过程及其表现形式，可提供满足和维持人类生存和发展的条件和过程。湿地生态系统功能包括为人类和周围生态系统提供服务和提供支持两个方面，服务功能包括生产人类直接或间接使用的资源和产品，以及对周围生态环境直接或潜在的调节服务；支持功能包括湿地对生态系统动植物、微生物及人类活动提供的支持和保护。

2. 湿地生态系统功能评价指标体系构建依据

千年生态系统评估(millennium ecosystem assessment，MA)是世界上第一个针对全球陆地和水生生态系统开展的多尺度、综合性评估项目，由前联合国秘书长安南宣布，于 2001 年 6 月 5 日正式启动。MA 的宗旨是针对生态系统变化与人类福祉间的关系，通过整合现有的生态学和其他学科的数据、资料和知识，为决策者、学者和广大公众提供有关信息，改进生态系统管理水平，以保障社会经济的可持续发展。

《生态系统与人类福祉：评估框架》是 MA 诸多报告中最早出版的一部。该报告的重要意义在于明确界定了千年生态系统评估的有关定义,提出了评估框架,为在评估工作中可能出现的各种疑难问题拟定解决途径,同时明确指出评估工作将会遇到的困难和挑战。

国内外文献调研结果表明,目前国际上在评价湿地生态系统功能时对湿地功能的分类主要有两种:①调节功能、载体功能、生产功能、信息功能;②供给功能、调节功能、文化功能、支持功能。两种分类方法虽然表达上有所区别,但所指的湿地生态系统功能内涵一致。MA 采用第二种分类方法,该湿地生态系统功能评价指标体系引用了 MA 中《生态系统与人类福祉:评估框架》报告对湿地功能的划分结果,将湿地供给功能、调节功能、文化功能及支持功能作为一级指标,以每类功能下面的各项子功能作为备选二级指标,通过广泛调研国内外湿地功能研究的文献,以科学性、逻辑性、可操作性、可测量性和可报告性为原则,选出学者们关注度最高的几项核心湿地生态系统功能指标作为二级评价指标。

3. 湿地生态系统功能评价指标体系

综合国内湿地生态系统服务功能研究的 24 项案例,归纳其研究的湿地类型和评价的湿地生态系统功能,结果见表 2-2。

表 2-2　国内 24 项湿地生态系统功能评价案例中的功能分类

编号	湿地名称	湿地类型	供给	调节			文化		支持				
			物质生产	气候调节	调蓄洪水	净化水质	休闲与生态旅游	教育与科研	固定营养物质	降低土壤侵蚀	护岸防灾	成陆造地	保护生物多样性、提供生物栖息地
1	三汊河湿地	河流	√	√	√	√		√					√
2	香格里拉湿地	湖泊、沼泽					√	√					√
3	鄱阳湖湿地	湖泊		√	√	√			√	√			√
4	长江口湿地	滨海										√	√
5	洞庭湖湿地	湖泊											
6	洪泽湖湿地	湖泊								√			
7	南湖湿地公园	湖泊			√								
8	白洋淀湿地	湖泊											
9	乌梁素海湿地	湖泊											
10	洪湖湿地	湖泊											
11	江苏互花米草海滩	浅海、滩涂	√						√		√	√	
12	盘锦地区湿地	沼泽、滩涂	√										√
13	鸭绿江口湿地	沼泽	√						√				√
14	三垟湿地	河流											
15	上海崇明东滩	浅海、滩涂	√										√
16	上虞市滩涂	浅海、滩涂	√										√

编号	湿地名称	湿地类型	供给	调节			文化		支持				
			物质生产	气候调节	调蓄洪水	净化水质	休闲与生态旅游	教育与科研	固定营养物质	降低土壤侵蚀	护岸防灾	成陆造地	保护生物多样性、提供生物栖息地
17	乌梁素海湿地	湖泊	√	√	√	√	√	√					√
18	拉萨拉鲁湿地	沼泽	√	√		√	√						√
19	香港米埔湿地	浅海、滩涂	√	√		√	√						√
20	向海湿地	河流、湖泊、沼泽	√	√		√	√		√				√
21	大兴安岭湿地	河流、湖泊、沼泽	√	√		√	√	√		√	√		√
22	湛江红树林湿地	浅海、滩涂	√	√		√	√				√	√	√
23	扎龙湿地	湖泊、沼泽	√	√	√	√	√			√			√
24	漳江口红树林湿地	浅海、滩涂	√	√		√	√				√		√
	评级次数		20	23	18	21	19	15	4	6	3	2	22
	评价次数百分比(%)		83	96	75	88	79	63	17	25	13	8	92

注：文献中各项功能名称不完全一致，如大气调节、大气组分调节、气候调节都归为气候调节一类。

由表 2-2 可以看出，目前国内学者对湿地生态系统功能的认识已经比较一致，这些研究中，共同关注度在 70% 左右的湿地生态系统功能是物质生产、气候调节、调蓄洪水、净化水质、休闲与生态旅游、教育与科研，以及保护生物多样性，侧重湿地生态系统服务功能。可以认为，这些功能是湿地生态系统的核心功能。

从供给、调节、文化、支持这四大类功能中选出表 2-2 中的核心功能作为二级指标，构建湿地生态系统功能评价指标体系，共 4 个一级指标，7 个二级指标，见表 2-3。

表 2-3　湿地生态系统功能评价指标体系

一级指标	二级指标	指标意义及选取说明
供给功能	物质生产	湿地生态系统向外界提供大量的产品，包括植物、动物和微生物的大量食物，如水产品、禽畜产品、谷物，以及湿地生态系统提供的各种原料，如淡水、薪柴等）。物质生产功能可以评价湿地生态系统向外界供给原料和产品的能力
调节功能	气候调节	在局地尺度上，湿地生态系统土地覆被变化可以对气温和降水产生影响。在全球尺度上，通过吸收和排放温室气体，湿地生态系统对气候具有重要作用。气候调节功能主要用于评价湿地生态系统调节局地气候的能力
	水资源调节	由于湿地植物吸收渗透降水，湿地具有巨大的渗透能力和蓄水能力，在削洪抗旱、调节径流、补充地下水等方面有很重要的作用。水资源调节功能是评价湿地水文功能最重要的指标之一
	净化水质	湿地对氮、磷等营养元素，以及重金属元素的吸收转化和滞留有较高效率，能有效降低其在水体中的浓度；湿地通过减缓水流促进颗粒物沉降，从而使其上附着的有毒物质从水体中去除。净化水质功能是评价湿地生态系统对调节水环境状态的重要指标

一级指标	二级指标	指标意义及选取说明
文化功能	休闲与生态旅游	人们在空闲时间对去处的选择，在一定程度上通常是根据特定区域的自然景观或者栽培景观的特征做出的，消遣与生态旅游指标在一定程度上反映了湿地文化功能的强弱
	教育与科研	湿地是人类教育普及科学知识和宣传自然保护的重要场所，湿地丰富的自然资源为教育和科学研究提供了对象、材料和试验基地，因此教育与科研指标是湿地重要的文化功能指标
支持功能	保护生物多样性	湿地独特的自然环境，为各类生物的生存、繁衍提供了栖息地，在保护生物多样性方面发挥了重要作用。以生物多样性指数反映湿地对野生动植物等的支持功能

2.3.3　湿地生态系统价值评价指标体系

1. 湿地生态系统价值的定义

湿地因其属性具有一定的功能，能够为人类和自然界提供产品和服务，从而产生一定的经济价值。湿地生态系统的组成要素通过各种生物、物理和化学过程等产生湿地的各种产品和服务，即湿地的属性、用途和功能，当其进入特定的社会环境时，在湿地周边经济背景的控制下，湿地的属性、用途和功能的经济价值最终以当地市场价值形式表现出来。

湿地的"价值"是经济学术语，是人类对湿地所有服务支付意愿的货币表达。而湿地生态系统价值评价是基于湿地生态系统提供的服务，运用科学方法，将抽象的服务转化为人们能感知的货币，直观地反映湿地各项服务所创造价值的评判过程。简单地说，湿地生态系统价值评价就是选择合适的方法对湿地生态系统服务进行货币化表示，从而评估湿地生态系统对人类福祉的总贡献。

2. 湿地生态系统价值评价指标体系构建依据

综合国内外湿地生态系统价值研究的文献，目前在评价湿地生态系统价值时，对其主要有两种分类：①社会价值、经济价值、生态价值；②直接使用价值、间接使用价值、选择价值、存在价值。本指标体系与 MA 保持一致，引用第二种分类方法。直接使用价值和间接使用价值属于使用价值，是指人类为了满足消费或生产目的而使用的生态系统服务价值，它包括有形的生态系统服务与无形的生态系统服务，这些服务在当前可以被直接或间接地使用，或者是在未来可以提供潜在的使用价值。选择价值和存在价值属于非使用价值，有时也叫做被动使用价值。

1) 直接使用价值

有些生态系统服务是人们为了满足消耗性目的(如果其他用户可以获取的产品数量减少)或者非消耗性目的(其他用户可以获取的数量没有减少)而直接使用的，如对食物产品、用作薪柴或者用于建筑的木材及医药产品的收获，以及用于消费的动物狩猎等。

对生态系统服务的非消耗性使用包括欣赏消遣和文化愉悦，如观赏野生动植物和观鸟、水上运动，以及不需要收获产品的精神和社会效用。

2）间接使用价值

许多生态系统服务是被用作生产人们使用的最终产品与服务的中间投入，如食物生产过程中所需要的水分、土壤养分，以及授粉与生物控制服务等。此外，另外一些生态系统服务对人们享受其他的最终消费性愉悦产品具有间接的促进作用，如净化水质、同化废弃物，以及通过供给清新空气和洁净水而降低健康风险等其他调节服务。

3）选择价值

对于许多生态系统服务来讲，尽管人们目前可能还没有从它们当中获得任何效用，但是在为个人（选择价值）或他人，以及后代（遗产价值）保存未来使用这些服务的选择机会方面，它们仍然具有价值。准选择价值是一种与选择价值相关的价值，它表示在揭示某些生态系统服务是否具有人类社会目前尚未知道的价值的新信息还未出现之前，由于未采取不可逆转的决策所得到的价值。

4）存在价值

存在价值是指人们在知道某种资源的存在后（即使他们永远不会使用那种资源），对其存在而确定的价值。在估算方面，这种价值最为困难，同时也最具争议。

该湿地生态系统价值评价指标体系引用 MA 的《生态系统与人类福祉：评估框架》报告中的分类体系，将湿地直接使用价值、间接使用价值、选择价值和存在价值作为一级指标，以每类价值下面的各项子指标作为备选二级指标，调研国内外湿地价值研究的文献，以科学性、逻辑性、可操作性、可测量性和可报告性为原则，选出学者们关注度最高的几项核心指标作为二级评价指标。

3. 湿地生态系统价值评价指标体系

目前，国内学者主要针对湿地生态系统提供的服务价值进行评价。参考表 2-2 的结果，综合考虑中国湖泊、沼泽和滨海湿地的主要生态系统服务项目，构建湿地生态系统价值评价指标体系，主要包括直接使用价值、间接使用价值、选择价值、存在价值 4 个一级指标，8 个二级指标，见表 2-4。

表 2-4　湿地生态系统价值评价指标体系

一级指标	二级指标	指标意义及选取说明
直接使用价值	湿地产品	湿地植物、动物和微生物的大量食物及从生态系统获得的各种原料，如淡水、鱼类、野生动物、水果、谷物、木材、薪柴、泥炭、饲草和聚合物的经济价值
	休闲娱乐	湿地独特的自然景观为人类提供旅游和休闲活动所创造的经济价值
	环境教育	湿地独特的水陆交互作用地形，以及丰富的自然资源具有较高的科研文化价值。该指标表征湿地在为人类提供教育和科研对象及场所时所产生的经济价值

一级指标	二级指标	指标意义及选取说明
间接使用价值	调节大气	湿地是地球表层系统中的重要碳汇，通过吸收 CO_2 和释放 O_2 来调节大气组分和温室气体含量，对减缓全球气候变暖有重要作用。用湿地吸收 CO_2 和释放 O_2 所产生的价值表征湿地调节大气的价值
	调蓄洪水	由于湿地植物吸收渗透降水，而致使降水进入江河的时间滞后，入河水量减少，从而减少了洪水径流。调蓄洪水的价值指湿地生态系统减少防洪的支出所产生的经济价值
	净化去污	湿地对氮、磷等营养元素，以及重金属元素的吸收、转化和滞留，使得工业处理污染物的投入减少而产生的经济价值
选择价值	生物多样性	生物多样性是指生命有机体及其赖以生存的生态综合体的多样化和变异性，它是地球上最重要的生命特征。湿地是地球上生物多样性最丰富的区域之一，生物多样性价值表征湿地生态系统中所有生命体的价值
存在价值	生存栖息地	湿地独特的自然环境为各类生物的生存、繁衍提供了丰富的食物资源，以及多样化的优良栖息与繁殖条件，生存栖息地指标表征湿地为动植物提供栖息地时产生的生态效益所具有的价值

第3章 中国湿地生态系统评价方法

3.1 湿地生态系统评价数据获取方式

评价湿地生态系统指标体系的各个指标所用的原始数据有以下四种来源。

（1）统计数据，如人口数量、人均收入等，一般通过向当地湿地主管部门收集，或者从当地统计局购买年鉴，也可在统计信息网上获取相应统计资料。

（2）问卷调查数据，包括湿地功能评价问卷和湿地周边居民湿地保护意识调查问卷，前者是向当地湿地主管部门发放，后者是向评价区周边居民发放。

（3）野外采集数据，包括土壤样品、GPS控制点、土地利用类型、植被覆盖类型等，土壤样品直接用于测定土壤相关指标值，GPS控制点、土地利用类型、植被覆盖类型用于内业遥感解译的影像校正、分类训练样本选择、结果验证等。

（4）遥感解译/反演数据，用遥感解译和反演得到各种土地利用类型的面积及景观格局数据，再用其来计算景观指标及部分价值指标。

3.2 湿地生态系统评价指标计算方法

从第2章可知，湿地生态系统健康评价指标体系包括水环境指标、土壤指标、生物指标、景观指标和社会指标共5个一级指标，其中包含13个二级指标；湿地生态系统功能评价指标体系包括供给功能、调节功能、文化功能、支持功能共4个一级指标，其中包含7个二级指标；湿地生态系统价值评价指标体系包括直接使用价值、间接使用价值、选择价值、存在价值4个一级指标，其中包含8个二级指标；以上各二级指标的计算方法介绍如下。

3.2.1 健康评价指标计算方法

1. 地表水水质

根据国家标准《地表水环境质量标准》（GB 3838—2002）将地表水划分Ⅰ类、Ⅱ类、Ⅲ类、Ⅳ类、Ⅴ类5级，考虑到污染的水源无使用功能，所以将其定为劣Ⅴ类，共分为六大类（表3-1）。水质类别数据由当地湿地主管部门提供。

根据国家标准《海水水质标准》（GB 3097—1997）将海水划分Ⅰ类、Ⅱ类、Ⅲ类、Ⅳ类4级，考虑到污染的水源无使用功能，所以将其定为劣Ⅳ类，共分为五大类（表3-2）。水质类别数据由当地湿地主管部门提供。

表 3-1 地表水水质类别及解释表

类别	功能	分值
I 类	主要适用于水的源头、国家级自然保护区	10
II 类	主要适用于集中式生活饮用水地表水源地一级保护区、珍稀水生生物栖息地、鱼虾类产卵场、仔稚幼鱼的索饵场等	8
III 类	主要适用于集中式生活饮用水地表水源地二级保护区、鱼虾类越冬场、洄游通道、水产养殖区等渔业水域及游泳区	6
IV 类	主要适用于一般工业用水区及人体非直接接触的娱乐用水区	4
V 类	主要适用于农业用水区及一般景观要求水域	2
劣 V 类	水源污染严重,无利用价值	0

表 3-2 海水水质类别及解释表

类别	功能	分值
I 类	适用于海洋渔业水域,海上自然保护区和珍稀濒危海洋生物保护区	10
II 类	适用于水产养殖区,海水浴场,人体直接接触海水的海上运动或娱乐区,以及与人类食用直接有关的工业用水区	7
III 类	适用于一般工业用水区,滨海风景旅游区	5
IV 类	适用于海洋港口水域,海洋开发作业区	3
劣 IV 类	水源污染严重,无利用价值	0

2. 水源保证率

水源保证率(P_{sy})用湿地生态系统的当年蓄水量(W)与湿地生态系统多年平均需水量($\bar{Q}$)的比值来表示,见式(3-1)。当年蓄水量是 2008 年公布的《全国湿地资源调查技术规程(试行)》中的必测项目,可直接获得;湖泊和沼泽湿地的多年平均需水量由式(3-2)~式(3-4)计算得出。

$$P_{sy} = W/\bar{Q} \tag{3-1}$$

湿地生态需水量是指湿地生态系统达到某种生态水平或者维持某种生态系统平衡所需的水量,或湿地生态系统发挥期望的生态功能所需要的水量。对于一个特定的湿地系统,其生态需水量有一个阈值范围,具有上、下限值,超过上、下限值都会导致湿地生态系统的退化和破坏(张祥伟,2005)。根据不同的数据类型,湖泊湿地的生态需水量计算公式可选用式(3-2)或式(3-3)(刘静玲和杨志峰,2002)。

$$\bar{Q}_{LW} = \bar{E} + \bar{F}_{jing} - \bar{P} \tag{3-2}$$

式中,$\bar{Q}_{LW}$ 为湖泊生态需水量;$\bar{E}$、$\bar{F}_{jing}$、$\bar{P}$ 分别为多年平均蒸发量、多年平均净流出量、多年平均降水量。

$$\bar{Q}_{LW} = \bar{W}/T \tag{3-3}$$

式中，$\bar{W}$ 为多年平均蓄水量；T 为换水周期，由多年平均蓄水量与多年平均流出量的比值表示。

沼泽湿地生态需水量等于生态耗水量的多年平均值，即多年平均储水状态（可取最佳生态储水量）下的耗水量与地下水出流量之和扣除多年平均降水量，见式(3-4)（李九一等，2006）。

$$\bar{Q}_{ML} = \bar{E} + \bar{G} - \bar{P} \tag{3-4}$$

式中，$\bar{Q}_{ML}$ 为沼泽湿地生态需水量；$\bar{E}$、$\bar{G}$、$\bar{P}$ 分别为多年平均蒸发量、多年平均地下水出流量、多年平均降水量。

所需数据为多年平均降水量、多年平均蒸发量、多年平均地下水出流量、当年湿地蓄水量，由评价区域历史监测数据和当年监测数据直接或通过计算获得。

该指标的分值(S_{sy})可由式(3-5)计算。

$$S_{sy} = \begin{cases} P_{sy} & 0 \leqslant P_{sy} \leqslant 10 \\ 0 & P_{sy} > 10 \end{cases} \tag{3-5}$$

式中，P_{sy} 为水源保证率。

针对滨海湿地，沿海湿地分为潮间、上和下 3 个部分，潮间带和潮下带因有海水供给，所以湿地水源保证率为满分；潮上带区域，可通过计算潮上带区域湿地供水量得分及潮上带与湿地总面积比来计算总体滨海湿地水源保证率。

3. 土壤重金属含量

在现地采集土壤样本，带回实验室，用原子吸收光谱法测定铜(Cu)、锌(Zn)、铅(Pb)、铬(Cr)、镉(Cd)5 种重金属元素的含量。采样点布设规范见附录 1，土壤重金属元素测量方法详见附录 2。根据 5 种重金属元素的含量，计算内梅罗综合污染指数，据此计算土壤重金属含量指标分值。

内梅罗综合污染指数反映了各污染物对土壤的作用，同时突出了高浓度污染物对土壤环境质量的影响，内梅罗综合污染指数见式(3-6)。

$$P_N = \{[(PI_{均}^2) + (PI_{最大}^2)]/2\}^{1/2} \tag{3-6}$$

式中，$PI_{均}$ 和 $PI_{最大}$ 分别为平均单项污染指数和最大单项污染指数。

其中，单项污染指数 PI 用土壤污染物实测值与土壤污染物质量标准的比值表示，土壤污染物质量标准参考中华人民共和国国家标准《土壤环境质量标准》(GB 15618—1995)中各指标的自然背景值。根据中华人民共和国环境保护行业标准《土壤环境监测技术规范》(HJ/T 166—2004)中土壤内梅罗综合污染指数评价标准，土壤重金属分值(S_{P_N})的计算公式见式(3-7)。

$$S_{P_N} = \begin{cases} 0 & (P_N > 3) \\ (3 - P_N)/2.3 \times 10 & (0.7 < P_N \leqslant 3) \\ 10 & (P_N \leqslant 0.7) \end{cases} \tag{3-7}$$

4. 土壤 pH

土壤 pH 代表与土壤固相处于平衡溶液中的 H^+ 浓度的负对数。湿地土壤多呈微酸性至中性，pH 为 5.5～7，且随土壤深度的增加而逐渐增大，底土多呈中性（吕宪国等，2004）。其中，盐化沼泽土的 pH 最高，可以达到 9 左右，泥炭土的 pH 最低，一般为 4～6。在现地采集土壤样本，带回实验室用电位法进行测定，采样点布设规范见附录 1，测量方法见附录 2。指标归一化公式见式(3-8)。

$$S_{pH} = \begin{cases} 0 & (pH \leqslant 4 \text{ 或 } pH \geqslant 9) \\ (9 - pH)/2 \times 10 & (7 < pH < 9) \\ (pH - 4)/1.5 \times 10 & (4 < pH < 5.5) \\ 10 & (5.5 \leqslant pH \leqslant 7) \end{cases} \qquad (3\text{-}8)$$

式中，S_{pH} 为土壤 pH 的归一化分值；pH 为实测上壤 pH。

5. 土壤含水量

土壤含水量（TR）采用重量百分比表示。湿地区域内所有采样点的土壤平均含水量（TR_{avg}）是评价湿地健康的重要依据之一。在现地采集土壤样本，带回实验室用烘干称重法进行测量，测量方法详见附录 2，指标计算方法见式(3-9)。

$$S_W = \begin{cases} TR_{avg} \times 10 & 0 \leqslant TR_{avg} < 1 \\ 10 & TR_{avg} \geqslant 1 \end{cases} \qquad (3\text{-}9)$$

式中，S_W 为土壤含水量的归一化分值。

6. 生物多样性

生物多样性包括物种多样性、遗传多样性和生态系统多样性 3 个层次。《中华人民共和国国家环境保护标准——区域生物多样性评价标准》(HJ 623—2011)从野生维管束植物丰富度、野生高等动物丰富度、生态系统类型多样性、物种特有性、受威胁物种的丰富度、外来物种入侵度 6 个方面来评价生物多样性。针对湿地生态系统，去除生态系统多样性，参考该标准，将生物多样性指数（BI）的表达式确定为式(3-10)。

$$\begin{aligned} BI = &[\text{野生高等动物种类}/635 \times 0.25 + \text{野生维管束植物种类}/3662 \times 0.25 \\ &+ \text{物种特有性} \times 0.25 + \text{受威胁物种的丰富度} \times 0.125 \\ &+ (1 - \text{归一化外来物种入侵度}) \times 0.125] \times 100 \end{aligned} \qquad (3\text{-}10)$$

式中，物种特有性见式(3-11)；受威胁物种的丰富度见式(3-12)；归一化外来物种入侵度见式(3-13)。

$$\begin{aligned} \text{物种特有性} = &(\text{评价区域内中国特有的野生高等动物种数}/635 \\ &+ \text{评价区域内中国特有的野生维管束植物种数}/3662)/2/0.3070 \end{aligned}$$
$$(3\text{-}11)$$

$$受威胁物种的丰富度 = (受威胁的野生高等动物种数 /635$$
$$+ 受威胁的野生维管束植物种数 /3662)/2/0.1572$$

$$(3\text{-}12)$$

$$归一化外来物种入侵度 = 外来入侵动物、植物和微生物种数 /$$
$$本地野生高等动物和野生维管束植物种数之和 /0.1441$$

$$(3\text{-}13)$$

生物多样性分级标准参见《中华人民共和国国家环境保护标准——区域生物多样性评价标准（HJ 623—2011）》。按式（3-14）归一化。

$$S_{bi} = \begin{cases} 0 & (BI \leqslant 20) \\ (BI - 20)/40 \times 10 & (20 < BI < 60) \\ 10 & (BI \geqslant 60) \end{cases} \qquad (3\text{-}14)$$

式中，BI 为生物多样性指数；S_{bi} 为生物多样性指数归一化结果。

指标计算所需数据来源于当地湿地主管部门统计数据。其中，维管束植物指蕨类植物、裸子植物和被子植物。在数据收集时，因受威胁的野生高等动物种类和受威胁的野生维管束植物种类较难获取，采用以国家重点保护野生动物（Ⅰ级和Ⅱ级）类别和国家重点保护野生植物（Ⅰ级和Ⅱ级）代替。

7. 外来物种入侵度

外来入侵物种包括外来入侵动物、外来入侵植物和外来入侵微生物。外来物种入侵度（P_{in}）用评价区域内外来入侵物种数与本地野生高等动物和野生维管束植物种数之和的比值来表示。数据来源于当地湿地主管部门统计数据。该指标的归一化公式见式（3-15）。

$$S_{in} = \begin{cases} (0.1441 - P_{in})/0.1441 \times 10 & (0 \leqslant P_{in} \leqslant 0.1441) \\ 0 & (P_{in} > 0.1441) \end{cases} \qquad (3\text{-}15)$$

式中，S_{in} 为 P_{in} 的归一化分值。

8. 野生动物栖息地指数

胡嘉东等（2009）利用景观生态学原理，选择既能较好地反映潮间带栖息地变化，又能敏感地反映海岸带开发影响的有效湿地斑块面积、单位面积湿地斑块数量、植被覆盖度和栖息地复杂性 4 个指标，建立了潮间带湿地栖息地功能评价模型。参考该模型，分别对有效湿地斑块面积（V_{size}）、单位面积湿地斑块数量（V_{num}）和植被覆盖度（V_{cover}）进行标准化，形成 S_{size}、S_{num}、S_{cover} 三个指标来综合反映湿地的野生动物栖息地功能。野生动物栖息地指数（S_{WAHI}）见式（3-16）。

$$S_{WAHI} = S_{size} \times 0.4 + S_{num} \times 0.3 + S_{cover} \times 0.3 \qquad (3\text{-}16)$$

1）标准化的有效湿地斑块面积

用每类湿地斑块面积乘以斑块形状系数，并将其定义为有效湿地斑块面积；而对各类湿地的有效斑块面积求和，即可得到有效湿地斑块总面积。

$$V_{\text{size}} = \sum_{i=1}^{n} A_i C_i \tag{3-17}$$

式中，V_{size} 为有效湿地斑块总面积；n 为湿地斑块类型数量；A_i 为 i 类型湿地斑块面积，可通过卫星遥感影像的解译（见附录 5）或地形图测量得到；C_i 为 i 类型湿地斑块形状系数（表 3-3）。

表 3-3　有效湿地斑块总面积指标赋值表

有效湿地斑块总面积（V_{size}）/平方公里	标准化分值（S_{size}）
$V_{\text{size}} < 80$	2
$80 \leqslant V_{\text{size}} \leqslant 160$	4
$160 < V_{\text{size}} \leqslant 240$	6
$240 < V_{\text{size}} \leqslant 320$	8
$V_{\text{size}} > 320$	10

C_i 的确定与斑块形状指数（Shp_i）相关联，根据人类的开发活动特征，以正方形为参照的计算形式，计算每种湿地斑块的形状指数。

$$\text{Shp}_i = 0.25 P_i / \sqrt{A_i} \tag{3-18}$$

式中，Shp_i 为 i 类型湿地斑块的形状指数；P_i 为 i 类型湿地斑块的周长。

Shp_i 越趋近于 1，表示湿地斑块的人为干扰因素越多；Shp_i 越大，表示湿地斑块形状越无序，越接近于自然状态。可根据 Shp_i 确定适当的 C_i（表 3-4）。二者的对应关系具有普遍性，适用于任何地区。

表 3-4　斑块形状指数与形状系数对应关系表

湿地斑块形状指数（Shp）	湿地斑块形状系数（C）
$1 \leqslant \text{Shp} < 5$	0.1
$5 \leqslant \text{Shp} < 10$	0.3
$10 \leqslant \text{Shp} < 15$	0.5
$15 \leqslant \text{Shp} < 20$	0.7
$20 \leqslant \text{Shp} < 25$	0.9
$\text{Shp} \geqslant 25$	1.0

2）标准化的单位面积湿地斑块数量

单位面积湿地斑块数量表达了湿地斑块的破碎化程度，斑块总面积的减少或斑块数量的增加，都会导致较大的单位面积湿地斑块数量减少，其值越高对生物的生存越不利。

$$V_{\text{num}} = N/A \qquad (3\text{-}19)$$

式中，V_{num}为单位面积湿地斑块数量(个/公里^2)；N为湿地斑块数量(个)；A为湿地斑块总面积(平方公里)。通过遥感图像解译(解译方法见附录5)得到湿地斑块数和面积(表3-5)。

表 3-5　单位面积湿地斑块数量指标赋值表

单位面积(平方公里)的湿地斑块数量(V_{num})	标准化分值(S_{num})
$V_{\text{num}} \leqslant 0.1$	10
$0.1 < V_{\text{num}} \leqslant 0.2$	8
$0.2 < V_{\text{num}} \leqslant 0.3$	6
$0.3 < V_{\text{num}} \leqslant 0.4$	4
$0.4 < V_{\text{num}} \leqslant 0.5$	2
$V_{\text{num}} > 0.5$	0

3) 标准化的植被覆盖度

野生动物需要有植物群落来保证摄食、筑巢和避难。植物生物量的减少将导致第一生产力下降，最终导致肉食动物数量减少。植被覆盖度的降低对生境提供避难场所和筑巢的能力也会产生不利影响。因此，植被覆盖度是反映湿地生境质量的一个重要因素，见式(3-20)(胡嘉东等，2009)。

$$V_{\text{cover}} = A_{\text{v}}/A_{\text{a}} \qquad (3\text{-}20)$$

式中，V_{cover}为植被覆盖度；A_{v}为植被覆盖区面积，由遥感解译获得(参考附录5)；A_{a}为湿地总面积，由统计资料获得(表3-6)。

表 3-6　植被覆盖度指标赋值表

植被覆盖度(V_{cover})	标准化分值(S_{cover})
$V_{\text{cover}} \leqslant 0.1$	2
$0.1 < V_{\text{cover}} \leqslant 0.2$	4
$0.2 < V_{\text{cover}} \leqslant 0.3$	6
$0.3 < V_{\text{cover}} \leqslant 0.4$	8
$V_{\text{cover}} > 0.4$	10

该指标的分值范围已经处于0~10，可直接使用。

9. 湿地面积变化率

以现有湿地面积与前一年同时期湿地面积的百分比(A_{zzl})来表示，两期湿地面积通过解译两年同时相的遥感影像获得(解译方法参见附录5)，该指标的归一化公式见式(3-21)。

$$S_{zzl} = \begin{cases} 0 & (A_{zzl} \leqslant 0.65) \\ (A_{zzl} - 0.65)/0.35 \times 10 & (0.65 < A_{zzl} < 1) \\ 10 & (A_{zzl} \geqslant 1) \end{cases} \quad (3\text{-}21)$$

式中，S_{zzl} 为该指标的归一化分值。

10. 土地利用强度

土地利用强度以待评价区域内农业、建设用地、沙地（因人类不合理活动所导致的天然沙漠扩张和土地沙化）、畜牧业土地面积占评价区域土地总面积的百分比(P_{Lu})来表示（王利花，2007；孙贤斌等，2010；孙永光，2012）。数据来源于待评价湿地所在区域的土地利用数据和遥感图像解译数据（解译方法见附录 5）。该指标用 S_{Lu} 表示，见式(3-22)。

$$S_{Lu} = \begin{cases} 10 - P_{Lu}/0.1 \times 2 & (P_{Lu} < 0.1) \\ 8 - (P_{Lu} - 0.1)/0.1 \times 2 & (0.1 \leqslant P_{Lu} \leqslant 0.2) \\ 6 - (P_{Lu} - 0.2)/0.2 \times 2 & (0.2 < P_{Lu} \leqslant 0.4) \\ 4 - (P_{Lu} - 0.4)/0.4 \times 2 & (0.4 < P_{Lu} \leqslant 0.8) \\ 2 - (P_{Lu} - 0.8)/0.2 \times 2 & (P_{Lu} > 0.8) \end{cases} \quad (3\text{-}22)$$

式中，S_{Lu} 为该指标的归一化分值。

11. 人口密度

人口密度(R_d)用评价区内人口总数与待评价区面积的比值表示，单位：人/平方公里。评价区内的人口总数和评价区面积可来自于湿地管理部门。归一化公式见式(3-23)。

$$S_{Rd} = \begin{cases} (600 - R_d)/600 \times 10 & (0 \leqslant R_d < 600) \\ 0 & (R_d \geqslant 600) \end{cases} \quad (3\text{-}23)$$

式中，S_{Rd} 为该指标的归一化分值。

12. 物质生活指数

以人均收入水平表征，单位为元/(人·年)。以评价区内居民的总体收入除以评价区内总人口来表示，符号为 Y_{income}。评价区内人口总数和总收入数据可从当地湿地管理部门获取。

该指标的归一化得分用 S_{income} 表示，见式(3-24)。

$$S_{income} = \begin{cases} (10\,000 - Y_{income})/10\,000 \times 10 & (0 \leqslant Y_{income} \leqslant 10\,000) \\ 0 & (Y_{income} > 10\,000) \end{cases} \quad (3\text{-}24)$$

13. 湿地保护意识

在当地进行问卷调查，湿地保护意识以被调查人员中具有湿地保护意识的人员占问卷调查总人数的比例来表示，调查问卷见附录 3，每题的分值情况如下。

（1）第 1 题、第 9 题作为问卷有效性参考，不计分数。

（2）第 2 题、第 5 题、第 6 题、第 8 题的答案均正确，故根据被调查者的答全率计分，各题目分值如下：

第 2 题：每选择 1 项得 2 分，最高得 6 分；

第 5 题：每选择 1 项得 3 分；

第 6 题：每选择 1 项得 3 分；

第 8 题：每选择 1 项得 3 分。

（3）第 3 题、第 4 题只有唯一的正确答案，选择正确得 4 分，选择错误得 0 分。

（4）第 7 题选择 A、B 得 0 分，选 C 得 1 分，选 D 得 4 分。

（5）第 10 题选 B 得 4 分，选 D 得 3 分。

从所有问卷中提取有效问卷，其数量用 N_v 表示；问卷满分为 100 分，得分 50 分以上为合格，表示被调查者具有湿地保护意识，有效问卷中具有湿地保护意识的问卷数量用 N_y 表示。根据式(3-25)计算湿地保护意识指标 S_{ys} 归一化值。

$$S_{ys} = N_y/N_v \times 10 \tag{3-25}$$

3.2.2 功能评价指标计算方法

1. 物质生产

物质生产指标由评价区当年的湿地产品（水产品、禽畜产品、谷物、淡水、薪柴）分别与前一年同类湿地产品的比值之和表示。如果湿地产品的年收获量减小率大于 12%，则赋 0 分，湿地产品的年收获量减小率低于 6%，则赋 0~3 分；如果湿地产品的年收获量在减少 6% 和增加 6% 之间，则赋 3~7 分；如果湿地产品的年收获量增加率大于 6%，则赋 7~10 分，年收获量增加率大于 12%，则赋 10 分。

2. 气候调节

如果不存在局地小气候现象，气温和空气湿度与周围地区没有差别，则赋 0~3 分；如果存在局地小气候现象，气温日较差较周围地区略有减小，空气湿度略大于周围地区，则赋 3~7 分；如果局地小气候现象十分明显，气温日较差较周围地区明显减小，空气湿度明显大于周围地区，则赋 7~10 分。

3. 水资源调节

如果工程附加费大，但是不能调控水资源，且旱涝灾害发生频率很大，则赋 0~3 分；如果需有筑堤、水库和滞洪区配合，才具有较强的调控能力，则赋 3~7 分；如果天然状态下，水资源调节能力强，基本无旱涝灾害和附加工程费用，则赋 7~10 分。

4. 净化水质

该指标依据水质质量赋分。将水质为 V 类和劣 V 类的湿地赋值为 0~3 分；将水质为 Ⅲ 类和 Ⅳ 类的湿地赋值为 3~7 分；将水质为 Ⅰ 类和 Ⅱ 类的湿地赋值为 7~10 分。

5. 休闲与生态旅游

如果景观美学价值很小，没有开发旅游活动，则赋 0~3 分；如果具有一定的景观美学价值，在特定时间段有观光旅游活动，则赋 3~7 分；如果景观美学价值很高，观光旅游日很多，且不断增加，则赋 7~10 分。

6. 教育与科研

如果湿地没有代表性，科研价值很小，没有学者以其为研究区进行湿地相关研究，则赋 0~3 分；如果湿地的科研价值一般，与其他同类型湿地相似，有部分学者以其为研究区进行湿地相关研究，则赋 3~7 分；如果湿地具有很高的科研价值，能进行多方面有特色、有代表性的研究，每年有较多的学者以其为研究区进行湿地相关研究，则赋 7~10 分。

7. 保护生物多样性

该指标以生物多样性指数来表征，具体计算方法参见式(3-10)。指标计算所需数据来源于当地湿地主管部门统计数据。如果物种贫乏，生态系统类型单一、脆弱，生物多样性极低，生物多样性指数小于 20，则赋 0~3 分；如果物种较少，特有属、特有种不多，局部地区生物多样性较丰富，但生物多样性总体水平一般，生物多样性指数位于 20~60，则赋 3~7 分；如果物种高度丰富，特有属、特有种繁多，生态系统丰富多样，生物多样性指数≥60，则赋 7~10 分，生物多样性指数≥120，则赋 10 分。

3.2.3 价值评价指标计算方法

目前对湿地价值评价常用的方法有市场价格法、意愿调查价值评估法(CV 法)、旅行费用法、享乐价值法、成果参照法、影子工程法、内涵定价法、生产率变动法、碳税法、生态价值法等，每种方法的含义和适用范围如下。

市场价格法：是对有市场价格的生态系统产品和功能进行估价的一种方法，主要用于对生态系统物质产品的评价。

意愿调查价值评估法(CV 法)：针对当地的实际情况，通过设计合适的调查问卷，要求被调查者回答他们愿意为某些特定的收益支付多少钱，经过减小误差、去除异常等处理后，基于一定的方法进行总结，统计得到某种服务的价值(这种方法潜在地适用于所有问题)。

旅行费用法：根据旅游者在旅游活动中所有的支出和花费，对旅游地区的旅游价值进行估算的方法。

享乐价值法：指由于人们购买的商品中包含了湿地的某种生态环境价值属性，通过人们为此支付的价格来推断湿地价值的方法，该方法主要应用在房地产领域。

成果参照法：指利用从某个情境中（通过任何方式）得到的估算结果来对另一个不同情境中的价值进行计算。例如，旅游者在某个公园欣赏野生动植物时所得效益的估算值，这一结果有可能被用来估算在另一个不同的公园观赏野生动植物所得到的效益。

影子工程法：指某些环境效益和服务虽然没有直接的市场可买卖交易，但这些效益或服务的替代品具有一定的市场和价格，通过估算其替代品的花费来确定某些环境效益或服务的价值。例如，湿地固定的 CO_2 价值以人工造林所用的成本替代，湿地净化去污的价值以人们为替代该功能而建造污水处理厂的成本来计算。

内涵定价法：使用统计技术把付给某一服务的价格分解成该服务的每种属性的蕴含价格，其中包括环境属性。例如，对消遣场所的可达性或者空气的清新程度等（该方法由于需要大量数据而难以使用）。

生产率变动法：指环境变化可以通过生产过程来影响生产者的产量、成本和利润，或者通过消费品的供给与价格变动来影响消费者福利。例如，因湿地面积缩小导致渔业减产时，损失的价值等于损失产量与单价之积。

碳税法：根据一个地区的碳税价格，基于计算得到的湿地固定碳量来估算湿地在调节温室气体方面的价值。

生态价值法：生态价值法是将 Pearl 的生长曲线与社会发展水平，以及人们的生活水平相结合，根据人们对某种生态功能的实际支付来估算该生态服务价值的方法。

由于各个具体指标的性质不同，有的存在现实的市场交易，更多的却不存在这样的市场；有的可以根据观测到的行为对服务进行经济价值评估，有的却需要基于假设的市场进行估算，有的则需要使用成果参照的方法。对于有些指标，可以通过多种方法对其进行价值估算；一些方法也对多种服务的评估具有普适性，根据调研的相关文献（Maltby et al.，1994；Kosz，1996；Barbier，1997；Richard and Wui，2001；Turner et al.，2000，2003；崔丽娟，2002；吴玲玲，2003；庄大昌等，2003；Fennessy et al.，2004；皮红莉，2004；王伟和陆健健，2005；张晓云和吕宪国，2006；陈贵龙，2006；傅娇艳，2007；张培，2008；李华和蔡永立，2008；赵美玲等，2008；欧维新和杨贵山，2009；Oliver et al.，2009；Maltby，2009），分别选择一种学者使用较多的方法作为各个指标的评价方法，各项指标的获取来源和评价方法如下。

1. 湿地产品

评价湿地生产的食物、木材等各种原材料的年生产价值，数据由当地湿地主管部门提供。估算方法是市场价格法，见式（3-26）。

$$V = \sum_{i=1} S_i \times Y_i \times P_i \qquad (3\text{-}26)$$

式中，V 为物质产品价值，既包括水产品价值，又包括原材料生产价值；S_i 为第 i 类物质的可收获面积；Y_i 为第 i 类物质的单产；P_i 为第 i 类物质的市场价格。产品市场价格参照当年相关统计年鉴及当地实际物价。在原材料价值的估算中，可收获面积按总生产面积的 50% 计算(吴玲玲等，2003)。

2. 休闲娱乐

该指标是指湿地生态系统或者湿地景观为人类提供观赏、娱乐、旅游的价值。数据主要由当地湿地主管部门提供，评价方法是费用支出法。估算中用旅游者费用支出的总和(包括交通费、食宿费等一切用于旅游方面的消费)作为该景观旅游功能的经济价值，见式(3-27)。

$$旅游价值 = 旅行费用支出 + 消费者剩余 + 旅游时间价值 + 其他花费 \quad (3-27)$$

旅行费用支出主要包括游客从出发地至景点的直接往返交通费用，游客在整个旅游时间中的食宿费，门票和景点的各种服务收费。旅行时间价值是由于进行旅游活动而不能工作损失的价值。其他花费包括用于购买旅游宣传资料、纪念品、摄影等。某一生态系统旅游价值的总消费者剩余消费取决于费用与旅游人次，约为其他各项费用支出的10%(辛琨和肖笃宁，2002)。

3. 环境教育

要准确估算湿地生态系统科研价值非常困难，因为教育、科研的经济效益不明显，而且在短期内难以见效，尤其是基础研究，研究结果对人类的作用本身就难以估算，同时投资力度往往受各方面人为因素的限制。因此，本指标体系选择成果参照法来估算教育、科研的价值。采用美国经济生态学家 Costanza(1997)推算出的世界湿地的文化价值为 881 美元/(公顷・年)来推算湿地的科学研究价值，计算时根据用于解译的遥感影像的日期当日的汇率换算为人民币。湿地面积由遥感图像解译得到。

4. 调节大气

湿地调节大气的价值由湿地每年吸收的 CO_2 和释放的 O_2 的价值之和来表征，吸收的 CO_2 和释放的 O_2 的价值由碳税标准和工业制氧价格与湿地面积之积来计算。湿地面积由遥感图像解译(解译方法见附录 5)得到。估算方法是碳税法和制造成本法，见式(3-28)：

$$X = A_1W_1 + A_2W_2 \quad (3-28)$$

式中，X 为湿地调节大气的价值；A_1 为碳税标准，为 700 元/吨；W_1 为湿地固定 CO_2 的重量；A_2 为工业制氧价格，为 400 元/吨；W_2 为湿地释放 O_2 的重量。依据植物光合作用方程：

$$CO_2(264 克) + H_2O(108 克) \rightarrow C_6H_{12}O_6(108 克) + O_2(193 克) \rightarrow 多糖(162 克)$$

由式(3-28)可知，植物每年生产 1 吨干物质可固定 1.63 吨 CO_2，放出 1.2 吨 O_2。根据评价区每年初级产品，按干湿比 1:20 计算，即可计算出评价区湿地调节大气价值(赵美玲等，2008)。

5. 调蓄洪水

以湿地当年的洪水调蓄量和修建同样蓄积量的水库的价值来表征该指标。调蓄量由当地湿地主管部门提供，估算方法是影子工程法，见式(3-29)。

$$L = \frac{1}{n} \sum_{t=1}^{n} c_t V_t (1 + x_t) \tag{3-29}$$

式中，L 为多年平均调蓄洪水价值；V_t 为当年洪水调蓄量；c_t 为当年修建 1 立方米水库库容的平均价格；x_t 为价格的增长系数，其单价为 0.67 元/立方米(庄大昌，2004)。

在缺乏数据的情况下，可用湿地当年的蓄水量代替调蓄洪水的水量进行计算。

6. 净化去污

该指标以工业方法去除等量的污水所用的费用来表征湿地净化去污的价值，去除污水总量由当地湿地主管部门提供。估算方法是影子工程法，见式(3-30)。

$$L = c_t V_t \tag{3-30}$$

式中，L 为评价区净化去污的价值；V_t 为第 t 年接纳周边地区废水污水量；c_t 为第 t 年单位污水处理成本(庄大昌，2004)。

由于 V_t 的值较难获取，在缺乏数据的情况下，可采用成果参照法进行计算，采用 Costanza(1997)的研究成果，对全球湿地降解污染功能平均价值进行估计，为 4177 美元/(公顷·年)，计算时根据用于解译的遥感影像的日期当日的汇率换算为人民币。湿地面积由遥感图像解译(解译方法见附录 5)得到。

7. 生物多样性

生物多样性价值的估算，采用成果参照法。采用 Costanza(1997)的研究成果，对全球湿地生物多样性的价值进行估计，为 439 美元/(公顷·年)，计算时根据用于解译的遥感影像的日期当日的汇率换算为人民币。湿地面积由遥感图像解译(解译方法见附录 5)得到。

8. 生存栖息地

生存栖息地价值的估算，采用成果参照法。采用美国经济生态学家 Costanza(1997)的研究成果，即湿地的避难所价值为 304 美元/(公顷·年)，计算时根据用于解译的遥感影像的日期当日的汇率换算为人民币。栖息地的面积由遥感图像解译(解译方法见附录 5)得到。

3.3 湿地生态系统综合评价方法

3.3.1 湿地生态系统健康评价

湿地生态系统健康由综合健康指数(index of comprehensive health，ICH)(麦少芝等，2005)表示，ICH 是所有标准化后的二级指标值的加权和，各个指标权重由层次分析法(analytic hierarchy process，AHP)(郭凤鸣，1997)计算得到。根据湿地生态系统综合健康指数的分值，将湿地生态系统健康分为好、中、差 3 个等级(表 3-7)，湿地生态系统健康评价的最终结果表示为湿地生态系统健康等级，辅以对应健康等级的描述性文字。

表 3-7　湿地生态系统健康等级表

等级	分值	健康状况
好	[7, 10]	湿地生态系统功能完善，系统稳定且活力很强，湿地景观保持良好的自然景观，系统活力极强，外界压力小
中	(3, 7)	湿地生态系统结构较为完整，具有一定的系统活力，可发挥基本的生态功能，外界存在一定压力，湿地景观发生了一定的改变，部分功能退化，已有少量的生态异常出现
差	[0, 3]	湿地生态系统结构不完整、不合理，系统不稳定，外界压力大，湿地景观受到很大破坏，结构破碎，活力较低，系统功能退化严重

各个指标计算值与健康等级的对应关系参照以下原则：首先按照国家标准；若没有国家标准，则借鉴评价区多年平均值或相关研究调查成果或公认的数量界限，否则采取模糊评价法计算其区间。

各指标权重因评价区而异，可以对单个湿地生态系统的健康状况进行评价。同区域同类型湿地之间的比较，各指标采用相同的权重。不同湿地之间的比较则需综合考虑湿地类型和区域特征。

3.3.2　湿地生态系统功能评价

湿地生态系统功能由综合功能指数(index of comprehensive function，ICF)表示，ICF 是所有二级功能指标分值的加权和，各个指标权重由层次分析法计算得到。根据湿地生态系统综合功能指数的分值，将湿地生态系统功能分为好、中、差 3 个等级(表 3-8)，湿地生态系统功能评价的最终结果表示为湿地生态系统功能等级，辅以对应功能等级的描述性文字。

表 3-8　湿地生态系统功能等级表

等级	分值	功能状况
好	[7, 10]	湿地产品的年收获量增加大于 6%；局地小气候现象十分明显；天然状态下，洪水调控能力强；景观美学价值很高；湿地具有很高的科研价值；生物多样性指数大于 60
中	(3, 7)	湿地产品的年收获量在减少 6% 和增加 6% 之间；存在局地小气候现象；需有筑堤、水库和滞洪区配合，才具有较强的洪水调控能力；具有一定的景观美学价值；湿地的科研价值一般，有相关研究；物种较少，特有属、特有种不多，生物多样性指数为 20～60
差	[0, 3]	湿地产品的年收获量减小 6% 以上；不存在局地小气候现象；洪水极难控制；景观美学价值很小，没有开发旅游活动；科研价值很小，没有学者以其为研究区进行湿地相关研究；物种贫乏，生态系统类型单一、脆弱，生物多样性极低，生物多样性指数小于 20

　　各指标权重因评价区而异，可以对单个湿地生态系统的功能进行评价。同区域同类型湿地之间的比较，各指标采用相同的权重。不同湿地之间的比较则需综合考虑湿地类型和区域特征。

　　指标获取采用定性打分和定量计算相结合的方式，对于不能定量表达的指标，可以通过向当地湿地主管部门发放问卷的形式获得指标分值，每个指标的评分标准见表 3-9。

表 3-9　湿地生态系统功能评价指标评分标准

一级指标	二级指标	分值		
		[7,10]（好）	(3,7)（中）	[0,3]（差）
供给功能	物质生产	湿地产品的年收获量增加 6%～12%，若超过 12%，得分为 10	湿地产品的年收获量在减少 6% 和增加 6% 之间	湿地产品的年收获量减小为 6%～12%，若减少超过 12%，得分为 0
调节功能	气候调节	局地小气候现象十分明显，气温日较差较周围地区明显减小，空气湿度明显大于周围地区	存在局地小气候现象，气温日较差较周围地区略有减小，空气湿度略大于周围地区	不存在局地小气候现象，气温和空气湿度与周围地区没有差别
	水资源调节	天然状态下，水资源调节能力强，基本无旱涝灾害和附加工程费用	需有筑堤、水库和滞洪区配合，才具有较强的调节能力	工程附加费大，但不能起到调节水资源的作用，且旱涝灾害发生频率很大
	净化水质	Ⅰ类、Ⅱ类水	Ⅲ类、Ⅳ类水	Ⅴ类、劣Ⅴ类水
文化功能	休闲与生态旅游	湿地景观美学价值很高，观光旅游日很多，且不断增加	湿地具有一定的景观美学价值，在特定时间段有观光旅游活动	湿地景观美学价值很小，没有开发旅游活动
	教育与科研	湿地具有很高的科研价值，能进行多方面有特色、有代表性的研究，每年有较多的学者以其为研究区进行湿地相关研究	湿地的科研价值一般，与其他同类型湿地相似，有部分学者以其为研究区进行湿地相关研究	湿地没有代表性，科研价值很小，没有学者以其为研究区进行湿地相关研究
支持功能	保护生物多样性	物种高度丰富，特有属、特有种繁多，生态系统丰富多样，生物多样性指数≥60，生物多样性指数大于 120 时，得分为 10 分	物种较少，特有属、特有种不多，局部地区生物多样性较丰富，但生物多样性总体水平一般，20≤生物多样性指数<60	物种贫乏，生态系统类型单一、脆弱，生物多样性极低，生物多样性指数<20

　　健康和功能评价各指标权重依据有以下 3 个来源。

　　（1）评价区工作人员提供参考：在实地调查过程中，评价区管理人员协助填写一张湿地评价各指标相对重要性征求意见表，根据他们的实际工作经验，给出当地湿地健康和功能各个指标的相对重要性大小。

（2）实地调查、访谈等获取信息：通过实地调查，了解当地湿地的特点及影响湿地生态系统健康和功能实现的各个因素，从而分析出各个指标的相对重要性。

（3）查阅文献：通过检索评价区湿地研究的相关文献，查阅出某些评价指标相对重要性的描述性文字或者类似评价中部分指标的权重大小，并将其作为权重设置的参考依据。

3.3.3　湿地生态系统价值评价

湿地生态系统价值评价最终结构表现为经济价值，通过公式计算出每个指标的货币金额。目前对湿地价值评价常用的方法有市场价格法、意愿调查价值评估法（CV 法）、旅行费用法、享乐价值法、成果参照法、影子工程法、内涵定价法、生产率变动法、碳税法、生态价值法等，根据调研的相关文献（Fennessy et al.，2004；Maltby and Barker，2009；Springate-Baninski et al.，2009；庄大昌，2004；Barbier，1997；Turner et al.，1997；崔丽娟，2004），分别选择一种学者使用较多的方法作为各个指标的评价方法（表 3-10）。

表 3-10　湿地生态系统价值评价方法

一级指标	二级指标	计算方法
直接使用价值	湿地产品	市场价格法
	休闲娱乐	费用支出法
	环境教育	成果参照法
间接使用价值	调节大气	碳税法和制造成本法
	调蓄洪水	影子工程法
	净化去污	影子工程法
选择价值	生物多样性	成果参照法
存在价值	生存栖息地	成果参照法

第4章 中国国际重要湿地生态系统评价

4.1 中国国际重要湿地评价工作概述

2012年2月29日,国家林业局湿地保护管理中心组织相关单位制定的《湿地生态系统评价指标体系》(以下简称《指标体系》)和《湿地生态系统评价指标测量技术手册》(以下简称《技术手册》)通过了国家林业局科技委专家论证,同年中国科学院遥感与数字地球研究所在海南东寨港国际重要湿地、江西鄱阳湖国际重要湿地、四川若尔盖国际重要湿地、湖北洪湖国际重要湿地等9处重要湿地进行了试点评价,随后进一步完善了《指标体系》和《技术手册》。2013~2014年国家林业局湿地保护管理中心组织中国科学院遥感与数字地球研究所、国家林业局华东林业调查规划设计院和国家林业局西北林业调查规划设计院3家单位完成全国42处国际重要湿地的生态系统评价工作。其中,中国科学院遥感与数字地球研究所负责山东黄河三角洲国际重要湿地、青海扎陵湖国际重要湿地、云南碧塔海国际重要湿地等11处国际重要湿地的评价工作,国家林业局华东林业调查规划设计院负责广东海丰国际重要湿地、湖南东洞庭湖国际重要湿地、上海长江口中华鲟国际重要湿地等15处国际重要湿地的评价工作,国家林业局西北林业调查规划设计院负责甘肃尕海国际重要湿地、西藏玛旁雍错国际重要湿地、黑龙江七星河国际重要湿地等16处国际重要湿地的评价工作。

按照国家林业局湿地保护管理中心的统一部署,中国科学院遥感与数字地球研究所、国家林业局华东林业调查规划设计院和国家林业局西北林业调查规划设计院分别成立了湿地生态系统评价项目组,各项目组根据评价程序和工作要求,在20个省(自治区、直辖市)湿地主管部门和各湿地管理部门的通力协作和大力支持下,深入各国际重要湿地,历时3年,共收集45处国际重要湿地科考材料、规划、科研论著、论文及统计、监测、影像数据千余份,采集化验土壤样品855份,调查获取有关当地居民湿地认识及保护意识问卷2024份、评价区工作人员对湿地功能评价调查问卷413份、评价指标相对重要性调查表45份。随后通过进一步的内业影像处理、指标计算、结果分析、报告撰写等工作完成了全部的评价流程。

至此,在国家林业局湿地保护管理中心的指导和安排下,中国科学院遥感与数字地球研究所等3家单位前后历经4年时间圆满完成了全国45处国际重要湿地(香港米埔-后海湾除外)的生态系统健康、功能和价值评价,全面掌握了中国国际重要湿地的生态状况、变化趋势,对规范中国湿地评价、明确全国湿地保护的重点和方向、制定合理的湿地保护与利用对策具有重要意义。

4.2　中国国际重要湿地生态系统评价结果

4.2.1　甘肃尕海国际重要湿地

1. 基本情况

1）位置与范围

甘肃尕海国际重要湿地（见书后彩图 1）地处青藏高原东北边缘，位于甘肃省甘南藏族自治州碌曲县境内，地理坐标为北纬 33°58′12″～34°32′16″，东经 102°05′00″～102°47′39″，包括甘肃省碌曲县尕海乡、拉仁关乡、郎木寺镇的全部及西仓乡的部分区域，与甘肃尕海-则岔国家级自然保护区范围一致。

尕海湿地有湖泊湿地、河流湿地与沼泽湿地 3 个湿地类型，包括永久性淡水湖、永久性河流、草本沼泽。湿地总面积为 58 067.88 公顷，其中湖泊湿地 4 725.73 公顷、河流湿地 2 005.67 公顷、沼泽湿地 51 336.48 公顷，分别占湿地总面积的 8.14%、3.45% 和 88.41%。

2）历史沿革

尕海候鸟省级自然保护区建立于 1982 年，则岔省级自然保护区成立于 1992 年；1998 年，尕海和则岔两个省级自然保护区合并晋升为国家级自然保护区；2011 年 10 月，甘肃尕海湿地被列入国际重要湿地名录。

3）自然状况

• 地质地貌

尕海湿地地质构造属西秦岭南支-南秦岭加里东海西褶皱带，东北部洮河为中生代三叠纪地层，岩石以灰绿色的砂岩和页岩为主，尕海高原以南主要由浅变质或未变质的地层组成，在褶皱带主轴南北两列塌陷带沉积了中生代地层，向斜构造谷地充填了第三纪红层和第四纪黄土及近代松散的沉积物。

地貌属青藏高原东部边缘向陇南山地和黄土高原的过渡地带，地势西高东低，大部分地区海拔为 3 000～4 000 米，最低处位于北部洮河河谷，海拔为 2 900 米。尕海湿地内有格尔琼山、西倾山、巴列卜恰拉山、豆格拉布则山、尕干恰拉山等。

• 气候

尕海湿地气候属高原气候，雨量充沛、光照丰富、气温偏低；年总日照时数为 2 351.8 小时，日照率达 5.3%；无绝对无霜期；冬季积雪较深，时间较长，全年积雪约为 80 天；湿地内长冬无夏，年平均冬季有 240 天；年平均气温为 1.2℃，年均降水量为 781.8 毫米，年均蒸发量为 1 150.5 毫米，降水量多集中在 7～9 月，占全年降水量的 56.2%。

• 水文

洮河是流经湿地内最大的河流，年均径流量为 1.74 亿立方米，其最大支流有热乌曲、合库布日果，在贡去乎相汇，流入洮河，年径流量为 0.12 亿立方米；长江水系的白龙江发源于尕海湿地东南部的郎木寺镇，在境内流程为 14 公里，汇水面积为 81 平方公里，年径流量为 0.41 亿立方米；尕海是湿地内最大的高原湖泊，平水年蓄水量为 0.2 亿立方米，最大蓄水量为 0.36 亿立方米，对西倾山北坡的洪水有一定的调节能力。尕海通过地下潜流流入洮河。湿地内水质良好，地表水水质级别为 I 类，矿化度为 0.5 克/升以下，是供人、畜饮用和工农业用水的良好水源。

· 土壤

湿地内土壤类型多样，且随着海拔的变化呈规律性垂直变化，土壤类型主要为暗色草甸土、沼泽土和泥炭土。暗色草甸土是草甸沼泽化植被下发育而成的土类，土层厚，结构良好；沼泽土主要分布于加仓、尕海及海拔为 3480～3800 米的洼地；泥炭土主要分布于郭茂滩、晒银滩及尕海滩，海拔为 3430～3590 米的地带，其面积较小。

· 植被

特殊的地理位置和气候条件形成了尕海湿地以寒温性中生植物为主的植被类型，属于中国温带草原森林草原带，植被的垂直分布很明显，有荒漠、草甸、灌丛、森林及草甸草原 5 个植被类型，包括 9 个群系组和 15 个群系。

荒漠为高山砾石荒漠，分布于海拔 3500～4400 米，因雨水侵蚀和风化作用，形成高山砾石荒漠。植物以低矮的垫状植物为优势，以红景天属、点地梅属、黄麻属为主。

草甸是湿地内面积较大的植被类型，分为高山草甸和沼泽草甸两类。沼泽草甸分布于海拔 3850 米以下的河谷滩地和湖泊周边，以藏嵩草、华扁穗草为主，形成华扁穗草-藏嵩草植物群丛。

灌丛分为常绿革叶灌丛和落叶阔叶灌丛两类。常绿革叶灌丛以杜鹃属植物为建群种；落叶阔叶灌丛以山生柳、窄叶鲜卑花、金露梅和高山绣线菊为主的高寒落叶阔叶灌丛和以沙棘属植物为主的河谷落叶阔叶灌丛组成。

森林分布在海拔 3000～3500 米的高山峡谷地带，以岷江冷杉、紫果云杉、云杉、青海云杉和祁连圆柏为主组成的寒温性针叶林和以白桦为主的落叶阔叶林组成。

草甸草原多分布于海拔 3000～4000 米山体的阳坡、半阳坡，形成以异针茅为主的丛生禾草草甸。

湿地植被有沼泽植被和沼泽草甸植被两种类型，沼泽植被主要分布于尕海湖周边，植物种类以篦齿眼子菜、水毛茛、杉叶藻、狐尾藻等为主；沼泽草甸植被主要分布于河边、水漫滩及尕海湖附近，主要植物种类有华扁穗草、藏嵩草、三裂碱毛茛、海韭菜、剪股颖、矮金莲花、高原毛茛、蕨麻矮陵菜、薹草属、龙胆属及马先蒿属。湿地植物有 94 种，主要植物种类有篦齿眼子菜、水毛茛、杉叶藻、狐尾藻、华扁穗草、藏嵩草、三裂碱毛茛、海韭菜、剪股颖、矮金莲花、高原毛茛、蕨麻矮陵菜、薹草属及龙胆属、马先蒿属等，以华扁穗草和藏嵩草为湿地植被主要建群种。

· 动物

尕海湿地内有脊椎动物 5 纲 25 目 58 科 197 种，其中兽类 6 目 15 科 38 种，鸟类 15 目 35 科 144 种，两栖类 2 目 4 科 4 种，爬行类 1 目 2 科 2 种，鱼类 1 目 2 科 9 种。国家重点保护野生动物有 38 种，其中 I 级保护动物有雪豹、林麝、黑颈鹤、黑鹳、斑尾榛鸡、

稚鹬、金雕、白尾海雕、胡兀鹫 9 种，Ⅱ级保护动物有大天鹅、黑耳鸢、苍鹰、雀鹰、大
鵟、草原雕、秃鹫、高山兀鹫、猎隼、红隼、燕隼、藏雪鸡、雪鹑、血雉、高原山鹑、蓝马
鸡、灰鹤、雕鸮、纵纹腹小鸮、长尾林鸮、青鼬、石貂、水獭、猞猁、兔狲、马鹿、马麝、
岩羊、盘羊 29 种。尕海湿地是国内黑颈鹤最集中的繁殖区，繁殖种群数量最多时达到
420 只以上，对于研究、保护这一珍稀物种具有十分重要的意义。

4) 社会经济状况

湿地内有郎木寺镇、尕海乡、拉仁关乡和西仓乡的贡去乎村共 11 个村委会 2 730 户
12 310 人，居民以藏族为主，汉、回等多民族集聚，其经济来源以畜牧业为主。2012 年，
湿地内各乡镇、村国内生产总值为 1.19 亿元，牧民人均年纯收入为 3 339 元。

尕海国际重要湿地的保护管理机构为甘肃尕海-则岔国家级自然保护区管理局，管
理局于 2003 年正式挂牌成立，内设办公室、业务科、三产办公室、计财科、湿地办公室、
防火办公室、组织人事科、林业有害生物防治站和 3 个保护站。保护区为直属甘肃省林
业厅领导的事业单位，其事业经费主要为省财政拨款，工程建设经费由中央财政按计划
划拨、省财政予以配套，2012 年保护区到位资金 1 534 万元，其中，天然林保护经费为
204 万元，林业经费为 1 217 万元，其他农林水事务经费为 255 万元，住房保障经费为
87.5 万元。

5) 湿地受到的干扰

尕海湿地受到的干扰主要包括自然和人为两个方面。自然干扰一方面表现为气候旱
化、区域降水量降低减少了湿地来水量，湿地内许多小溪和涌出泉干涸，部分支流出现
断流现象，且断流持续时间逐年延长；另一方面是湿地鼠害不断加剧，当前草场受害面
积占到草场总面积的 61.6%，比 20 世纪 80 年代扩大了 30%，害鼠密度为 121.95 只/公
顷；此外，还包括湿地土壤侵蚀加剧，水土流失面积加大，湖泊淤积致使湖盆变浅，湿地
蓄水调洪能力降低。人为干扰主要是湿地草场超载过牧，产草量和草质明显下降，珍稀
野生动物的栖息环境退化。

2. 评价结果

1) 湿地健康

·健康状况

甘肃尕海国际重要湿地综合健康指数为 4.60，健康等级为"中"。湿地健康状况表
现为湿地面积稳定，水质良好，生物种类丰富，无外来物种入侵，野生动物栖息地生态
环境较好，湿地内人口稀疏，社区居民湿地保护意识良好；湿地水源保证率较低、局部
土壤环境受到污染，对湿地生态系统健康造成一定程度的威胁(表 4-1)。

表 4-1　甘肃尕海国际重要湿地生态系统健康评价结果

评价指标		指标值		指标权重	综合健康指数
一级指标	二级指标	原始值	归一化值		
水环境指标	地表水水质	I	10.00	0.086 8	
	水源保证率	2.50	2.50	0.260 5	
土壤指标	土壤重金属含量	1.45	6.74	0.020 2	
	土壤 pH	7.41	7.95	0.020 2	
	土壤含水量	34.44	3.44	0.080 9	
生物指标	生物多样性	28.75	2.19	0.215 7	4.60
	外来物种入侵度	0.00	10.00	0.027 0	
景观指标	野生动物栖息地指数	7.60	7.60	0.064 0	
	湿地面积变化率	1.00	10.00	0.032 0	
	土地利用强度	0.79	2.24	0.064 1	
社会指标	人口密度	4.98	9.92	0.032 1	
	物质生活指数	0.99	0.99	0.032 2	
	湿地保护意识	7.14	7.14	0.064 3	

· 结果分析

A. 湿地水质良好

水环境指标对尕海湿地生态系统健康影响最为显著，其权重值达到 0.347 3，表明湿地水文状况、水环境质量是维持湿地基本健康的前提和保证。湿地地处白龙江源头和洮河上游，无工农业污染，地表水属 I 类水，水质良好。

B. 湿地面积稳定

通过对比尕海湿地 2012 年和 2013 年前后两期卫星影像，湿地面积动态变化小，发现湿地面积基本保持稳定。

C. 野生动植物栖息地环境良好

尕海湿地植被覆盖率为 70%，植物群落盖度多高于 60%，物种种类丰富，无外来物种入侵，为野生动物提供了较好的栖息地环境。

D. 湿地水源有效保证率低

尕海湿地水源主要依赖自然降水补给，受全球气候变化及降水量减少等自然因素的影响，近十余年以来，湿地来水量不断减少，湿地水源保证率逐步降低。

E. 湿地面临压力加大

尕海湿地地处青藏高原区，境内居民以牧民为主，草地超载过牧严重，湿地面临的压力逐渐增加，产草量不断减少，草质下降，草地退化现象明显。

2) 湿地功能

· 功能状况

甘肃尕海国际重要湿地综合功能指数为 7.15，功能等级为"好"。按照一级指标，湿地以调节功能为主，其次为文化功能和供给功能，支持功能较弱。按照二级指标，水资源调节功能最为显著，其次为物质生产和气候调节功能，休闲与生态旅游功能最弱（表 4-2）。

表 4-2　甘肃尕海国际重要湿地生态系统功能评价结果

评价指标		指标值		指标权重	综合功能指数
一级指标	二级指标	原始值	归一化值		
供给功能	物质生产	7.60%	7.80	0.175 6	
调节功能	气候调节	8.00	8.00	0.127 7	
	水资源调节	8.60	8.60	0.232 0	
	净化水质	9.90	9.90	0.070 3	7.15
文化功能	休闲与生态旅游	7.50	7.50	0.054 5	
	教育与科研	9.10	9.10	0.108 9	
支持功能	保护生物多样性	28.75	2.87	0.231 0	

- 结果分析

A. 调节功能巨大

尕海湿地跨黄河和长江两大水系，是长江二级支流白龙江的发源地，也是黄河上游最大支流——洮河的主要水源涵养地，湿地最大蓄水量可达 8.19 亿立方米，在调节气候、防洪抗旱、调节径流、补充地下水等方面作用巨大，是甘肃中东部地区重要的水源地。

B. 供给功能显著

湿地内有大面积的草场，历来是当地藏族牧民的传统牧场，为当地经济社会发展提供了包括牧草在内的大量物质产品，湿地物质生产年增加率在 6.4% 以上，经济和社会效益显著。

C. 科研教育功能独特

尕海湿地独特的高寒湿地生态系统为各类生物的生存、繁衍提供了良好的栖息地，丰富的野生动物资源具有很高的科研价值，吸引了许多国内外研究单位、专家到此开展科学研究，也是大专院校良好的野外实习基地。

D. 生态旅游功能未充分显现

尕海湿地具有明显的高原特色，湿地景观美学价值较高，但受气候、交通、区位、经济社会发展水平等条件的限制，来此观光旅游的人数较少，生态旅游功能未能充分显现。

3）湿地价值

- 价值状况

甘肃尕海国际重要湿地总价值为 59.12 亿元/年，单位面积湿地价值为 10.18 万元/（公顷·年）。其中，间接使用价值最大，为 32.88 亿元/年，占 55.62%；其次为直接使用价值，为 23.55 亿元/年，占 39.83%，选择价值和存在价值较小，分别仅占 2.69% 和 1.86%。按照二级指标，湿地提供物质产品的价值最大，占总价值的 34.05%；其次为净化去污与调蓄洪水价值，分别占总价值的 25.63% 和 18.98%；休闲娱乐价值最小，仅占总价值的 0.38%（表 4-3）。

表 4-3　甘肃尕海国际重要湿地生态系统价值评价结果　（单位：亿元/年）

评价指标		单项价值	小计	总价值
一级指标	二级指标			
直接使用价值	湿地产品	20.13	23.55	59.12
	休闲娱乐	0.23		
	环境教育	3.19		
间接使用价值	调节大气	6.51	32.88	
	调蓄洪水	11.22		
	净化去污	15.15		
选择价值	生物多样性	1.59	1.59	
存在价值	生存栖息地	1.10	1.10	

· 结果分析

A. 湿地资源丰富，直接利用价值高

尕海湿地不仅为区域社会提供了丰富、优质的水资源，也为当地群众提供了大量的泥炭、饲草、野生动植物等生产原料；独特的高寒湿地自然景观、良好的生态环境也是人们休闲娱乐、生态旅游、环境教育和科学研究的良好场所。

B. 湿地面积大，间接使用价值显著

尕海湿地总面积 58 067.88 公顷，广阔的湿地在固碳释氧、调节大气、减少洪水径流、调蓄洪水，以及净化去污等方面发挥了重要作用，间接产生的经济价值显著。

C. 生物多样性价值偏低

尕海湿地独特的自然环境为各类生物的生存、繁衍提供了丰富的食物资源，以及优良的迁移、栖息及繁殖条件，但湿地生物多样性价值及生存栖息地价值在湿地生态系统总价值中比重较低，分别仅占总价值的 2.69% 和 1.86%。

4）总体评价

甘肃尕海国际重要湿地生态系统健康等级为"中"，功能等级为"好"，湿地生态系统总价值为 59.12 亿元/年，单位面积湿地价值为 10.18 万元/（公顷·年）。尕海国际重要湿地面积稳定，水质良好，无外来物种入侵，生物种类丰富，野生动植物栖息地环境适宜，湿地内人口稀疏，公众的湿地保护意识较好；但湿地水源保证率较低，土壤环境受到轻微污染，生物资源利用过度，湿地面临压力加大。湿地以调节功能为主，以文化功能和供给功能为辅，支持功能较弱。湿地间接使用价值显著，直接使用价值巨大。

3. 存在问题及建议

1）存在问题

A. 上游来水减少，湿地水源不足

尕海湿地水源补给主要依赖自然降水，由于气候变化的影响，上游区域降水不断降低，湿地来水量减少，水源保证率下降，总体处于缺水状况。

B. 超载过牧与鼠害引起湿地生态退化

当地畜牧业长期以单纯追求牲畜规模和提高经济收入为主要目标，不顾湿地草场的载畜量，严重超载过牧；高原鼠兔、高原鼢鼠和喜马拉雅旱獭等的危害导致湿地草场退化，土壤侵蚀加重，草原毒杂草面积增加，一些高原野生动物栖息环境逐步恶化。

C. 高品质景观资源未得到利用

尕海独特的高原湿地景观及其中孕育的丰富野生动植物资源是品位高且不可替代的旅游资源，但由于缺少基本的游览、服务设施，湿地景观旅游价值没有得到充分体现。

2) 建议

A. 以草定畜，合理划分禁牧、限牧和轮牧区，恢复湿地生态

按照尕海湿地不同植被类型生物生产力，依据其产草量，合理确定载畜量，合理划分禁牧区、限牧区和轮牧区，将整个湿地牲畜数量限定在合理的范围内，严禁超载放牧，遏制湿地生态退化趋势，增强湿地维持生物多样性的能力。

B. 实施生态补水工程，维护湿地健康与功能

针对湿地缺水现状，对尕海湖等重点湖泊及其周边沼泽实施生态补水，将湿地水量维持在较好的状态，保证湿地生态用水，有效提高湿地健康水平，恢复湿地功能。

C. 合理利用湿地景观资源，发展湿地生态旅游

尕海湿地具有独特、高品位的景观资源，发展湿地生态旅游优势明显。应根据湿地生态环境的特点、环境容量和生态承载能力，在优先保护的前提下合理开发湿地旅游资源，增强发展活力。

4.2.2　黑龙江东方红国际重要湿地

1. 基本情况

1) 位置与范围

黑龙江东方红国际重要湿地(见书后彩图 2)位于长白山系老爷岭余脉完达山东缘和乌苏里江中游西岸的东方红林业局施业区内，地理坐标为东经 $133°34'18''\sim133°54'57''$，北纬 $46°12'00''\sim46°22'27''$。湿地南临三小公路小木河口，北至大塔山林场北部场界，西靠虎饶公路，东隔乌苏里江与俄罗斯相望，其与黑龙江东方红湿地国家级自然保护区范围一致。

东方红湿地有沼泽湿地与河流湿地两个湿地类型，包括草本沼泽、永久性河流。湿地面积为 28 880.23 公顷，其中草本沼泽湿地面积为 27 249.87 公顷，占湿地总面积的 94.35%；河流湿地为 1630.36 公顷，占湿地总面积的 5.65%。

2) 历史沿革

东方红湿地自然保护区是在原大塔山林场施业区的基础上建立的，2001 年 8 月被国

家林业局和黑龙江省政府批准成立省级自然保护区；2009年9月经国务院批准晋升为国家级湿地自然保护区；2013年东方红湿地被列入国际重要湿地名录。

3）自然状况

·地质地貌

东方红湿地地质构造上为乌苏里江冲积底平原，属三江平原的组成部分，地势低平，坡降很缓。最低海拔为47米，最高处为312.3米，平均坡度为10°～15°，局部坡度达45°，总的地势属于低山丘陵。地势西北高，东南低，地域层次分布明显，明水面、沼泽、沼泽化草甸、草甸、稀树带状林随地势由低向高规则分布，地貌类型有河漫滩、一级阶地和二级阶地3种类型。

·气候

湿地气候属寒温带大陆性季风气候，冬季漫长，严寒有雪；夏季短促，温湿多雨；春季多风、易干；秋季多雨，降温迅速，易秋涝早霜。年均气温为3.5℃，1月最冷，月平均气温为−18.3℃，7月最热，月平均气温为21.6℃。年平均降水量为566.2毫米，年均蒸发量为1110.7毫米。降水量多集中在6～8月，占全年降水量的53%。全年日照为2274.0小时，≥10℃积温为2557.0℃。年平均风速为3.4米/秒。融雪在2月下旬，结冻期为180天左右。

·水文

东方红湿地东与乌苏里江相依，大木河、小木河和独木河穿境而过，常年积水的湖泡水塘星罗棋布点缀其中。乌苏里江是中国东北部的重要界河，江面平均宽为100米，深为12米，流速为0.9立方米/秒，平槽流量为500～600立方米，洪峰大都出现在4～5月，夏汛一般在8月，11月至次年3月江面封冻；独木河和大、小木河属乌苏里江水系的二级支流。湿地内的水源主要依靠这几条河流泛溢和自然降水供给。

·土壤

东方红湿地纬度较高，土壤受自然因素及人为因素的影响，有不同的发育方向，地带性土壤为暗棕壤，非地带性土壤有白浆土、草甸土、沼泽土、泥炭土和河淤土五大类。

·植被

东方红湿地内植物种类丰富，共有植物849种，其中地衣植物8科46种，苔藓植物37科101种，蕨类植物12科28种，种子植物95科674种，可划分为6个植被类型。

次生阔叶林：多分布在丘陵地带，沼泽化地段也能形成"岛状林"，主要植物种类有榛子、蒙古栎、白桦、毛榛子、山杨等。

灌丛：在溪流、河流两岸分布，特别是江河改道的湿地与沿河低湿地处，常呈团块状分布，一般生于低海拔的阔叶林下，若阔叶林遭到破坏则能衍生成次生灌丛。主要植物种类有薹草、小叶章、柳叶绣线菊、修氏薹草等。

草甸：小叶章草甸是湿地常见的草甸类型，主要分布在岗地、高河漫滩和一级阶地上，地表无积水，湿润或有季节性积水。

沼泽化草甸：此类草甸为典型沼泽草甸，主要沿开阔的泛滥地呈带状分布，或常见于河漫滩和地形微凹的低平地。常见的植物种类有芦苇、沼柳、薹草等。

草本沼泽：多分布在重沼泽区边缘和河漫滩上，干旱年份积水可消失，常见的植物种类有芦苇、灰脉薹草、狭叶甜茅、香蒲、小叶章、毛果薹草、水葱、藨草等。

草塘：多见于静水湖泊和大型泡沼中，常见的植物种类有穗状狐尾藻、龙须眼子菜、细叶狸藻、沼生水马齿、芡实、莲、荇菜等。

湿地植被类型有灌丛植被、草甸植被、沼泽植被和水生植被 4 种类型。

・动物

湿地内有脊椎动物 342 种，其中鱼类 15 科 68 种，两栖类 2 目 4 科 7 种，爬行类 3 目 4 科 7 种，鸟类 216 种，兽类 6 目 14 科 44 种。列入国家 I 级保护的野生动物有东方白鹳、中华秋沙鸭、金雕和丹顶鹤、东北虎、紫貂；列入国家 II 级保护的野生动物有大天鹅、鸳鸯、苍鹰、普通鵟、鹊鹞、红脚隼、花尾榛鸡、长尾林鸮、黑熊、棕熊、水獭、猞猁、雪兔、马鹿和驼鹿等 36 种；雷氏七鳃鳗被中国濒危动物红皮书列为易危物种。

湿地动物有 146 种，其中鸟类 9 目 12 科 64 种，两栖动物 2 目 4 科 7 种，爬行类动物 3 目 4 科 7 种，鱼类 9 目 15 科 68 种。被列入国家 I 级重点保护野生动物有东方白鹳、中华秋沙鸭和丹顶鹤，列入国家 II 级重点保护野生动物有大天鹅、鸳鸯、水獭等。

4）社会经济状况

东方红湿地位于虎林市东方红林业局施业区内。东方红林业局始建于 1963 年，是国家大型 I 档企业，有人口 4.5 万人，有职工 1.3 万人，其中有林场、经营所 13 个，年产木材 20.6 万立方米。湿地内居民户以农业生产活动为主。

东方红国际重要湿地保护管理机构为东方红湿地自然保护区管理局，于 2003 年正式挂牌成立，下设办公室、资源保护科、水文观测站、管护站、林政防火检查站，目前管理局有职工 30 人。管理局归黑龙江省森工总局资源局领导，其事业经费主要为财政拨款，工程建设经费由中央财政按计划划拨、森工局财政予以配套。

5）湿地受到的干扰

东方红湿地受到的干扰主要表现在人为方面：随着经济社会的发展，原有的部分沼泽湿地被开垦和修建排水沟渠，一方面导致湿地面积被侵占，湿地水文发生改变，植被遭到破坏，局部湿地岛屿化、破碎化明显，一些野生动物栖息环境受到干扰和破坏；另一方面由于农业生产造成的面源污染对湿地水体和土壤造成污染，所以在一定程度上降低了湿地的健康水平。

2. 评价结果

1）湿地健康

・健康状况

黑龙江东方红国际重要湿地健康指数为 7.11，健康等级为“好”。湿地健康状况表现为湿地面积稳定，水质良好，能够得到有效的水源补给，湿地内土壤环境整体较好，人口稀少，土地利用强度小，无外来物种入侵，能够为野生动物提供适宜的栖息环境，生物种类丰富；但湿地内生物多样性水平较低，社区居民湿地保护意识一般，对湿地生态系统健康产生一定的影响(表 4-4)。

表 4-4　黑龙江东方红国际重要湿地生态系统健康评价结果

评价指标		指标值		指标权重	综合健康指数
一级指标	二级指标	原始值	归一化值		
水环境指标	地表水水质	I	10.00	0.1905	7.11
	水源保证率	6.89	6.89	0.0952	
土壤指标	土壤重金属含量	1.16	7.99	0.0233	
	土壤 pH	4.68	4.53	0.0424	
	土壤含水量	41.22	4.12	0.0771	
生物指标	生物多样性	35.60	3.15	0.1071	
	外来物种入侵度	0.00	10.00	0.0357	
景观指标	野生动物栖息地指数	6.80	6.80	0.0357	
	湿地面积变化率	1.00	10.00	0.0357	
	土地利用强度	0.02	9.50	0.0714	
社会指标	人口密度	0.74	9.98	0.1542	
	物质生活指数	0.00	0.00	0.0469	
	湿地保护意识	4.00	4.00	0.0848	

· 结果分析

A. 湿地水源充足，水质优良

水环境指标对东方红湿地生态系统健康的影响最为显著，其权重值达到 0.2857，表明湿地水文状况、水环境质量是维持湿地健康的保证。湿地内有乌苏里江干流及大木河、小木河和独木河等水体，湿地水源能够得到大气降水和地表径流的有效补充，水源保证率较高；湿地内无工业污染，地表水属 I 类水，水质优良。

B. 湿地面积稳定

通过对比东方红湿地 2013 年和 2014 年前后两期卫星影像，发现湿地面积动态变化小，湿地面积基本保持稳定。

C. 野生动植物栖息环境良好

东方红湿地植被覆盖率高，植物生长茂盛，无外来物种入侵，能够为野生动物提供适宜的栖息地环境，湿地内物种丰富。

D. 土壤环境整体较好

湿地土壤重金属含量均达到《土壤环境质量标准》(GB 15618—2008)二级标准以上，表明土壤环境没有遭受严重污染，整体处于较好水平。

2) 湿地功能

· 功能状况

黑龙江东方红国际重要湿地综合功能指数为 6.62，功能等级为"中"。按照一级指标，湿地以调节功能为主，其次为供给功能和支持功能，文化功能较弱。按照二级指标，水资源调节功能最为显著，其次为物质生产和保护生物多样性功能，消遣与生态旅游功能最弱(表 4-5)。

表 4-5　黑龙江东方红国际重要湿地生态系统功能评价结果

评价指标		指标值		指标权重	综合功能指数
一级指标	二级指标	原始值	归一化值		
供给功能	物质生产	0.00	5.00	0.2485	
调节功能	气候调节	8.90	8.90	0.1045	
	水资源调节	8.90	8.90	0.2090	6.62
	净化水质	6.70	6.70	0.1045	
文化功能	休闲与生态旅游	8.10	8.10	0.0363	
	教育与科研	8.90	8.90	0.0727	
支持功能	保护生物多样性	35.60	4.21	0.2245	

· 结果分析

A. 调节功能显著

东方红湿地位于乌苏里江下游地区，是乌苏里江重要的水源涵养地和保护地，湿地内地表径流众多，水资源丰富，有保存较为完好的原始湿地，在调节区域气候、稳定下游水量及水质、消洪抗旱等方面作用显著。

B. 供给功能明显

湿地内生物资源、水资源丰富，每年可为当地经济社会提供包括大量淡水、饲草在内的物质产品和生产原料，经济和社会效益明显。

C. 支持功能重要

东方红湿地地处东北亚和西伯利亚水禽的迁徙通道上，其原始的湿地生态系统能为各类生物的生存、迁徙和繁衍提供良好的栖息地环境，其在保护生物多样性方面发挥了重要作用。

D. 文化功能未能充分展现

东方红湿地天然的湿地生态系统、珍稀的动植物资源、独特的地理位置、多样的自然景观等，是集生态保护、科研监测、科学研究、生态旅游、宣传教育等为一体的良好的天然场所，但由于受交通、区位及经济社会发展水平的限制，其文化功能没有得到充分显现。

3) 湿地价值

· 价值状况

东方红国际重要湿地生态系统总价值为 35.62 亿元/年，湿地单位面积价值为 12.33 万元/(公顷·年)。其中，间接使用价值最高，为 29.43 亿元/年，占总价值的 82.62%；其次是直接使用价值，为 4.86 亿元/年，占总价值的 13.64%；选择价值与存在价值较小，分别仅占总价值的 2.22% 和 1.52%。按照二级指标，湿地调蓄洪水的价值最大，占总价值的 48.06%；其次为净化去污与调节大气价值，分别占总价值的 20.80% 和

13.76%；休闲娱乐价值最小(表 4-6)。

表 4-6 黑龙江东方红国际重要湿地生态系统价值评价结果

(单位：亿元/年)

评价指标		单项价值	小计	总价值
一级指标	二级指标			
直接使用价值	湿地产品	3.30	4.86	35.62
	休闲娱乐	0.00		
	环境教育	1.56		
间接使用价值	调节大气	4.90	29.43	
	调蓄洪水	17.12		
	净化去污	7.41		
选择价值	生物多样性	0.79	0.79	
存在价值	生存栖息地	0.54	0.54	

· 结果分析

A. 湿地调节功能显著，间接使用价值巨大

东方红湿地拥有大面积的原始性沼泽湿地，湿地内地表径流众多，泡沼广布，蕴藏着丰富的水资源，湿地在固碳释氧、调节大气、减少下游洪水径流、调蓄洪水，以及稳定下游及周边地区水质等方面发挥了重要功能，间接产生的经济价值巨大。

B. 湿地资源丰富，直接使用价值较高

东方红湿地不仅为区域社会提供了丰富、优质的淡水资源，也为当地群众提供了大量的饲草、水产品、野生动植物等生产原料和物质产品；东方红国际重要湿地是黑龙江省东部地区目前保存完好的湿地生态系统之一，处于东北亚和西伯利亚水禽的迁徙通道上，湿地类型多样，河流、泡沼众多，物种丰富，具有较高的环境教育价值。

C. 生物多样性、生存栖息地价值较低

东方红湿地复杂多样的湿地资源为各类生物的生存繁衍提供了丰富的食物资源和生活环境，但湿地生物多样性价值及生存栖息地价值在湿地生态系统总价值中比重偏低，分别仅占湿地总价值的 2.22% 和 1.52%。

4) 总体评价

东方红国际重要湿地生态系统健康等级为"好"，功能等级为"中"，湿地生态系统总价值为 35.62 亿元/年，单位面积湿地价值为 12.33 万元/(公顷·年)。湿地面积稳定，水质良好，湿地水源能够得到有效保证，湿地内人口稀疏，土地利用强度小，土壤整体环境良好，没有外来物种入侵，能为野生动物提供适宜的栖息地环境，物种丰富。但湿地生物多样性指数较低，社区居民湿地保护意识一般。东方红国际重要湿地以调节功能为主，以供给功能和支持功能为辅，文化功能较弱。湿地间接使用价值显著巨大，具有较高的直接使用价值。

3. 存在问题及建议

1）存在问题

A. 人类活动威胁原始湿地健康和功能

随着经济社会的发展，部分沼泽湿地被排水和开垦，导致原始的湿地面积被侵占，湿地水文发生改变，植被遭到破坏，局部湿地岛屿化、破碎化明显，水体和土壤遭受污染，一些野生动物栖息环境受到干扰和破坏，物种分布区减少，湿地健康受到威胁，功能受损。

B. 独特的湿地景观资源未得到有效利用

东方红湿地地处乌苏里江河畔，与俄罗斯隔河相望，原始的湿地生态系统保存较为完整，湿地内野生动植物资源丰富，自然景观多样，地理位置独特，是开展生态旅游、游憩休闲的理想场所，但由于缺少基本的游览、服务设施，湿地景观旅游价值没有得到充分体现。

2）建议

A. 实施退耕还湿工程，恢复湿地生态

加大湿地健康和功能的提升，科学评估湿地利用方式和受损状况，因地制宜，采取自然恢复和各种生态工程修复措施，通过退耕还湿（林）、植被恢复、污染防治等手段，进行综合治理，改善湿地生态环境状况，恢复原湿地的结构和功能，提升湿地健康水平。

B. 合理利用湿地资源，发展生态旅游

东方红湿地独特的地理位置和高品位的景观资源，具有发展湿地生态旅游的明显优势。应根据湿地生态环境的特点、环境容量和生态承载能力，在优先保护的前提下合理开发湿地旅游资源，发展生态旅游，增强湿地发展活力。

4.2.3　黑龙江洪河国际重要湿地

1. 基本情况

1）位置与范围

黑龙江洪河国际重要湿地（见书后彩图 3）地处黑龙江省三江平原腹地，位于同江市和抚远县境内，地理坐标为北纬 $47°41'58''\sim47°52'03''$，东经 $133°33'19''\sim133°47'35''$，与黑龙江洪河国家级自然保护区范围一致。

洪河湿地有湖泊湿地和沼泽湿地两种湿地类型，包括永久性淡水湖、草本沼泽、森林沼泽、沼泽化草甸。湿地面积为 21 699.28 公顷，占总面积的 99.37%。其中，永久性淡水湖为 17.24 公顷、草本沼泽为 12 011.66 公顷、森林沼泽为 1 354.48 公顷和沼泽化草甸为 8 315.9 公顷，分别占湿地总面积的 0.08%、55.36%、6.24% 和 38.32%。

2）历史沿革

1984 年经黑龙江省人民政府批准建立洪河省级自然保护区，1989 年建立组织机构，隶属黑龙江省环境保护局直属单位，由同江市代管；1991 年经黑龙江省环保局与黑龙江省国营农场管理总局协商，将洪河自然保护区移交给建三江管理局直属事业单位管理，业务隶属黑龙江省环保局指导；1996 年经国务院批准晋升为国家级自然保护区；2002 年洪河湿地被列入国际重要湿地名录。

3）自然状况

· 地质地貌

洪河湿地地质构造属中生代同江内陆断陷的次级单位——抚远凹陷的中部西南一侧，从入侵岩到新生界由 8 个组的地层单元构成；湿地内地势平坦，由西南向东北呈微倾斜，西南端海拔高度为 54.5 米，东北最低处海拔为 51.5 米，地面坡降为 1/5 000～1/10 000；湿地内碟形洼地、线性洼地和水泡星罗棋布，地貌可分为冲击平原漫滩和阶地两种类型。

· 气候

洪河湿地属温带大陆性季风气候，同时具有湿润森林气候的特点。四季分明，春季多风少雨，气候干燥；夏季高温多雨，日照时间长，降水集中；秋季日照渐短，气温下降迅速，多大风和阴雨天气，降水逐步减少；冬季漫长寒冷，气候干燥。年平均气温为 1.9℃，最冷月份平均气温为 −23.4℃，最热月份平均气温为 22.4℃，极端最低气温为 −39.1℃，极端最高气温为 40℃；≥10℃有效积温为 2165～2624℃，年平均日照时数为 2356 小时；年平均降水量为 585 毫米，50%～70% 的降水集中在 7～9 月；多年平均蒸发量为 900 毫米；多年平均无霜期为 131 天。

· 水文

湿地内主要河流浓江河发源于同江县青龙山南沼泽地，由湿地西南角入境，向东北流经湿地北部边缘，于抚远镇西注入黑龙江，境内流程为 25.7 公里，流域面积为 2 643.0 平方公里，河床宽为 150～200 米，水深为 3～9 米，上游无明显河槽；沃绿兰河为浓江河支流，全长为 7 公里，是湿地的主要水源之一。

· 土壤

湿地内主要土壤有白浆土和沼泽土。白浆土分为岗地白浆土、草甸白浆土和潜育白浆土 3 个亚类。岗地白浆土主要分布在岛状林下，黑土层厚 10～20 厘米；草甸白浆土主要分布在平坦地区；潜育白浆土分布在低洼处、低平地，土壤肥沃。沼泽土分布在浓江河河滩地上。

· 植被

洪河湿地内植被可划分为森林、灌丛、草甸、沼泽和水生 5 种植被类型。

森林植被：主要为次生林，呈星岛状分布，以山杨、白桦、蒙古栎等落叶阔叶乔木为优势种。

灌丛植被：主要分布于河流两岸，水湿地、沼泽边缘或林缘、林间空地等处，由毛赤杨、榛子及几种柳组成,可以划分膨囊薹草、柴桦、毛赤杨灌丛,膨囊薹草、绣线菊、柳灌丛和凸脉薹草、榛子灌丛 3 种。

草甸植被:主要分布于低海拔地带,一般沿河流两岸或平坦的低洼地段,特别在宽阔河谷的一级阶地及泛滥地尤为普遍,呈带状或片状与沼泽或森林呈复区分布,群落组成中以中生或湿中生植物为优势种。草甸以小叶章为建群种,禾本科植物为主要优势种,菊科、莎草科、豆科等植物为常见种类。

沼泽植被:是洪河湿地生态系统中分布最广、面积最大的类型,可划分为轻沼泽和重沼泽两大类。轻沼泽主要分布在洪河湿地的低洼地和低河漫滩上,以小叶章-芦苇-毛果薹草群落为主。重沼泽广泛分布于高低河漫滩和阶地上的各种洼地或旧河道,群落的组成主要有毛果薹草-芦苇、毛果薹草-乌拉草、毛果薹草-漂筏薹草。

水生植被:由分布在水体中的水生植物与水体构成。水生植物划分为沉水型、浮叶型、漂浮型、挺水型 4 种类型。

洪河湿地有湿地植物 724 种,其中地衣植物 40 种,苔藓植物 107 种,蕨类植物 19 种,种子植物 558 种,可划分为草甸植被、沼泽植被和水生植被 3 种植被类型。主要植物种类有小叶章、毛果薹草、漂筏薹草和甜茅等;在季节性、间歇性的洪泛地,主要建群种有毛果薹草、乌拉薹草、漂筏薹草、灰脉薹草和小叶章、沼柳、柴桦、菖蒲等植物。

· 动物

洪河湿地内有脊椎动物 278 种,包括鱼类 4 目 7 科 19 属 23 种,两栖类 2 目 4 科 5 属 6 种,爬行类 1 目 2 科 2 属 3 种,鸟类 18 目 48 科 118 属 214 种,兽类 6 目 13 科 24 属 32 种。其中,国家 I 级保护野生动物有梅花鹿、东方白鹳、黑鹳、金雕、白尾海雕、丹顶鹤 6 种;国家 II 级保护野生动物有 39 种,分别为黑熊、雪兔、水獭、马鹿、赤颈鸊鷉、大天鹅、白琵鹭、苍鹰、雀鹰、松雀鹰、白额雁、普通鵟、白腹鹞、游隼、燕隼、灰背隼、小天鹅、鹗、凤头蜂鹰、鸢、灰脸鵟鹰、雕鸮、乌雕、长尾林鸮、长耳鸮、短耳鸮、白尾鹞、鹊鹞、矛隼、红脚隼、红隼、黑琴鸡、白枕鹤、普通角鸮、领角鸮、雪鸮、鬼鸮等。

湿地动物主要为水禽,其中分布最多的是雁鸭类,包括赤颈鸊鷉、针尾鸭、罗纹鸭、绿头鸭、斑嘴鸭、白眉鸭、琵嘴鸭、鹊鸭、红嘴鸥、普通翠鸟等,其中罗纹鸭、绿头鸭为优势种。据初步调查,湿地内每年秋季迁徙的东方白鹳、丹顶鹤、白枕鹤和雁鸭类种群数量超过 20 000 只。国家 I 级保护野生动物有东方白鹳、黑鹳、丹顶鹤等,国家 II 级保护野生动物有赤颈鸊鷉、大天鹅、白琵鹭、白额雁、小天鹅、鹗、白枕鹤和水獭等。

4) 社会经济状况

洪河湿地隶属黑龙江农垦局建三江管理局,业务隶属黑龙江省环保局指导,保护区管理局为全民所有制事业单位。

湿地内 3 个农场(即洪河农场、前锋农场、鸭绿河农场)的总户数为 8 098 户,总人口为 21 599 人,其中社会从业人员为 14 754 人。3 个农场实现国内生产总值 15.54 亿元,其中第一产业为 13.8 亿元。人均纯收入为 13 576～15 510 元。

5) 湿地受到的干扰

洪河湿地受到的干扰主要表现在人为干扰方面：一是湿地周边主要为农业生产区，为保障农业用水，对浓江河和沃绿兰河实行人工截流分洪、堵坝排水和强排改道，由于不合理的水资源利用，致使湿地补给水源大幅减少，水文条件发生变化，湿地呈现退化趋势，湿地健康和功能下降；二是由于人类生产活动导致的面源污染使得湿地水体受到一定污染，产生的噪声使野生动物栖息地环境受到干扰。

2. 评价结果

1) 湿地健康

· 健康状况

经测算评价，黑龙江洪河国际重要湿地健康指数为 5.91，健康等级为"中"。湿地健康状况表现为水环境指标对洪河湿地生态系统健康状况的影响最为显著，湿地水文状况、水环境质量是维持湿地基本健康的保障；湿地面积稳定，土壤环境良好，生物种类丰富，野生动物栖息地环境适宜，湿地内人口稀疏，土地利用强度小，社区居民具有一定的湿地保护意识；但湿地水质一般，水源保证率低，外来入侵物种数量多，对湿地生态系统健康造成严重威胁(表 4-7)。

表 4-7　黑龙江洪河国际重要湿地生态系统健康评价结果

评价指标		指标值		指标权重	综合健康指数
一级指标	二级指标	原始值	归一化值		
水环境指标	地表水水质	Ⅲ	6.00	0.180 1	
	水源保证率	0.35	0.35	0.198 5	
土壤指标	土壤重金属含量	0.87	9.27	0.013 1	
	土壤 pH	5.47	9.80	0.013 1	
	土壤含水量	36.64	3.66	0.065 7	
生物指标	生物多样性	56.31	9.08	0.150 7	
	外来物种入侵度	0.01	9.43	0.038 7	5.91
景观指标	野生动物栖息地指数	5.60	5.60	0.107 0	
	湿地面积变化率	1.003	10.00	0.117 0	
	土地利用强度	0.04	9.26	0.018 7	
社会指标	人口密度	4.63	9.92	0.019 5	
	物质生活指数	7 912.96	2.09	0.019 5	
	湿地保护意识	6.18	6.18	0.058 4	

· 结果分析

A. 湿地面积稳定

通过对比洪河湿地 2013 年和 2014 年前后两期卫星影像，发现湿地面积动态变化小,湿地面积基本保持稳定。

B. 土壤环境整体良好

土壤重金属的含量均符合《土壤环境质量标准》(GB 15618—2008)一级标准要求,土壤环境总体良好。

C. 野生动植物栖息地环境适宜

湿地内人口密度小,土地利用强度低,生物多样性指数高,物种种类丰富,是许多野生物种的重要繁殖地和觅食地,具有较为适宜的野生动物栖息环境。

D. 湿地水源保证率低

洪河湿地水源主要依赖河流和天然降水补给,但随着农业开发用水量的加大,对浓江河和沃绿兰河实行人工截流和强排改道,河水及周边排水已不能进入湿地,来水量不断减少,湿地水源保证率逐步渐低,湿地水文发生改变,健康状况受到严重影响。

E. 外来入侵物种数量大

湿地内外来入侵物种有小飞蓬、飞蓬、绿苋、苍耳、大刺儿菜、刺菜、狼巴草、龙葵、平车前、车前 10 种,虽然目前分布面积较小,但任其发展扩散,将对湿地健康造成严重危害。

2)湿地功能

· 功能状况

黑龙江洪河国际重要湿地综合功能指数为 7.50,功能等级为"好"。按照一级指标,湿地以调节功能为主,其次为文化功能,支持功能和供给功能较弱。按照二级指标,气候调节功能最为显著,其次为教育与科研功能和水资源调节功能,物质生产功能最弱(表 4-8)。

表 4-8　黑龙江洪河国际重要湿地生态系统功能评价结果

评价指标		指标值		指标权重	综合功能指数
一级指标	二级指标	原始值	归一化值		
供给功能	物质生产	0.00	5.00	0.106 1	
调节功能	气候调节	8.80	8.80	0.277 1	
	水资源调节	8.00	8.80	0.131 8	
	净化水质	7.00	7.00	0.116 9	7.50
文化功能	休闲与生态旅游	8.00	8.00	0.081 7	
	教育与科研	8.75	8.75	0.125 0	
支持功能	保护生物多样性	56.31	5.00	0.161 6	

· 结果分析

A. 调节功能显著

洪河湿地地处乌苏里江上游的水源涵养地,湿地内蝶形洼地、浅水洼地和水泡子众多,沼泽湿地面积广阔,在调节气候、调节径流、补充地下水和稳定下游及周边区域的水质等方面作用巨大。

B. 文化功能独特

洪河湿地是三江平原重要的湿地生态区之一，同时也是东北亚候鸟重要的迁徙与繁殖地，独特的湿地生态系统、丰富的野生动植物资源吸引了国内外众多研究机构和专家学者到此开展野生动物种群变化、植物区系变迁、鸟类环志、物种保护、湿地生物多样性等方面的研究与监测活动，也是大专院校、小学生良好的实习基地和天然的环境教育场地。

C. 湿地供给与支持功能弱化

受水源补给严重不足的影响，湿地蓄水量下降，生态退化明显，生物生产力降低，湿地向周边社会提供包括淡水、牧草在内的物质产品和生产原料的能力明显下降，野生动物食物资源不足，湿地的物质生产和保护生物多样性功能不断弱化。

3）湿地价值

·价值状况

洪河国际重要湿地总价值为 20.70 亿元/年，单位面积湿地价值为 9.54 万元/（公顷·年）。其中，间接使用价值最高，为 14.70 亿元/年，占湿地总价值的 71.02%；其次为直接使用价值，为 5.01 亿元/年，占 24.20%；选择价值和存在价值较低，分别为 0.58 亿元/年和 0.41 亿元/年，仅占湿地总价值的 2.80% 和 1.98%。按照二级指标，湿地调蓄洪水价值最大，占 33.33%；其次为净化去污价值，占 26.91%；休闲娱乐价值最小，仅占总价值的 1.11%（表 4-9）。

表 4-9　黑龙江洪河国际重要湿地生态系统价值评价结果　（单位：亿元/年）

评价指标		单项价值	小计	总价值
一级指标	二级指标			
直接使用价值	湿地产品	3.61	5.01	20.70
	休闲娱乐	0.23		
	环境教育	1.17		
间接使用价值	调节大气	2.23	14.70	
	调蓄洪水	6.90		
	净化去污	5.57		
选择价值	生物多样性	0.58	0.58	
存在价值	生存栖息地	0.41	0.41	

·结果分析

A. 间接使用价值巨大

洪河湿地在固碳释氧、调节局部区域小气候方面作用明显，尤其是在调蓄洪水、净化去污方面发挥着巨大的生态效益，在对氮、磷、重金属元素的吸收转化、净化水质方面也发挥了重要作用，间接使用价值显著。

B. 直接使用价值明显

洪河湿地不仅为当地居民和下游区域提供了丰富的水资源，也为当地群众提供泥炭、饲草、野生动植物等原材料；湿地内优美的自然景观、良好的生态环境、丰富的动植物资源是开展科学研究、宣传教育和生态旅游的理想场所，具有明显的直接使用价值。

C. 选择价值和存在价值偏低

洪河湿地为各类生物的生存、繁衍提供了一定的食物资源，以及优良的迁移、栖息及繁殖条件，但湿地生物多样性价值及生存栖息地价值在湿地生态系统总价值中比重较低，分别仅占总价值的 2.80% 和 1.98%。

4）总体评价

黑龙江洪河国际重要湿地生态系统健康等级为"中"，功能等级为"好"，湿地生态系统总价值为 20.70 亿元/年，单位面积湿地价值为 9.54 万元/（公顷·年）。湿地面积稳定，土壤环境良好，生物种类丰富，具有较为适宜的野生动物栖息地环境，湿地内人口稀疏，土地利用强度小；但湿地水质一般，水源保证率低，外来入侵物种数量多，对湿地生态系统健康造成严重威胁。湿地以调节功能为主，以文化功能为辅，供给功能和支持功能稍弱。湿地间接使用价值巨大，直接使用价值明显。

3. 存在问题及建议

1）存在问题

A. 水资源不合理利用，湿地水源不足

由于受上游及周边区域截流分洪、堵坝排水和强排改道等影响，浓江河和沃绿兰河进入湿地的水量严重减少，湿地得不到有效的水源补给，总体处于缺水状态，对湿地水文条件的稳定性造成巨大影响。

B. 农业活动对湿地环境造成污染

随着现代农业耕种方式的变化，化肥、农药、除草剂施用量逐步增加，面源污染导致洪河湿地水质遭受一定程度的污染，地表水质已下降为Ⅲ类；重型农机、螺旋桨飞机等农业机械的使用，对湿地内部分野生动物，尤其是对大型鹤类的觅食、栖息造成惊吓和干扰。

2）建议

A. 加强流域管理，确保湿地生态用水

针对湿地周边农业开发、水资源不合理利用等问题，应采取有效措施，严格控制各类开发活动，加强浓江河流域综合管理和水资源调配，保障洪河湿地的生态用水，确保湿地生态系统健康持续发展。

B. 实施生态恢复工程，提升湿地功能

加大湿地生态系统功能的提升，科学评估湿地利用方式和受损状况，因地制宜，采取自然恢复和各种生态工程修复措施，通过鸟类栖息地恢复、生态补水、污染防治、退耕还湿等手段，进行综合治理，改善湿地生态环境状况，逐步恢复原湿地的结构和功能。

C. 加强监测和防控，严防外来物种危害

建立外来入侵物种监测防控体系，加强外来物种的监控，采取有效的工程、生物措施，积极治理已入侵的外来物种，防止其扩散和蔓延。

4.2.4　黑龙江南瓮河国际重要湿地

1. 基本情况

1) 位置与范围

黑龙江南瓮河国际重要湿地（见书后彩图 4）地处大兴安岭东南部，北以伊勒呼里山脉为界，东至二根河，南以松岭林业局与加格达奇林业局界为准，地理坐标为北纬 $51°05'07''\sim51°39'24''$，东经 $125°07'55''\sim125°50'05''$。南瓮河湿地与黑龙江南瓮河国家级自然保护区范围一致。

南瓮河湿地有河流湿地、湖泊湿地与沼泽湿地 3 个湿地类型，包括永久性河流、永久性淡水湖、草本沼泽、灌丛沼泽、森林沼泽和沼泽化草甸。湿地总面积为 78 525.06 公顷，其中永久性河流湿地为 572.27 公顷，占湿地总面积的 0.73％；永久性淡水湖泊湿地为 35.14 公顷，占湿地总面积的 0.04％；草本沼泽湿地为 73 375.46 公顷，灌丛沼泽湿地为 231.80 公顷，森林沼泽湿地为 2 329.19 公顷，沼泽化草甸湿地为 1981.20 公顷，分别占湿地总面积的 93.44％、0.30％、2.97％和 2.52％。

2) 历史沿革

南瓮河国家级自然保护区是在松岭林业局南瓮河林区的南阳河、石头山、南瓮河林场和砍都河林场部分作业区的基础上建立起来的。1999 年建立南瓮河省级自然保护区，2003 年 6 月经国务院批准升级为国家级自然保护区，是中国寒温带最大的湿地类型自然保护区；2011 年南瓮河湿地被列入国际重要湿地名录。

3) 自然状况

· 地质地貌

南瓮河湿地处于大兴安岭支脉，伊勒呼里山南坡，属低山丘陵地貌，地形起伏不大，地势为北高南低，西高东低，海拔高一般为 500～800 米，最低海拔为 370 米，最高海拔为 1044 米。

湿地在地貌上属低山丘陵，由于流水侵蚀、风蚀和大山、冰川作用，以及地质的不断变化，使其外貌呈丘陵状，绝大部分山顶浑圆，相对高度不大，且山峰多分散、孤立、无过峰岭现象。湿地内河谷宽阔，其成因与普遍分布的永冻层和季节性冻层有关，由于永冻层和季节性冻层的存在，河流下切作用受阻，所以加剧了侧向侵蚀，致使河流两岸不断冲蚀，加之古"冰山"、"削平"作用，逐渐使原来的窄河谷加宽，而形成宽河谷。由于地势平缓，河谷宽阔平坦，降水滞留，加以冻层的普遍存在和分布，土层透水性极差，水分大多滞留于地表，从而形成了广泛分布的沼泽植被，其成为南瓮河湿地地貌与植被上的特殊现象之一。

· 气候

南瓮河湿地气候属寒温带大陆性季风气候，冬季受西伯利亚寒流的影响，晴燥少雪，冬季漫长，长达 9 个月，年平均气温为 −3℃，极端最低温度为 −48℃，相反，温暖季节甚短，极端最高气温为 36℃，年 ≥10℃ 积温为 1 400～1 600℃，年日照时数为 2 500 小时左右，无霜期为 90～100 天。因受东南海洋气团的影响，年降水量较高，年降水量为 500 毫米左右，且 80% 以上集中于温暖季节(7～8 月)，春秋两季由于受蒙古草原风的作用，蒸发量较大，尤以 5～6 月常有明显旱象，形成云雾少、日照强、温度低的气候特点。9 月末、10 月初开始降雪，消融时间为 4 月下旬、5 月上旬，稳定积雪覆盖日数可达 200 天以上，最大积雪厚度为 30～40 厘米。

· 水文

从地形地势看，呈西北高东南低的趋势，湿地内河流均流入嫩江。河网密布，不对称槽形河谷十分宽坦，流水的侧蚀化纵蚀强烈，河曲明显，河谷中普遍分布有牛轭湖及水泡，其水系属嫩江水系，为嫩江主要发源地，湿地内河流均为嫩江支流。主要河流有二根河、南阳河、南瓮河、砍都河，其流向大体由北向南贯穿湿地后注入嫩江，这些河谷在湿地内下降平缓，流速不大，常年积水和季节积水沼泽洼地，以及大小水泡较多，形成了特有的森林湿地景观。河流水源主要由降水、冰雪消融和地表径流补给。

南瓮河是湿地内最大的河流，由西向东流过，全长为 65 公里，与二根河汇聚成嫩江，河面宽阔为 20～40 米，雨季水深可达 2～5 米；砍都河为第二大河流，由西北向东南流经约 50 公里，河宽为 15～30 米；南阳河起源于湿地最北端，由此向南流程为 48 公里，流经石头山注入南瓮河，流速约为 1.4 米/秒，平均深度为 1.3 米，河宽为 3～10 米。

湿地内的沼泽水是地表水与地下水之间的一种水体，受降水、冰雪融水、地表水及季节融化层潜水等混合补给，其化学特征介于几者之间，矿化度很低，一般为 40～80 毫克/升；受补给水源的影响，沼泽水矿化量和主要离子含量也随春季雪融、旱季和雨季而有所变化。地下水主要由降水、地表水补给，一般无色、无味、清澈透明；湿地处于高纬度地区，气候严寒、湿润、冻结期长，人烟稀少，并受冻土层保护，深层地下水未受人为干扰和污染，水量稳定，各离子含量和矿物质含量适宜、稳定，是天然优质饮用水水源。

· 土壤

湿地内土壤垂直分布不明显，棕色针叶林土为地带性土壤(典型棕色针叶林土、生草棕色针叶林土)，此外分布的土壤类型还有暗棕壤、草甸土、沼泽土(泥炭沼泽土、草甸沼泽土)、泥炭土(低位泥炭土、高位泥炭土)。

· 植被

南瓮河湿地内已发现的植物资源有 61 科 442 种，其中列入国家重点保护野生植物种类的有 6 种。湿地内植被被划分为森林、灌丛、草甸、沼泽、水生植被 5 种。森林分为针叶林和阔叶林两种；灌丛分为蒿柳灌丛和赤杨灌丛两种，其沿河流支流或溪流两岸湿地分布；草甸分布在林缘谷地或水分较少的地带，有白花地榆、小叶章和沼柳；沼泽有草本沼泽和灌丛沼泽两种，草本沼泽分布在沼泽边缘或宽谷低洼湿地，常季节性积水，为草甸向沼泽过渡类型；水生植被共有挺水型植被、浮水型植被和沉水型植被3种。

南瓮河湿地内已发现的湿地植物资源有61科442种，被列入国家重点保护野生植物种类的有6种，珍稀兰科植物有6种。湿地珍稀兰科植物有紫点芍兰、大花芍兰、小斑叶兰、手参、鸟巢兰、绶草。

· 动物

湿地内的动物资源十分丰富，其野生动物种类占整个大兴安岭野生动物种类的90%以上，有脊椎动物5纲74科309种，其中鸟类有216种及亚种，兽类有6目16科49种。国家Ⅰ级保护野生动物有东方白鹳、黑鹳、金雕、白尾海雕、丹顶鹤、白鹤、紫貂和熊貂等；国家Ⅱ级保护野生动物有灰鹤、白枕鹤、蓑羽鹤、猞猁、水獭、棕熊、马鹿、驼鹿、原麝和雪兔等。

4）社会经济状况

南瓮河湿地隶属大兴安岭集团公司管辖，其外围西临松岭林业局的壮志林场、新天林场，东临呼玛县林业局十二站林场，均以林业生产为主，人口共计15 000余人，多数为汉族，少数民族主要是鄂伦春族。湿地管理机构所在的松岭林业局与松岭区政府实行政企合一体制，区政府辖五镇，有较为完整的公、检、法、商、粮、银、邮、文教卫生社会服务管理体系。

黑龙江南瓮河国际重要湿地保护管理机构为南瓮河自然保护区管理局，于2006年挂牌成立，下设保护科、科研科、宣教科、社区科、办公室和管理站。管理局为非经营性事业单位，事业经费主要为国家和地方政府拨款。

5）湿地受到的干扰

南瓮河湿地受到的干扰主要表现在两个方面：一是受近年来气候变暖和人为扰动影响，大兴安岭的冻土已经出现退化，致使冻土温度升高、厚度变薄、季节性融化深度增大，而这种变化很难逆转。二是由于气候条件的原因，天然火警频发，而境内交通条件差，往往由火警发展成为火情，严重破坏森林结构和森林环境，导致森林生态系统失去平衡，森林生物量下降，生产力减弱，严重威胁湿地自然生态系统健康。

2. 评价结果

1）湿地健康

· 健康状况

南瓮河国际重要湿地生态系统健康指数为7.19，健康等级为"好"。湿地健康状况表现为湿地面积稳定，水源保证率高，水质良好，湿地内人口稀疏，土地利用强度小，无外来物种入侵，野生动物栖息地环境适宜。但湿地内土壤重金属污染较严重，生物多样性水平较低，公众的湿地保护意识不高，这将对湿地保持持续的健康水平产生一定的负面影响（表4-10）。

表 4-10　黑龙江南瓮河国际重要湿地生态系统健康评价结果

评价指标		指标值		指标权重	综合健康指数
一级指标	二级指标	原始值	归一化值		
水环境指标	地表水水质	I	10.00	0.187 5	
	水源保证率	7.31	7.31	0.187 5	
土壤指标	土壤重金属含量	2.48	2.26	0.035 2	
	土壤 pH	6.19	7.06	0.064 0	
	土壤含水量	83.12	8.31	0.116 2	
生物指标	生物多样性	33.50	3.38	0.161 5	7.19
	外来物种入侵度	0.00	10.00	0.053 8	
景观指标	野生动物栖息地指数	9.40	9.40	0.039 7	
	湿地面积变化率	1.003	10.00	0.021 8	
	土地利用强度	0.01	9.98	0.012 0	
社会指标	人口密度	0.00	10.00	0.038 6	
	物质生活指数	0.00	0.00	0.014 7	
	湿地保护意识	4.00	4.00	0.067 5	

• 结果分析

A. 水质良好，水源保证率高

水环境指标对南瓮河湿地健康影响最为显著，表明湿地水文状况、水环境质量是维持湿地基本健康的前提和保证。南瓮河湿地位于嫩江源头区，是嫩江水系最主要的发源地，境内河流众多，降水充沛，水质优良，水源丰富，湿地生态系统活力强。

B. 湿地面积稳定

通过对比南瓮河湿地 2013 年与 2014 年前后两期卫星影像，发现湿地动态变化小，湿地面积保持稳定。

C. 野生动植物栖息地环境良好

湿地内除保护人员外，无常住人口，土地利用强度很小，且无外来物种入侵现象，呈现出自然、完整的原始状态，有适宜的野生动植物栖息地环境。

D. 土壤受污染较严重

土壤物理性质好，但由于前期的金矿开发，部分区域土壤重金属污染严重，锌、铅、镉 3 种重金属元素的含量均不同程度地超出《土壤环境质量标准》(GB 15618—2008)一级标准要求，其中锌超标 4 倍、铅超标 3.2 倍、镉超标 8 倍。

E. 湿地保护意识有待提高

根据问卷调查显示，社区公众对湿地的认知程度较低，湿地相关知识缺乏。应加大宣传和保护力度，努力提高居民的湿地生态保护意识。

2）湿地功能

• 功能状况

南瓮河国际重要湿地综合功能指数为 6.86，功能等级为"中"。按照一级指标，湿地以调节功能为主，其次为文化功能和支持功能，供给功能较弱。按照二级指标，教育与科研功能最为显著，其次为水资源调节和保护生物多样性功能，休闲与生态旅游功能最弱（表 4-11）。

表 4-11　黑龙江南瓮河国际重要地生态系统功能评价结果

评价指标		指标值		指标权重	综合功能指数
一级指标	二级指标	原始值	归一化值		
供给功能	物质生产	0.00	5.00	0.1155	6.86
调节功能	气候调节	8.10	8.10	0.0817	
	水资源调节	8.40	8.40	0.1634	
	净化水质	8.70	8.70	0.0817	
文化功能	休闲与生态旅游	6.80	6.80	0.0653	
	教育与科研	8.40	8.40	0.2614	
支持功能	保护生物多样性	33.50	3.88	0.2310	

· 结果分析

A. 湿地调节功能显著

南瓮河湿地处于嫩江上游，是嫩江水系的主要发源地，对于嫩江流域的松嫩平原粮食基地和呼伦贝尔草原牧业基地具有重要的生态屏障作用，对于阻止和延缓洪水、调控水流、水量，补充水源，缓解干旱等方面具有重要的生态作用，在蓄洪防灾、调节气候、控制土壤侵蚀、降解环境污染等环境功能方面发挥着积极的影响。

B. 湿地教育科研功能独特

南瓮河湿地自然景观类型丰富，湿地生态系统类型独特，野生动植物资源丰富，对研究中国高纬地区多年冻土沼泽化规律、野生动植物提供了良好的天然场所，具有较高的教育与科研价值，吸引了国内外多家科研院所、大专院校在此开展湿地生态系统、冻土退化、碳循环过程、土壤微生物变化等方面的科学研究和生态监测项目。

C. 具有保护生物多样性的重要作用

南瓮河湿地内的湿地生态系统、森林生态系统为各类生物的生存、繁衍提供了栖息地，在保护生物多样性方面发挥了重要作用。

D. 物质生产功能未能充分凸显

南瓮河湿地特殊的地理位置、复杂多样的生态系统类型、独特的寒温带森林、种类繁多的野生动植物资源，本身具有较强的物质生产功能，目前湿地实行较为严格的管理制度，以保持良好的原始生态环境为目标，除向下游及周边地区提供大量的淡水资源外，未开发利用其他资源，物质生产能力未能充分显现。

3）湿地价值

· 价值状况

南瓮河国际重要湿地总价值为 98.32 亿元/年，单位湿地面积价值为 12.52 万元/（公顷·年）。其中，间接使用价值最高，为 72.02 亿元/年，占总价值的 73.25%；其次是直接使用价值，为 22.73 亿元/年，占总价值的 23.12%；选择价值与存在价值比重较小，分别仅占总价值的 2.15% 和 1.48%。按照二级指标，湿地调蓄洪水价值最大，占总价值的 38.37%；其次为净化去污与湿地产品的价值，分别占总价值的 20.40% 和 18.82%；休闲娱乐价值最小(表 4-12)。

表 4-12　黑龙江南瓮河国际重要湿地生态系统价值评价结果 （单位：亿元/年）

评价指标		单项价值	小计	总价值
一级指标	二级指标			
直接使用价值	湿地产品	18.50	22.73	98.32
	休闲娱乐	0.00		
	环境教育	4.23		
间接使用价值	调节大气	14.23	72.02	
	调蓄洪水	37.73		
	净化去污	20.06		
选择价值	生物多样性	2.11	2.11	
存在价值	生存栖息地	1.46	1.46	

· 结果分析

A. 间接使用价值巨大

南瓮河湿地是嫩江水系的主要发源地，在缓解干旱等方面具有重要的生态作用，在蓄洪防灾、调节气候、控制土壤侵蚀、促淤造陆、降解污染等环境功能方面发挥着积极的影响，其间接产生的经济价值巨大。

B. 直接使用价值明显

南瓮河湿地每年向下游及周边地区提供 7.71 亿吨淡水，经济价值突出；此外，在研究高纬度地区多年冻土沼泽化规律、野生动植物资源等方面具有较高的科研文化价值。

C. 生物多样性价值和生存栖息地价值比重较小

南瓮河湿地独特、完整的自然环境为野生动物栖息提供了良好的生存环境，但湿地生物多样性价值及生存栖息地价值在湿地总价值中比重偏低，仅占 2.15% 和 1.48%。

4) 总体评价

南瓮河国际重要湿地生态系统健康等级为"好"，功能等级为"中"，湿地生态系统总价值为 98.32 亿元/年，单位湿地面积价值为 12.52 万元/(公顷·年)。湿地面积稳定，水资源丰富，有效水源保证率高，水质良好，湿地内人口稀疏，土地利用强度小，无外来物种入侵，野生动物栖息地环境适宜，生物种类丰富。但湿地内土壤重金属污染较严重，生物多样性水平较低，社区公众的湿地保护意识一般。湿地以调节功能为主，其次为文化功能和支持功能，供给功能较弱。湿地间接使用价值显著，直接使用价值明显。

3. 存在问题及建议

1) 存在问题

A. 气候变化使得湿地冻土退化

近年来，由于受气候变化的影响，大兴安岭地区冻土已经出现退化现象，湿地内冻土温度升高、厚度变薄、季节性融化深度增大，而这种变化是不可逆转的，其将对湿地内寒温带沼泽湿地的冻土环境和植物群落的更新演替产生严重影响，冻土生态环境的脆弱化在一定程度上对湿地健康和功能产生负面影响。

B. 湿地土壤环境污染较严重

由于前期的矿产资源开发，部分区域环境遭受污染，主要是重金属污染严重，这些重金属不易被微生物分解，且在一定的物理、化学和生物作用下释放到湿地上层水体中，对湿地生态系统健康造成潜在的生态危害，并会持续较长时间。

C. 森林火灾对湿地生态系统形成威胁

由于气候条件的原因，湿地内天然火警频发，森林火灾不仅烧死、烧伤林木，直接减少森林面积，而且对原始的寒温带森林、湿地生态系统造成威胁，同时导致森林生态系统失去平衡，森林生物量下降，生产力减弱，野生动物栖息地环境遭受破坏，严重威胁湿地生态系统安全。

2) 建议

A. 加大湿地保护与管理力度

加大对湿地的巡护和执法，严厉杜绝破坏湿地资源、野生动植物资源的违法行为，科学、有效地对湿地进行保护，保护好中国北部寒温带针叶林区目前唯一保存下来的面积最大、纬度最高、最原始、最珍贵、最典型的内陆湿地和水域生态系统。

B. 加强基础设施建设，提高湿地保护水平

湿地保护经费严重不足，目前仍然存在基础设施薄弱、设备不完善等问题。应加大湿地保护管理和科研监测建设投入，完善交通、巡护、监测设施设备，提高湿地保护管理水平。

C. 加强湿地保护宣传，提高社区居民湿地保护意识

湿地保护的好坏与周边的群众对湿地保护意识有着直接关系，应扩大宣传渠道，利用标牌、宣传车、标语、广播、电视等工具，加大宣传力度，使人们真正热爱湿地和保护湿地。

4.2.5 黑龙江七星河国际重要湿地

1. 基本情况

1) 位置与范围

黑龙江七星河国际重要湿(见书后彩图 5)地位于黑龙江省三江平原腹地、宝清县北

部，地理坐标为北纬 46°40′～46°52′，东经 132°05′～132°26′。北与友谊、富锦县相邻，东与五九七农场接壤，西靠宝清县七星乡，南靠宝清县七星河乡，沿七星河南岸由西向东走向分布；七星河国际重要湿地与黑龙江七星河国家级自然保护区范围一致。

七星河湿地有湖泊湿地和沼泽湿地 2 种湿地类型，包括永久性淡水湖和草本沼泽。湿地面积为 16 199.38 公顷，其中湖泊湿地为 268.17 公顷，沼泽湿地为 15 931.21 公顷，分别占湿地总面积的 1.66% 和 98.34%。

2）历史沿革

1991 年经宝清县政府批准成立七星河芦苇县级自然保护区；1992 年经双鸭山市人民政府批准晋升为市级自然保护区；1998 年经黑龙江省人民政府批准晋升为省级自然保护区，名称同时改为七星河湿地自然保护区；2000 年经国务院批准晋升为国家级自然保护区；2011 年七星河湿地被列入国际重要湿地名录。

3）自然状况

• 地质地貌

七星河湿地地质构造属同江内陆凹陷的一部分，第四纪新构造运动的特点始终处于以下沉为主的间歇性运动之中，大面积沼泽的形成与沉降运动有关。湿地位于七星河中下游，平均海拔为 54 米，西高东低，为典型的低平原河谷漫滩地貌。由于河谷两岸地势低平，洪水期上游来水造成大面积漫滩滞水，此外受线形、蝶形洼地等微地形发育的影响，草甸、沼泽植被类型丰富多变。

• 气候

七星河湿地属湿润半湿润大陆性季风气候，总的特征为四季分明，冬季寒冷，夏季温和湿润，春季气温变化剧烈，秋季天高气爽；年平均气温为 2.3～2.4℃，极端最高气温为 37.2℃，极端最低气温为 −37.2℃；平均无霜期为 143 天，全年活动积温为 2500～2700℃；年降水量为 551.5 毫米，4～9 月降水量为 470.2 毫米，占全年的 85.3%；湿地内水面蒸发量为 857.7 毫米，陆地蒸发量为 630.5 毫米；年总辐射量为 4577.2 千焦耳/（平方米·年），≥0℃ 的光合有效辐射为 1421.8 千焦耳/（平方米·年）；年日照时数为 2513.2 小时，日照百分率为 57%；常年主导风向为南风，平均风速为 4.8 米/秒，最大风速为 18 米/秒。

• 水文

七星河为湿地内主要河流，是挠力河支流，具有典型的沼泽性河流特点，境内长约 56 公里，河流弯曲，大小泡沼星罗棋布，有利于湿草甸、沼泽芦苇的发育和野生动物的栖息；受降水年际变化影响，七星河流量和水位变化大。境内地下水资源丰富，第四纪砂砾含水层厚度可达 120 米，为三江平原大面积连续含水构造的一部分，透水性好，单井涌水量为 100～130 吨/小时。

• 土壤

土壤类型主要有白浆土（包括草甸白浆土和潜育白浆土）、沼泽土（包括草甸沼泽土、腐殖质沼泽土和泥炭沼泽土）。

·植被

湿地内植被划分为森林、灌丛、草甸、沼泽和草塘5种植被类型。

森林植被：多分布在海拔较高地段，主要植物种类有蒙古栎、白桦、山杨等。

灌丛植被：在溪流、河流两岸分布，常呈团块状分布，主要植物种类有柳叶绣线菊等。

草甸植被：主要分布在河漫滩和一级阶地上，地表无积水，湿润或有季节性积水，小叶章草甸是湿地常见的草甸类型。

沼泽植被：主要沿开阔的泛滥地呈带状分布，或常见于河漫滩和地形微凹的低平地。常见的植物种类有芦苇、沼柳、修氏薹草等。

草塘植被：常见的挺水植物种类有香蒲、菖蒲、芦苇等，浮水植物有眼子菜、睡莲等，沉水植物有狸藻、狐尾藻等。

七星河国际重要湿地内湿地植物共有74科174属388种。湿地主要建群种有芦苇、毛果薹草、乌拉薹草、漂筏薹草、灰脉薹草和小叶章、菖蒲等植物，有草甸、沼泽和水生植被3种湿地植被类型。

·动物

湿地内有脊椎动物5纲33目75科207属264种。其中鱼类18种；两栖类8种；爬行类2种；鸟类201种，优势种为绿头鸭、绿翅鸭、鸿雁、豆雁、白翅浮鸥、须浮鸥等；兽类5目10科35种，以食肉目和啮齿目最多，常见有雪兔、狐狸等。国家Ⅰ级重点保护野生动物有东方白鹳、丹顶鹤、白头鹤、玉带海雕4种，国家Ⅱ级重点保护野生动物有白琵鹭、赤颈䴙䴘、大天鹅、鸳鸯、白枕鹤、灰鹤、雪兔等17种。

4）社会经济状况

七星河湿地内有宝清县的七星河乡、建平乡、七星泡镇及五九七农场三分厂、四分厂、友谊农场五分厂和七分厂，人口约8万人，以农业生产为主。

七星河国际重要湿地保护管理机构为七星河湿地管理局，为正处级事业单位，事业编制50人，现有人员56人，其中财政全额18人，自收自支38人。下设办公室、管护科、科研科、宣教科、生产科、财务科、公安派出所7个科室。

5）湿地受到的干扰

七星河湿地受到的干扰主要表现在人为方面：一是经过40多年的大规模农业开发，湿地周边已基本开垦为农田，农业生产用水量大幅增加，受截流、地下水资源过度开采的双重作用，湿地供水紧张，近年来水源保证率一直处于较低水平；二是随着农业开发中大量农药化肥的施用及现代农业机械的使用，使湿地水环境受到污染，水质下降，野生动物栖息地环境受到干扰，湿地健康水平降低。

2. 评价结果

1）湿地健康

·健康状况

经测算评价，七星河国际重要湿地健康指数为6.16，健康等级为"中"。湿地健康状况表现为湿地面积稳定，土壤环境良好，湿地内生物种类丰富，无外来物种入侵，野生动物栖息地环境总体适宜，湿地内人口稀疏，社区居民湿地保护意识良好；但地表水水质一般，湿地处于缺水状态，水源保证率较低，对湿地生态系统的健康构成严重威胁（表 4-13）。

表 4-13　黑龙江七星河国际重要湿地生态系统健康评价结果

评价指标		指标值		指标权重	综合健康指数
一级指标	二级指标	原始值	归一化值		
水环境指标	地表水水质	Ⅲ	6.00	0.125 0	
	水源保证率	0.39	0.39	0.247 4	
土壤指标	土壤重金属含量	1.34	7.23	0.014 3	
	土壤 pH	6.52	10.00	0.100 0	
	土壤含水量	38.66	3.87	0.014 3	
生物指标	生物多样性	46.27	6.57	0.163 0	6.16
	外来物种入侵度	0.00	10.00	0.103 2	
	野生动物栖息地指数	5.00	5.00	0.044 6	
景观指标	湿地面积变化率	1.00	10.00	0.134 1	
	土地利用强度	0.01	9.85	0.012 1	
社会指标	人口密度	8.73	9.85	0.032 3	
	物质生活指数	14 564.95	0.00	0.002 9	
	湿地保护意识	8.00	8.00	0.006 8	

· 结果分析

A. 土壤环境良好

湿地土壤中铜、锌、铅、铬、镉含量分别为 31.92 毫克/公斤、121.72 毫克/公斤、67.48 毫克/公斤、88.35 毫克/公斤和 0.42 毫克/公斤，符合《土壤环境质量标准》（GB 15618—2008）二级标准的要求，湿地土壤环境受重金属污染较轻，整体环境良好。

B. 湿地面积稳定

通过对比七星河湿地 2013 年和 2014 年前后两期卫星影像和现地调查，发现湿地面积动态变化小，总体保持稳定。

C. 生物种类丰富，栖息地环境适宜

七星河湿地位于三江平原腹地，物种种类丰富，生物多样性指数较高，湿地内无外来物种入侵，人口稀疏，居民湿地保护意识良好，能够为野生动物提供较为适宜的栖息环境。

D. 水质一般，水源保证率较低

由于上游地区对七星河的拦截及对湿地周边地下水的开采，特别是在枯水期大量抽取地下水，造成湿地来水量急剧减少，地下水下降，湿地总体处于缺水状态，湿地生态系统健康受到严重威胁。

2）湿地功能

·功能状况

黑龙江七星河国际重要湿地综合功能指数为 7.57，功能等级为"好"。按照一级指标，湿地以调节功能为主，其次为支持功能和文化功能，供给功能较弱。按照二级指标，湿地保护生物多样性功能最为显著，其次为净化水质、气候调节和水资源调节功能，休闲与生态旅游功能最弱（表 4-14）。

表 4-14　黑龙江七星河国际重要湿地生态系统功能评价结果

评价指标		指标值		指标权重	综合功能指数
一级指标	二级指标	原始值	归一化值		
供给功能	物质生产	1.50%	5.50	0.0954	7.57
调节功能	气候调节	9.00	9.00	0.1478	
	水资源调节	8.30	8.30	0.1447	
	净化水质	7.00	7.00	0.1975	
文化功能	休闲与生态旅游	8.50	8.50	0.0492	
	教育与科研	8.30	8.30	0.1196	
支持功能	保护生物多样性	46.27	7.00	0.2458	

·结果分析

A. 调节功能显著

七星河湿地微地形发育，境内以芦苇沼泽为主，草甸、沼泽、水域广布，植被生长繁盛，植被覆盖度高，对调节区域的水文循环过程、净化水质、涵养水源、阻止水土侵蚀和调节大气等具有显著作用。

B. 支持功能独特

七星河湿地具有草甸、湿草甸、浅水沼泽、深水沼泽、水域等三江平原较为典型的各种不同类型的湿地生态系统及景观单元，是包括珍稀、濒危物种在内的众多迁徙鸟类重要的栖息地及中途停留地，在保护生物多样性方面发挥了独特而重要的作用。

C. 教育与科研功能突出

七星河湿地由于气候、地形、水文等综合原因，使其具有以深水沼泽为主体各种类型齐全、演替趋势明显，有较为典型的内陆湿地和河泡水域特征，是重要的水禽栖息和迁途停留地，湿地内的动植物具有典型性、稀有性、多样性和自然性，候鸟栖息的种类和数量众多，科研价值突出。

D. 供给功能弱化

受来水减少、水源保证率较低等因素影响，湿地为当地经济社会提供包括水资源在内的物质产品、生产原料等的能力逐步弱化，物质供给能力下降，经济和社会效益受到抑制。

3）湿地价值

·价值状况

七星河国际重要湿地总价值为 16.87 亿元/年，单位面积湿地价值为 10.41 万元/

（公顷·年）。其中，间接使用价值最高，为 13.15 亿元/年，占湿地总价值的 77.95%；其次为直接使用价值，为 2.98 亿元/年，占总价值的 17.66%；选择价值和存在价值较低，仅占湿地总价值的 2.61% 和 1.78%（表 4-15）。

表 4-15　黑龙江七星河国际重要湿地生态系统价值评价结果

（单位：亿元/年）

评价指标		单项价值	小计	总价值
一级指标	二级指标			
直接使用价值	湿地产品	2.10	2.98	
	休闲娱乐	0.01		
	环境教育	0.87		
间接使用价值	调节大气	2.04	13.15	16.87
	调蓄洪水	6.96		
	净化去污	4.15		
选择价值	生物多样性	0.44	0.44	
存在价值	生存栖息地	0.30	0.30	

·结果分析

A. 间接使用价值巨大

七星河湿地在调蓄洪水、净化去污、调节大气方面发挥着巨大效益。湿地内沼泽泡沼密布，湿地植被茂密，在调节区域气候、减少洪水径流、调节洪水流量，以及稳定下游及周边区域水质、维持区域生态平衡等方面发挥了重要作用，间接产生的经济价值量巨大。

B. 直接使用价值明显

七星河湿地为当地经济社会发展提供了一定的湿地产品及生产、生活原材料，为各类生物的生存、繁衍提供了食物资源，良好的生态环境、丰富的动植物资源也是人们开展生态旅游、科学研究的良好天然场所。

C. 生物多样性及生存栖息地价值偏低

七星河湿地生物资源丰富，独特的自然环境为各类生物的生存、繁衍提供了优良的迁移、栖息及繁殖条件，湿地生物多样性价值及生存栖息地价值在湿地总价值中比重较低，仅占湿地总价值的 2.61% 和 1.78%。

4）总体评价

黑龙江七星河国际重要湿地生态系统健康等级为"中"，功能等级为"好"，湿地生态系统总价值为 16.87 亿元/年，单位面积湿地价值为 10.41 万元/（公顷·年）。七星河湿地面积稳定，土壤环境良好，生物种类丰富，无外来物种入侵，生物多样性较高，野生动物栖息地环境较为适宜，湿地内土地利用强度小，人口稀疏，社区居民湿地保护意识良好；但湿地地表水水质一般，水源保证率较低，总体处于缺水状态。湿地以调节功能为主，以支持功能和文化功能为辅，供给功能较弱。湿地间接使用价值巨大，直接使用价值明显。

3. 存在问题及建议

1）存在问题

A. 湿地来水减少，水源保证率低

七星河湿地水源补给主要依赖上游河流及自然降水，受气候变化及上游地区拦水灌溉等影响，近年来进入湿地的水量逐年降低，湿地有效补水不足，总体仍处于缺水状态，湿地生态健康受到威胁。

B. 良好的景观资源未得到有效利用

七星河湿地内较为完整的原始沼泽湿地生态系统及其自然地理景观，包括珍稀、濒危物种在内的众多鸟类等，是开展休闲观光、生态旅游的良好场所，但由于缺少基本的游览、服务设施，湿地景观旅游价值没有得到充分体现。

2）建议

A. 实行综合管理，维持湿地健康水平

针对七星河湿地上游及周边区域的农业开发和水资源不合理利用等现状，应采取有效措施，加大整治力度，严格控制和规范各类开发与生产活动，加大地下水保护力度，确保湿地生态用水，维护湿地生态结构和健康水平。

B. 合理利用湿地景观资源，增强湿地发展活力

七星河湿地具有独特、高品位的湿地景观资源，其发展湿地生态旅游优势明显。应根据湿地生态环境的特点、环境容量和生态承载能力，以保护生态环境为前提，合理开发湿地旅游资源，增强湿地发展活力。

4.2.6　黑龙江三江国际重要湿地

1. 基本情况

1）位置与范围

黑龙江三江国际重要湿地（见书后彩图 6）位于黑龙江省抚远县和同江市境内，地处三江平原东北部，位于黑龙江、乌苏里江汇流的三角地带，地理坐标为北纬 47°26′0″～48°22′50″，东经 133°43′20″～134°46′40″，包括抚远县 4 个乡镇和同江市 2 个村，位于黑龙江三江国家级自然保护区内。

三江湿地内有湖泊湿地、河流湿地、沼泽湿地和人工湿地 4 种湿地类型，包括永久性淡水湖、永久性河流、洪泛平原湿地、草本沼泽、灌丛沼泽和输水河 6 个湿地型。湿地总面积为 55 787.09 公顷，其中湖泊湿地为 1 707.87 公顷、河流湿地为 10 740.45 公顷、沼泽湿地为 43 321.63 公顷和人工湿地为 17.14 公顷，分别占湿地总面积的 3.06%、19.25%、77.66% 和 0.03%。

2）历史沿革

1994 年经黑龙江省人民政府批准成立三江省级自然保护区；2000 年经国务院批准

晋升为国家级自然保护区；2002 年黑龙江三江湿地被列入国际重要湿地名录，同年被批准加入国际鹤类保护网络。

3）自然状况

· 地质地貌

三江湿地地质构造属中生带同江内陆断陷的次级单位——抚远凹陷的中部。第四纪以来，一直在间歇性沉降，特别是全新世来，下沉幅度更大，形成中国东北部的低冲积平原。湿地以河流的一级阶地为主，海拔为 38～60 米，地面起伏不大，地势由西南向东北缓缓倾斜，坡降较小。

湿地内有低漫岗平原、冲积平原、江河泛滥地 3 个地貌单元。低漫岗平原主要分布在清水河、鸭绿河和抓吉管理站所辖区域内，地面自北向西南逐渐倾斜，坡面较长，坡降为 1/15 000，相对高差为 10～20 米；冲积平原主要分布在海青管理站所辖区域内，清水河管理站和抓吉管理站所辖区域内也有少量分布，坡降为 1/10 000，海拔为 40～50 米；江河泛滥地主要分布在海青、四合和抓吉管理站所辖区域内，经常受洪水影响，水草茂盛，坡降为 1/10 000，海拔为 34～42 米。

· 气候

三江湿地气候属温带湿润大陆性季风气候，冬长严寒、夏短炎热、降水充沛、光照充足；年平均气温 2.2℃，最冷月为 1 月，平均气温为 −20.6℃，极端最低气温为 −37.4℃，最热月为 7 月，平均气温 22.0℃，极端最高气温 36.0℃；无霜期平均为 120 天，历年平均日照总量为 2 304.3 小时；年平均土壤冻期为 210 天左右，积雪期为 150 天左右；年平均降水量为 603.8 毫米，降水量季节分配不均，春季降水平均为 117.7 毫米，夏季水量集中，平均(夏季 3 个月)降水量为 318.2 毫米；年平均蒸发量为 1257.1 毫米。

· 水文

三江湿地内河流属黑龙江、乌苏里江两大水系，湿地内有大小河流 57 条，湖、泡星罗棋布；除黑龙江、乌苏里江外，较大的支流有鸭绿河、浓江河、别拉洪河等，多具有平原沼泽河流特点，河底纵比降低，枯水期河槽狭窄，河漫滩宽广，河流泄量小，每年汛期支流受黑龙江、乌苏里江顶托，回水距一般较长。冰封期从 11 月到第二年 4 月中下旬，为 132～150 天。

湿地内地下水蕴藏丰富，地下水位为 1～3 米，最厚含水层有 20～30 米，各含水层组之间无隔水层，为连续含水体，透水性好。湿地内地下水呈东北流向，汇入黑龙江和乌苏里江。

· 土壤

湿地所在地地带性土壤为暗棕壤、白浆土、草甸土、沼泽土、泥炭土 5 个土类，其中分布在湿地内的土壤为白浆土、草甸土、沼泽土、泥炭土 4 个土类，其中白浆土、草甸土、沼泽土在海清管理站、清水河管理站和鸭绿河管理站分布较广。

· 植被

三江湿地植被类型主要包括森林、灌丛、草甸、沼泽和水生植被。

森林植被主要为次生林，常呈星岛状分布，故又称"岛状林"，其组成主要以山杨、白桦、蒙古栎等落叶阔叶乔木为优势种。

灌丛植被主要分布于河流两旁、沼泽边缘、林缘、林下等处，以毛赤杨灌丛、柳丛群系为主。

草甸植被主要分布在低海拔地带，一般见于沿江两岸或平坦低湿地段，特别在宽河谷的一级阶地及泛滥地上呈带状或片状，与沼泽或森林复合分布，小叶章、杂类草甸为主要群系。

沼泽植被广泛分布在各类低洼地和低河漫滩上，以湿薹草沼泽、乌拉薹草沼泽等群系为主。

水生植被可分为沉水型、浮叶型、漂浮型和挺水型 4 种类型，在湿地中经常是 4 种类型的水生植物混生。

三江国际重要湿地植物资源丰富，共有湿地植物近 500 种，主要建群种有毛果薹草、乌拉薹草、漂筏薹草、灰脉薹草和小叶章、沼柳、柴桦、香蒲、菖蒲等；有国家Ⅱ级野生保护植物野大豆、黄菠萝、水曲柳 3 种。湿地内湿地植被发育良好，小叶章草甸、芦苇草甸和岛状天然阔叶林极具独特性和稀有性。岛状林由桦、柞、山杨、椴、水曲柳等构成；草甸植被主要由柴桦、小叶章、芦苇、水蒿、野豌豆等组成；沼泽植被主要由乌拉薹草、三棱草、驴蹄草等组成；水生植被在泡沼中一般呈同心圆式或带状分布，大多是沉水植物在里，向外依次为浮水植物，最外层为挺水植物。

· 动物

三江湿地内有兽类 6 目 13 科 43 种，鸟类 18 目 47 科 259 种，爬行类 3 目 4 科 8 种，两栖类 2 目 4 科 7 种，鱼类 9 目 17 科 77 种。其中，国家Ⅰ级保护野生动物有东北虎、紫貂、梅花鹿、东方白鹳、中华秋沙鸭、金雕、白尾海雕、丹顶鹤、豹、白头鹤、玉带海雕、黑鹳 12 种；国家Ⅱ级保护野生动物有棕熊、黑熊、水獭、猞猁、雪兔、马鹿、驼鹿、赤颈鹀鹩、大天鹅、鸳鸯、凤头蜂鹰、黑鸢、苍鹰、雀鹰、普通鵟、毛脚鵟、白尾鹞、鹊鹞、鹗、游隼、燕隼、灰背隼、红脚隼、红隼、黑琴鸡、柳雷鸟、花尾榛鸡、白枕鹤、雕鸮、雪鸮、长尾林鸮、长耳鸮、短耳鸮等 41 种。

三江湿地是水禽的重要繁殖地，尤其是丹顶鹤、东方白鹳等珍稀濒危鸟类的繁殖和迁徙停歇地；湿地也是鱼类的重要繁殖地，鱼资源丰富，冷水性鱼类和喜冷性鱼类较多，是鳊、鲂类、乌苏里白鲑、鲤、草鱼、鳜鱼、怀头鱼等大型经济鱼类繁殖、越冬和生长育肥的场所，也是黑龙江特产鱼类——大麻哈鱼洄游的上溯产卵繁殖的通道和施氏鲟、达氏鳇繁殖及生长、育肥的场所。

4）社会经济状况

三江湿地内有抚远县 4 个乡镇，即海清乡 13 个村、鸭南乡 5 个村、抓吉乡 4 个村、浓桥镇 2 个村和同江市 2 个村，湿地内总人口为 11 255 人。

三江国际重要湿地保护管理部门为三江国家级保护区管理局，于 2000 年 4 月 27 日经佳木斯市人民政府（佳政函［2000］14 号）批准成立，副处级建制，核定编制 50 名，为全民所有制事业单位，行政上受佳木斯人民政府领导，保护管理业务、基本建设专项和其他专项计划，资金直接受国家林业局和省林业厅管理。

5）湿地受到的干扰

三江湿地受到的干扰主要表现在人为方面：一是由于农业开垦，湿地内及周边大片的原始湿地变成耕地，湿地生态系统片段化、破碎化和岛屿化现象明显，森林植被遭到破坏，草地草质退化，野生动植物的生存环境遭到破坏，湿地生态环境质量下降，生物多样性功能降低；二是由于工业废水、生活污水的排放，油气开发、农业生产等造成的污染对湿地生态环境构成威胁；三是由于湿地周边筑坝建库，改变了河川径流情势，隔绝了天然洪泛作用对湿地的水源补给，湿地有效水源严重不足，湿地生态结构和功能的稳定性降低。

2. 评价结果

1）湿地健康

· 健康状况

黑龙江三江国际重要湿地健康指数为 6.22，健康等级为"中"。湿地健康状况表现为湿地土壤坏境整体良好，生物多样性指数高，无外来物种入侵，湿地面积稳定，土地利用强度低，有适宜的野生动物栖息地环境，湿地内人口稀疏，社区居民湿地保护意识良好；但湿地地表水水质一般，水源保证率较低，湿地生态系统结构和健康面临严重威胁（表 4-16）。

表 4-16 黑龙江三江国际重要湿地生态系统健康评价结果

评价指标		指标值		指标权重	综合健康指数
一级指标	二级指标	原始值	归一化值		
水环境指标	地表水水质	Ⅲ	6.00	0.2501	
	水源保证率	0.93	0.93	0.1981	
土壤指标	土壤重金属含量	0.89	9.17	0.0202	
	土壤 pH	5.41	9.40	0.0202	
	土壤含水量	46.56	4.66	0.0809	
生物指标	生物多样性	74.06	10.00	0.1441	6.22
	外来物种入侵度	0.00	10.00	0.0130	
景观指标	野生动物栖息地指数	8.60	8.60	0.0949	
	湿地面积变化率	1.00	10.00	0.0702	
	土地利用强度	0.10	8.00	0.0116	
社会指标	人口密度	1.79	9.97	0.0129	
	物质生活指数	6460.99	3.54	0.0115	
	湿地保护意识	6.00	6.00	0.0723	

· 结果分析

A. 土壤环境良好

湿地土壤中铜、锌、铅、铬、镉含量分别为 22.06 毫克/公斤、100.95 毫克/公斤、29.29 毫克/公斤、70.81 毫克/公斤和 0.42 毫克/公斤，除镉值略高外，其余都达到《土壤环境质量标准》(GB 15618—2008)二级标准以上，表明土壤环境没有遭受严重污染，整体处于较好水平。

B. 湿地面积稳定

通过对比三江湿地 2013 年和 2014 年前后两期卫星影像，发现湿地动态变化小，湿地面积保持稳定。

C. 野生动物栖息环境良好

三江湿地地处中俄边境，范围广阔，境内人口稀疏，土地利用强度较小，植被良好，植被覆盖度达到 77% 以上，生物资源丰富，具有优良的野生动物栖息环境，生物多样性指数高。

2) 湿地功能

· 功能状况

三江国际重要湿地综合功能指数为 7.42，功能等级为"好"。按照一级指标，湿地以调节功能为主，其次为文化功能和支持功能，供给功能较弱。按照二级指标，湿地净化水质功能最为显著，其次为气候调节功能和保护生物多样性功能，教育与科研功能较弱(表 4-17)。

表 4-17　黑龙江三江国际重要湿地生态系统功能评价结果

评价指标		指标值		指标权重	综合功能指数
一级指标	二级指标	原始值	归一化值		
供给功能	物质生产	1.50%	5.50	0.140 6	
调节功能	气候调节	8.45	8.45	0.161 4	
	水资源调节	8.00	8.00	0.134 8	
	净化水质	7.00	7.00	0.200 8	7.42
文化功能	休闲与生态旅游	8.73	8.73	0.099 2	
	教育与科研	8.18	8.18	0.079 8	
支持功能	保护生物多样性	74.06	7.00	0.183 4	

· 结果分析

A. 调节功能效果显著

三江湿地地处黑龙江及乌苏里江汇流的三角地带，境内泡沼遍布，植被良好，在区域气候调节、水源涵养、调节径流、控制洪涝灾害、降解污染、净化水质等方面发挥了显著作用，为区域工农业生产和人民生活安全提供了重要的生态保障。

B. 文化功能独特

三江湿地能很好地代表所在生物地理区域湿地的基本特征并处在自然状态，在所在生物地理区域上具有代表性、典型性、稀有性或特殊性,是三江平原原始沼泽的核心和缩影,湿地资源丰富,野生动植物繁多,国内外众多科研机构和专家学者来此开展科考、科研和生态监测工作;同时,三江国际重要湿地与俄罗斯的 3 个保护区相邻,在国际合作方面也具有十分重要的意义;良好的生态环境也是开展休闲游览、生态旅游的理想场所。

C. 保护生物多样性功能重要

三江湿地是东北亚鸟类迁徙的重要通道、停歇地和繁衍栖息地,广阔的湿地面积、良好的植被,为野生动物提供了较为适宜的栖息环境,使得生物的多样性更加显现,在保护生物多样性方面发挥了重要作用。

D. 供给功能弱化

经过 20 世纪多年的农垦开发、滥捕酷鱼、过度开采,以及湿地水源补给量的不断减少,天然湿地生态环境结构的稳定性减弱,湿地功能退化,虽然每年仍为周边社会提供大量的物质产品和生产原料,但供给能力正呈现衰退趋势。

3) 湿地价值

• 价值状况

三江国际重要湿地生态系统总价值为 67.82 亿元/年,单位面积湿地价值为 12.16 万元/(公顷·年)。其中,间接使用价值最高,为 58.75 亿元/年,占湿地生态系统总价值的 86.63%;其次为直接使用价值,为 6.53 亿元/年,占总价值的 9.63%;选择价值和存在价值较低,仅占湿地总价值的 2.21% 和 1.53%(表 4-18)。

表 4-18　黑龙江三江国际重要湿地生态系统价值评价结果　　(单位:亿元/年)

评价指标		单项价值	小计	总价值
一级指标	二级指标			
直接使用价值	湿地产品	3.50	6.53	67.82
	休闲娱乐	0.02		
	环境教育	3.01		
间接使用价值	调节大气	5.54	58.75	
	调蓄洪水	38.90		
	净化去污	14.31		
选择价值	生物多样性	1.50	1.50	
存在价值	生存栖息地	1.04	1.04	

• 结果分析

A. 间接使用价值巨大

三江湿地面积广阔,生长着大量持水性良好的植物,在蓄水分洪、调节水位、减轻洪水灾害方面发挥了极其重要的作用;同时,广阔的湿地在固碳释氧、调节大气,以及净化去污等方面发挥了重要作用,间接产生的经济价值巨大。

B. 直接使用价值较高

湿地不仅为区域经济社会的发展和居民生活提供了丰富、优质的水资源，也为当地群众提供了大量的饲草、野生动植物等生产原材料；高品质的自然湿地景观、良好的生态环境、丰富的动植物资源也是人们开展生态旅游、环境教育和科学研究的理想场所。

C. 生物多样性和生存栖息地价值偏低

三江湿地独特的自然环境为各类生物的生存、繁衍提供了丰富的食物资源，以及优良的迁移、栖息及繁殖条件，但湿地生物多样性价值及生存栖息地价值在湿地生态系统总价值中比重较低，分别仅占总价值的 2.21% 和 1.53%。

4）总体评价

黑龙江三江国际重要湿地生态系统健康等级为"中"，功能等级为"好"，湿地生态系统总价值为 67.82 亿元/年，单位面积湿地价值为 12.16 万元/（公顷·年）。湿地面积稳定，土壤环境整体良好，生物多样性指数高，无外来物种入侵，土地利用强度低，有适宜的野生动物栖息地环境，湿地内人口稀疏，社区居民湿地保护意识良好；湿地地表水水质一般，水源保证率较低。湿地以调节功能为主，以文化功能和支持功能为辅，供给功能较弱。湿地间接使用价值巨大，直接使用价值较高。

3. 存在问题及建议

1）存在问题

A. 湿地来水减少，水源保证率低

三江湿地主要靠当地区间径流和黑龙江及众多的中小河流洪泛水量补充，但由于筑坝修堤，黑龙江及中小河流洪泛河堤已初具规模，中小级别的洪水已不能进入湿地，大级别的洪水有部分能进入湿地，湿地水资源需求量得不到满足，生态用水保证率降低，湿地健康稳定性下降，功能退化。

B. 湿地保护与农业生产矛盾突出

目前，三江湿地内及周边有大量的水稻田，并以开采地下水灌溉为主，大量抽取地下水导致湿地内地下水位明显下降。此外，由于农业生产导致的面源污染也严重威胁湿地生态系统健康。

C. 湿地景观资源未得到充分利用

三江湿地独特的湿地景观、丰富的野生动植物资源是高品位的旅游资源，但由于所处区位、交通条件的限制和缺少基本的游览、服务设施，湿地景观旅游价值没有得到充分体现。

2）建议

A. 实施生态补水工程，维护湿地健康与功能

针对湿地水源保证率低和缺水现状，对重点区域及其周边沼泽实施生态补水，将湿地水量维持在较好的状态，保证湿地生态用水，有效提高湿地健康水平，恢复湿地功能。

B. 实施湿地生态恢复工程，提升湿地生态系统功能

着眼湿地生态系统功能的提升，因地制宜，采取自然恢复和各种生态工程修复措施，通过植被恢复、生态补水、污染防治、退耕还湿等手段，进行综合治理，改善湿地生态环境状况，恢复原湿地的结构和功能。

C. 合理利用湿地景观资源，发展湿地生态旅游

三江国际重要湿地具有高品位的湿地景观资源，其发展生态旅游优势明显。根据湿地生态环境的特点、环境容量和生态承载能力，以保护为前提，合理开发湿地旅游资源，增强发展活力。

4.2.7　黑龙江兴凯湖国际重要湿地

1. 基本情况

1）位置与范围

黑龙江兴凯湖国际重要湿地（见书后彩图 7）位于黑龙江省东南部的鸡西市境内，距鸡西市区 130 公里，地理坐标为北纬 45°01′00″～45°34′30″，东经 131°58′30″～133°07′30″，西起白棱河桥，北邻穆棱河，东北与虎林市交界，东以松阿察河、南以大兴凯湖与俄罗斯兴凯湖国家自然保护区相接；包括兴凯湖农场、856 农场、857 农场、8510 农场二分厂、密山市兴凯湖乡、白泡子乡，以及兴凯湖水产养殖公司 7 个单位的全部或部分，与黑龙江兴凯湖国家级自然保护区范围一致。

兴凯湖湿地有河流湿地、湖泊湿地、沼泽湿地与人工湿地 4 个湿地类型，包括永久性河流、永久性淡水湖、草本沼泽和库塘。湿地总面积为 172 648.88 公顷，其中河流湿地为 940.48 公顷，占 0.55%；湖泊湿地为 125 731.16 公顷，占 72.82%；沼泽湿地为 45 915.96 公顷，占 26.59%；人工湿地为 61.28 公顷，占 0.04%。

2）历史沿革

黑龙江省兴凯湖省级自然保护区建立于 1986 年；1994 年 4 月，经国务院批准晋升为国家级自然保护区；2002 年黑龙江兴凯湖湿地被列入国际重要湿地名录。

3）自然状况

· 地质地貌

兴凯湖是地壳断裂凹陷形成的构造湖，在古生代，地壳运动使地槽发生褶皱隆起，形成密敦断裂带，即东支裂谷；新生代，东支裂谷局部基底层断裂沉降凹陷成湖泊，第三纪、第四纪受新构造运动影响，地势下降，湖面增大；更新世后期，湖面缩小，出现碟型洼地和带状沙岗等地貌，形成大、小兴凯湖。兴凯湖湿地属于三江平原大地貌中的一个单元，地势为西北高、东南低，地貌类型以河漫滩、湖滩为主，地势低平，微地形复杂，多古河道、牛轭湖，以及大面积的湖基底平原。

· 气候

气候属温带大陆性季风气候，年平均气温 3℃，受兴凯湖水体的作用，本地区形成了特有的小气候，春季湖水解冻，吸收大量热能，使气温比同纬度地区低 1～3℃，秋季湖水结冰释放出热量，使湖周地区的无霜期比内陆同纬度地区后推 15 天左右；年均降水量为 654 毫米，月降水量以 8 月最多，平均为 119.7 毫米，1 月最少，平均仅为 5.4 毫米；春夏季盛行西南风，秋冬季多西北风，年均风速为 4.0 米/秒，年均大风天数为 38 天；年平均日照时数为 2 574 小时，活动积温为 2 250℃，无霜期为 147 天，湖水封冻期 160 天。

· 水文

兴凯湖流域属乌苏里江水系，共有 24 条河流汇入，中国境内有 8 条，直接流入大兴凯湖的有 4 条，即白棱河、红眼哈排河、白泡子和金银库河，直接流入小兴凯湖，再经新开流和泄洪闸流入大兴凯湖的有紫承河、坎心河、大西河和东地河。流出兴凯湖的只有松阿察河，松阿察河是中俄界河，位于湿地东部，是乌苏里江源头之一，也是兴凯湖唯一的出水口，河面宽 10～60 米，水深 2～10 米，平均流速为 0.45 米/秒。小兴凯湖最大水深为 3 米，最大蓄水量为 5.05 亿立方米，多年平均水位为 70.0 米；大兴凯湖平均水深为 3.5 米，蓄水量为 153.3 亿立方米，湖面海拔为 69 米。大兴凯湖水质级别为Ⅰ类水，水质良好，小兴凯湖水质级别为Ⅱ类水，局部水体短期内受农业污染成为Ⅲ类水。

· 土壤

湿地内土壤分为 8 个土类 8 个土属和 19 个土种，大面积分布有沼泽土和泥炭土，由于湿地内植被茂盛，大量有机质积累，土壤肥厚；在湖岗和高地上主要是砂土及砂石质暗棕壤；在耕种较早的水田中形成了部分水稻土。

· 植被

湿地内植被可分为森林植被、灌丛植被、草甸植被、沼泽植被、水生植被 5 种类型。

森林植被：主要为针阔混交林，主要由蒙古栎、兴凯湖松、水曲柳等构成杂木林、柞木林和杨林。

灌丛植被：主要为阔叶灌丛，主要组成有山荆子、花楸等。

草甸植被：属非地带性植被，分为典型草甸和沼泽化草甸，以小叶章、拂子茅为代表。

沼泽植被：沼泽植被可分为薹草沼泽、甜茅沼泽、芦苇沼泽和杂草类沼泽，其主要分布在低洼的河漫滩上，主要生长芦苇。

水生植被：分为挺水性草塘、浮叶型草塘、飘浮型草塘。

湿地植物约 460 种，主要有沼柳、柴桦、狐尾藻、拂子茅、单叶毛茛、眼子菜、艾蒿、莲等。湿地植被有灌丛植被、草甸植被、沼泽植被和水生植被 4 种类型。

· 动物

兴凯湖湿地内有脊椎动物 357 种，其中兽类 6 目 14 科 39 种，鸟类 16 目 40 科 234 种，爬行类 2 目 3 科 7 种，两栖类 2 目 4 科 7 种，圆口类 1 目 1 科 2 种，鱼类 7 目 15 科 68 种。国家重点保护野生动物 47 种，其中国家Ⅰ级保护野生动物有丹顶鹤、东方白鹳、虎头海雕、白尾海雕、金雕和白肩雕 6 种；国家 Ⅱ 级保护野生动物有白枕鹤、大天鹅、鸳鸯、水獭等 41 种。大兴凯湖中的青梢红鲌、兴凯鱊为特有种。

湿地动物有 136 种，其中水鸟 65 种、两栖类 6 种、鱼类 65 种，国家 Ⅰ 级保护野生动物有丹顶鹤、东方白鹳等；国家 Ⅱ 级保护野生动物有白枕鹤、大天鹅、鸳鸯、水獭等；青梢红鲌、兴凯鱊为特有种。每年在湿地栖息繁殖的雁、鸭、鸥等水鸟有数十万只，该湿地作为中国重要的野生鹤类迁徙地和繁殖地，每年到此的鹤类有 5 种，迁徙总量达 1400多只，栖息繁殖种群达 160 多只。

4）社会经济状况

兴凯湖湿地包括兴凯湖农场、856 农场、857 农场、8510 农场二分厂、密山市兴凯湖乡、白泡子乡，以及兴凯湖水产养殖公司 7 个单位的全部或部分范围。湿地所在的密山市 2013 年总人口为 42.7 万人，地区生产总值为 137.7 亿元，公共财政收入为 3.7 亿元，城镇居民人均可支配收入为 18 506 元，农民人均纯收入为 12 006 元。

湿地保护管理机构为兴凯湖国家级自然保护区管理处，于 1994 年正式挂牌成立，下设办公室、管护科、科研科、派出所、财务科及 8 个管护站。管理处为黑龙江林业厅领导的事业单位，事业经费由鸡西市财政拨付，业务经费、项目资金由国家林业局和黑龙江省林业厅划拨。

5）湿地受到的干扰

兴凯湖湿地受到的干扰主要表现在人为方面：一是湿地内生产单位众多，受各自利益驱使，大量的农田开垦、防洪排涝设施修建、过度的水产捕捞和放牧等活动，使得湿地植被遭到破坏，湿地蓄水量减少，渔业资源濒于枯竭，局部水质受到污染，湿地健康水平受到一定程度的威胁，湿地功能逐步退化；二是每到迁徙季节，大量的雁、鸭、鹤类对当地的农作物造成严重损失，因得不到足额补偿，大大降低了人们保护野生动物的积极性，促使湿地内野生动物保护与人类生产活动的矛盾日益突出。

2. 评价结果

1）湿地健康

·健康状况

兴凯湖国际重要湿地健康指数为 7.21，健康等级为"好"。湿地健康状况表现为湿地面积稳定，水环境处于较好水平，水质良好，湿地水源保证率较高，湿地内人口密度较小，土地利用强度适中，无外来物种入侵，具有较为适宜的野生动物栖息地环境。但湿地内土壤重金属污染较重，生物多样性水平一般，公众的湿地保护意识不高，对湿地健康水平的保持和稳定产生不利影响（表 4-19）。

表 4-19　黑龙江兴凯湖国际重要湿地生态系统健康评价结果

评价指标		指标值		指标权重	综合健康指数
一级指标	二级指标	原始值	归一化值		
水环境指标	地表水水质	II	8.00	0.114 6	
	水源保证率	8.80	8.80	0.229 2	
土壤指标	土壤重金属含量	2.74	1.12	0.010 9	
	土壤 pH	5.29	8.60	0.028 4	
	土壤含水量	35.23	3.52	0.049 6	
生物指标	生物多样性	34.68	3.67	0.091 0	7.21
	外来物种入侵度	0.00	10.00	0.091 0	
景观指标	野生动物栖息地指数	7.40	7.40	0.056 7	
	湿地面积变化率	1.003	10.00	0.056 7	
	土地利用强度	0.19	6.14	0.113 4	
社会指标	人口密度	5.08	9.92	0.031 7	
	物质生活指数	6.15	6.15	0.018 5	
	湿地保护意识	4.50	4.50	0.108 3	

· 结果分析

A. 湿地水质良好，水源保证率较高

水环境指标是影响兴凯湖湿地健康最为显著的因子，湿地大湖水质为 I 类水，小湖水质为 II 类水，水质良好；兴凯湖水系是乌苏里江流域的重要组成部分，有多条河流注入，水资源丰富，湿地水源保证率较高。

B. 湿地面积稳定

通过对比兴凯湖湿地 2013 年和 2014 年前后两期卫星影像，发现湿地动态变化小，湿地面积保持稳定。

C. 野生动植物栖息地环境良好

湿地内人员稀少，人口密度低，土地利用强度低，无外来物种入侵，物种种类丰富，为野生动物提供了适宜的栖息环境。

D. 土壤环境受到污染

湿地土壤中铜、锌、铅、铬、镉含量分别为 61.3 毫克/公斤、169 毫克/公斤、48.5 毫克/公斤、100.9 毫克/公斤和 0.68 毫克/公斤，均超出《土壤环境质量标准》(GB 15618—2008)一级标准要求，其中铜超标 1.75 倍，镉超标 3.4 倍，湿地土壤环境遭受一定程度的污染。

2) 湿地功能

· 功能状况

黑龙江兴凯湖国际重要湿地综合功能指数为 7.33，功能等级为"好"。按照一级指标，湿地以调节功能为主，其次为供给功能和文化功能，支持功能稍弱。按照二级指标，湿地的物质生产功能最为显著，其次为净化水质功能、气候调节功能和保护生物多样性功能，水资源调节功能最弱（表 4-20）。

表 4-20　黑龙江兴凯湖国际重要湿地生态系统功能评价结果

评价指标		指标值		指标权重	综合功能指数
一级指标	二级指标	原始值	归一化值		
供给功能	物质生产	10.94%	9.47	0.205 3	
调节功能	气候调节	9.70	9.70	0.114 8	
	水资源调节	8.20	8.20	0.048 3	
	净化水质	6.70	6.70	0.182 2	7.33
文化功能	休闲与生态旅游	7.70	7.70	0.136 9	
	教育与科研	7.50	7.50	0.068 4	
支持功能	保护生物多样性	34.68	4.47	0.244 1	

•结果分析

A. 调节功能突出

兴凯湖湿地内储水量丰富，水资源充沛，是调节乌苏里江，特别是冬季径流的主要水源；湿地面积大，类型多，在调节大气、调蓄洪水，以及净化去污等方面发挥了重要作用。

B. 供给功能明显

兴凯湖湿地内丰富的水资源和湿地资源为当地经济社会发展提供了大量的淡水、水产品和饲草等物质产品，湿地物质生产年增加率为 13.4%，其经济和社会效益显著。

C. 文化功能独特

兴凯湖湿地生态系统复杂，物种丰富，并与俄罗斯一侧的湿地相连，地理位置独特，吸引了国内外的研究机构和专家到此开展湿地生态系统和生物多样性等方面的研究；区内湿地面积广阔，草甸、沼泽、湖泊和森林特色明显，是人们亲近自然、观光旅游的良好场所。

D. 保护生物多样性功能重要

湿地内物种多样性十分丰富，几乎容纳了三江平原的所有重要物种，由草甸、沼泽、湖泊、河流和森林组成复杂的湿地生态系统，能够有效维持生态系统的结构和功能，满足湿地野生动植物的栖息繁殖需要。

3）湿地价值

•价值状况

兴凯湖国际重要湿地总价值为 141.10 亿元/年，单位面积湿地价值为 8.17 万元/（公顷•年）。其中间接使用价值最高，为 96.32 亿元/年，占总价值的 68.26%；其次为直接使用价值，为 36.94 亿元/年，占 26.18%；选择价值与存在价值较小，分别仅占 3.28% 和 2.28%。按照二级指标，湿地净化去污价值最大，占总价值的 28.41%；其次分别为调蓄洪水价值、湿地产品价值和调节大气价值，分别占 25.54%、17.04% 和 14.31%；生存栖息地价值最小，仅占总价值的 2.28%（表 4-21）。

表 4-21　黑龙江兴凯湖湿地生态系统价值评价结果　　（单位：亿元/年）

评价指标		单项价值	小计	总价值
一级指标	二级指标			
直接使用价值	湿地产品	24.04	36.94	141.10
	休闲娱乐	3.60		
	环境教育	9.30		
间接使用价值	调节大气	20.19	96.32	
	调蓄洪水	36.04		
	净化去污	40.09		
选择价值	生物多样性	4.63	4.63	
存在价值	生存栖息地	3.21	3.21	

·结果分析

A. 湿地面积大，间接使用价值巨大

兴凯湖湿地内湿地面积 172 648.88 公顷，水资源充沛，湿地类型多样，广阔的湿地在固碳释氧、调节大气、减少洪水径流、调蓄洪水，以及净化去污等方面发挥了重要作用，间接产生的经济价值巨大。

B. 湿地资源丰富，直接使用价值显著

兴凯湖湿地不仅为区域经济社会发展提供了丰富的淡水资源，同时也为当地群众提供了大量的水产品、饲草、芦苇等物质产品和生产原材料；区内多样性的自然湿地景观和多种多样的野生动物资源为当地带来了可观的旅游收入。

C. 生物多样性价值和生存栖息地价值较低

兴凯湖湿地为各类生物的迁徙、生存、繁衍提供了丰富的食物资源，以及适宜的环境，但湿地生物多样性价值及生存栖息地价值在湿地生态系统总价值中的比重较低，分别仅占总价值的 3.28% 和 2.28%。

4）总体评价

兴凯湖湿地生态系统健康等级为"好"，功能等级为"好"，湿地生态系统总价值为141.10 亿元/年，单位面积湿地价值为 8.17 万元/（公顷·年）。湿地面积稳定，水资源丰富，水质良好，湿地内人口密度适宜，无外来物种入侵，野生动物栖息地环境良好；但土壤环境遭受一定污染，生物多样性水平较低，社区居民湿地保护意识一般。湿地以调节功能为主，以供给功能和文化功能为辅，支持功能较弱。湿地间接使用价值巨大，直接使用价值显著，生物多样性价值和生存栖息地价值偏低。

3. 存在问题及建议

1）存在问题

A. 环境污染加剧，湿地健康受到威胁

湿地内的农业生产形成的面源污染，加工厂、造纸厂等污水排放，导致湿地土壤环境、局部水体污染严重,使湿地健康水平受到严重威胁。

B. 资源的过度利用导致湿地功能退化

以追求经济利益为目的的农业开垦、过度的水产捕捞和放牧、水利设施与违章建筑的修建等,造成湿地蓄水量减少,植被遭到破坏,局部湿地生态退化明显,野生动物栖息环境受到威胁,湿地功能逐渐下降。

2) 建议

A. 实行综合管理,维持湿地健康水平

针对湿地内污水排放、农业开发和湿地资源过度利用等现状,应采取有效措施,加大整治力度,严格控制和规范各类开发与生产活动,保护湿地资源环境,维护湿地生态结构和健康水平。

B. 实施生态恢复工程,提升湿地生态系统功能

对退化和遭到破坏的湿地,因地制宜地采取自然恢复和生态工程恢复技术措施,通过植被恢复、填埋排水沟渠、生态补水、退耕还湿等手段进行综合治理,改善湿地生态环境状况,提升湿地服务功能。

4.2.8　黑龙江扎龙国际重要湿地

1. 基本情况

1) 位置与范围

黑龙江扎龙国际重要湿地(见书后彩图 8)位于黑龙江省齐齐哈尔市东南部,地处齐齐哈尔市铁锋区、昂昂溪区、泰来县、富裕县和大庆市杜尔伯特蒙古族自治县、林甸县的交界处。地理坐标为北纬 46°52′~47°32′,东经 123°47′~124°37′,与黑龙江扎龙国家级自然保护区范围一致。

扎龙湿地内有湖泊湿地、沼泽湿地与人工湿地 3 个湿地类型,包括季节性淡水湖、草本沼泽、沼泽化草甸与库塘。湿地总面积为 171 066.87 公顷,其中湖泊湿地面积为 12 147.70 公顷,占湿地面积的 7.10%;沼泽湿地面积为 158 081.81 公顷,占湿地面积的 92.41%;人工湿地面积为 837.36 公顷,占湿地面积的 0.49%。

2) 历史沿革

扎龙省级自然保护区成立于 1979 年;1987 年经国务院批准晋升为国家级自然保护区;1992 年扎龙湿地被列入国际重要湿地名录。

3) 自然状况

· 地质地貌

扎龙湿地地貌是在地质构造演变的基础上形成的,主要受到河流和风力的双重影响。按地貌的成因类型,湿地内地貌大致可分为 4 种类型,即冲积平原、冲积河谷平原、

湖沼平原及风积沙地。由于嫩江和乌裕尔河、双阳河的冲击作用及北半球流体右偏，嫩江主河道西移留下许多自然阶地，加之众多的沙丘漫岗等风成地貌穿插分布其间，堆砌成以波状起伏、丘岗错落、河道溪流纵横、湖泊泡沼密布的低平原河湖相冲积地貌为主的复杂的微地貌类型。湿地内平均海拔为 144.0 米，最低处连环湖海拔为 135.0 米，最高处大山种羊场北岗海拔为 178.0 米，地势呈东北—西南走向。

· 气候

湿地气候属中温带大陆性季风气候，年均气温为 3.5℃，年均降水量为 420.0 毫米，年均蒸发量为 1489.0 毫米，其中 5 月最大，平均蒸发量为 279.0 毫米，占全年的 19％；年均日照时数为 2 864.0 小时，太阳辐射总量为 519.0 千焦耳/平方厘米；年均风速为 3.5 米/秒，年均无霜期为 128 天，最长为 159 天，最短为 103 天。

· 水文

扎龙湿地位于乌裕尔河和双阳河下游的湖沼苇草地带，两条河均为盲尾河，河水漫散，湿地内多泡沼洼地，微地形复杂；发源于小兴安岭西麓的乌裕尔河，流至湿地后比降大减，冲积作用增强，河曲十分发达，河水漫溢于洼地，形成面积广阔的芦苇沼泽和湿地，河道则隐没于湖沼苇塘中，未被沉积物填满的局部洼地则成为不规则的大小湖泡。

湿地的水源有乌裕尔河、双阳河、新嫩江运河、"八一"幸福运河，其中乌裕尔河为形成和维持扎龙湿地生态系统的主导因素。乌裕尔河是黑龙江省外流区中的一条内流河，年平均径流量为 4.18 亿立方米，最大年径流量为 11.8 亿立方米；双阳河发源于小兴安岭西南侧与松嫩平原北部的结合地带，年均径流量 0.58 亿立方米，最大年径流量为 2.36 亿立方米，最小年径流量为 0.04 亿立方米。由于受多年干旱及乌裕尔河、双阳河上游水利工程的影响，2010 前后湿地每年缺水量约为 3 亿立方米。

· 土壤

湿地内生成、发育并分布有 6 个土类、13 个亚类，其分布随成土条件的改变而有一定的规律，从岗丘向湖泊依次为生草风沙土、黑钙土型风沙土、黑钙土、碳酸盐黑钙土、草甸黑钙土、盐化草甸土、碱化草甸土、碳酸盐草甸土、潜育草甸土、草甸土、草甸盐土、盐化草甸碱土、草甸沼泽土。

· 植被

湿地内植被可分为草甸草原、草甸、沼泽、水生植被 4 种植被类型。

草甸草原是乌裕尔河下游地区的代表类型，是地带性植被，但在湿地内主要分布在平地或地势稍高的地方，其主要代表类型为羊草-杂类草群系，组成群落的种类丰富，优势种为羊草、野古草、拂子茅等，伴生种有牛鞭草、兴安胡枝子、柳叶蒿、裂叶蒿等。

草甸主要分布在平地或低洼地区，有常年积水或季节性积水，属非地带性植被，大多为原生。组成草甸的中生草本植物包括湿中生、中生和适盐耐盐的盐中生草本植物。

沼泽植被在常年积水的低地和各类洼地中分布着大片沼泽，多由芦苇、薹草、苔藓等植物组成。

水生植被是由于乌裕尔河为无尾河，主河道改道形成的湖泊和泡沼星罗棋布，因而形成许多大大小小的块状水生植被群落。在淡水泡沼中有丰富的高等植物和低等植物，常见的低等植物有硅藻、鼓藻等，还有少见的四棘藻、纤维藻、四角藻、栅栏藻、实球藻、水棉等。

• 动物

扎龙湿地内有脊椎动物 343 种，其中鱼类 46 种，隶属于 6 目 9 科；两栖类 6 种，隶属于 2 目 4 科；爬行类 2 种，隶属于 2 目 2 科；鸟类 268 种，隶属于 17 目 48 科；哺乳类动物 21 种，隶属于 5 目 9 科。其中，国家 I 级保护野生动物有东方白鹳、黑鹳、金雕、草原雕、白头鹤、丹顶鹤、白鹤、大鸨 8 种；属国家 II 级保护野生动物有角䴙䴘、赤颈䴙䴘、白鹈、白琵鹭、白额雁、大天鹅、小天鹅、鸢、苍鹰、雀鹰、松雀鹰、大鵟、普通鵟、毛脚鵟、乌雕、白尾鹞、鹊鹞、白头鹞、鹗、燕隼、灰背隼、红脚隼、红隼、灰鹤、白枕鹤、蓑羽鹤、红角鸮、领角鸮、雕鸮、雪鸮、花头鸺鹠、长耳鸮、短耳鸮 33 种。

湿地动物有 154 种，其中湿地鸟类 8 目 17 科 101 种，爬行类 2 目 2 科 2 种，两栖类 2 目 4 科 6 种，鱼类 6 目 9 科 45 种。

4）社会经济状况

扎龙湿地地处齐齐哈尔市和大庆市的二区四县交界地域，涉及 14 个乡镇的 56 个村屯及 10 余个国有农、牧、渔、苇企事业单位。湿地内居民主要经济来源依赖于自然资源，以种植业、畜牧业，以及割苇、割草、捕鱼收入为生。

扎龙国际重要湿地保护管理机构为扎龙保护区管理局，于 1979 年正式挂牌成立，现有编制 45 人，管理局行政隶属于齐齐哈尔市人民政府，业务主管部门为黑龙江省林业厅，内设机构办公室、综合管理处、资源保护管理处、4 个管理站及鹤类繁育驯养中心、湿地保护科研监测中心、宣传教育中心和旅游服务社 4 个事业单位。事业经费主要由省财政拨款，工程建设经费由中央财政按计划划拨、省财政予以配套。

5）湿地受到的干扰

扎龙湿地受到的干扰主要表现在以下几个方面：一是由于乌裕尔河上游原生植被遭到破坏，河水径流量变小，加之中上游地区修建水利设施，截留、分流水源十分严重，导致湿地内来水自 20 世纪 90 年代以来持续下降，河道断流，部分湖泊干涸露底，主要依靠大量的人工补水维持湿地健康和功能；二是湿地内修建的水渠堤坝、公路等大型线状切割性工程，使湿地水文和野生动物的栖息地环境发生变化，生境破碎、片段化和岛屿化加剧，湿地结构和完整性受到破坏，生物多样性受到威胁；三是湿地内生活的人口及村屯的现代化建设与保持湿地原始性、自然性的矛盾日益突出，人为活动严重影响鹤类等珍稀野生动物的栖息繁殖；四是扎龙国际重要湿地横跨齐齐哈尔市与大庆市的 6 个县（区），湿地管理各管一片，水利、渔业各管一线，从各自职能和利益的角度从事生产和开发利用自然资源，造成湿地生态系统的人为分割，从而威胁生态系统的良性发展。

2. 评价结果

1）湿地健康

• 健康状况

扎龙国际重要湿地健康指数为 6.19，健康等级为"中"。湿地健康状况表现为湿地面积稳定，通过人工补水使得湿地水源得到补给，地表水水质良好，土壤环境整体较好，无外来物种入侵，生物种类丰富，野生动物栖息地环境适宜；但湿地土地利用强度大，生物多样性水平低，社区居民湿地保护意识一般，对湿地生态系统健康构成一定威胁（表 4-22）。

表 4-22 黑龙江扎龙国际重要湿地生态系统健康评价结果

评价指标		指标值		指标权重	综合健康指数
一级指标	二级指标	原始值	归一化值		
水环境指标	地表水水质	Ⅱ	8.00	0.0974	
	水源保证率	8.19	8.19	0.1948	
土壤指标	土壤重金属含量	0.81	9.50	0.0506	
	土壤 pH	7.65	6.75	0.0919	
	土壤含水量	22.04	2.20	0.1670	
生物指标	生物多样性	29.20	2.30	0.1399	6.19
	外来物种入侵度	0.00	10.00	0.0280	
景观指标	野生动物栖息地指数	8.60	8.60	0.0986	
	湿地面积变化率	1.003	10.00	0.0400	
	土地利用强度	0.43	3.86	0.0163	
社会指标	人口密度	13.81	9.77	0.0079	
	物质生活指数	7.20	7.20	0.0195	
	湿地保护意识	4.60	4.60	0.0481	

· 结果分析

A. 水质良好，湿地水源基本有保障

针对湿地上游截留、降水量减少和来水量减少的状况，从 2001 年启动人工补水工程，建立了长效补水机制，目前已累计为扎龙湿地补水 18 亿立方米，虽然每年仍有 3.0 亿立方米的缺水量，但已能够基本维持湿地健康水平和功能；湿地内地表水属Ⅱ类水，水质较好。

B. 湿地面积稳定

通过对比 2013 年与 2014 年前后两期影像，发现扎龙湿地面积动态变化小，湿地面积基本保持稳定。

C. 整体土壤环境良好

湿地土壤重金属含量均符合《土壤环境质量标准》（GB 15618—2008）一级标准要求，湿地土壤环境良好，适宜湿地动植物的健康生长。

D. 野生动植物栖息地环境适宜

扎龙湿地植被覆盖率达到 92.14%，物种种类丰富，无外来物种入侵，能够为野生动植物提供适宜的栖息地环境。

E. 湿地健康面临的潜在压力大

扎龙湿地土地利用强度大，不合理的湿地资源开发利用活动对湿地生态系统的威胁加剧，湿地健康面临的压力逐步加大。

2）湿地功能

·功能状况

扎龙国际重要湿地综合功能指数为 6.03，功能等级为"中"。按照一级指标，湿地以调节功能为主，其次为支持功能和文化功能，供给功能较弱。按照二级指标，湿地净化水质功能最为显著，其次为气候调节功能和水资源调节功能，休闲与生态旅游功能最弱（表 4-23）。

表 4-23　黑龙江扎龙国际重要湿地生态系统功能评价结果

评价指标		指标值		指标权重	综合功能指数
一级指标	二级指标	原始值	归一化值		
供给功能	物质生产	−5.41%	4.77	0.0744	6.03
调节功能	气候调节	9.20	9.20	0.1455	
	水资源调节	5.40	5.40	0.1833	
	净化水质	7.10	7.10	0.2309	
文化功能	休闲与生态旅游	6.40	6.40	0.0299	
	教育与科研	6.30	6.30	0.0879	
支持功能	保护生物多样性	29.20	3.92	0.2481	

·结果分析

A. 湿地面积辽阔，调节功能巨大

扎龙湿地内湿地总面积为 171 066.87 公顷，面积辽阔，微地形复杂，水系丰富，多泡沼洼地，湿地植被覆盖率高，防风固沙效果明显，对固碳释氧、净化空气、降解污染、净化水质和补充周边区域地下水有非常重要的作用。

B. 支持功能重要

扎龙湿地是中国北方同纬度地区中保留最完整、最开阔的湿地生态系统，是天然的物种库和基因库；湿地为许多生物，特别是为众多鸟类和珍稀水禽提供了理想的栖息繁殖地，是许多跨国飞行鸟类的重要"驿站"，其在保护生物多样性方面发挥了重要功能。

C. 文化功能突出

湿地内大面积的芦苇沼泽湿地，复杂的生物多样性景观，加之鹤类等珍稀野生动物是高品质的旅游资源，每年吸引了大量的国内外游客来此观光旅游，国内外多家科研机构和专家学者在此开展科学研究，湿地的文化功能十分突出。

D. 过度不合理的湿地资源利用，物质生产功能呈下降趋势

扎龙湿地为当地经济社会发展提供了大量的物质产品和生产原料，其经济和社会效益显著。但过度的放牧、频繁的啃食、灭绝性的残酷捕捞、不合理的芦苇收割、草原和沼泽的开垦，以及持续的缺水状态，造成湿地内植被退化，水土侵蚀加剧，湿地淤积和水体盐碱化上升，不仅严重威胁湿地生态系统健康，也使得湿地功能受损，物质生产能力呈现逐渐下降的趋势。

3) 湿地价值

· 价值状况

扎龙国际重要湿地总价值为 197.94 亿元/年，单位面积湿地价值为 11.57 万元/(公顷·年)。其中，间接使用价值最高，为 122.97 元/年，占总价值的 62.13%；其次为直接使用价值，为 67.22 元/年，占 33.96%；选择价值与存在价值比重较小，分别仅占 2.31% 和 1.60%。按照二级指标，湿地提供的物质产品价值最大，占总价值的 29.27%；其次为调蓄洪水价值与净化去污价值，分别占总价值的 26.93% 和 22.03%；休闲娱乐价值最小，仅占总价值的 0.05%(表 4-24)。

表 4-24　黑龙江扎龙湿地生态系统价值评价结果　　　(单位：亿元/年)

评价指标		单项价值	小计	总价值
一级指标	二级指标			
直接使用价值	湿地产品	57.93	67.22	197.94
	休闲娱乐	0.10		
	环境教育	9.19		
间接使用价值	调节大气	26.06	122.97	
	调蓄洪水	53.30		
	净化去污	43.61		
选择价值	生物多样性	4.58	4.58	
存在价值	生存栖息地	3.17	3.17	

· 结果分析

A. 湿地面积辽阔，间接使用价值巨大

扎龙湿地内湿地面积辽阔，植被覆盖率高，沼泽湿地优势种芦苇根系发达，须根甚多，具有很强的吸收、转化能力，水生生物繁多，具有富集氮、磷等功能，对稳定流域水质作用显著；每年还可调蓄洪水总量 3.7 亿～10.0 亿立方米，对缓解北方重镇大庆市的防洪压力起到极大作用。

B. 湿地物产丰富，景色优美，直接使用价值显著

扎龙湿地除可为区内外居民提供大量的湿地资源和产品外，每年可获得 1 000 万元的旅游收入；极具典型的原生湿地生态系统、丰富的生物多样性、鹤类等珍稀野生动物是理想的科普教育课堂，也是开展科普教育、提高全民保护生态环境意识的良好场所。

C. 生物多样性及生存栖息地价值较低

扎龙湿地为各类生物的生存、繁衍提供了丰富的食物资源和多样化的栖息与繁殖条件，但生物多样性价值和生存栖息地价值在湿地总价值中比重偏低，分别仅占 2.31% 和 1.60%。

4) 总体评价

扎龙国际重要湿地生态系统健康等级为"中"，功能等级为"中"，湿地生态系统总

价值为 197.94 亿元/年，单位面积湿地价值为 11.57 万元/(公顷·年)。湿地面积保持稳定，水质良好，土壤环境未遭受污染，湿地内植被覆盖率较高，无外来入侵物种，物种丰富，野生动物栖息地环境适宜，湿地生态系统目前较为稳定；但湿地自然补水不足，土地利用强度大，社区居民保护意识一般。湿地以调节功能为主，以支持功能和文化功能为辅，供给功能减弱。湿地间接使用价值巨大，直接使用价值显著。

3. 存在问题及建议

1) 存在问题

A. 上游自然来水减少，湿地水源不足

扎龙湿地的自然补给水源主要依赖天然降水和乌裕尔河河水，但由于气候变化及上中游农业灌溉、水利设施的拦截，湿地自然来水量明显减少，缺水年份明显增多，自然水源保证率急剧下降，总体处于缺水状态，主要依靠大量的投入进行人工补水来维持湿地健康和功能。

B. 湿地生境片段化、岛屿化加剧，湿地健康受到威胁

自 20 世纪 90 年代以来，湿地内陆续修建了公路、水库、引排水设施等，这些工程改变了原始的湿地，湿地生态系统的完整性和连续性遭到破坏，造成湿地生境碎裂，"岛屿化"，对湿地生态系统健康构成了严重威胁。

C. 不合理的湿地资源利用引起湿地功能退化

农业开垦、过度放牧、残酷捕捞、不合理的割苇等活动，造成湿地内植被退化，土壤侵蚀和水土流失加重，沼泽旱化、退化明显，湿地生产力下降，以鹤类为主的水禽栖息地面积萎缩，生物多样性急剧减少，湿地功能日益衰退，生物多样性保护面临严重威胁。

2) 建议

A. 实行流域综合管理，维持湿地生态系统健康

应采取有效措施，加强乌裕尔河流域综合管理和水资源分配，恢复乌裕尔河自然水文情势，保障扎龙湿地水源的自然补充，增加湿地蓄水量，恢复湿地生态，改善鹤类等野生动物栖息环境，维持湿地生态系统的健康。

B. 实施湿地恢复工程，恢复湿地功能

加大湿地生态系统功能的提升，对退化和遭破坏的湿地，科学地评估湿地利用方式和受损状况，采取自然恢复和工程技术相结合的措施，通过植被恢复、鸟类栖息地恢复、生态补水、污染防治、退耕还湿等手段，改善湿地生态环境状况，恢复湿地结构和功能。

C. 合理利用湿地资源，实现湿地的可持续发展

在尊重当地传统生产生活方式的基础上，通过严格执法、政策引导、资金补助等形式，规范湿地资源的利用行为，取缔不合理的生产方式，逐步减轻和消除湿地的人为干预与破坏，实现湿地的可持续利用和健康发展。

4.2.9　黑龙江珍宝岛国际重要湿地

1. 基本情况

1）位置与范围

黑龙江珍宝岛国际重要湿地(见书后彩图 9)地处乌苏里江中上游左岸,位于黑龙江省虎林市虎头镇珍宝岛乡,地理坐标为北纬 45°52′00″～46°17′23″,东经 133°28′44″～133°47′40″,与黑龙江珍宝岛湿地国家级自然保护区范围一致。

珍宝岛湿地有河流湿地、湖泊湿地、沼泽湿地 3 个湿地类型,包括永久性河流、永久性淡水湖、草本沼泽、灌丛沼泽。湿地总面积为 18 596.93 公顷,其中河流湿地为 2 018.59公顷,湖泊湿地为 1 099.99 公顷,沼泽湿地为 15 478.35 公顷,分别占湿地总面积的 10.85%、5.92%和 83.23%。

2）历史沿革

2002 年 4 月,经黑龙江省人民政府批准成立珍宝岛省级自然保护区;2004 年经国务院批准晋升为国家级自然保护区;2011 年黑龙江珍宝岛湿地被列入国际重要湿地名录。

3）自然状况

· 地质地貌

珍宝岛湿地北部为完达山余脉的丘陵地形,海拔为 130～170 米,主要为硅质岩、砾岩、凝灰质粉砂岩、板岩,起伏和缓,最高为烧炭山,海拔为 223.6 米。小木河以南主要为地势低缓的冲积平原,平均海拔为 60 米左右,沿乌苏里江流向呈现南高北低的态势。平原内中尺度地貌类型有河漫滩和一级阶地两种类型,主要有迂回扇、蝶形洼地、线形洼地、牛轭湖,以及形态各异的泡沼。由于河流的冲积作用,在乌苏里江河道中,有众多的江心洲发育,形成串珠状岛屿。

· 气候

珍宝岛湿地气候属温带大陆性季风气候,冬季漫长严寒,夏季温热多雨、光水热同季,春季升温快、多风少雨易旱,秋季降温迅速、多雨易涝早霜。年平均气温为 0.9～4.4℃,多年平均值为 2.9℃,最冷月为 1 月,平均气温为-18.6℃;最热月为 7 月,平均气温为 21.3℃。年平均降水量为 552.2 毫米,降水年内分配不平衡,6～9 月降水量达 369.1 毫米,占全年降水量的 66.84%,11 月至翌年 3 月降水量仅为 49.1 毫米,占全年降水量的 0.89%。全年日照时数为 2 308.6 小时,平均蒸发量为1 149.6毫米,全年平均风速为 4.1 米/秒,春夏前多西南风,秋冬季多西北风。

· 水文

湿地内主要河流有乌苏里江、小木河、阿布沁河、七虎林河,湖泊主要有月牙泡、刘寡妇泡,以及数十个常年积水或季节性积水的泡沼。湿地内河流均属乌苏里江水系,多属平原沼泽性河流,河漫滩发育,有的无明显河床,常与沼泽湿地连成一片。泡沼多集中分布于河流两岸,形状多样,深浅不一,水深为 0.5～4 米,主要靠雨水、沼泽渗水及江河回水补给。湿地内地下水埋藏较深,并有黏土层间隔,切断了与地表水的联系。水质以重碳酸钠型为主,矿化度均小于 0.5 克/升,大部分地区小于 0.2 克/升,是低矿化淡水,含砂量小,湿地地表水水质符合地表水环境质量标准(GB3 838—2002)的 Ⅱ 类标准,水质良好,适于农田灌溉、生活和工业用水。

· 土壤

湿地地带性土壤是暗棕壤,非地带性土壤有白浆土、草甸土、沼泽土、泥炭土和河淤土等 6 个土类。暗棕壤分为砂质草甸暗棕壤和白浆化草甸暗棕壤两个亚类,白浆土包括岗地白浆土、潜育白浆土和草甸白浆土 3 个亚类,草甸土有草甸土和白浆化潜育草甸土两个亚类,沼泽土有草甸沼泽土、泥炭腐殖质沼泽土和泥炭沼泽土 3 个亚类,河淤土分为草甸河淤土和沼泽河淤土两个亚类。其中,泥炭土、沼泽土和草甸土分布最为广泛。

· 植被

珍宝岛湿地内植被类型共有森林植被、灌丛植被、草甸植被、沼泽植被、水生植被 5 种类型。

湿地内的森林面积较小,类型也少,仅分布于北部丘陵漫岗和河谷滩地上,以白桦、山杨、蒙古栎为主。

湿地内的灌丛有的高大,形成灌状丛林,有的是沼泽植物组成的沼泽灌丛,有榛灌丛、细叶胡枝子灌丛、杠柳灌丛 3 种类型。

草甸植被主要是小叶章草甸和小叶章-杂草草甸。

沼泽植被类型分为草丛沼泽、灌丛沼泽,以湿草甸植物为主,小叶章为单优势种。

水生植被受湖泊地形坡度、水深和基底特征的制约,不同湖泊的不同区域形成的水生植物群落各不相同,共有浮叶植物类型、沉水植物类型和漂浮植物类型 3 种,常见的有莲、荇菜、穗花狐尾藻、浮萍等。

湿地内有维管束植物 86 科 220 属 393 种,其中蕨类植物 3 科 6 属 9 种,裸子植物 1 科 2 属 3 种,被子植物有 83 科 213 属 381 种,有国家 Ⅱ 级重点保护野生植物莲。

· 动物

湿地内共有脊椎动物 288 种,其中鸟类物种数最多,共 171 种,占动物种数的 59.37%;鱼类 61 种,占动物种数的 21.18%;兽类 40 种,占动物种数的 13.89%;两栖类、爬行类各为 8 种,占动物种数的 2.78%。湿地内共有国家重点保护野生动物 29 种,其中国家 Ⅰ 级重点保护野生动物有东方白鹳、金雕、丹顶鹤和东北虎 4 种;国家 Ⅱ 级重点保护野生动物有鸳鸯、大天鹅、鸢、苍鹰、普通鵟、毛脚鵟、白尾鹞等 25 种。

4) 社会经济状况

珍宝岛湿地所在的虎林市 2012 年生产总值为 135.38 亿元,第一产业增加值为 7.60 亿元,增长 14.3%;第二产业增加值为 25.71 亿元,增长 23.3%;第三产业增加值为 3.37 亿元,增长 10.7%,人均生产总值为 46 673 元。

珍宝岛国际重要湿地保护管理机构为珍宝岛自然保护区管理局,为政事合一单位,上级主管部门为黑龙江省林业厅，保护管理经费主要依靠上级主管部门的事业拨款解决。

5）湿地受到的干扰

珍宝岛湿地受到的干扰主要表现在人为方面：一是湿地内修建的水利防洪工程阻断了沼泽湿地的自然水循环，导致湿地破碎化，湿地内部的生物循环和演变过程受阻，湿地健康和功能受损；二是因农田开垦的排水措施使得沼泽失水，自然更替过程受到影响，导致湿地退化、湿地面积缩小，此外一些水产品养殖行为对湿地内个别泡沼的水质产生不良影响。

2. 评价结果

1）湿地健康

·健康状况

黑龙江珍宝岛国际重要湿地健康指数为 5.31，健康等级为"中"；湿地健康状况表现为湿地面积稳定，水质良好，植被生长良好，物种丰富，无外来物种入侵，湿地内人口稀疏，物质生活指数低，土地利用强度小；但湿地水源保证率中等，湿地土壤受到一定污染，公众的湿地保护意识一般，对湿地生态系统健康形成一定程度的威胁（表 4-25）。

表 4-25　黑龙江珍宝岛国际重要湿地生态系统健康评价结果

评价指标		指标值		指标权重	综合健康指数
一级指标	二级指标	原始值	归一化值		
水环境指标	地表水水质	II	8.00	0.1478	
	水源保证率	5.06	5.06	0.1478	
土壤指标	土壤重金属含量	2.43	2.47	0.0543	
	土壤 pH	4.73	4.87	0.0208	
	土壤含水量	42.51	4.25	0.0948	
生物指标	生物多样性	26.76	1.69	0.1528	
	外来物种入侵度	0.00	10.00	0.0170	5.31
景观指标	野生动物栖息地指数	5.60	5.60	0.1314	
	湿地面积变化率	1.003	10.00	0.0196	
	土地利用强度	0.16	6.80	0.0440	
社会指标	人口密度	4.18	9.93	0.0089	
	物质生活指数	7.34	7.34	0.0804	
	湿地保护意识	5.00	5.00	0.0804	

·结果分析

A. 湿地水质良好

水环境指标对珍宝岛湿地生态系统健康的影响最为显著，其权重值达到 0.2956；湿地内地表水水质属Ⅱ类,水质良好。

B. 湿地面积稳定

通过对比 2013 年、2014 年前后两期 TM 影像,发现湿地内部分退化、遭开垦的湿地正逐步恢复,湿地面积保持稳定且呈增加趋势,这对于维护湿地的完整性有重要意义。

C. 野生动植物栖息地环境适宜

珍宝岛国际重要湿地植被覆盖率为 83%,植物群落盖度大多高于 60%,物种种类丰富,无外来物种入侵,这些都为野生动物提供了较好的栖息地环境。

D. 湿地面临的潜在压力小

湿地内人口密度为 4.18 人/平方公里,人口稀疏,物质水平不高,土地利用强度较低,人为活动影响较小,湿地生态系统结构和功能所面临的潜在压力小。

E. 土壤环境受到污染

湿地土壤重金属含量高,其中镉、锌、铅的平均含量分别是《土壤环境质量标准》(GB 15618—2008) 级标准的 3.1 倍、1.37 倍和 1.19 倍,湿地土壤环境受到一定程度的污染。

2) 湿地功能

·功能状况

黑龙江珍宝岛国际重要湿地综合功能指数为 7.68,功能等级为"好"。按照一级指标,湿地以调节功能为主,其次为文化功能和供给功能,支持功能较弱。按照二级指标,物质生产功能最为显著,其次分别为水资源调节功能、休闲与生态旅游功能和教育与科研功能,保护生物多样性功能最弱(表 4-26)。

表 4-26　黑龙江珍宝岛国际重要湿地生态系统功能评价结果

评价指标		指标值		指标权重	综合功能指数
一级指标	二级指标	原始值	归一化值		
供给功能	物质生产	6.38%	7.19	0.2379	7.68
调节功能	气候调节	9.20	9.20	0.0931	
	水资源调节	8.90	8.90	0.1861	
	净化水质	9.00	9.00	0.0931	
文化功能	休闲与生态旅游	8.70	8.70	0.1189	
	教育与科研	8.70	8.70	0.1189	
支持功能	保护生物多样性	26.76	3.65	0.1520	

·结果分析

A. 调节功能巨大

珍宝岛湿地内水系丰富,湿地类型多样,植被覆盖率高,每年可调节洪水量为 0.94 亿立方米,在调节小区域气候、削洪抗旱、调节径流、补充地下水等方面作用巨大,并能够有效降解污染,净化水质。

B. 文化功能独特

珍宝岛湿地植被丰富，景色优美，有效带动了周边旅游产业的发展，休闲与生态旅游功能显著；湿地内的生物种类组成、区系特征在群落结构或生态系统水平上均能反映三江平原原始湿地特征，每年吸引了许多大专院校和科研院所人员到此开展科学研究，其教育与科研功能突出。

C. 供给功能显著

湿地内天然物资丰富，为当地经济社会发展提供了包括饲草、木材、林下种养殖等在内的大量物质产品，累计年产值可达 230 万元，且年收获量增加值达到 12.1% 以上，其经济和社会效益显著。

D. 湿地支持功能有待提升

湿地内生态系统多样，为野生动植物提供了良好的生存栖息环境，局部地区生物多样性较丰富，生物多样性总体水平一般，生物多样性指数较低，湿地在保护生物多样性方面的功能较弱。

3）湿地价值

· 价值状况

黑龙江珍宝岛国际重要湿地总价值为 18.55 亿元/年，单位面积湿地价值为 9.97 万元/（公顷·年）。其中，间接使用价值最大，为 15.37 亿元/年，占 82.9%；其次是直接使用价值，为 2.33 亿元/年，占 12.5%；选择价值与存在价值比重较小，分别仅占 2.7% 和 1.9%。按照二级指标，湿地调蓄洪水价值最大，占总价值的 40.7%；其次为净化去污价值与调节大气价值，分别占 25.6% 和 16.57%，休闲娱乐价值最小，仅占总价值的 0.03%（表 4-27）。

表 4-27　黑龙江珍宝岛国际重要湿地生态系统价值评价结果

（单位：亿元/年）

评价指标		单项价值	小计	总价值
一级指标	二级指标			
直接使用价值	湿地产品	1.32	2.33	18.55
	休闲娱乐	0.01		
	环境教育	1.00		
间接使用价值	调节大气	3.07	15.37	
	调蓄洪水	7.55		
	净化去污	4.75		
选择价值	生物多样性	0.50	0.50	
存在价值	生存栖息地	0.35	0.35	

· 结果分析

A. 间接使用价值巨大

珍宝岛湿地每年可固定 CO_2 30.92 万吨，释放 O_2 约 22.8 万吨，每年可调蓄洪水约

0.94 亿立方米,在固碳释氧、调节大气、减少洪水径流、调蓄洪水,以及净化去污等方面发挥了重要作用,其间接使用价值巨大。

B. 湿地资源丰富,直接使用价值高

珍宝岛湿地每年可向周边区域提供淡水约 0.67 亿吨、鱼类 450 万吨、谷物和木材等 6 万吨、饲草 35 万捆,为当地居民提供大量直接或间接的原材料和物质产品;独特的湿地自然景观、良好的生态环境也是人们休闲娱乐、生态旅游、环境教育和科学研究的良好场所,每年接待旅游人数约为 1.6 万人次,旅游收入为 56.5 万元。

C. 生物多样性价值及生存栖息地价值偏低

珍宝岛湿地独特的自然环境为各类生物的生存、繁衍提供了丰富的食物资源,以及优良的迁移、栖息及繁殖条件,但湿地生物多样性价值及生存栖息地价值总量较小,分别仅占湿地总价值的 2.7% 和 1.9%。

4) 总体评价

黑龙江珍宝岛国际重要湿地生态系统健康等级为"中",功能等级为"好",湿地生态系统总价值为 18.55 亿元/年,单位面积湿地价值为 9.97 万元/(公顷·年),湿地面积稳定,水质良好,无外来物种入侵,植被覆盖率高,野生动物栖息地指数适宜,湿地内人口稀疏,居民物质生活指数适宜,湿地面临压力较小;但湿地土壤环境遭受污染,公众的湿地保护意识一般。湿地以调节功能为主,以文化功能和供给功能为辅,支持功能较弱。湿地间接使用价值显著,直接使用价值明显。

3. 存在问题及建议

1) 存在问题

A. 居民生产生活对湿地生态造成破坏

一是由于农业开发对部分地区的水源分布及河流造成了一定影响,导致局部区域水位下降、沼泽缺水、湿地植被退化、沼泽已经向草甸演替;二是农业生产使用农药、化肥、除草剂及生活垃圾、污水等对湿地土壤环境、水环境造成污染。

B. 人为活动对野生动物形成威胁

由于居民区的存在,捕雏拾卵、乱捕乱猎、盗砍盗伐现象时有发生,对湿地内的动物资源,特别是对水鸟的栖息产生了极大影响。

C. 基础设施薄弱,制约了湿地保护管理工作的正常开展

由于资金不足,保护管理经费缺乏,基础设施薄弱,加之缺乏必要的设施设备,影响了湿地保护管理工作的正常开展,限制了湿地及野生动物的保护、科研、监测各项功能的正常发挥。

2) 建议

A. 减少人为干扰,改善湿地健康状况

针对湿地内的农业开发活动和泡沼养殖,必须加强管理,采取退耕还湿等措施,减

少人为活动对湿地的干扰和环境污染，遏制湿地水位下降、植被退化和环境污染的趋势，逐步改善湿地健康状况。

B. 强化管理，保护生物多样性，提升湿地功能

珍宝岛湿地作为中国北方地区具有原始性、典型性和代表性的自然湿地，拥有丰富的生物多样性与生物群落，是东北亚地区鸟类的重要栖息地。因此，应加强管护力度，维持其天然完整的自然群落，这对保护湿地生物多样性、提升湿地综合功能具有重要意义。

4.2.10　湖北大九湖国际重要湿地

1. 基本情况

1）位置与范围

湖北大九湖国际重要湿地（见书后彩图 10）地处湖北省神农架林区西北部，地理坐标为北纬 31°25′～31°33′，东经 109°56′～110°11′，东南与神农架国家级自然保护区及下谷土家族自治乡毗邻，西南与重庆巫山、巫溪县相连，北与竹山县红坪乡接壤，其与湖北大九湖湿地省级自然保护区范围一致。

大九湖湿地有湖泊湿地、沼泽湿地、人工湿地 3 个湿地类型，包括永久性淡水湖、泥炭藓沼泽、库塘。湿地总面积为 1 055.81 公顷，其中湖泊面积为 211.16 公顷、沼泽湿地为 745.08 公顷、库塘为 99.57 公顷，分别占湿地总面积的 20.00%、70.57% 和 9.43%。

2）历史沿革

2003 年经湖北神农架林区人民政府批准建立区级自然保护区；2010 年晋升为大九湖湿地省级自然保护区；2013 年大九湖湿地被列入国际重要湿地名录。

3）自然状况

· 地质地貌

大九湖湿地位于中国地势第二级阶梯的东部边缘，由大巴山东延的余脉组成亚高山盆地地貌，盆地底部海拔为 1 730 米，周围群山环绕，东面的最高峰霸王寨海拔为 2 624 米，南面的四方台顶高为 2 600 米，相对高差为 894 米。盆地周边山体岩性由白云岩、白云质灰岩等碳酸盐岩组成，加上神农架地区雨水充沛，植被发育良好，在第三纪、第四纪冰川侵蚀的作用下，使得峡谷地形复杂，山峦起伏多变，中间地势平坦，成为沼泽植被和自然泥炭沼泽湿地。

· 气候

大九湖湿地地处中纬度北亚热带季风气候区，属亚高山寒温带潮湿气候。冬长夏短、春秋相连，湿地内山势高大，垂直气候特征明显；年平均气温为 7.4℃，最冷月为 1 月，日均温为 −4.3℃，无霜期为 144 天，≥10℃ 的活动积温为 2 099.7℃；年均降水量

为 1528.3 毫米,降水丰富且分布均匀,云雾天气较多,相对湿度高于 80%;全年日照为 1000 小时左右,平均每天日照为 2.7 小时。

· 水文

大九湖湿地属堵河水系,雨量充沛,且年内分配比较均匀,蒸发小,湿度大;主体部分大、小九湖盆地总汇水面积为 5721 公顷;大九湖内有黑水河和九灯河两条溪流,均汇入落水孔,小九湖内有铜洞沟溪流,流入洛阳河,经房县九道梁汇入堵河,堵河水经黄龙滩水库注入汉水。由于盆地封闭,无其他排水通道,而岩溶洞穴又不能通畅排水,因而地下水位普遍较高。在盆地中部,广阔低平的河漫滩地带,地下水位接近于地表,形成独特的高山湖沼景观。总体上,水文特点为年径流量丰富,且年内分配比较均匀,河流含沙量低。

· 土壤

湿地内土壤的成土母岩主要为冲击物和湖积物,受地下水位的影响,从中心向四周扩散,主要分布有沼泽土、草甸沼泽土和草甸土,耕作土壤多为黄棕壤、棕壤、紫色土、潮土,以沼泽土分布最为典型。

· 植被

湿地内自然植被类型有沼泽植被、草甸植被、灌丛植被、温性针叶林和落叶阔叶林 5 种类型。

沼泽植被是湿地内的植被主体,依据分布情况可分为木本沼泽植被和草本沼泽植被两种类型。

草甸植被主要分布于大九湖盆地沼泽植被的外围及周围山坡,主要植物有圆穗蓼、珠芽蓼、草原老鹳草、东方草莓、金挖耳、尼泊尔蓼、早熟禾、薹草等。一些栽培牧草,如红车轴草、白车轴草在一些地势比较平坦的地段,盖度达到 90% 以上。

灌丛植被主要分布于周围山地,以川榛、鸡树条荚蒾、湖北海棠为主,群落外貌整齐,平均高度为 2.5 米左右,总盖度为 90%。

温性针叶林主要分布在大九湖盆地周围山地高海拔处,建群种有华山松、巴山冷杉等,主要伴生植物有山杨、兴山柳与野核桃等。

落叶阔叶林分布在盆地周围山地低海拔处,有锐齿槲栎林、红桦-米心水青冈林、红桦-槭类林、连香树林 4 种植被类型。优势植物有锐齿槲栎、红桦、米心水青冈,伴生植物较多,常见的有锥栗、刺叶栎与峨眉蔷薇等。

湿地内分布有高等植物 145 科 474 属 984 种(含变种及栽培种),其中国家重点保护野生植物 15 种(Ⅰ级 3 种,Ⅱ级 12 种),国家珍贵树种 12 种,国家珍稀濒危植物 9 种,此外还有苔藓植物 13 科 18 种。其中,浮毛茛和圆叶茅膏菜均为湖北省首次记载,黄花狸藻和圆叶茅膏菜两种食虫植物也是神农架地区的首次记载。

· 动物

湿地内有陆生脊椎动物 176 种,其中兽类 28 种,鸟类 140 种,爬行类 3 种,两栖类 5 种。其中国家 Ⅰ 级保护野生动物有云豹、林麝、梅花鹿(引进种)、东方白鹳、黑鹳、金雕 6 种;国家 Ⅱ 级保护野生动物有白琵鹭、鸳鸯、灰鹤、红腹角雉、黑熊等 17 种。鱼类有 35 种,类型多样,不少为山区激流特有的鱼类。

湿地动物有 68 种，其中水鸟 28 种，鹳形目 19 种、雁形目 6 种、鹤形目 3 种；鱼类 35 种；两栖类 5 种。

4）社会经济状况

大九湖湿地所在地为神农架林区，区内总人口为 8 万人。2011 年，全区完成地区生产总值为 14.53 亿元，同比增长 11.5%。其中，第一产业完成增加值为 1.49 亿元，同比增长 4.5%；第二产业完成增加值为 6.01 亿元，同比增长 13.7%；第三产业完成增加值为 7.03 亿元，同比增长 11.3%，人均 GDP 为 1.91 万元。

大九湖国际重要湿地保护管理机构为大九湖湿地管理局，于 2008 年正式挂牌成立，下设办公室、保护科、科研所、计划内务科、宣教科、生产经营科 6 个职能科室。局内专门设立森林公安局，在大、小九湖分别设立 2 个保护管理所及 4 个保护站，主要经费来源于湖北省财政拨付。

5）湿地受到的干扰

大九湖湿地受到的干扰主要表现在人为方面：一是从 1990 年开始，以排涝出渍为目的的排水工程建设严重改变了湿地内的水文过程，周围山区的降水汇流直接进入排水渠流向落水洞进水口，导致湿地蓄水量减少，地下水位降低，沼泽退化，生物多样性降低，湿地健康受损、功能退化；二是由于湿地周边的大规模垦殖活动，使得大九湖湿地面积减少，湿地的原始地貌遭到破坏，农业面源污染加重，水土流失加剧，湖泊淤积，湿地调蓄能力降低，湿地生态功能明显下降。

2. 评价结果

1）湿地健康

· 健康状况

湖北大九湖国际重要湿地健康指数为 7.05，健康等级为"好"。湿地健康状况表现为湿地面积稳定，水质良好，水源保证率高，生物种类丰富，湿地内人口稀疏，物质生活指数适宜，土地利用强度小，社区居民湿地保护意识较好；有外来物种入侵现象，但尚未构成威胁，局部土壤环境受到污染，重金属含量超标，湿地破碎化程度高，对湿地生态系统健康造成一定程度的影响（表 4-28）。

· 结果分析

A. 水环境良好

水环境指标对大九湖湿地生态系统健康的影响最为显著，其权重值为 0.260 1。湿地水环境良好，无工业污染，地表水水质较好，湿地内雨量充沛，年径流量十分丰富，水源保证率高。

B. 湿地面积稳定

通过对比 2012 年和 2013 年前后两期 TM 影像，发现大九湖湿地保持稳定，湿地面积稳定性好。

表 4-28　湖北大九湖国际重要湿地生态系统健康评价结果

评价指标		指标值		指标权重	综合健康指数
一级指标	二级指标	原始值	归一化值		
水环境指标	地表水水质	70% Ⅰ 30% Ⅱ	8.60	0.0867	
	水源保证率	10.00	10.00	0.1734	
土壤指标	土壤重金属含量	1.80	5.21	0.0409	
	土壤 pH	4.85	5.67	0.0226	
	土壤含水量	48.58	4.86	0.0743	
生物指标	生物多样性	26.50	1.63	0.1734	7.05
	外来物种入侵度	0.006	9.94	0.0867	
景观指标	野生动物栖息地指数	3.80	3.80	0.0329	
	湿地面积变化率	1.00	10.00	0.0164	
	土地利用强度	0.065	9.80	0.0327	
社会指标	人口密度	15.45	9.74	0.1040	
	物质生活指数	7.51	7.51	0.0520	
	湿地保护意识	7.00	7.00	0.1040	

C. 湿地面临的潜在压力小

湿地内土地利用强度低，人口稀疏，社区居民具有较好的湿地保护意识，有利于湿地生态系统的稳定和健康。

D. 存在外来物种入侵现象

大九湖湿地内有外来入侵物种 1 种，为红花车轴草，主要分布于湿地周边地势较高、地下水位偏低的农田及草甸上，在核心泥炭地中没有优势，尚未对大九湖湿地生态环境造成危害。

E. 土壤环境受到污染

湿地的土壤环境受到一定污染，土壤中铬含量为 105.1 毫克/公斤、铅含量为 77.0 毫克/公斤、镉含量为 0.36 毫克/公斤，均超出《土壤环境质量标准》(GB 15618—2008)一级标准要求，其中铬超标 1.168 倍、铅超标 2.2 倍、镉超标 1.8 倍。

2）湿地功能

·功能状况

湖北大九湖国际重要湿地生态系统综合功能指数为 7.19，功能为"好"。按照一级指标，湿地以调节功能为主，其次为供给功能和文化功能，支持功能较弱。按照二级指标，物质生产和保护生物多样性功能突出，其次水资源调节功能和净化水质功能，教育与科研功能最弱(表 4-29)。

表 4-29　湖北大九湖国际重要湿地生态系统功能评价结果

评价指标		指标值		指标权重	综合功能指数
一级指标	二级指标	原始值	归一化值		
供给功能	物质生产	8.00%	8.00	0.165 0	
调节功能	气候调节	8.90	8.90	0.078 5	
	水资源调节	8.20	8.20	0.157 0	
	净化水质	8.00	8.00	0.157 0	7.19
文化功能	休闲与生态旅游	9.00	9.00	0.082 5	
	教育与科研	7.00	7.00	0.082 5	
支持功能	保护生物多样性	26.50	4.73	0.277 5	

· 结果分析

A. 物质生产功能突出

湿地内社区居民生产方式以种植业、养殖业和林果业为主，湿地草场等资源为当地经济社会发展提供了包括牧草在内的大量物质产品，其经济和社会效益突出。

B. 保护生物多样性功能显著

大九湖湿地为多种野生动、植物提供了良好的生存环境，对维持生态系统平衡、多样的动植物群落，维护生物多样性关键地区的物种多样性具有极其重要的意义。

C. 水资源调节功能明显

大九湖湿地所在地区处于三峡库区、丹江口库区和"南水北调"中线工程的第二蓄洪库区的交汇处，也是汉江中游重要的生态屏障，其对于丹江口水库、汉江流域及其周边地区的水资源调节起到重要作用。

D. 科研与教育功能有待加强

大九湖湿地的藓类植物、冰川时期的地质地貌、动植物等都具有较高的科学研究价值，对研究多样的动植物群落、濒危物种和环境演化、古地理方面有着重要作用，是开展教育与科学研究的天然场所，但目前来此开展科学研究的研究单位和专家学者有限，其科研与教育功能未能得到充分显现。

3）湿地价值

· 价值状况

湖北大九湖国际重要湿地总价值为 3.86 亿元/年，单位面积湿地价值为 36.56 万元/（公顷·年）。其中，间接使用价值最大，为 2.19 亿元/年，占总价值的 56.73%；其次是直接使用价值，为 1.62 亿元/年，占总价值的 41.97%；选择价值与存在价值较小，分别仅占总价值的 0.78% 和 0.52%。按照二级指标，湿地调节大气的价值最大，占总价值的 38.86%；其次为休闲娱乐价值，占总价值的 32.38%；生存栖息地价值最小，仅占总价值的 0.52%（表 4-30）。

表 4-30　湖北大九湖国际重要湿地生态系统价值评价结果（单位：亿元/年）

评价指标		单项价值	小计	总价值
一级指标	二级指标			
直接使用价值	湿地产品	0.31	1.62	3.86
	休闲娱乐	1.25		
	环境教育	0.06		
间接使用价值	调节大气	1.50	2.19	
	调蓄洪水	0.41		
	净化去污	0.28		
选择价值	生物多样性	0.03	0.03	
存在价值	生存栖息地	0.02	0.02	

·结果分析

A. 间接使用价值明显

由于大九湖湿地独特的环境条件，其在固碳释氧、调节大气、减少洪水径流、调蓄洪水，以及净化去污等方面发挥了重要作用，间接产生的经济价值明显。

B. 湿地资源丰富，直接使用价值高

大九湖湿地不仅提供了丰富优质的水资源，也为当地群众提供了大量的泥炭、饲草、野生动植物等生产原料；独特的文化资源与保存完好的自然生态、优美的自然风光也是人们休闲娱乐、生态旅游的良好场所。

C. 生物多样性与生存栖息价值较低

大九湖湿地独特的自然环境为大量野生动植物的生存提供了优良的环境条件，但整体上表现为局部生物多样性丰富，湿地生物多样性价值及生存栖息地价值在总价值中比重较低，分别仅占 0.78% 和 0.52%。

4）总体评价

湖北大九湖国际重要湿地生态系统健康等级为"好"，功能等级为"好"，湿地生态系统总价值为 3.86 亿元/年，单位面积湿地价值为 36.56 万元/（公顷·年）。湿地面积稳定，水资源丰富，水质良好，植被覆盖率高，植物群落多样，生长良好，湿地内人口稀疏，居民湿地保护意识较强；有外来物种入侵现象，尚未构成严重威胁，土壤环境受到污染。湿地调节功能为主，供给功能和文化功能为辅，支持功能较弱。湿地间接使用价值显著，直接使用价值巨大。

3. 存在问题及建议

1）存在问题

A. 挖沟排水工程导致湿地功能下降

由于排涝除渍工程的兴建，湿地的原始自然风貌受到破坏，湿地水文过程改变，蓄水量减少，地下水位下降，植物的优势种群发生演替，湿地内的珍稀动植物数量逐渐减少，生物多样性显著降低，同时由于风蚀加重，大片河滩地出露，土壤局部沙化，水土流失加重，调蓄洪水能力降低，湿地生态功能明显下降。

B. 农田开垦导致湿地健康受损

农田开垦造成了大九湖天然湿地面积减少，湖泊萎缩，湿地植被遭到破坏。同时，由于大量使用地膜、化肥、农药，农业面源污染加重，在一定程度上严重威胁湿地健康状况。

2）建议

A. 实施工程措施，逐步恢复湿地生境

利用现有地形，通过适当的水利工程措施，如修建隔水坝、填埋沟渠、结合水系调整和重建工程抬高地下水位，形成一个或多个串珠状的湖泊，既可以逐步恢复湿地生境，利于生物繁衍和候鸟栖息，也可以丰富旅游景观，利于发展旅游业。

B. 加强退耕还湿工作，恢复湿地功能

通过湿地植被恢复、退耕还湿（沼）等措施，扭转湿地面积减少和功能下降的趋势，减轻流水侵蚀和岩溶作用，减少地表水的渗漏，对破坏退化的沼泽湿地进行修复，恢复湿地的完整性和延续性，为野生动植物栖息、繁衍和生存营造良好的生态环境，逐步恢复大九湖湿地生态系统平衡和生态结构与功能的完整性。

4.2.11　吉林莫莫格国际重要湿地

1. 基本情况

1）位置与范围

吉林莫莫格国际重要湿地（见书后彩图11）地处吉林省白城市镇赉县东南部，地理坐标为北纬45°42′25″～46°18′0″，东经123°27′0″～124°4′33.7″，湿地范围与吉林莫莫格国家级自然保护区一致。

莫莫格湿地有湖泊湿地、沼泽湿地、人工湿地与河流湿地4个湿地类型，包括永久性淡水湖、永久性咸水湖、季节性咸水湖、草本沼泽、内陆盐沼、季节性咸水沼泽、库塘、永久性河流、季节性河流和洪泛平原湿地。湿地总面积为68 657.38公顷，其中湖泊湿地面积为5 424.22公顷，沼泽湿地面积为28 263.19公顷，人工湿地面积为3 727.43公顷，河流湿地面积为31 242.54公顷，分别占湿地总面积的7.9%、41.2%、5.4%和45.5%。

2）历史沿革

1981年建立莫莫格省级自然保护区；1997年晋升为国家级自然保护区；2013年莫莫格湿地被列入国际重要湿地名录。

3）自然状况

· 地质地貌

莫莫格湿地地处松辽沉降带北段、松嫩平原西部边缘，为嫩江及其支流冲积、洪积低平原，平均海拔为 142 米左右。湿地西北高，东南低，最高海拔为 167.7 米，最低海拔为 128 米。湿地内地势平坦，相对高差仅为 2～10 米。

· 气候

湿地属温带大陆性季风气候，春旱风大、夏热多雨、秋燥冷爽、冬寒雪少。年均气温为 4.2℃，最热月 7 月平均气温为 23.5℃，最冷月 1 月的平均气温为 −17.4℃，年均日照时数为 2 911.3 小时；≥10℃ 的日照时数为 1 339.9 小时，≥10℃ 的活动积温为 2 891.9℃；无霜期为 137 天；年平均风速为 3.5 米/秒，最小风速在每年的 6～8 月，月平均风速为 2.8～2.9 米/秒；最大风速在每年的 3～5 月，月平均风速为 4.1 米/秒以上。

· 水文

莫莫格湿地属嫩江水系，发源于大兴安岭依勒科里山的嫩江，自白沙滩入境，经坨子、大屯至沿江乡大箔口出境，流经湿地内长度为 111.50 公里，流域面积达 300 平方公里。南部界河洮儿河发源于大兴安岭索尔齐山，由岔台乡的棉西流入湿地内，经岔台、沿江乡汇入月亮泡后注入嫩江，流经 60 公里，流域面积为 70 000 平方公里。湿地内有季节河两条，即二龙涛河、呼尔达河，分别注入洮儿河与嫩江。因一江一河的径流，特别是洮儿河水进入湿地后，失去明显河床，其流域内形成星罗棋布的泡沼、湖泊，其中较大的有月亮泡、鹅头泡、索伦泡、哈尔挠水库等。

· 土壤

由于地貌、气候和水分等条件的差异，湿地内土壤可分为 7 个土类 17 个亚类。东南部和泡沼周围分布土壤为沼泽土，扩展到东南部沿江、河地区分布土壤则为草甸土、黑钙土和冲积土，它们是湿地内的主要土类，土质肥沃，有机质含量一般都在 2% 以上，高的可达 5%，土壤容重为 1.2～1.6；在湿地内的中部及中西部，分布土壤为淡黑钙土、风沙土，前者有机质含量为 1.4%～1.9%、容重为 1.3～1.5，后者比较瘠薄，有机质含量在 1.0% 以下；盐土、碱土与其他土类在湿地内呈复区分布。

· 植被

莫莫格湿地植被可分为水生植被、沼泽植被、沙丘灌丛植被、草原植被、阔叶落叶林和农田及居民点植被 6 种植被类型。

水生植被分布在湖泊四周水浅处大量生长挺水植物，水深超过 1 米以上，多以浮水植物及沉水植物为主。

沼泽植被多分布在湖泊外围、河岸及沙丘岗地之间的低洼地，雨季时存水较多，旱季时面积及水量均缩小。

沙丘灌丛植被在沙丘岗地上较为丰富，乔木树种主要为家榆，草本植物主要有狗尾草、黄蒿、大籽蒿等。

草原分为羊草草甸草原、芦苇-碱蓬草甸、碱斑。盐碱土植被因地表积水，往往形成同心圆状的植被复合体，即镶嵌形植被，外圈为碱蓬，内圈为星星草（碱茅）。

阔叶落叶林区内的阔叶落叶林主要是人工林。

农田居民点植被以人工经济作物植被为主。

湿地内分布有维管植物 469 种，隶属于 78 科 271 属，其中蕨类 2 科 2 属 4 种，其余为被子植物。

· 动物

湿地内脊椎动物有 341 种，其中两栖类有 3 科 6 种，爬行类有 2 目 4 科 8 种，鸟类有 17 目 50 科 298 种，兽类有 4 目 11 科 29 种。国家 I 级保护野生动物有白鹤、丹顶鹤、白头鹤、东方白鹳、黑鹳、大鸨、金雕、虎头海雕、玉带海雕、白尾海雕 10 种，国家 II 级保护野生动物有白枕鹤、蓑羽鹤、灰鹤、大天鹅、鸳鸯等 42 种。

4）社会经济状况

莫莫格湿地位于吉林省白城市镇赉县东南部，2013 年全县生产总值为 127 亿元，城镇居民人均可支配收入为 16 560 元，农民人均纯收入为 8 350 元。

莫莫格国际重要湿地保护管理机构为莫莫格国家级保护区管理局，下设办公室、计财科、保护科、科研监测科、宣教中心、经营科、公安派出所 7 个部门。2014 年，管理局人员编制总数为 53 人，年人均管理经费为 2 万元，全年预计财政支出为 106 万元。

5）湿地受到的干扰

近年来，由于地区性气候变化，降水减少，蒸发量加大，给湿地环境带来很大威胁。洮儿河沿岸由于连续春旱和上游断水，致使水位下降，局部湿地干枯。此外，油田的开发对湿地环境造成污染，对湿地生态环境及珍稀鸟类产生严重影响，油井数量的增加，导致湿地面积减少、湿地破碎化严重、湿地生态环境质量下降、鹤鹳类珍稀鸟类的生存环境受到威胁。

2. 评价结果

1）湿地健康

· 健康状况

吉林莫莫格国际重要湿地健康指数为 5.77，健康等级为"中"。湿地健康状况表现为湿地面积稳定，土壤环境良好，水质一般，生物种类丰富，无外来物种入侵，野生动物栖息地生态环境较好，湿地内人口稀疏；但湿地水源保证率较低，土地利用强度高，社区居民湿地保护意识较弱，对湿地生态系统健康造成一定程度的威胁（表 4-31）。

· 结果分析

A. 湿地土壤环境良好

经检测，莫莫格湿地土壤重金属除镉外，其他重金属含量均符合《土壤环境质量标准》(GB 15618—2008)一级标准，湿地土壤受到的污染较小，土壤环境整体良好。

表 4-31 吉林莫莫格国际重要湿地生态系统健康评价结果

评价指标		指标值		指标权重	综合健康指数
一级指标	二级指标	原始值	归一化值		
水环境指标	地表水水质	Ⅲ	6.00	0.0526	5.77
	水源保证率	0.79	0.79	0.1052	
土壤指标	土壤重金属含量	1.34	7.22	0.0631	
	土壤 pH	7.30	8.48	0.0631	
	土壤含水量	23.18	2.32	0.0316	
生物指标	生物多样性	29.16	2.29	0.1490	
	外来物种入侵度	0.00	10.00	0.1490	
景观指标	野生动物栖息地指数	7.60	7.60	0.0596	
	湿地面积变化率	1.00	10.00	0.1192	
	土地利用强度	0.62	2.90	0.1192	
社会指标	人口密度	27.08	9.55	0.0221	
	物质生活指数	8.00	8.00	0.0221	
	湿地保护意识	2.30	2.30	0.0442	

B. 湿地面积稳定

通过对比 2013 年和 2014 年前后两期卫星影像,发现湿地面积基本没有变化,能够保持稳定。

C. 野生动植物栖息地环境良好

莫莫格湿地植被覆盖率为 82.37%,物种种类丰富,无外来物种入侵,且人口密度小,能够为野生动物提供较好的栖息地环境。

D. 水源保证率较低

莫莫格湿地上游修建了水库、塘坝、渠道等各种水利设施,影响了湿地的水文情势,连年干旱导致湿地天然来水量日趋减少,与 20 世纪 50 年代末 60 年代初相比减少了 70%,水源保证率明显下降,已经对以湿地为主要栖息环境的鹤类等水鸟及湿地生态系统健康构成了威胁。

E. 湿地面临压力加大

人类生产开发、修路、放牧等占用湿地面积,湿地土地利用强度较高;湿地内及周边居民湿地保护意识较低,湿地保护与管理面临的潜在压力比较大。

2)湿地功能

·功能状况

吉林莫莫格国际重要湿地综合功能指数为 6.74,功能等级为"中"。按照一级指标,湿地以调节功能为主,其次为支持功能和文化功能,供给功能较弱。按照二级指标,水资源调节功能最为显著;其次为教育与科研功能和净化水质功能,休闲与生态旅游功能最弱(表 4-32)。

表 4-32　吉林莫莫格国际重要湿地生态系统功能评价结果

评价指标		指标值		指标权重	综合功能指数
一级指标	二级指标	原始值	归一化值		
供给功能	物质生产	5.22%	6.74	0.098 8	6.74
调节功能	气候调节	8.80	8.80	0.087 5	
	水资源调节	8.10	8.10	0.175 0	
	净化水质	6.40	6.40	0.175 0	
文化功能	休闲与生态旅游	7.60	7.60	0.050 9	
	教育与科研	8.90	8.90	0.152 7	
支持功能	保护生物多样性	29.16	3.92	0.260 1	

· 结果分析

A. 水资源调节功能巨大

湿地调节功能占莫莫格湿地生态系统功能的主体地位，其权重值达到 0.4375，湿地有效地补充了区域地下水，防止水位下降，对汛期的嫩江、洮儿河洪水起到显著的蓄洪减灾作用。

B. 教育与科研功能突出

莫莫格湿地是东亚候鸟迁徙通道上的重要停歇地和繁殖地，每年吸引了大量学者专家来此进行科学研究，完成了科研课题及出版发行专著、学术论文多项，其教育与科研功能十分明显。

C. 净化水质功能显著

莫莫格湿地水系丰富，植被茂盛，地形复杂，污水进入湿地后经过基质层及密集的植物茎叶和根系，可以过滤、截留污水中的悬浮物，并沉积在基质中，对污染物起到有效的过滤、沉积作用，能够有效净化湿地水质。

D. 休闲与生态旅游功能较弱

莫莫格湿地具有明显的地域特色，湿地景观美学价值较高，但受气候、交通、区位、经济社会发展水平等条件的限制，来此观光旅游的人数较少，生态旅游功能未能充分显现。

3）湿地价值

· 价值状况

吉林莫莫格国际重要湿地总价值为 98.55 亿元/年，单位面积湿地价值为 14.35 万元/（公顷·年）。其中，直接使用价值最大，为 56.21 亿元/年，占 57.03%；其次为间接使用价值，为 39.21 亿元/年，占 39.79%，选择价值和存在价值较小，分别仅占 1.88% 和 1.30%。按照二级指标，湿地提供物质产品的价值最大，占总价值的 53.27%；其次为净化去污与调节大气价值，分别占总价值的 17.84% 和 11.53%；休闲娱乐价值最小，仅占总价值的 0.002%（表 4-33）。

表 4-33　吉林莫莫格国际重要湿地生态系统价值评价结果（单位：亿元/年）

评价指标		单项价值	小计	总价值
一级指标	二级指标			
直接使用价值	湿地产品	52.5	56.21	98.55
	休闲娱乐	0.002		
	环境教育	3.71		
间接使用价值	调节大气	11.36	39.21	
	调蓄洪水	10.27		
	净化去污	17.58		
选择价值	生物多样性	1.85	1.85	
存在价值	生存栖息地	1.28	1.28	

· 结果分析

A. 湿地资源丰富，直接利用价值高

吉林莫莫格湿地不仅为区域社会提供了丰富优质的水资源，也为当地群众提供了大量的水产品、野生动植物及生产原料，良好的自然生态、优美自然风光也是人们休闲娱乐、生态旅游的良好场所。湿地每年可提供淡水 71.7 亿吨，共计 36 亿元；提供水产品数量 1.5 亿吨，共计 6 亿元；提供谷物、木材、薪柴产品价值为 10.5 亿元；湿地内每年的旅游收入为 20 万元，直接使用价值巨大。

B. 湿地类型多样丰富，间接使用价值显著

莫莫格湿地对缓解温室效应、调节区域大气平衡具有重要作用。此外，莫莫格国际重要湿地是上游泄洪的必然通道，不仅是维系区域水资源的主要河流，更是镇赉县中、东部湿地补充水源的重要源头；湿地对白沙滩灌区、引嫩入白灌区的农田退水和地表径流水起到吸纳、降解污染物、净化水质的作用。

C. 生物多样性及生存栖息地价值较低

湿地内独特的自然环境为大量野生动植物的生存提供了优良的环境条件，但湿地生物多样性价值及生存栖息地价值在湿地生态系统总价值中比重较低，分别仅占总价值的 1.88% 和 1.30%。

4）总体评价

吉林莫莫格国际重要湿地生态系统健康等级为"中"，功能等级为"中"，生态系统总价值为 98.55 亿元/年，单位面积湿地价值为 14.35 万元/（公顷·年）。湿地面积稳定，湿地内土壤重金属污染轻，物质生活指数低，生物种类较丰富，无外来物种入侵，野生动物栖息地环境适宜，湿地生态系统处于稳定状态，但水源保证率较低，土地利用强度大，生物多样性水平一般，公众的湿地保护意识较低。湿地以调节功能为主，其次为支持功能和文化功能，供给功能较弱。湿地直接使用价值显著，间接使用价值巨大。

3. 存在问题及建议

1）存在问题

A. 水源保证率低，危害湿地健康

由于近 10 年来持续干旱的气候条件，湿地内河流水量已降到历史最低值，个别年份甚至断流，湿地水源保证率下降，导致芦苇沼泽干涸，芦苇严重退化枯萎，湿地生态系统健康受到威胁。

B. 人为干扰导致湿地功能下降

非法耕种占用湿地面积，过渡放牧导致土壤结构板结、植被盖度降低，使得湿地内地表裸露，生物量减少，盐渍化程度加重，生态环境恶化；油田开采钻井、输油管线与道路铺设等占地破坏了原生植被，加剧了湿地的破碎化，致使湿地功能逐步衰退。

2）建议

A. 建立湿地补水机制，改善湿地健康状况

针对湿地上游河流水位下降、来水量减少的状况，对湿地内一些重点区域应适当采取人工补水措施和机制，通过设置进、放水闸门水利设施，将水位调控到适于湿地植被稳定生长的状态，逐步恢复湿地生境，提高湿地生态系统健康状况。

B. 实施退耕还草（湿）工程，恢复湿地功能

制止湿地内非法垦植现象，加大退耕还林、还草（湿）力度，通过人工播种、移植原生植被的方法恢复湿地植被；针对湿地内的油田开采、输油管线与道路铺设等临时占地，待进入生产期后，要采取相应措施及时恢复，同时应加强管理，防止石油开采、泄漏对湿地生态环境的污染破坏。

4.2.12　吉林向海国际重要湿地

1. 基本情况

1）位置与范围

吉林向海国际重要湿地（见书后彩图 12）地处吉林省通榆县西北部，地理坐标为北纬 44°50′～45°19′，东经 122°05′～122°35′，北部和西部分别与洮南市、内蒙古自治区的科右中旗相邻，东距通榆县 67 公里，北距白城市 95 公里，向海国际重要湿地范围与吉林向海国家级自然保护区范围一致。

向海湿地有河流湿地、湖泊湿地、沼泽湿地与人工湿地 4 个湿地类型，包括季节性河流、永久性淡水湖、永久性咸水湖、季节性咸水湖、草本沼泽、内陆盐沼、季节性咸水沼泽、库塘和运河。湿地总面积为 28 402.70 公顷，其中河流湿地面积为 113.29 公顷，湖泊湿地面积为 1 775.20 公顷，沼泽湿地面积为 20 639.08 公顷，人工湿地面积为

5 875.13公顷，分别占湿地总面积的 0.40％、6.25％、72.66％和 20.69％。

2）历史沿革

1981 年经吉林省政府批准，成立向海省级自然保护区；1986 年经国务院批准晋升为国家级自然保护区；1992 年吉林向海湿地被列入国际重要湿地名录。

3）自然状况

• 地质地貌

向海湿地地处内蒙古高原和东北平原的过渡地带，在大地构造上属松辽凹陷的西部沉降带，地貌以沙化和盐渍化的平原为特征；地势由西向东微微倾斜，海拔为 156～192 米，地貌为沙丘覆盖的冲击平原，属科尔沁沙地（草原）的延伸部分；由于流经河流到此处后失去河道，水流漫散排泄不通，形成大面积的芦苇沼泽，沙丘、草原、沼泽、湖泊相间分布，纵横交错，星罗棋布，构成典型的湿地多样性景观。

• 气候

向海湿地气候属北温带大陆性季风气候，春季多风干旱，夏季温暖多雨，冬季寒冷；年平均气温为 5.1℃，年平均降水量为 400 毫米，多集中在 7～8 月；年均蒸发量达到 1 945 毫米；年平均日照为 2 876 小时，无霜期为 150 天左右；全年盛行西南风，风速一般为 5～6 级。

• 水文

向海湿地有霍林河、额穆泰河两条河流及洮儿河引水灌溉系统，由于蒸发、渗透作用，湿地内无明显河床，只有在雨季时形成季节性湿地或沼泽地，形成 20 余个大型泡沼；居中的大香海泡与二场泡于 1971 年修坝，并引入洮河灌溉工程系统，称为向海水库，水库内正常蓄水湖面为 6 650 公顷，最大湖面为 7 100 公顷，向海水库与相邻各泡及兴隆水库相通，水深一般为 0.5～1.5 米，最深处为 10 米以上。

• 土壤

湿地内土壤主要为栗土、草甸土、盐碱土和风积沙土，土壤厚度一般在 0.5～1.0 米，土壤中腐殖质含量较少，含盐碱量偏高，pH 为 7.5～8.5。

• 植被

湿地内植被类型可分为芦苇沼泽植被、草原植被、沙丘榆林稀树灌丛植被、水生植被 4 种植被类型。

芦苇沼泽以芦苇和东方香蒲为主；薹草沼泽以薹草、灯心草、花蔺和水葱为主。湿地草原植被以羊草、拂子茅、狗尾草、甘草、羊茅、蒿、乌头、地肤和碱茅为主。沙丘和田埂上的自然林地残余植物以大果榆和桑为优势种，此外还有红柳、杏。水生植物有莲、眼子菜、狐尾藻等。

向海湿地内有湿地植物 595 种，其中药用植物 200 多种，以蒙古黄榆为主的沙丘黄榆天然林，林相丰富、错落有致，是目前中国半干旱地区唯一集中成片、生长较好的黄榆天然林群落。

· 动物

湿地内有脊椎动物 372 种。其中，鱼类有 3 科 29 种，两栖爬行类有 3 目 6 科 13 种，鸟类有 17 目 53 科 293 种，兽类有 3 目 13 科 37 种。其中，国家重点保护野生动物 52 种，国家 I 级保护野生动物 10 种，分别为丹顶鹤、白鹤、白头鹤、东方白鹳、黑鹳、大鸨、金雕、虎头海雕、白尾海雕和白肩雕；国家 II 级保护野生动物有白枕鹤、燕隼、黄爪隼、灰鹤、黄羊、秃鹫、蓑羽鹤、大天鹅、鸳鸯等 42 种。

4）社会经济状况

向海湿地内由向海蒙古族乡及四井子镇的 2 个村、乌兰花镇的 2 个村、兴隆山镇的 4 个村和同发牧场的部分构成，计 5 个乡（镇、场）12 个村 32 个自然屯，此外还有向海水库管理处、向海联营造纸林场、向海苇场、向海森警大队等多家单位。湿地内以农、渔、牧及副业为主，牧业以羊、牛为主，年均收入为 140 万元；林业年收入为 14 万元；每年约收获 1 万吨芦苇，收入为 90 万元；人均收入约为 2 100 元。

向海国际重要湿地的保护管理机构为向海自然保护区管理处，于 1981 年经省政府批准建立；人员编制为 60 人，下设办公室、党委办公室、计划财务处、科技产业处、资源保护处、机关服务中心、森林公安分局、旅游公司等，由吉林省财政预算拨款。

5）湿地受到的干扰

向海湿地受到的干扰主要表现在人为方面：一是由于上游地区的土地开发及水资源不合理利用，致使水土流失严重、河流改道，湿地有效来水减少，有效水源补给不足，地下水位下降；二是湿地内超载过牧、过度捕捞及农业开发现象严重，湿地植被遭到破坏，草场、沼泽生态退化趋势明显，野生动物食物减少、栖息地环境恶化。

2. 评价结果

1）湿地健康

· 健康状况

向海国际重要湿地健康指数为 5.18，健康等级为"中"。湿地健康状况表现为湿地面积稳定，土壤环境良好，湿地内人口稀疏，生物种类丰富，无外来物种入侵，野生动物栖息地环境适宜；但湿地水源保证率较低，土地利用强度大，社区居民的湿地保护意识较差，湿地面临的潜在压力大（表 4-34）。

· 结果分析

A. 湿地面积稳定

通过对比向海湿地 2013 年和 2014 年前后两期 TM 影像，发现湿地面积动态变化小，基本保持稳定。

表 4-34　吉林向海国际重要湿地生态系统健康评价结果

评价指标		指标值		指标权重	综合健康指数
一级指标	二级指标	原始值	归一化值		
水环境指标	地表水水质	Ⅲ	6.00	0.245 9	5.18
	水源保证率	1.42	1.42	0.123	
土壤指标	土壤重金属含量	1.16	7.98	0.050 2	
	土壤 pH	7.25	8.74	0.091 2	
	土壤含水量	22.82	2.28	0.165 7	
生物指标	生物多样性	34.72	3.68	0.108 4	
	外来物种入侵度	0.00	10.00	0.054 2	
景观指标	野生动物栖息地指数	5.60	5.60	0.053 4	
	湿地面积变化率	1.000 08	10.00	0.029 4	
	土地利用强度	0.33	4.71	0.016 2	
社会指标	人口密度	14.00	9.77	0.010 2	
	物质生活指数	7.90	7.90	0.018 5	
	湿地保护意识	3.00	3.00	0.033 7	

B. 土壤环境良好

经检测，湿地土壤中铜、锌、铅、铬、镉 5 种重金属元素含量符合《土壤环境质量标准》（GB 15618—2008）一级标准的要求，土壤环境整体良好。

C. 野生动物栖息地环境适宜

向海湿地内物种种类丰富，无外来物种入侵，为野生动物提供了适宜的栖息地环境。

D. 湿地水源保证率低

受气候变化及上游水资源不合理利用等因素影响，向海湿地内的洮儿河、霍林河与额穆泰河连续断流，上游有效来水减少，缺水严重，地下水位不断下降，湿地水源保证率逐步降低，湿地健康受到威胁。

E. 湿地面临的潜在压力大

湿地内土地利用强度较大，居民湿地保护意识较差，草场超载过牧，鱼类资源遭到过度捕捞，湿地面临的潜在压力逐渐增加，湿地生态退化明显，湿地保护管理面临的压力较大。

2）湿地功能

·功能状况

向海国际重要湿地生态系统综合功能指数为 7.17，功能等级为"好"。湿地以调节功能为主，其次为供给功能和文化功能，支持功能较弱。按照二级指标，湿地气候调节功能最为显著，其次为物质生产功能和水资源调节功能，休闲与生态旅游功能最弱（表 4-35）。

表 4-35　吉林向海国际重要湿地生态系统功能评价结果

评价指标		指标值		指标权重	综合功能指数
一级指标	二级指标	原始值	归一化值		
供给功能	物质生产	4.50%	6.50	0.2274	7.17
调节功能	气候调节	8.70	8.70	0.2283	
	水资源调节	8.70	8.70	0.1257	
	净化水质	7.90	7.90	0.0692	
文化功能	休闲与生态旅游	8.00	8.00	0.0407	
	教育与科研	8.90	8.90	0.0814	
支持功能	保护生物多样性	34.72	4.47	0.2273	

· 结果分析

A. 调节功能巨大

湿地内泡沼遍布，在调节下游水资源、净化水质、补充地下水及调节区域气候方面作用巨大。

B. 供给功能显著

湿地内土壤肥沃，泡沼遍布，每年可生产水产品 100 万公斤、芦苇 1 万吨，此外还为当地牧民提供包括饲草在内的物质产品，其经济和社会效益显著。

C. 保护生物多样性功能明显

向海湿地处于鸟类东亚-澳大利亚迁徙通道上，湿地内地形复杂，生境多样，多种生物区系与复杂的生态环境相互渗透，为野生动植物和濒危鸟类提供了一个适宜的栖息地环境，其保护生物多样性功能明显。

D. 休闲与生态旅游功能较弱

向海湿地内的芦苇沼泽、湖泡水库、草甸湿地景观和丰富的生物多样性具有较高的景观美学价值，但由于目前生态旅游开发模式较为单一，来此观光的人数较少，生态旅游功能尚未完全发挥。

3）湿地价值

· 价值状况

向海国际重要湿地总价值为 36.02 亿元/年，单位面积湿地价值为 12.68 万元/(公顷·年)。其中，间接使用价值最高，为 31.69 亿元/年，占总价值的 87.98%；其次是直接使用价值，为 3.04 亿元/年，占总价值的 8.44%；选择价值与存在价值较小，分别仅占总价值的 2.11% 和 1.47%。按照二级指标，湿地调蓄洪水价值最大，占总价值的 58.30%；其次为净化去污与调节大气价值，分别占总价值的 20.21% 和 9.47%；休闲娱乐价值最小，仅占总价值的 0.56%（表 4-36）。

· 结果分析

A. 间接使用价值巨大

向海湿地内湿地面积 28 402.70 公顷，湿地内的泡沼、水库、沼泽等在调蓄洪水、净

表 4-36　吉林向海国际重要湿地生态系统价值评价结果 （单位：亿元/年）

评价指标		单项价值	小计	总价值
一级指标	二级指标			
直接使用价值	湿地产品	1.31	3.04	36.02
	休闲娱乐	0.20		
	环境教育	1.53		
间接使用价值	调节大气	3.41	31.69	
	调蓄洪水	21.00		
	净化去污	7.28		
选择价值	生物多样性	0.76	0.76	
存在价值	生存栖息地	0.53	0.53	

化水质方面功能显著，湿地植被覆盖度较高，其固碳释氧、调节区域气候功能明显，间接产生的经济价值巨大。

B. 湿地资源丰富，直接使用价值高

湿地内资源充沛，不仅为区域经济社会提供了丰富的水资源，也为当地群众提供了大量的水产品、谷物、饲草、芦苇等原料；优美的湿地景观、良好的生态环境、丰富的野生动物资源也是开展环境教育、科学研究和生态旅游的天然场所。

C. 生物多样性及生存栖息地价值较低

向海湿地为各类生物的生存、栖息和繁衍提供了优良的迁移、栖息及繁殖条件，但整体上表现为局部生物多样性丰富，湿地生物多样性价值及生存栖息地价值在总价值中比重较低，分别仅占湿地总价值的 2.11% 和 1.47%。

4）总体评价

向海国际重要湿地生态系统健康等级为"中"，功能等级为"好"，湿地生态系统总价值为 36.02 亿元/年，单位面积湿地价值为 12.68 万元/（公顷·年）。向海湿地面积稳定，土壤环境良好，人口密度低，无外来物种入侵，生物种类丰富；但湿地水源保证率较低，土地利用强度大，居民湿地保护意识不高，湿地面临的潜在压力大。湿地以调节功能为主，以供给功能和文化功能为辅，支持功能较弱。湿地间接使用价值巨大，直接使用价值较高，生物多样性及生存栖息地价值偏低。

3. 存在问题及建议

1）存在问题

A. 上游来水减少，湿地生态用水保证率低

2001～2010 年，上游每年进入向海湿地的水量只有 0.13 亿立方米，同时由于连年干旱，区域有效降水量不足，部分年份降雨量甚至不足 100 毫米，致使湿地内地下水位不断下降，众多湖泊泡沼干枯，芦苇、蒲草等主要湿地植物急剧退化，严重威胁湿地健康。

B. 湿地资源过度利用，湿地健康受损，功能下降

湿地内土地开发利用强度大，居民以广种薄收的生产方式来追求经济效益，过度放牧、过度捕捞、掠夺式的芦苇收割、农田开垦现象普遍，导致湿地破碎化、生态退化明显，物种分布区缩小，生物多样性受到威胁，湿地健康和功能下降。

2) 建议

A. 建立长效补水机制，改善湿地健康状况

针对湿地有效补水减少的状况，应建立应急补水机制，通过对地下水位下降、缺水严重的部分沼泽湿地进行人工补水，保证湿地生态用水，将水位调控到适于沼泽湿地植被稳定生长的状态，提高湿地健康水平，恢复湿地功能。

B. 合理利用湿地资源，维护湿地功能

严格控制湿地资源的利用方式和程度，禁止开垦湿地、过度放牧、过度捕捞等掠夺式的开发利用行为，同时按照宜林则林、宜草则草、宜苇则苇的原则进行湿地恢复，注重湿地生态系统及其生物多样性的保护，保护野生动植物栖息地，维护湿地功能。

4.2.13　西藏玛旁雍错国际重要湿地

1. 基本情况

1) 位置与范围

西藏玛旁雍错国际重要湿地（见书后彩图13）位于西藏自治区西南部的普兰县北部，地理坐标为北纬30°32′47.1″～30°52′20.3″，东经81°05′31.21″～81°37′56.9″，包括普兰县的巴嘎乡、霍尔乡和普兰镇3个乡镇的6个行政村，湿地位于西藏玛旁雍错湿地自然保护区境内。

玛旁雍错湿地有河流湿地、湖泊湿地与沼泽湿地3个湿地类型，包括季节性河流、洪泛平原湿地、永久性淡水湖、永久性咸水湖、沼泽化草甸和地热湿地。湿地总面积为70 271.87公顷，其中河流湿地面积为814.2公顷、湖泊湿地面积为68 773.22公顷、沼泽湿地面积为684.45公顷，分别占湿地总面积的1.16%、97.87%和0.97%。

2) 历史沿革

2002年成立玛旁雍错地区级湿地自然保护区；2008年经西藏自治区人民政府批准晋升为自治区级湿地自然保护区；2005年西藏玛旁雍错湿地被列入国际重要湿地名录。

3) 自然状况

·地质地貌

玛旁雍错湿地地层属青藏高原喜马拉雅分区，地层发育齐全，自前寒武系至第四系均有出露，其所在的普兰县地貌分为高山峡谷和高山宽谷两个综合地貌区，湿地位于高山宽谷地貌大区内，主要由高山宽谷、高山地貌和湖泊地貌组成。

・气候

玛旁雍错湿地气候属高原亚寒带干旱气候，年平均气温为 3℃，极端最高气温为 34.5℃，极端最低气温为−29.4℃。最热月（7 月）均温为 13.7℃，最冷月（1 月）均温为−8.2℃；年均降水量为 172.8 毫米，湿热同季，降水多集中在 7～9 月，冬春降水稀少，气候寒冷，空气干燥，多大风，雨季和干季明显，日照强烈，蒸发量较大，年平均蒸发量为 2257 毫米；全年晴多雨少，年日照时数为 3153.2 小时，年日照率为 73%；空气稀薄干洁，大气透明度好，云量少，太阳辐射强。

・水文

玛旁雍错湿地位于青藏高原内流区，主要内流河有扎曲藏布、边卓藏布、足马龙河、萨磨河、那曲、中曲等，玛旁雍错和拉昂错两大湖泊是区域的汇水中心，其中玛旁雍错为典型的高原淡水湖，是西藏淡水储量最大的湖泊，也是世界上高海拔地区淡水资源最丰富的湖泊之一，湖面面积为 416 平方公里，平均宽度为 15.9 公里，平均水深约为 46 米，蓄水量约为 200 亿立方米；拉昂错湖面面积为 267 平方公里，集水面积为 2820 平方公里，湖水主要来自北部的干嘎河、那曲河补给；冈仁波齐和纳木那尼峰周围发育的冰川是几条大河的发源地，也是玛旁雍错和拉昂错的水源补给地。

・土壤

土壤成土母质主要为洪积物和湖积物。受高原特殊生态环境、特殊成土条件的影响和制约，其具有特定的成土过程和土壤属性。土壤主要有高山草原土、沼泽土、草甸土、盐土和新积土等类型。其中，高山草原土为地带性土壤，成土母质为洪积物，在湿地内有高山草原土和高山灌丛草原土两个亚类；草甸土为湿地隐域性半水成土，成土母质主要是河流冲积物和湖积物，有草甸土、盐化草甸土和沼泽草甸土 3 个亚类；盐土、沼泽土和新积土均为隐域性土壤类型，成土母质多为湖积物。

・植被

玛旁雍错湿地自然植被可分为 5 个植被类型，分别为落叶阔叶植被、灌丛植被、草甸植被、沼泽植被、水生植被。

落叶阔叶植被主要为人工种植落叶乔木组成的植物群落，主要有新疆杨、班公柳、西藏沙棘等人工林群落。

灌丛植被为具有一定耐寒能力的落叶阔叶灌木组成的植物群落，主要有变色锦鸡儿群落、垫状金露梅群落。

草甸植被有高山嵩草群落、青藏薹草群落、赖草群落和杂类草草甸。

沼泽植被主要有缺乏抗旱能力而御寒能力较差的杂草型直立草本组成的植物群落，有海韭菜群落、杉叶藻群落。

水生植被有水生植物组成的植被类型，以红线草群落为主。

玛旁雍错湿地有维管束植物 41 科 128 属 254 种，其中蕨类植物 1 科 1 属 1 种，裸子植物 1 科 1 属 2 种，被子植物 39 科 126 属 251 种；按植物的形状分，有木本植物 9 种，草本植物 244 种，藤本植物 1 种。

・动物

湿地内有野生脊椎动物 140 种，以鸟类和兽类为主，隶属 24 目 48 科。其中鱼类 1

目 2 科 5 种，占总种数的 3.57%；两栖类 1 目 1 科 1 种，占 0.71%；爬行类 1 目 1 科 2 种，占 1.43%；鸟类 15 目 31 科 109 种，占 77.86%；哺乳类 6 目 13 科 23 种，占 16.43%。其中，国家Ⅰ级重点保护野生动物有黑颈鹤、金雕、玉带海雕、雪豹、西藏野驴、野牦牛、藏羚、胡兀鹫 8 种；属国家Ⅱ级重点保护野生动物有鸢、鹊鹞、藏原羚、岩羊、白眼鵟鹰、大鵟、草原雕、棕熊、盘羊、猎隼、红隼、猞猁、燕隼、白尾鹞、高山兀鹫等 20 种。

湿地动物有 29 种，其中鸟类 8 目 11 科 23 种，鱼类 1 目 2 科 5 种，两栖类 1 目 1 科 1 种。

4）社会经济状况

玛旁雍错湿地内有普兰县的 3 个乡镇 6 个行政村，分别是霍尔乡的帮仁村和贡珠村、巴嘎乡的岗莎村和雄巴村、普兰镇的多油村和仁贡村，共 1209 户 5254 人，其中牧业人口占到 70% 以上，半农半牧人口不到 30%，另有少量手工业及城镇人口，人均收入为 7239.12 元。

玛旁雍错国际重要湿地的保护管理机构为玛旁雍错自然保护区管理局，于 2002 年经阿里地区行署批准建立，为正科级公益事业单位，在行政上隶属于普兰县人民政府，在业务上接受西藏自治区林业厅、阿里地区林业局和普兰县林业局指导。

5）湿地受到的干扰

玛旁雍错湿地受到的干扰主要包括自然和人为两个方面。自然干扰为草原鼠（兔）害严重，草场植被遭到破坏，沙化与水土流失加剧，对湿地草场形成严重威胁。人为干扰表现如下：一是境内垃圾收集、转运、处理系统尚不健全，来自世界各地的朝圣者和旅游者带来的固体废弃物对湿地生态环境造成一定程度的污染；二是草场超载过牧，草场植被和野生动物的栖息环境退化，进而对湿地健康构成威胁。

2. 评价结果

1）湿地健康

· 健康状况

西藏玛旁雍错国际重要湿地生态系统健康指数为 5.41，健康等级为"中"。湿地健康状况表现为湿地面积稳定，水质优良，土壤环境良好，无外来物种入侵，野生动物栖息地生态环境适宜，湿地内人口稀疏，土地利用强度低；但湿地水源保证率较低，生物多样性指数较低，社区居民的湿地保护意识较差，对湿地健康构成威胁（表 4-37）。

· 结果分析

A. 湿地水质优良

水环境指标对玛旁雍错湿地健康影响最为显著，其权重值达到 0.2956；湿地位于青藏高原内流区，湿地的河流、湖泊水源主要为高山冰雪融水、地下水和雨水，无工农业污染，水质优良。

表 4-37　西藏玛旁雍错国际重要湿地生态系统健康评价结果

评价指标		指标值		指标权重	综合健康指数
一级指标	二级指标	原始值	归一化值		
水环境指标	地表水水质	I	10.00	0.147 8	
	水源保证率	3.35	3.35	0.147 8	
土壤指标	土壤重金属含量	1.42	6.86	0.054 3	
	土壤 pH	7.45	7.75	0.020 7	
	土壤含水量	35.75	3.58	0.094 8	
生物指标	生物多样性	30.92	2.73	0.152 8	5.41
	外来物种入侵度	0.00	10.00	0.017	
景观指标	野生动物栖息地指数	5.20	5.20	0.131 4	
	湿地面积变化率	1.00	10.00	0.019 6	
	土地利用强度	0.03	9.41	0.044	
社会指标	人口密度	7.12	9.88	0.008 9	
	物质生活指数	2.76	2.76	0.080 5	
	湿地保护意识	4.70	4.70	0.080 4	

B. 土壤环境良好

经检测，湿地土壤中重金属含量都符合《土壤环境质量标准》(GB 15618—2008)一级标准的要求，土壤环境整体良好。

C. 湿地面积稳定，野生动植物栖息地环境较好

通过对比 2013 年与 2014 年前后两期的 TM 影像，发现湿地面积变化较小，保持了较好的完整性，无外来物种入侵，为野生动植物提供了较为适宜的栖息地环境。

D. 人口密度小，土地利用强度低

湿地内人为活动较少，土地利用强度低，对湿地的开发利用程度轻，湿地面临的潜在压力小，有利于湿地生态系统的稳定和健康。

E. 湿地水源有效保证率低

湿地水源以高山冰雪融水为主，但近 30 年来玛旁雍错流域冰川面积明显萎缩，湿地来水不断减少，湿地水源保证率逐步降低，使得玛旁雍错湖湖水水位下降，总面积减小，平均每年萎缩 1.25 平方公里，不少小湖泊消失。

2）湿地功能

· 功能状况

西藏玛旁雍错国际重要湿地综合功能指数为 7.46，功能等级为"好"。按照一级指标，湿地以文化功能为主，其次为调节功能和支持功能，供给功能较弱。按照二级指标，休闲与生态旅游功能最为显著，其次为气候调节功能和物质生产功能，净化水质功能最弱（表 4-38）。

表 4-38　西藏玛旁雍错国际重要湿地生态系统功能评价结果

评价指标		指标值		指标权重	综合功能指数
一级指标	二级指标	原始值	归一化值		
供给功能	物质生产	6.64%	7.32	0.171 6	
调节功能	气候调节	8.50	8.50	0.157 3	
	水资源调节	8.70	8.70	0.055 7	
	净化水质	7.80	7.80	0.029 7	7.46
文化功能	休闲与生态旅游	9.30	9.30	0.274 5	
	教育与科研	8.80	8.80	0.068 6	
支持功能	保护生物多样性	30.92	4.09	0.242 6	

· 结果分析

A. 文化功能突出

湿地内有宗教意义的神山圣湖，每年都吸引大量的海内外佛教朝圣者，其独特的高原湿地景观和动植物吸引众多游客到此观光游览，休闲与生态旅游功能突出；此外，湿地及周边地貌类型丰富，是高原自然地理的天然博物馆，也是研究高原湖泊生态的理想场所。

B. 湿地调节功能巨大

玛旁雍错湿地四面向外，东面马泉河、北面狮泉河、西面象泉河、南面孔雀河，为四水之源，在调节气候、消洪抗旱、调节径流和补充地下水等方面作用巨大，是区域重要的水源地。

C. 物质生产功能明显

玛旁雍错为典型的高原淡水湖，是西藏淡水储量最大的湖泊，也是世界上高海拔地区淡水资源最丰富的湖泊之一，蓄水量巨大，每年向周边地区提供大量的淡水资源；湿地区内的草场，历来是当地藏族牧民的传统牧场，为当地经济社会发展提供了包括牧草在内的大量物质产品，其经济和社会效益明显。

3）湿地价值

· 价值状况

西藏玛旁雍错国际重要湿地总价值为 72.97 亿元/年，单位面积湿地价值为 10.38 万元/（公顷·年）。其中，间接使用价值最高，为 65.72 亿元/年，占总价值的 90.06%；其次是直接使用价值，为 4.05 亿元/年，占总价值的 5.55%；选择价值与存在价值较小，分别仅占总价值的 2.61% 和 1.78%。按照二级指标，湿地调蓄洪水价值最大，占总价值的 60.56%；其次为净化去污与环境教育价值，分别占总价值的 24.94% 和 5.21%；湿地产品价值最小，仅占总价值的 0.004%（表 4-39）。

· 结果分析

A. 湿地面积较大，间接使用价值巨大

玛旁雍错湿地内湿地总面积为 70 271.87 公顷，宽阔的水面、辽阔的沼泽湿地在固

表 4-39　西藏玛旁雍错国际重要湿地生态系统价值评价结果

（单位：亿元/年）

评价指标		单项价值	小计	总价值
一级指标	二级指标			
直接使用价值	湿地产品	0.003	4.05	72.97
	休闲娱乐	0.25		
	环境教育	3.80		
间接使用价值	调节大气	3.33	65.72	
	调蓄洪水	44.19		
	净化去污	18.20		
选择价值	生物多样性	1.90	1.9	
存在价值	生存栖息地	1.30	1.3	

碳释氧、调节大气，减少洪水径流、调蓄洪水，以及净化去污等方面发挥了重要作用，间接产生的经济价值巨大。

B. 湿地资源丰富，直接使用价值高

玛旁雍错湿地不仅为区域社会提供了丰富、优质的水资源，同时也提供了大量的饲草、野生动植物等生产原料，是区域社会农牧业增产增收的有力保障；独特的高寒湿地自然景观、良好的生态环境、特有的珍稀野生动物等是开展环境教育和科学研究的良好场所。

C. 生物多样性价值和生存栖息价值偏低

玛旁雍错湿地独特的自然环境为各类生物的生存、繁衍提供了丰富的食物资源，以及优良的迁移、栖息及繁殖条件，但湿地生物多样性价值及生存栖息地价值在湿地生态系统总价值中比重较低，分别仅占总价值的 2.61% 和 1.78%。

4）总体评价

西藏玛旁雍错国际重要湿地生态系统健康等级为"中"，功能等级为"好"，湿地生态系统价值为 72.97 亿元/年，单位面积湿地价值为 10.38 万元/（公顷·年）。玛旁雍错湿地面积稳定，水质优良，土壤环境良好，无外来物种入侵，土地利用强度低，有较为适宜的野生动物栖息环境；但湿地水源保证率较低，物质生活指数低，社区群众湿地保护意识较差，生物资源利用过度。湿地以文化功能为主，其次为调节功能和支持功能，供给功能较弱。湿地间接使用价值突出，直接使用价值较高，选择价值和存在价值较低。

3. 存在问题及建议

1）存在问题

A. 上游来水减少，湿地水源补给不足

玛旁雍错湿地水源补给主要依赖高山冰雪融水、地下水和雨水，以高山冰雪融水为主，受气候变化的影响，自然降水减少，上游区域冰川不断萎缩，湿地来水量减少，水位下降,湖泊面积持续缩小,水源保证率下降。

B. 超载过牧与鼠害严重威胁湿地健康

当地牧民以单纯追求牲畜规模和提高经济收入为主要目标,草场严重超载过牧,鼠、兔等有害生物的危害导致湿地草场退化,土壤侵蚀加重,一些高原野生动物的栖息环境呈现逐步恶化的趋势。

C. 环保设施不健全,局部湿地环境遭受污染

每年来自世界各地的朝圣者和旅游者在玛旁雍错湖边遗留下大量的固体废弃物,由于环保设施不健全,缺乏必要的垃圾收集、转运和处理设施设备,局部湿地生态环境遭到一定程度的污染。

D. 湿地景观资源未得到合理利用

玛旁雍错湿地独特的湿地资源和众多的高原景观是不可替代的高品位旅游资源,但由于位置偏远,区域经济文化水平较为落后,良好的旅游资源没有得到充分利用,旅游价值没有得到充分体现。

2) 建议

A. 合理载畜,逐步恢复湿地生态

按照玛旁雍错湿地的生物生产力,依据其产草量,合理确定载畜量,合理划分禁牧区、限牧区和轮牧区,将湿地牲畜数量限定在合理的范围内,遏制湿地生态退化趋势,逐步增强湿地维护生物多样性的能力。

B. 加强环保等设施建设,维护湿地健康

在玛旁雍错湖边、人口集中分布区或游客主要集散地设置垃圾收集站、收集箱和环保厕所,配置环卫收集设备和运输工具,确保湿地环境卫生,避免湿地环境遭到人为污染,改善湿地健康状况。

C. 合理利用湿地景观资源,发展湿地生态旅游

玛旁雍错湿地具有独特的高原景观资源,发展湿地生态旅游优势明显。应根据湿地生态环境的特点、环境容量和生态承载能力,在保护湿地的前提下,合理开发湿地旅游资源,增强发展活力。

4.2.14　西藏麦地卡国际重要湿地

1. 基本情况

1) 位置与范围

西藏麦地卡国际重要湿地(见书后彩图 14)地处西藏自治区那曲地区嘉黎县北部措拉乡境内,位于念青唐古拉山与唐古拉山之间,地处拉萨市、林芝地区、昌都地区交界地,地理坐标为北纬 $30°51'04''$~$31°09'44''$,东经 $92°45'55''$~$93°19'25''$,麦地卡国际重要湿地分布于麦地卡自然保护区内。

麦地卡湿地内有河流湿地、湖泊湿地、沼泽湿地 3 个湿地类型,包括永久性河流、

洪泛平原湿地、永久性淡水湖、永久性咸水湖和沼泽化草甸。湿地总面积为 8689.06 公顷，其中河流湿地面积为 837.41 公顷、湖泊湿地面积为 1936.83 公顷、沼泽湿地面积为 5914.82 公顷，分别占湿地总面积的 9.63%、22.30% 和 68.07%。

2）历史沿革

2003 年 6 月经嘉黎县政府批准成立麦地卡湿地县级自然保护区；2008 年经西藏自治区人民政府批准晋升为自治区级自然保护区；2005 年西藏麦地卡湿地被列入国际重要湿地名录。

3）自然状况

· 地质地貌

麦地卡湿地地质构造属中生界侏罗系、白垩系的海相地层和新生界第四系地层，受班公错-东巧-怒江断裂控制和局地北东向断裂支配，地层多呈北东向展布。麦地卡国际重要湿地位于西藏-三江造山系、拉达克-冈底斯湖盆系、那曲 沿隆湖前盆地与昂龙岗日-班戈-腾冲岩浆弧带两个三级构造单元的结合部位，褶皱和断裂均具有明显的线性特点，绵延数十至数百公里，横贯区内，其次褶皱和断裂大致呈平行状相间排列，走向多为北东向；受多期构造运动的控制，伴生或次生构造发育，地质构造复杂，构造强烈发育，岩体破碎。湿地内地貌主要为高寒中山、山麓倾斜平原、高原盆地谷地平原、冰碛丘垅。

· 气候

麦地卡湿地气候属高原亚寒带半湿润气候区，年平均气温为 −1.7～0.7℃，气温年内变化较大，年积温较少；年均降水量为 700 毫米左右，主要集中在 6～9 月，占全年的 76%，旱季(10 月至翌年 5 月)仅占 24%，有非常明显的雨季和干季；年蒸发量为 1400 毫米左右；年平均风速为 0.8 米/秒；日照时间长，太阳辐射强，年平均日照时数为 2211.8 小时；年相对无霜期为 78 天；主要气象灾害有冬春大雪、风灾、暴风雪、冰雹、霜冻、强降温及雷暴等。

· 水文

湿地内主要河流为拉萨河源头麦地藏布及其支流，麦地藏布发源于念青唐古拉山南麓、澎错东南约 15 公里的彭错孔玛朵山峰下，从东北向西南贯穿湿地心腹地带，其下游经那曲折回嘉黎县汇入拉萨河支流，除干流水较深外，其他水流较浅。湿地内星罗棋布地分布着 240 多个面积大小不等的湖泊，面积 10 平方公里以上的湖泊有 39 个，储水量为 2.5 亿立方米；湿地内河流、湖泊以高山冰雪融水、地下水和雨水 3 种途径补给，其中以高山冰雪融水为主。

· 土壤

湿地内主要土壤类型有高山寒漠土、高山草甸土、亚高山草甸土、沼泽土，以及新积土和粗骨土等。

高山寒漠土一般分布在海拔 5100 米以上的山地，上接冰川或碎石带，生物发育弱，土壤表层为岩幂层或砾石土，有机质含量不足 0.1%，砾石含量为 6.2% 左右，土薄石多，养分低，仅生长稀疏垫状植被，覆盖度低。

高山草甸土分布在 4900 米左右，植被为高寒草甸，土壤草毡层发育较好，一般厚为 6～20 厘米，有机质含量较高，色暗棕；由于海拔高、气温低，植被生长比较低矮。

亚高山草甸土分布在 4900 米以下的山地阳坡和谷地，植被为亚高寒垫状草甸。

沼泽土包括沼泽土、草甸沼泽土、泥炭沼泽土 3 个亚类，主要分布于沼泽湿地。

新积土成土条件为堆积不稳定的洪积、洪积扇和河滩、湖滩地，植被稀疏或无植被。

粗骨土发育在陡坡山地的上部或山麓，植被稀疏，土层薄、质地粗、养分缺。

· 植被

湿地内植被共分为高山稀疏植被、灌丛植被、草原植被、草甸植被、沼泽植被、水生植被 6 种类型。

高山稀疏植被通常很少在山地的植被垂直分布系列中独自成带，而大多是分布在平缓山坡、山顶和隘口的两侧。

灌丛植被分布相当普遍，从海拔 2000 米一直分布到 5000 米上下，并在森林带上限以上形成一个宽厚的高山灌丛带或高山灌丛草甸带，共有 3 种植被类型，即常绿革叶灌丛、落叶阔叶灌丛和常绿针叶灌丛。

草原植被为丛生禾草草原，主要为丝颖针茅群系。

草甸植被共有 3 个群系，分别是高山嵩草群系、矮生嵩草群系和康藏嵩草群系。

沼泽植被共有两个群系，即海韭菜群系和杉叶藻群系。

水生植被群系主要为蓖齿眼子菜群系。

湿地内有野生维管束植物 43 科 150 属 304 种（包括 4 亚种，13 变种）。其中，蕨类植物 1 科 1 属 1 种，裸子植物 2 科 2 属 2 种，被子植物 40 科 147 属 301 种（包括 4 个亚种、13 个变种）。

· 动物

湿地内有脊椎动物共 5 纲 22 目 46 科 87 属 119 种，其中鱼纲 1 目 2 科 5 属 8 种，两栖纲 1 目 2 科 2 属 2 种，爬行纲 1 目 2 科 2 属 2 种，鸟纲 13 目 26 科 56 属 83 种，哺乳纲 6 目 14 科 22 属 24 种。国家 I 级重点保护野生动物有金雕、玉带海雕、胡兀鹫、黑颈鹤、雪豹、藏野驴和马麝 7 种；国家 II 级重点保护野生动物有白额雁、黑鸢、大鵟、草原鵰、秃鹫、高山兀鹫、白尾鹞、草原鹞、白头鹞、猎隼、燕隼、红隼、藏雪鸡、鹏鸮、纵纹腹小鸮、棕熊、水獭、猞猁、马鹿、藏原羚、岩羊和盘羊 22 种。

4）社会经济状况

麦地卡湿地内有措拉乡的 8 个村委会，共 410 户 1996 人，居民以藏族为主。其地处高寒山区，远离城市，就业机会少，道路等基础设施落后，交通闭塞，经济贫穷。当地是传统的牧业区，居民经济来源以畜牧业为主，主要养殖牦牛、山羊、马等，人均年收入为 2000 元左右，多数社区居民还处在自给自足的小农经济生产阶段。

湿地保护管理机构为麦地卡国际重要湿地监测管理站，管理站为副科级机构，全额事业单位。

5）湿地受到的干扰

麦地卡湿地受到的干扰主要表现在自然和人为两个方面。自然干扰表现如下：一是受气候旱化、区域降水量减少、河床侵蚀等因素的影响，湿地来水量减少、河流下切，导致部分沼泽被动排干，草甸化、沙化明显；二是鼠害不断加剧，对湿地草场植被及土层造成严重破坏，草场生产力降低、生态退化。人为干扰表现如下：一是湿地草场超载放牧严重，草场植被和土壤肥力循环演替发生变化，草量和草质下降，野生动物栖息地环境退化；二是湿地周边社区居民的生产生活及游客产生的生活垃圾，对湿地环境造成一定程度的污染。

2. 评价结果

1）湿地健康

· 健康状况

西藏麦地卡国际重要湿地健康指数为 6.79，健康等级为"中"。湿地健康状况表现为湿地面积稳定，湿地水源能够得到基本保证，地表水水质良好，湿地土壤环境较好，人口稀疏，土地利用强度低，无外来入侵物种；但湿地内生物多样性水平较低，社区公众的湿地保护意识一般（表 4-40）。

表 4-40　西藏麦地卡国际重要湿地生态系统健康评价结果

评价指标		指标值		指标权重	综合健康指数
一级指标	二级指标	原始值	归一化值		
水环境指标	地表水水质	I	10.00	0.0957	
	水源保证率	6.02	6.02	0.1914	
土壤指标	土壤重金属含量	1.35	7.16	0.0211	
	土壤 pH	5.23	8.20	0.0698	
	土壤含水量	32.58	3.26	0.0384	
生物指标	生物多样性	31.84	2.96	0.1914	6.79
	外来物种入侵度	0.00	10.00	0.0957	
景观指标	野生动物栖息地指数	5.40	5.40	0.0922	
	湿地面积变化率	1.00	10.00	0.0922	
	土地利用强度	0.13	7.48	0.0461	
社会指标	人口密度	2.2	9.96	0.0357	
	物质生活指数	6.67	6.67	0.0196	
	湿地保护意识	5.00	5.00	0.0107	

· 结果分析

A. 湿地水源能得到保证，水质优良

水环境指标对麦地卡湿地健康影响最为显著，其权重值达到 0.2871；麦地卡湿地为雅鲁藏布江水系，其上游有拉萨河源头麦地藏布及其众多支流，湿地水源能够得到保证；湿地内无工业污染，地表水属 I 类水，水质优良。

B. 湿地面积稳定

通过对比麦地卡湿地 2013 年和 2014 年前后两期的卫星影像，发现湿地动态变化小，湿地面积基本保持稳定。

C. 土壤环境良好

经检测，麦地卡湿地内土壤重金属含量符合《土壤环境质量标准》(GB 15618—2008)二级标准的要求，湿地土壤整体表现良好。

D. 野生动植物栖息地环境适宜

湿地内人口稀疏，人为干扰少，土地利用强度低，无外来物种入侵，能为野生动物提供良好的栖息地环境。

2）湿地功能

· 功能状况

西藏麦地卡国际重要湿地综合功能指数为 7.26，功能等级为"好"。按照一级指标，湿地以调节功能为主，其次为供给功能和文化功能，支持功能较弱。按照二级指标，物质生产功能最为显著，其次为水资源调节和净化水质功能，休闲与生态旅游功能最弱（表 4-41）。

表 4-41　西藏麦地卡国际重要湿地生态系统功能评价结果

评价指标		指标值		指标权重	综合功能指数
一级指标	二级指标	原始值	归一化值		
供给功能	物质生产	6.24%	7.12	0.2761	7.26
调节功能	气候调节	9.10	9.10	0.0638	
	水资源调节	8.90	8.90	0.2107	
	净化水质	8.90	8.90	0.1160	
文化功能	休闲与生态旅游	8.60	8.60	0.0345	
	教育与科研	8.40	8.40	0.1036	
支持功能	保护生物多样性	31.84	3.29	0.1953	

· 结果分析

A. 调节功能突出

麦地卡湿地位于拉萨河的源头区，对下游地区的削洪补枯、调蓄水量等作用非常明显；湿地内河流及大小湖泊众多，对调节区域气候，稳定拉萨河的水量、水质具有重要作用。

B. 供给功能显著

麦地卡湿地周边是当地藏族牧民的传统牧场，畜牧业是区域社会发展的主导产业和基础，湿地为当地经济社会提供了大量饲草和淡水资源，其经济和社会效益显著。

C. 科研教育功能特殊

麦地卡湿地地处青藏高原和拉萨河的源头区，独特的高寒湿地生态系统、丰富的野生动物资源具有很高的科研价值，是开展高寒湿地生态系统和野生动物研究的最佳场所之一,吸引了国内外许多研究单位、专家到此开展科学研究。

D. 生态旅游功能未能充分发挥

麦地卡湿地具有独特的高原湿地景观、神秘的藏族文化,是高品质的、不可替代的旅游资源,但受区位、交通、气候及经济社会发展水平等条件的限制,旅游业发展缓慢,到此观光旅游的人数很少,湿地的休闲与生态旅游功能未能充分体现。

3）湿地价值

· 价值状况

西藏麦地卡国际重要湿地总价值为 5.53 亿元/年,单位面积湿地价值为 6.36 万元/（公顷·年）。其中,间接使用价值最高,为 4.09 亿元/年,占总价值的 73.96%;其次是直接使用价值,为 1.05 亿元/年,占 18.99%;选择价值与存在价值较小,分别仅占总价值的 4.16% 和 2.89%。按照二级指标,湿地净化去污价值最大,占总价值的 40.33%;其次为调蓄洪水价值,分别占总价值的 23.87%;休闲娱乐价值最小（表 4-42）。

表 4-42　西藏麦地卡国际重要湿地生态系统价值评价结果（单位:亿元/年）

评价指标		单项价值	小计	总价值
一级指标	二级指标			
直接使用价值	湿地产品	0.58	1.05	5.53
	休闲娱乐	0.00		
	环境教育	0.47		
间接使用价值	调节大气	0.54	4.09	
	调蓄洪水	1.32		
	净化去污	2.23		
选择价值	生物多样性	0.23	0.23	
存在价值	生存栖息地	0.16	0.16	

· 结果分析

A. 间接使用价值大,生态效益高

麦地卡湿地不仅在固碳释氧、调节区域气候方面价值巨大,而且每年还可调蓄洪水0.79 亿立方米,在调节洪水径流、稳定拉萨河水质和水量方面发挥了重要作用,其间接产生的经济价值显著。

B. 湿地资源丰富,直接使用价值高

麦地卡湿地除了为区域社会提供丰富、优质的水资源外,也为当地牧民提供约 14.6万吨的饲草和其他生产原材料;高寒湿地景观、高原湖泊湿地、沼泽湿地及河流也是开展科学研究的理想场所。

C. 生物多样性、生存栖息地价值较低

麦地卡湿地是多种候鸟迁徙的走廊带和繁殖地,对多种水禽的迁徙、繁殖都具有重要意义,但湿地生物多样性价值及生存栖息地价值在湿地总价值中的比重较低,分别仅占 4.16% 和 2.89%。

4）总体评价

西藏麦地卡国际重要湿地生态系统健康等级为"中"，功能等级为"好"，湿地生态系统总价值为 5.53 亿元/年，单位面积湿地价值为 6.36 万元/（公顷·年）。麦地卡湿地面积稳定，湿地水源有保证，地表水水质良好，土壤环境良好，湿地内人口稀少，无外来物种入侵，土地利用强度低；但湿地内生物多样性水平较低，公众湿地保护意识一般。湿地以调节功能为主，其次为文化功能和供给功能，支持功能较弱。湿地间接使用价值显著，直接使用价值明显。

3. 存在问题及建议

1）存在问题

A. 超载过牧，湿地草场退化

长期以来当地畜牧业，以追求牲畜数量为主要目标，湿地草场严重超载过牧，草场植被不堪重负，湿地草场生产力下降，生态环境呈现逐步退化的趋势。

B. 鼠兔危害严重，野生动物栖息地环境退化

康藏仓鼠、白尾松田鼠、高原兔等的大量繁殖和破坏，使得草场植被退化，生物生产力下降，土壤侵蚀加重，一些野生动物的栖息地环境逐步恶化。

C. 湿地沼泽旱化明显，湿地功能下降

受全球气候变化、来水逐年减少、河床侵蚀下切等干扰因素的影响，局部沼泽湿地被动排干，自然疏干状况趋势明显，沼泽湿地出现草甸化、沙化现象，严重威胁湿地健康水平及湿地功能的发挥。

2）建议

A. 合理载畜，恢复湿地生态

对生境受到破坏、草场退化严重的区域，实行退牧还湿（沼）或封育禁牧，对其他区域合理划分限牧区和轮牧区，将湿地草场的牲畜数量限制在合理的范围内，严禁超载过牧，遏制湿地草场退化趋势，逐步恢复草场的生产力和湿地生态。

B. 实施生态补水，提升湿地健康水平和功能

针对部分沼泽湿地缺水现状，通过填埋排水沟、实施生态补水等措施，保障其生态需水，恢复湿地沼泽原有的水环境，使其保持稳定的湿地生态状况，有效提高湿地健康水平，逐步恢复湿地生态功能。

C. 加强兔、鼠害的防治，改善野生动物栖息地环境

加强兔害、鼠害的动态监测，掌握其危害动态，通过生物、物理等技术手段，将它们的种群数量控制在生态危害水平之下，防止灾害蔓延和扩散，保护湿地草场资源和土壤环境，逐步改善野生动物栖息地环境。

4.2.15　云南大山包国际重要湿地

1. 基本情况

1) 位置与范围

云南大山包国际重要湿地(见书后彩图 15)位于云南省昭通市昭阳区大山包乡范围内,地理坐标为东经 103°14′55″~103°23′49″,北纬 27°18′38″~27°29′15″,东与鲁甸县新街乡、龙树乡毗邻,南接鲁甸县龙树乡、梭山乡,西与昭阳区田坝乡、炎山乡相接,北与昭阳区大寨乡相连,其范围与云南大山包黑颈鹤国家级自然保护区范围一致。

大山包湿地有人工湿地、河流湿地和沼泽湿地 3 种湿地类型,包括库塘、永久性河流和草本沼泽。湿地总面积为 1156.24 公顷,其中库塘湿地为 316.17 公顷,永久性河流湿地为 39.26 公顷,草本沼泽湿地为 800.81 公顷,分别占湿地总面积的 27.34%、3.40%和 69.26%。

2) 历史沿革

1990 年 1 月经昭通市人民政府批准,成立昭通市大山包黑颈鹤自然保护区;1994 年 3 月经云南省人民政府批准,晋升为省级自然保护区;2003 年 1 月晋升为国家级自然保护区;2005 年大山包湿地被列入国际重要湿地名录。

3) 自然状况

• 地质地貌

大山包湿地地质构造属扬子准地台的滇东北拗褶带,境内褶皱发育,断裂少,规模小;区域构造线北东向和近南北向,出露的地层以晚古生代二叠系面积最大,其次是泥盆系和第四系残坡积层,主要岩石由峨眉山玄武岩、玄武岩、杏仁状玄武岩、斑状玄武岩、杏仁状含斑玄武岩、火山碎屑岩、灰岩、砂岩组成。

湿地位于滇东北高原面上的高耸山地——五莲峰顶部的古夷平面上,海拔多在 3 000~3 200 米,最高点课车梁子 3 364 米,最低点为老林村委会半坡村坡脚与鲁甸县交界的箐沟交叉处,海拔为 2 210 米;高原面上山丘相对高差为 50~100 米,山体浑圆,坡度平缓,谷地为亚高山沼泽化草甸,地势平坦开阔。

• 气候

大山包湿地气候属典型的高原气候区,降水较多,冬干夏雨、干湿季分明,夏季温凉,冬季干,冷风大;年平均气温为 6.2℃,≥10℃年积温为 1 017.9℃,日均温≥10℃持续日数为 65.1 天,极端最低气温为−16.8℃,无霜期为 122 天左右,年均相对湿度为 77%;年均降水量为 1 100~1 200 毫米,湿季降水量为 1 021.2 毫米,占全年降水量的 90.8%,干季降水量为 103.9 毫米,仅占全年的 9.2%,降水形式多以降雪为主;年太阳总辐射量为 5 876.5 兆焦耳/平方米,雾日数为 184.8 天;全年以西南风为主,年平均风速为 4.8 米/秒。

·水文

大山包台地位于金沙江水系重要支流牛栏江流域与洒渔河流域的分水岭地带,是长江中上游重要的水源涵养区和生态屏障,是滇东北的"水塔"之一。湿地内地表径流主要有跳墩河和羊窝河等溪流,跳墩河向西流入牛栏江,羊窝河北流汇入西大沟后流入金沙江,西边诸地表溪流汇流后流入昭通市重要的水源地渔洞水库。湿地内的大海子、跳墩河、勒力寨和燕麦地 4 个水库是周边居民生产生活的水源供给地。大海子水库建于 1967年,集水面积约为 3.5 平方公里,平均水深约为 2.5 米,蓄水面积为 0.8 平方公里;跳墩河水库建成于 1989 年,集水面积为 17.7 平方公里,蓄水面积为 3.375 平方公里,库容量为 1236 万立方米,水深约为 6.5 米;勒力寨水库建成于 2003 年,总库容为 221 万立方米,汇水面积为 4.58 平方公里,正常蓄水位为 2759.6 米;燕麦地水库建成于 1969年,总库容为 631.5 万立方米,正常蓄水位为 2475 米。湿地内保存有滇东北地区较完整的亚高山草甸,有利于涵养水土,其地表水和地下水水质优良。湿地内地下水资源丰富,雨季和旱季差别较大,雨季地下水资源量为 324.5 升/秒,过渡季节旱季为 86.02升/秒,年平均地下水资源量为 210.6 升/秒,年地下水资源总量为 664.11 万立方米,pH 为 7.1～7.5,水质良好。湿地周边有 37 个亚高山泉,主要分布在大山包亚高山的山前地带、沟谷和坡脚,是湿地形成并赖以维系的基础。

·土壤

湿地内土壤垂直分布从高海拔至低海拔分别为亚高山草甸土(3 000 米以上)→棕壤(2 800～3 000 米)→暗棕壤(2 200～2 800 米),成土母岩多为玄武岩。湿地内以亚高山草甸土和棕壤为主,黄棕壤主要分布在森林植物较繁密和海拔较低的地区;亚高山草甸土土层薄,石砾含量高,肥力低;在草甸下部和水库周围有部分沼泽土,由古湖沼泥炭物发育而成,表层腐殖化,以下各层泥炭化或潜育化,形成黑色泥炭层或灰色潜育层,土壤有机质含量很高;棕壤常见于高山栎、杜鹃灌丛和草坡下,土层厚度不一,有一定自然肥力;暗棕壤是一种过渡性土壤,土壤较深厚肥沃,是主要的森林分布区和农业耕作区(耕作土)。

·植被

湿地内自然植被共分为稀树灌木草丛、灌丛和草甸 3 种植被类型,此外还分布有华山松林、高山松林等 4 种人工植被。

湿地植被属亚高山沼泽化草甸植被亚型,分为亚高山莎草沼泽化草甸和亚高山杂类草沼泽化草甸两个群系组。其中,亚高山莎草沼泽化草甸包括牛毛毡草甸和针蔺、牛毛毡草甸两个群落;亚高山杂类草沼泽化草甸包括圆叶婆婆纳草甸、葱状灯心草草甸、早熟禾草甸、糙野青茅草甸、广布柳叶菜草甸、聚花马先蒿草甸、水湿柳叶菜草甸、线叶水芹草甸 8 个群落。

大山包湿地有高等植物 358 种,分属 197 属 72 科。其中,蕨类植物 6 科 7 属 8 种,种子植物 66 科 190 属 350 种。植物资源以湿生植物为主,共有水生植物 28 种,占全部种类的 7.82%,湿生植物 239 种,占 66.76%,陆生植物 91 种,占 25.14%。

·动物

湿地内有脊椎动物 253 种,隶属 5 纲 28 目 68 科。其中,鱼类 3 目 5 科 7 种,两栖类

1 目 3 科 6 种，爬行类 2 目 3 科 11 种，鸟类 15 目 36 科 166 种，哺乳动物 7 目 21 科 63
种。其中，国家 I 级保护野生动物有黑颈鹤、白头鹤、白尾海雕、白肩雕、金雕 5 种，国
家 II 级保护野生动物有川西斑羚、中华鬣羚、金猫、大灵猫、小灵猫、青鼬、豺、黑翅鸢、
鸢、苍鹰、雀鹰、松雀鹰、普通鵟、白尾鹞、鹗、燕隼、灰背隼、阿穆尔隼、红隼、白腹锦
鸡、蓑衣鹤、灰鹤、领角鸮、斑头鸺鹠、短耳鸮 25 种。大山包湿地是中国已知的黑颈鹤
数量最多、最集中的越冬栖息地之一，2010 年在此越冬的黑颈鹤数量为 1300 余只，约
占全国的 1/8。

4）社会经济状况

大山包湿地与昭阳区大山包乡重合，内有合兴、大山包、车路、马路、老林 5 个村民
委员会 89 个自然村 110 个村民小组，共 4168 户 17 362 人，其中农业人口 4138 户 16 703
人，占总人口数的 96%；湿地内汉、苗、彝 3 种民族杂居，以汉族居多。2012 年年末，
大山包镇经济总收入达到 4403 万元，其中农牧业产值为 3710 万元；第二产业为 635 万
元；粮食产量达到 869 635 万公斤，人均纯收入为 2160 元。

大山包国际重要湿地保护管理机构为 2003 年成立的云南大山包黑颈鹤国家级自然
保护区管理局，实行管理局—管理所—管理站三级管理，管理局下设办公室、管理所、
科研所、派出所，管理所又下设大海子、跳墩河、勒力寨、长会口 4 个管理站。管理局属
财政拨款事业单位，在职人员和退休人员工资由昭阳区财政供养。

5）湿地受到的干扰

目前，大山包湿地受到的干扰因素主要为人为因素：一是湿地内的生态旅游尚处于
初期阶段，缺乏有效的约束和监管，游客随意踩踏和垃圾污染对湿地资源和亚高山草甸
生态系统造成破坏；二是补助和补偿费用不足，社区群众参与湿地保护的积极性不高。
湿地周边大约有 674.33 公顷退耕还林（草）地，由于补助标准下降，补助费用不足以维持
当地社区居民的基本生活，保护与生存的矛盾比较突出，湿地面临复耕威胁；黑颈鹤等
野生动物对境内的农作物损害较大，补偿经费远不能弥补居民损失，这在很大程度上影
响社区群众参与湿地及野生动物保护的积极性。

2. 评价结果

1）湿地健康

·健康状况

云南大山包国际重要湿地健康指数为 4.74，健康等级为"中"。湿地健康状况表现为
湿地面积稳定，水质良好，生物种类丰富，人口密度适中，物质生活指数适宜；但湿地水
源保证率较低，土壤环境受到污染，有外来物种入侵，但危害程度较轻，土地利用强度
大，公众保护意识一般，对湿地健康造成不利影响（表 4-43）。

表 4-43　云南大山包湿地生态系统健康评价结果

评价指标		指标值		指标权重	综合健康指数
一级指标	二级指标	原始值	归一化值		
水环境指标	地表水水质	I	10.00	0.108 3	
	水源保证率	2.03	2.03	0.216 6	
土壤指标	土壤重金属含量	3.82	0.00	0.042 9	
	土壤 pH	4.88	5.87	0.085 8	
生物指标	土壤含水量	39.70	3.97	0.085 8	
	生物多样性	26.33	1.58	0.171 5	
景观指标	外来物种入侵度	0.02	8.40	0.042 9	4.74
	野生动物栖息地指数	3.80	3.80	0.036 6	
	湿地面积变化率	1.00	10.0	0.066 4	
	土地利用强度	0.74	2.28	0.020 1	
社会指标	人口密度	89.41	8.51	0.066 4	
	物质生活指数	7.38	7.38	0.020 1	
	湿地保护意识	4.84	4.84	0.036 6	

· 结果分析

A. 湿地水质良好

湿地保存有滇东北地区较完整的亚高山草甸，有利于涵养水土和保持较好的生态环境，加之无现代工业污染，水质良好。

B. 湿地面积稳定

通过对比大山包湿地 2012 年和 2013 年前后两期卫星影像，发现湿地动态变化小，湿地面积保持稳定。

C. 湿地水源有效保证率低

大山包湿地水源补给主要依靠自然降水，受气候变化及降水减少等自然因素和区域地下水超采、水资源过度利用、围垦、放牧等因素的影响，湿地水源补给量减少，湿地水源有效保证率逐步降低。

D. 土壤环境受到污染

由于农耕和游客数量的逐年增多，人为活动增加，湿地土壤环境受到污染，主要表现为土壤重金属含量超标，土壤环境质量降低。

E. 有外来生物入侵

大山包湿地有外来入侵植物 3 种，分别为小蓬草、牛膝菊和婆婆纳，目前其分布范围和面积很小（面积比率＜2%），尚未对湿地生态环境造成严重危害。

2）湿地功能

· 功能状况

云南大山包国际重要湿地生态系统综合功能指数为 7.28，功能等级为"好"。湿地以调节功能为主，以供给功能为辅，其次为文化功能，保护生物多样性的支持功能较弱（表 4-44）。

表 4-44　云南大山包国际重要湿地生态系统功能评价结果

评价指标		指标值		指标权重	综合功能指数
一级指标	二级指标	原始值	归一化值		
供给功能	物质生产	10.00%	8.00	0.2922	
调节功能	气候调节	8.50	8.50	0.1227	
	水资源调节	8.10	8.10	0.2230	
	净化水质	8.90	8.90	0.0675	7.28
文化功能	休闲与生态旅游	8.30	8.30	0.0360	
	教育与科研	9.80	9.80	0.0719	
支持功能	保护生物多样性	26.33	2.63	0.1867	

· 结果分析

A. 调节功能突出

由于湿地独特的水文特征和固碳释氧功能，所以湿地对调节区域的水文循环过程、净化水质、涵养水源、阻止水土侵蚀和调节大气等作用巨大；湿地内小气候较为明显，基本无洪涝灾害，地表水质级别为 I 类，水质良好。

B. 供给功能显著

湿地内的燕麦地、勒力寨、跳墩河水库每年可为当地提供 12.0 万立方米的灌溉和生活用水，产出鱼类等水产品 100.0 万公斤，为湿地内畜牧业发展提供 90 万吨的饲草，且年增长量大于 6.0%，经济和社会效益显著。

C. 景观美学价值较高，教育与科研功能明显

湿地内的人工库塘、高原沼泽化草甸、以黑颈鹤为主要保护对象的野生动物等具有较高的景观美学价值和科学研究价值，吸引了国内学者到此开展考察与科学研究；独特的景观资源每年吸引超过 8 万人次的游客到此观光旅游。

3）价值评价

· 价值状况

云南大山包国际重要湿地总价值为 2.69 亿元/年，单位面积湿地价值为 23.27 万元/（公顷·年）。其中，间接使用价值最大，为 1.43 亿元/年，占总价值的 53.16%；其次是直接使用价值，为 1.21 亿/年，占总价值的 44.98%；选择价值和存在价值较小，分别仅占总价值的 1.12% 和 0.74%（表 4-45）。

· 结果分析

A. 调节功能显著，间接使用价值高

大山包湿地位于金沙江水系重要支流牛栏江流域与洒渔河流域的分水岭地带，是长江中上游重要的水源涵养区和生态屏障，发育了目前中国海拔最高的亚高山沼泽化草甸

表 4-45　云南大山包国际重要湿地生态系统价值评价结果（单位：亿元/年）

评价指标		单项价值	小计	总价值
一级指标	二级指标			
直接使用价值	湿地产品	0.91	1.21	2.69
	休闲娱乐	0.24		
	环境教育	0.06		
间接使用价值	调节大气	0.73	1.43	
	调蓄洪水	0.40		
	净化去污	0.30		
选择价值	生物多样性	0.03	0.03	
存在价值	生存栖息地	0.02	0.02	

湿地生态系统，集水域、沼泽、草甸为一体，在固碳释氧、调节大气、调蓄洪水，以及净化水质等方面发挥了重要作用，其间接产生的经济价值明显。

B. 湿地资源丰富，直接使用价值明显

湿地不仅提供了丰富、优质的水资源，当地群众也能从湿地中获得大量的水产品、饲草、野生动植物等原材料；独特的高寒湿地自然景观、良好的生态环境、特有的珍稀野生动物等具有较高的旅游观光价值，也为国内外学者开展环境教育、科考和科学研究提供了良好场所。

C. 生物多样性价值低

大山包湿地独特的自然环境为黑颈鹤等野生动物的生存、繁衍提供了优良的迁移、栖息及繁殖条件，生物多样性丰富，但生物多样性价值及生存栖息地价值较低，分别仅占湿地总价值的 1.12% 和 0.74%。

4）总体评价

云南大山包国际重要湿地生态系统健康等级为"中"，功能等级为"好"，湿地生态系统总价值为 2.69 亿元/年，单位面积湿地价值为 23.27 万元/（公顷·年）。大山包湿地面积稳定，水质良好，湿地内人口适中，物种丰富；但湿地水源保证率低，土壤环境受到污染，存在外来物种入侵现象，居民湿地保护意识一般。湿地以调节功能为主，以供给功能为辅，其次为文化功能，支持功能较弱。湿地间接使用价值最大，其次为直接使用价值，选择价值和存在价值较低。

3. 存在问题及建议

1）存在问题

A. 社区发展与湿地保护矛盾突出

随着社区经济社会的发展，过牧、围垦、地下水超采等不合理的湿地资源利用方式增加，草畜矛盾、耕作与湿地恢复矛盾、地下水超采与水资源补给矛盾尤为突出，导致草场退化,土壤污染加剧,湿地健康受损,黑颈鹤等野生动物栖息地环境逐步恶化。

B. 无序旅游造成湿地破坏

大山包旅游由当地企业开发经营,由于缺乏有效监管,目前仍处于无序状态,大量游客涌入,随意践踏和垃圾污染对亚高山草甸生态系统、湿地资源造成破坏及污染,也对黑颈鹤等野生动物造成干扰。

C. 公众湿地保护意识不高

由于耕作与退耕还湿、人与黑颈鹤争食等因素的影响,很大程度上挫伤社区居民参与湿地保护的热情与积极性。

2)建议

A. 实施生态补水,维护湿地健康和功能

针对湿地缺水现状,对大山包湿地上游及周边重要泉眼和水源补给区实施严格保护措施,通过水利工程拦蓄汛期洪水、提升地下水位等,对重点区域实施有效的生态补水,以提高湿地健康水平,恢复湿地功能。

B. 开展湿地植被恢复,提高湿地整体功能

针对围垦、超载过牧、湿地植被退化等现状,采取休牧轮牧、退牧还草(湿)、退耕还草(湿)、补草种草等措施,恢复湿地植被,恢复已退化或被侵占的湿地面积,扩大黑颈鹤的觅食地,逐步改善和提高湿地健康和功能。

C. 规范旅游市场,实现湿地资源的可持续利用

依据区域生态旅游规划,合理利用现有资源开展生态旅游活动。通过制定游客行为规范,加强宣传教育,确保旅游活动的有序开展;吸收周边社区居民参与生态旅游服务,调整单一的产业结构现状和对湿地的过度依赖及利用。

D. 加大宣传力度,提高公众湿地保护意识

加强对湿地周边社区群众和利益相关者在法律法规方面的宣传教育,让他们充分了解湿地在改善生态环境及推动区域经济发展中所起的重要作用,使保护湿地及野生动植物成为他们的自觉行为。

4.2.16　云南拉什海国际重要湿地

1. 基本情况

1)位置与范围

云南拉什海国际重要湿地(见书后彩图 16)位于云南省丽江市玉龙纳西族自治县境内,地理坐标为北纬 $26°52'\sim26°54'$,东经 $100°06'\sim100°09'$,包括玉龙纳西族自治县的拉市、白沙、黄山、太安 4 个乡(镇)6 个行政村,与云南丽江拉什海高原湿地省级自然保护区范围一致。

拉什海湿地内有湖泊湿地、沼泽湿地、人工湿地与河流湿地 4 个湿地类型,包括永久性淡水湖、草本沼泽、库塘与永久性河流。湿地总面积为 1425.83 公顷,其中草本沼

泽湿地面积为 116.88 公顷、人工库塘面积为 147.21 公顷、河流湿地为 57.97 公顷、湖泊湿地面积为 1103.77 公顷，分别占湿地总面积的 8.20%、10.32%、4.07% 和 77.41%。

2）历史沿革

1998 年经云南省人民政府批准，建立云南丽江拉市海高原湿地省级自然保护区；2002 年成立云南拉市海高原湿地省级自然保护区管理局，行政上由纳西族自治县林业局领导，业务上由丽江市林业局、云南省林业厅指导；2005 年云南拉什海湿地被列入国际重要湿地名录。

3）自然状况

· 地质地貌

拉什海湿地为滇西北大地槽的一部分，在中生代燕山运动时期由褶皱隆起成陆地，后受东西方向的强烈应力挤压，沿南北方向产生大断层，形成南北向的横断山脉。拉什海和文海就是在此地质基础上，由继承性断裂构造活动引起地壳不断下降，不断接受冰川、河流、湖泊-沼泽沉积物堆积形成的断陷盆地积水而形成的湖泊湿地。

气候

拉什海湿地气候属低纬高原气候区，全年日照时数为 2500～2700 小时，日照率为 60%；年均降水量为 900～1200 毫米，降水量年内分配极不均匀，主要集中在 6～9 月，冬春易干旱、夏季多洪涝，雨季与干季分明；全年以西风为主，年平均风速为 3.3 米/秒。

· 水文

拉什海湿地位于金沙江上游，包括拉什海、文海、吉子水库、文笔水库 4 个片区，汇集了湿地内外大片森林地段的小溪，水源丰富，流水清澈，是重要的蓄水源区。拉什海湖面季节变化显著，雨季水位高，最大蓄水量为 1.8 亿立方米，入湖地表水源有南侧的清水河、北侧的美泉河及拉洛康沙河、吉子水库和多条山涧溪流，汇水面积为 265.6 平方公里，为降水型补给，年径流的时空分布与降水基本一致，是丽江市区重要的水源地；因得到玉龙雪山周边大泉的有效补给，地下水的最大溢出量往往滞后至年末的 10～12 月才出现，汛末水量较大，年内分配比较均匀。

· 土壤

拉什海湿地土壤类型主要为沼泽土、水稻土，由于湖积物不断增厚，形成现代的耕作土壤，土质深厚并且肥沃，土壤中性偏碱(pH 为 7.0～8.0)，有机含量丰富，全量养分含量较高，但有效养分特别是速效磷含量较低；面山的森林土壤主要为海拔 3 200～3 600 米亚高山地带的暗棕壤，2 600～3 200 米中山地带的棕壤，以及海拔 2 600～200 米地域的红壤。

· 植被

拉什海湿地内有草甸植被和湖泊水生植被 2 种植被类型，有亚高山草甸、亚高山沼泽化草甸、挺水植物群落及沼泽植被、漂浮植物群落、浮叶植物群落、沉水植物群落 6 个植被亚型 11 个群系；常见的主要群落类型是灯心草沼泽草甸、海菜花群落、菖蒲群落、满江红、槐叶萍群落。

有湿地植物 39 科 115 属 150 种，其中沼生植物 114 种，主要分布于沼泽、水沟、农田和滩涂地段；挺水植物 12 种，主要分布在湖畔、池塘和田沟里；浮叶植物 4 种，主要分布在沼泽、水沟和浅水区域；浮生植物 5 种，主要分布于水田、池塘、水沟和湖面上；沉水植物 15 种，是湖泊固有的水生植物群落的建造者。其中，野菱、海菜花、绶草为国家 II 级保护野生植物。

· 动物

湿地内有鸟类 232 种，淡水鱼类 25 种，两栖类 14 种，爬行类 17 种。其中，国家 I 级保护野生动物有黑鹳、黑颈鹤、中华秋沙鸭等 9 种，国家 II 级保护野生动物有白头鹤、红隼、普通鵟、大天鹅，以及青藏高原特有种斑头雁。

有湿地动物 145 种，其中水鸟 88 种、鱼类 26 种、两栖类 14 种、爬行类 17 种，每年到此越冬的鸟类约 10 万只。

4）社会经济状况

拉什海湿地所在的玉龙纳西族自治县以旅游业、林果业、畜牧业、农业为支柱产业，2010 年生产总值为 22.34 亿元，地方财政一般预算收入为 2.13 亿元；农民人均纯收入为 3586 元，年均增长为 15%，城镇居民人均可支配收入年均增长为 8%。拉什海国际重要湿地内有玉龙纳西族自治县的拉市、白沙、黄山、太安 4 个乡（镇）6 个行政村，居民经济收入以传统农耕、渔业和林果业为主，人均收入略高于全县水平，自 2005 年以来旅游业得到大力发展，湿地内居民收入有了大幅增长，但部分农户仍然贫困。

拉什海国际重要湿地保护管理机构为云南拉市海高原湿地省级自然保护区管理局，于 1998 年正式挂牌成立，下设办公室、财务科、保护办、监测站、环志站、宣教中心等机构。管理局为事业单位，其事业经费主要为财政拨款。

5）湿地受到的干扰

拉什海湿地受到的干扰主要表现在人为方面：一是拉什海周边已建成或正建的旅游项目包括度假村、观鹤山庄、湿地公园等，这些旅游项目或旅游设施的建设由于缺乏生态系统保护理念和措施，造成湿地孤岛化，鸟类的栖息生境进一步破碎化；二是由于一些游乐项目的展开和游客数量增多，其对到此越冬的水鸟造成惊吓和干扰；三是社区居民的生活及农业生产活动，所产生的垃圾及施用的化肥、农药等，随着地表径流进入拉什海水体，对湿地水质和土壤造成一定程度的污染。

2. 评价结果

1）湿地健康

· 健康状况

云南拉什海国际重要湿地健康指数为 6.26，健康等级为"中"。湿地健康状况表现为湿地水源保证率高，水质较好，生物种类丰富，无外来物种入侵，野生动物栖息地环境适宜；但湿地面积缩小，湿地内土壤环境遭受污染，局部土壤重金属含量较高，湿地内人口密度较大，土地利用强度高，对湿地健康构成威胁（表4-46）。

表4-46　云南拉什海国际重要湿地生态系统健康评价结果

评价指标		指标值		指标权重	综合健康指数
一级指标	二级指标	原始值	归一化值		
水环境指标	地表水水质	Ⅱ	7.50	0.106 7	
	水源保证率	8.90	8.90	0.106 7	
土壤指标	土壤重金属含量	3.95	0.00	0.056 3	
	土壤 pH	6.83	10.00	0.056 3	
	土壤含水量	26.87	2.69	0.028 1	
生物指标	生物多样性	37.45	4.36	0.187 7	
	外来物种入侵度	0.00	10.00	0.093 9	6.26
景观指标	野生动物栖息地指数	5.00	5.00	0.032 8	
	湿地面积变化率	0.73	7.30	0.032 8	
	土地利用强度	0.24	5.89	0.032 8	
社会指标	人口密度	252	5.80	0.053 2	
	物质生活指数	6.08	6.08	0.053 2	
	湿地保护意识	5.56	5.56	0.159 5	

· 结果分析

A. 水质良好，水源保证率高

拉什海湿地地表水水质介于Ⅰ类和Ⅲ类之间，水质较好。湿地属金沙江水系，汇集了境内境外大片森林地段的溪流，且得到玉龙雪山周边大泉的有效补给，水源丰富，湿地水源能够得到有效保证。

B. 野生动植物栖息地环境良好

拉什海湿地无外来物种入侵，具有较适宜的野生动植物栖息地环境，每年到此越冬的水鸟种类众多，数量达到10万只以上。

C. 土壤遭受污染

由于旅游、农业生产等生产经营活动，湿地土壤遭受污染。经检测，湿地土壤中铜、铅、铬、镉等4种重金属元素的含量均超出《土壤环境质量标准》（GB 15618—2008）中的一级标准要求，其中铬超标5倍，铜超标2.63倍，铅超标2.86倍。

D. 湿地面积稳定性差

通过对比拉什海湿地2012年和2013年前后两期卫星影像，发现湿地面积由2012年的1960.58公顷减少至2013年的1425.83公顷，湿地面积变化率为0.73，表明近两年湿地面积呈萎缩趋势，其对湿地生态系统的稳定与健康构成威胁。

E. 湿地面临潜在压力大

湿地内人口密度大，为252人/平方公里，以耕作为主，土地利用强度高，对湿地稳定性和动植物的栖息地环境构成一定威胁，湿地面临的压力逐渐增加。

2）湿地功能

・功能状况

云南拉什海国际重要湿地综合功能指数为 6.97，功能等级为"中"。按照一级指标，湿地以调节功能为主，以供给功能和支持功能为辅，文化功能较弱。按照二级指标，湿地以物质生产功能最为显著，其次为水资源调节功能和保护生物多样性功能，教育与科研功能最弱（表 4-47）。

表 4-47 云南拉什海国际重要湿地生态系统功能评价结果

评价指标		指标值		指标权重	综合功能指数
一级指标	二级指标	原始值	归一化值		
供给功能	物质生产	6.00%	7.00	0.2330	
调节功能	气候调节	8.00	8.00	0.0912	
	水资源调节	8.00	8.00	0.1823	6.97
	净化水质	7.75	7.75	0.0912	
文化功能	休闲与生态旅游	9.00	9.00	0.0835	
	教育与科研	9.00	9.00	0.0417	
支持功能	保护生物多样性	37.45	4.75	0.2771	

・结果分析

A. 调节功能突出

拉什海湿地位于金沙江上游，其对保持水土和控制洪水，以及对金沙江中下游的水量、水位调节发挥着重要作用；此外，拉什海湿地也是丽江市重要的水源地，对调节湿地内的水文循环过程、净化水质和大气环境作用突出。

B. 供给功能明显

拉什海湿地每年向下游地区和丽江古城输水近 3000 万立方米，为近 1066.67 公顷农田提供灌溉用水，提供包括牧草在内的大量物质产品，其为区域社会的生产生活提供了必不可少的物质保障。

C. 支持功能重要

拉什海湿地独特的地理位置和多样化的生态环境，是众多鸟类、鱼类、两栖爬行类动物繁殖、栖息、迁徙和越冬的场所，湿地内生物种类丰富，包括青藏高原特有鸟类斑头雁在内的 88 种约 10 万只水禽在此越冬、栖息，在保护生物多样性方面发挥了重要作用。

D. 教育与科研功能有待提升

拉什海湿地的基础研究比较薄弱，特别是针对湿地的结构、功能、演替规律、价值和作用等方面缺乏系统深入的研究，湿地的教育科研功能还未得到充分发挥。

3）湿地价值

· 价值状况

云南拉什海国际重要湿地总价值为 2.98 亿元/年，单位面积湿地价值为 20.90 万元/(公顷·年)。其中，直接使用价值最大，为 1.75 亿元/年，占总价值的 58.72%；其次为间接使用价值，为 1.16 亿元/年，占总价值的 38.93%；选择价值与存在价值较小，分别仅占总价值的 1.34% 和 1.01%。按照二级指标，湿地提供物质产品的价值最大，占总价值的 33.89%；其次为休闲娱乐与调蓄洪水价值，分别占总价值的 22.15% 和 21.14%；生存栖息地价值最小，仅占总价值的 1.01%（表 4-48）。

表 4-48　云南拉什海国际重要湿地生态系统价值评价结果　（单位：亿元/年）

评价指标		单项价值	小计	总价值
一级指标	二级指标			
直接使用价值	湿地产品	1.01	1.75	2.98
	休闲娱乐	0.66		
	环境教育	0.08		
间接使用价值	调节大气	0.16	1.16	
	调蓄洪水	0.63		
	净化去污	0.37		
选择价值	生物多样性	0.04	0.04	
存在价值	生存栖息地	0.03	0.03	

· 结果分析

A. 直接使用价值高

湿地不仅为区域社会提供了丰富的湿地产品，也为当地群众带来了饲养家畜水禽等原材料；独特的高原湿地自然景观、良好的生态环境、多样的珍稀野生动物等具有较高的旅游观光价值，其为当地带来大量的旅游收入。

B. 间接使用价值明显

湿地在固碳释氧、调节大气、减少洪水径流、调蓄洪水，以及对氮磷、重金属元素的吸收转化等方面发挥了重要作用，其间接产生的经济价值明显。

C. 生物多样性、生存栖息地价值较低

拉什海湿地独特的自然环境为野生动物提供了优良的越冬、迁移、栖息及繁殖条件，但湿地生物多样性价值及生存栖息地价值在湿地生态系统总价值中比重较低，分别仅占总价值的 1.34% 和 1.01%。

4）总体评价

云南拉什海国际重要湿地生态系统健康等级为"中"，功能等级为"中"，湿地生态系统总价值为 2.98 亿元/年，单位面积湿地价值为 20.90 万元/(公顷·年)。湿地水源能够得到有效保证，水质较好，生物种类丰富，无外来物种入侵，野生动物栖息地环境较为适宜；但湿地面积有所减少，土壤环境遭受污染，境内人口密度较大，土地利用强度高，湿地面临的潜在压力大。湿地以调节功能为主，以供给功能和支持功能为辅，文化功能较弱。湿地间接使用价值高，直接使用价值明显。

3. 存在问题及建议

1) 存在问题

A. 湿地环境遭到污染，湿地健康受损

农业生产、居民生活等产生的农药化肥残留、生活垃圾、污水等进入拉什海湿地，使湿地水质、湿地土壤环境受到一定程度的污染，对湿地健康构成威胁。

B. 水土流失问题严重，降低了湿地功能

据水利部门资料，由于水土流失，每年流入拉什海的泥沙积于湖底，致使湖床抬升，水位提高，造成周围大片基本农田淹没，对湖泊湿地的生态系统产生不利影响，野生动植物的栖息环境遭到破坏，湿地生态功能下降。

C. 旅游开发活动对野生动物形成干扰

拉什海独特的湿地景观及其丰富的野生动植物资源吸引了大量的游客来此观光旅游，随着旅游人数的逐年增加和旅游服务设施的建设，野生动物的栖息地环境被侵占，正常的觅食、栖息活动受到干扰和惊吓。

2) 建议

A. 综合治理，恢复湿地健康

推广农业清洁生产，推广高效、低毒、低残留农药，增加微生物肥料，减少农业面源污染，建立健全垃圾处理、污水处理系统，逐步恢复湿地健康水平。

B. 工程和生物措施并举，加强水土保持，提升湿地功能

在保护好湿地周边现有森林植被的前提下，对径流区的荒山、荒滩、河道两侧实施人工植树种草，提高植被覆盖度，以减少水土流失；通过修建谷坊、拦沙坝、护堤等水土保持措施，预防泥沙淤塞河床、湖底淤积，提升湿地各项生态功能。

C. 合理利用湿地景观资源，发展湿地生态旅游

根据拉什海湿地生态环境的特点、环境容量和生态承载能力，合理确定游客数量，在优先保护的前提下合理开发利用湿地旅游资源，增强发展活力。

4.2.17　广东海丰国际重要湿地

1. 基本情况

1) 位置与范围

广东海丰国际重要湿地（见书后彩图 17）位于中国南海沿海地区，地处广东省汕尾市海丰县境内。由 3 块区域组成，即公平区、东关联安围区和大湖区，各区间中心位置两两相隔 30 公里左右。各区坐标和范围分别如下。

公平区：北纬 23°2′37″～23°7′25″，东经 115°22′33″～115°28′47″，边界线南部以库堤为主，西部以海丰-紫金公路为主线，东部和北部按村庄分布以人工区划为主。

东关联安围区：北纬 22°50′29″～22°53′22″，东经 115°11′41″～115°19′30″，边界线南部在长沙湾的海滩和部分海域，北部到西闸站，东至海丰县界，西至梅陇镇东澳、东家亚村。

大湖区：北纬 22°50′～22°52′30″，东经 115°30′～115°37′，北面以水闸及螺河海丰县界为界线，西至赤坑镇的毛洲寮，以道路、河道、水沟为界线，南面以东海湾山、螺地山、横山、妈宫山的北部山脚道路和碣石湾距沙滩边界线外 300 米海域为界线。

根据湿地的现状及《湿地公约》分类系统，该湿地分为水产养殖塘、河流、红树林、盐沼、沙质海滩、泥质海滩、浅海水域和库塘湿地 8 个类型，湿地总面积为 7368.12公顷。

2）历史沿革

1998 年汕尾市人民政府批准建立了公平大湖市级自然保护区；1998 年广东省人民政府批准建立了广东海丰公平大湖省级自然保护区；2008 年海丰湿地正式加入国际重要湿地名录。

3）自然状况

· 地质地貌

侏罗纪燕山期造山运动基本奠定了本地区现代地貌的轮廓。地层出露不全，古生界地层出露不明显，中生界的侏罗系及新生界的第四系地层较发育。地质构造特点是断裂构造发育，褶皱构造不发育，岩浆活动频繁。

同时，由于历次地壳运动褶皱、断裂和火山岩隆起的影响，造成了境内山地、台地、丘陵、平原、河流、滩涂和海洋各种地形兼有的复杂地貌。西北部山脉高亢，中部平原宽阔，东南部丘岗异突，濒临大海，地势自西北向东南倾斜。中部系滨海沉积、河流冲积平原地带，地势平坦，河溪交错，偶有孤丘、低丘，土地肥沃。东南部地势较中部稍高，属台地、丘陵地带，坡度为 15°～25°，山峰均处海拔 300～500 米。东南濒临南海，海岸线蜿蜒曲折，环抱县境之半，沿岸滩涂广阔。自西北至东南整个地貌状似马鞍形。

· 气候

海丰湿地地处北回归线南缘，属南亚热带季风气候区，海洋性气候明显，光、热、水资源丰富。全年可照时数达到 4420.4 小时，实照时数年平均为 1900～2100 小时，占可照时数的 44%～48%，年平均温度为 22℃，无霜期为 360 天，年均降水量为 2382 毫米。海丰湿地风的季节性变换明显，主导趋势是冬半年盛行东北风，夏半年盛行西南风。

· 水文

海丰湿地境内主要河流为黄江河，流经海丰 16 个乡镇场，在马宫盐屿注入红海湾，全长 67 公里。根据以蓄为主、蓄泄兼施的方针，到 1998 年黄江河已建成大、中型水库6 座，共控制集雨面积 501 平方公里，占流域面积的 36.9%。中下游已进行了三河归一整治，并建成防潮大闸，使大面积的灌溉、防洪（潮）基本达到省定标准，且为海丰县城供水水源奠定可靠基础。湿地内有长沙湾、高螺湾、九龙湾三大海湾。

• 土壤

海丰湿地所属海丰县土壤有 10 个土类，15 个亚类，38 个土属，64 个土种。其中水稻土土种 33 个，旱地土土种 8 个，自然土土种 23 个。

土壤水平分布大致为海滩土→草滩土或泥滩土→滨海盐土→咸田土→咸酸田土→反酸田土→油格田土→海黏土田土→泥田壤黏土。

土壤母质主要为水稻土壤、旱地土壤和自然土壤。

• 植被

按照《中国植被》对植被型（全国共 30 个，含人工植被）的划分，海丰湿地具有常绿阔叶林（黄樟群系、台湾相思群系、黑荆群系）、常绿与落叶阔叶混交林（苦楝＋土蜜树群系）、暖性针叶林（马尾松群系）、竹林、常绿阔叶灌丛、灌草丛、沼泽和水生植被（水葱群系、卡开芦群系和短叶茳芏群系等）、红树林（卤蕨群系、老鼠簕群系、桐花树群系、海漆群系、白骨壤群系）以及人工植被（木麻黄群系、湿地松群系、荔枝群系、大叶桉群系和柠檬桉群系）9 种植被类型。

海丰湿地共有野生维管植物 110 科 310 属 435 种（含种下分类单位，下同），占广东省野生维管植物 5933 种的 7.33%。其中，蕨类植物 16 科 23 属 32 种；裸子植物 2 科 2 属 2 种；被子植物 92 科 285 属 401 种。海丰湿地的国家重点保护野生植物有 1 种，即樟树。野生龙眼被列入《中国植物红皮书》。

公平水库湿地植物主要有芒萁、大芒、桃金娘、野牡丹、算盘子等。湿地中草本植物主要有日照飘拂草、长穗画眉草等群落，以及菊科的一点红。以上物种和群落在湿地中起到去污和为湿地动物，特别是为鸟类提供食物和隐蔽场所的功能。

大湖和东关联安围湿地中生长着芦苇、咸水草飘忽草等群落，甚至有残存的红树林植物秋茄、老鼠簕等群落。岸边有盐地鼠尾草、鬣刺、裂叶红薯、香附子等红树林伴生植物。以上物种和群落是湿地生态系统中的典型物种和群落，在水土保持、去污、稳定湿地生态系统中起到重要作用。

• 动物

海丰湿地内主要动物为鸟类，据多年调查综合，有鸟类 17 目 53 科 246 种。其中国家 I 级保护野生鸟类 1 种，即黑鹳；国家 II 级保护野生鸟类 36 种，如海鸬鹚、黑脸琵鹭、卷羽鹈鹕、小青脚鹬、鹊鹞、白头鹞、灰背隼等；有全球重要意义的凤头鹈鹕 300 多只；广东新记录紫水鸡 20 多只；受中日候鸟保护协定保护的候鸟 107 种、中澳候鸟保护协定保护的鸟类 47 种。此外，还有爬行动物、两栖动物 7 目 18 科 51 种，其中稀有动物有四眼水龟、鳖、南草蜥等。

大湖区位于螺河下游及褐石湾内侧交汇处，目前主要为水产养殖区。据调查，该区河口水网地带栖息的鱼类主要为咸淡水种类。鱼类优势种有斑鰶、梭鲻、黄鳍鲷、棘头梅童鱼等。滩涂上常见的鱼类为弹鱼类、中华乌塘鳢、虾虎鱼类等。公平水库经初步调查鱼类有 41 种，隶属于 7 目 23 科。水域中鱼类主要经济种类为鲢、鳙、草、鲤、鲫等。一些洄游型鱼类，如鳗鲡在水库中也有发现。

4）社会经济状况

海丰湿地的公平区位于海丰县北部重镇公平镇、平东镇和黄羌镇内，东关联安围区地处海丰县西南部黄江河入海口和长沙湾，分别属联安镇、府城镇、梅陇镇和梅陇农场管辖，大湖区则位于海丰县的东南部重镇大湖镇、赤坑镇内，地处螺河入海口和碣石湾。

湿地周边共有 10 个镇（场）25 个村（居）委会，共有居民 2312 户、11 319 人，其中公平区 8 个村（居）委会、395 户、2101 人，东关联安围区 6 个村（居）委会、521 户、3002 人，大湖区 11 个村（居）委会、1396 户、6216 人。湿地内公平区有 30 户 165 人，东关联安围区涉及 1 个自然村，38 户、183 人，大湖区 757 户、4329 人。以上人口都居住在湿地的实验区内，核心区和缓冲区无居民居住。

公平区周边居民以传统农业为主，现发展服装制造业；东关联安围区和大湖区周边居民主要经济来源为种养业，湿地周边居民经济来源以农业和水产养殖为主，其中水产养殖比例高达 75％以上。

5）湿地受到的干扰

海丰湿地受到的干扰主要为人为因素，包括四个方面：第一，经济发展与保护的矛盾仍十分突出，一些重要建设项目会侵占、影响或破坏湿地资源。第二，由于湿地内人口不断增加，进而导致湿地资源被掠夺式开发，自然环境承载力加大，湿地承担的社会压力逐年增加。第三，由于围海造田、水产养殖等影响和高速公路的建设和运营，沿海湿地利用状态发生改变。第四，周边海水潜在污染源存在，如油及重金属污染、各种生活垃圾。

2. 评价结果

1）湿地健康

· 健康状况

广东海丰国际重要湿地综合健康指数为 6.41，健康等级为"中"。湿地健康状况表现为湿地水环境处于较好水平，湿地面积基本保持稳定，土壤污染程度较低，生物多样性较高，生态系统目前较为稳定，周边居民湿地保护意识一般，野生动物栖息地指数较低，因人口密集、人为干扰较强，对湿地健康水平具有一定影响（表 4-49）。

· 结果分析

A. 湿地水质较好

湿地地表水属Ⅱ类水，水质较好，适宜各种动植物的繁衍栖息，以及水产养殖生产的进行。

B. 湿地面积稳定

通过对比海丰湿地 2013 年和 2014 年两期卫星影像，发现湿地动态变化小，湿地面积基本保持稳定。

表 4-49　广东海丰国际重要湿地生态系统健康评价结果

评价指标		指标值		指标权重	综合健康指数
一级指标	二级指标	原始值	归一化值		
水环境指标	地表水水质	Ⅱ	8.00	0.124 1	
	水源保证率	—	—	0.000 0	
土壤指标	土壤重金属含量	1.01	8.66	0.160 6	
	土壤 pH	6.85	10.00	0.038 1	
	土壤含水量	29.90	2.99	0.022 6	
生物指标	生物多样性	33.00	3.25	0.242 5	6.41
	外来物种入侵度	0.02	8.89	0.121 3	
景观指标	野生动物栖息地指数	2.60	2.60	0.048 7	
	湿地面积变化率	0.97	9.28	0.127 5	
	土地利用强度	0.36	4.40	0.027 9	
社会指标	人口密度	472	2.14	0.028 8	
	物质生活指数	0.00	0.00	0.012 1	
	湿地保护意识	4.91	4.91	0.045 8	

C. 野生动植物栖息地破碎化程度较高

湿地植被覆盖度较高、景观破碎化程度较高，野生动物栖息地指数为 2.60，表明湿地对野生动植物的承载能力有限。

D. 湿地面临压力加大

湿地周边人口密集，群众湿地保护意识不高，周边工业发展迅速，土地利用强度较高，对湿地的健康和稳定有一定影响，农林牧渔业生产活动频繁，对湿地生态系统干扰强烈。

2) 湿地功能

• 功能状况

广东海丰国际重要湿地综合功能指数为 7.50，功能等级为"好"。按照一级指标，湿地以文化功能为主，其次为调节功能和供给功能，支持功能较弱。按照二级指标，教育与科研功能最为显著，其次为物质生产和气候调节功能，水资源调节功能最弱（表 4-50）。

• 结果分析

A. 科研教育功能突出

海丰湿地生态系统为各类生物的生存、繁衍提供了良好的栖息地，湿地物种的多样性和重要性引起了众多大专院校和科研单位的专家学者前来考察、调研，成为众多学科的科研和实习基地。

B. 调节功能巨大

湿地为海洋型湿地，湿地局地小气候现象十分明显，对水资源调节和阻截沉淀物具有很重要的作用，沿海工业和生活污水进入湿地后，经海中各种生物的处理，变成无毒或营养物质，进入海洋生态系统的物质循环，水质得到净化。

表 4-50　广东海丰国际重要湿地生态系统功能评价结果

评价指标		指标值		指标权重	综合功能指数
一级指标	二级指标	原始值	归一化值		
供给功能	物质生产	9.1%	8.03	0.1510	7.50
调节功能	气候调节	8.89	8.89	0.1123	
	水资源调节	8.33	8.33	0.0562	
	净化水质	8.33	8.33	0.1123	
文化功能	休闲与生态旅游	6.67	6.67	0.1232	
	教育与科研	8.89	8.89	0.2464	
支持功能	保护生物多样性	33.00	4.40	0.1986	

C. 供给功能显著

湿地为周边居民提供了丰富的动植物资源,湿地物质产品年增长率为 9.1%,为海丰县农业、渔业发展做出了较大贡献,其经济和社会效益显著。

D. 生态旅游功能未充分显现

湿地位于南海之滨,海域景观丰富多彩,有"东方夏威夷"美称,但受气候、交通、区位、经济社会发展水平等条件的限制,来此观光旅游的人数较少,生态旅游功能未能充分显现。

3) 湿地价值

· 价值状况

广东海丰国际重要湿地总价值为 5.40 亿元/年,单位面积湿地价值为 7.33 万元/(公顷·年)。其中,间接使用价值最大,为 4.41 亿元/年,占 81.67%;其次为直接使用价值,为 0.65 亿元/年,占 12.04%,选择价值和存在价值较小,分别仅占 3.70% 和 2.59%。按照二级指标,湿地调蓄洪水的价值最大,占总价值的 41.85%;其次为净化去污与环境教育价值,分别占总价值的 34.82% 和 7.23%;休闲娱乐价值最小(表 4-51)。

表 4-51　广东海丰国际重要湿地生态系统价值评价结果　(单位:亿元/年)

评价指标		单项价值	小计	总价值
一级指标	二级指标			
直接使用价值	湿地产品	0.26	0.65	5.40
	休闲娱乐	0.00		
	环境教育	0.39		
间接使用价值	调节大气	0.27	4.41	
	调蓄洪水	2.26		
	净化去污	1.88		
选择价值	生物多样性	0.20	0.20	
存在价值	生存栖息地	0.14	0.14	

·结果分析

A. 湿地面积大，间接使用价值显著

湿地总面积为 7368.12 公顷，广阔的湿地在减少洪水径流、调蓄洪水、净化去污，以及固碳释氧、调节大气等方面发挥了重要作用，间接产生的经济价值显著。

B. 湿地资源丰富，直接利用价值高

湿地不仅为区域社会提供了丰富、优质的水资源，也为当地群众提供了丰富的农林牧渔业产出；独特的湿地自然景观、良好的生态环境也是人们休闲娱乐、生态旅游、环境教育和科学研究的良好场所。

C. 生物多样性价值偏低

湿地独特的自然环境为各类生物的生存、繁衍提供了丰富的食物资源，以及优良的迁移、栖息及繁殖条件，但湿地生物多样性价值及生存栖息地价值在湿地生态系统总价值中比重较低，分别仅占总共价值的 3.70% 和 2.59%。

4）总体评价

广东海丰国际重要湿地生态系统健康等级为"中"，功能等级为"好"，湿地生态系统总价值为 5.40 亿元/年，单位面积湿地价值为 7.33 万元/(公顷·年)。该湿地水环境处于较好水平，湿地面积基本保持稳定，土壤污染程度较低，生物多样性较高，生态系统目前较为稳定；但因人口密集、人为干扰较强，对湿地健康水平造成一定影响。湿地以文化功能为主，以调节功能和供给功能为辅，支持功能较弱。湿地间接使用价值显著，直接使用价值巨大。

3. 存在问题及建议

1）存在问题

A. 经济发展与湿地保护的矛盾突出

由于围海造田、水产养殖和高速公路的建设和运营，造成湿地生态特征发生改变。水产养殖使红树林面积大大缩小，围海造田则导致湿地资源被掠夺式开发，高速公路建设对原有的湿地造成一定的不可逆的破坏，经济发展与湿地保护的矛盾仍十分突出，一些重要建设项目会侵占、影响或破坏湿地资源。

B. 湿地基础设施建设不完善

湿地所在的广东海丰鸟类自然保护区投入了大量的人力、物力和财力来改善湿地及其周边环境，但由于经济基础较薄弱，基础条件较差，湿地内的基础设施有待于进一步完善。

C. 湿地生态旅游价值有待挖掘

目前，湿地内旅游人数较少，游览设施还不完善，并且缺乏旅游人数和旅游收入的相关统计，湿地的旅游价值无从考证。以生态旅游促进湿地资源保护具有广阔的前景，因此海丰湿地的旅游价值应当进一步被挖掘。

2）建议

A. 提高管理经营水平

指导居民更加科学合理地从事生产活动，避免破坏性地掠取湿地资源。加强湿地监管，加大执法力度，采取必要的生态补偿，杜绝过渡捕捞、挖掘现象，以降低对湿地生态系统的人为干扰强度，实施必要的生态修复工程，加快退化湿地恢复。

B. 加强基础建设投资

积极争取中央及地方政府对湿地的补贴资金，加强湿地的基础设施建设，并在现有的基础上，开展科普生态旅游，通过招商引资的办法，吸引投资者前来投资，拓宽基础设施建设的资金来源。

C. 合理发展生态旅游

海丰湿地有大量的珍稀野生动物，应积极探索湿地保护和利用方式，把观赏鸟类、海景观光及湿地保护宣传有机结合在一起，形成以生态旅游开发带动湿地资源保护的良好模式，实现湿地保护和旅游发展的互动双赢，增强湿地在生态旅游、环境教育方面的功能和价值。

4.2.18　广东惠东港口海龟国际重要湿地

1. 基本情况

1）位置与范围

广东惠东港口海龟国际重要湿地（见书后彩图 18）位于广东省惠州市惠东县港口滨海旅游度假区内。其陆地范围：以老虎坑（北纬 22°33′20″，东经 114°54′33″）至白鹤洲（北纬 22°33′15″，东经 114°52′50″）的山脊线为界向海面山岗坡地；海域范围：东至大星山老虎坑以南（北纬 22°31′15″，东经 114°56′00″）属红海湾、西至贼澳白鹤洲南（北纬 22°31′00″，东经 114°52′10″）属大亚湾，向外延伸的直线距离岸边约 4 公里的海域。

惠东港口湿地为滨海-海岸类型，湿地总面积为 1800 公顷（Landsat 8 TM 2014 年 6 月 2 日遥感影像反演）。

2）历史沿革

1985 年 6 月，广东省将惠东县港口镇的海龟湾划定为海龟自然保护区；1986 年 12 月，经广东省人民政府批准升级为省级保护区；1992 年 10 月，海龟保护区经国务院批准升格为国家级自然保护区；2002 年 1 月，惠东港口湿地被列入国际重要湿地名录。

3）自然状况

· 地质地貌

惠东港口湿地地处大陆边缘，属沉降山地弱谷湾。陆地为花岗岩丘陵山地，呈东西走向的不规则半月形。东部是以花岗岩为主形成的荒山。海岸以花岗岩为主，在海浪的冲蚀下，形成了千姿百态的海蚀地貌，平均海拔约为 25 米，最高为 120 米，最低为 −6 米，海拔高度差为 126 米。

· 气候

惠东港口湿地气候属南亚热带海洋性气候；全年基本无霜冻，年平均无霜期为 335 天，终年气温较高，长夏无冬，年平均气温为 22.3℃，最高气温出现在 6～9 月，变化幅度为 32～37℃，温差为 5.6℃，平均最高气温为 34.5℃，年平均最低气温为 4.5℃。全年雨量充沛，年降水量高达 1899 毫米，大部分集中在 4～9 月。

· 水文

惠东港口湿地内无珠江水系和粤东水系等惠东县的内陆水系，除有人工开发的小型淡水湖（蓄水小水库）外，仅有两条雨季成河的间歇性小溪。一条位于湿地西南，流经海龟湾沙滩东缘入海；另一条位于湿地的东南角，经由大星山东切割的深谷（石龙湾）入海。

海区为半坦的沙质海底，水深为 5～15 米，夏秋两季水温为 22～28℃，盐度为 30‰左右，水质清澈，为海水 I 类水质，透明度达 5 米。海龟产卵沙滩长约 1100 米，宽幅随着四季海流变化而在 60～140 米变动，沙质松软、细腻而洁净，沙层最深处近 10 米，极适宜海龟上岸产卵繁殖。

· 土壤

惠东港口湿地的自然土壤主要有赤红壤和石质土，以赤红壤为主。成土母质为花岗岩，其成土过程与黄、红壤相似，有机质含量低，表土层很薄。产卵场沙滩砂质构成以砂（粒径为 0.063～2 毫米）为主，所占质量百分数达 90.16%，其次是砾（粒径为 2～8 毫米），占 9.84%，砂质类型属粗砂型。

· 植被

具不完全统计，惠东港口湿地范围内野生维管束植物种数有 409 种。植被类型总体呈现出热带植被的特色，并有从热带向亚热带过渡的性质。自然植被可划分为针阔叶混交林、海岸半红树林、灌丛、滨海沙生植被、人工植被等几种类型。

惠东港口湿地有海岸半红树林、滨海沙生、海洋藻类 3 种湿地植被类型。

滨海沙生植被：生长在沙滩与陆地土壤交错带的特殊位置，主要植物种类有露兜簕、苦郎树、仙人掌、马缨丹、单叶蔓荆、厚藤、无根藤、狗牙根、白茅等。

海岸半红树林：地处低洼，水肥条件良好，长势旺盛，主要植物种类有黄槿＋露兜簕群落，因是湿地中层次较为丰富、功能较为完善的区域，这些将为海龟上岸产卵繁殖提供了必要的自然环境条件。

海洋藻类：海域礁岩海岸下有马尾藻、紫菜、石莼等。

陆域重要植物种类有马尾松、台湾相思、露兜簕、木麻黄、桃金娘、刺葵等。

· 植物

惠东港口湿地野生维管束植物种数有 409 种，主要植物种类有露兜簕、苦郎树、仙人掌、马缨丹、单叶蔓荆、厚藤、无根藤、狗牙根、白茅、黄槿、露兜簕等，其中以白茅、黄槿和露兜簕为主要湿地植被建群种。

·动物

据不完全调查，惠东港口湿地海域记录有 1300 多种海洋生物，其中浮游植物 240 多种，浮游动物 300 多种、鱼类 400 多种、贝类 200 多种、甲壳类 100 多种、棘皮类 60 多种、藻类 30 多种，绝大多数具有较高的经济价值，其中属于稀有、濒危物种的有海龟、灰海豚、文昌鱼等，均为国家 II 级保护野生动物；名贵水产种苗和幼体有石斑鱼类、龙虾、海参、鲍鱼、马氏珠母贝等；此外，还有多种贝类、甲壳类是特有种类。

陆生动物目前尚无完整记录，部分数据显示，野生高等动物共 112 种，目前记录的有哺乳纲 3 目 4 科 4 种、鸟纲 8 目 19 科 87 种、爬行纲 4 目 4 科 15 种、两栖纲 1 目 4 科 6 种。其中，缅蟒为国家 I 级保护野生动物；岩鹭、褐翅鸦鹃为稀有、濒危物种，属国家 II 级保护野生动物；虎纹蛙也为国家 II 级保护野生动物；黄胸鹀于 2013 年被世界自然保护联盟（IUCN）列为濒危物种；其余绝大部分鸟类、两栖类和爬行类动物均为国家"三有"保护动物。

湿地海域记录有 1300 多种海洋生物，附近海域常年生活着 5 种海龟：绿海龟、蠵龟、太平洋丽龟、玳瑁和棱皮龟。其中，玳瑁和棱皮龟都属于 IUCN 中极度濒危（CR）物种，其他三种属濒危（EN）物种。惠东港口湿地自古以来就是海龟产卵繁殖的场所，是保护濒危的海龟物种资源及其产卵繁殖的栖息地。

4）社会经济状况

惠东港口湿地位于广东省惠州市惠东县港口滨海旅游度假区内。惠东为广东省惠州市辖县，东连汕尾市海丰县，北靠河源市紫金县，西接惠阳区，南临南海的大亚湾和红海湾，陆地总面积为 3535.17 平方公里，海岸线为 171.8 公里。常住人口约为 120 万人。2013 年惠东县实现 GDP 383.3 亿元，人均 GDP 为 4.2 万元，农民人均纯收入为 13 730 元。

惠东港口海龟国际重要湿地所在地属惠东县渔业发展区范围，附近既没有农田，也没有经济作物，与大亚湾水产资源保护区毗邻，是天然的水产种质资源保护区，也是众多优质水产资源的天然繁殖场所。湿地邻近海域是传统的渔业作业水域，作业渔船较多。

5）湿地受到的干扰

惠东港口湿地受到的干扰主要包括自然和人为两个方面。自然干扰表现如下：一是因为湿地陆域本身的山地属性。有些地段岩石和土壤裸露，而暴雨、台风等亚热带气候所特有的天气灾害频发，树木成片折断甚至连根拔起的现象时有发生，局部水土流失的现象也较为普遍。二是入侵物种造成的危害。单叶蔓荆、蟛蜞菊、马缨丹将众多的本地植被排挤出原来的生境，给海龟的产卵造成不利影响。人为干扰主要是涉海工程建设、传统渔业，以及周边地区发展会对该海域生态环境造成影响，使海龟的栖息环境退化。

2. 评价结果

1）湿地健康

·健康状况

广东惠东港口海龟国际重要湿地健康指数为 6.10，健康级别为"中"。湿地健康状况表现为湿地面积稳定，海水水质良好，土壤无污染，外来入侵物种侵害程度较低；但生物多样性水平较低，周边人口密度较高，且游客及居民湿地保护意识一般，人类对湿地干扰较为强烈，对湿地生态系统健康构成一定程度的威胁（表 4-52）。

表 4-52　广东惠东港口海龟国际重要湿地生态系统健康评价结果

评价指标		指标值		指标权重	综合健康指数
一级指标	二级指标	原始值	归一化值		
水环境指标	地表水水质	I	10.00	0.1341	6.10
	水源保证率	—	—	0.0000	
土壤指标	土壤重金属含量	0.65	10.00	0.1606	
	土壤 pH	7.64	6.80	0.0381	
	土壤含水量	11.85	10.00	0.0226	
生物指标	生物多样性	17.17	0.00	0.2425	
	外来物种入侵度	0.05	6.25	0.1213	
景观指标	野生动物栖息地指数	2.60	2.60	0.0487	
	湿地面积变化率	1.00	10.00	0.1275	
	土地利用强度	0.00	9.98	0.0279	
社会指标	人口密度	339.00	4.35	0.0288	
	物质生活指数	0.00	0.00	0.0121	
	湿地保护意识	4.48	4.48	0.0458	

·结果分析

A. 湿地水质良好

湿地环境优越，海水水质为海水 I 类，为海龟的繁殖产卵创造了有利条件，并适宜各种生物的繁衍栖息，以及水产养殖生产的进行。

B. 湿地面积稳定

经对比 2013 年和 2014 年两期 TM 影像，发现广东惠东港口海龟国际重要湿地保持稳定，湿地面积尚未发生变化，有利于湿地生态系统的健康。

C. 土壤重金属含量低

土壤重金属内梅罗综合污染指数（P_N）为 0.65，各指标均低于土壤环境质量一级标准，表明惠东港口海龟国际重要湿地土壤未受到污染。另外，pH 平均为 7.64，由于其为近海与海岸湿地，土壤偏碱性，主要适宜海洋性生物栖息。

　　D. 外来物种入侵度较低

　　对比《中国外来入侵物种名单（第一到第三批）》（中华人民共和国环境保护部、中国科学院公布），惠东港口海龟国际重要湿地外来入侵种主要有叶蔓荆、马缨丹、蟛蜞菊。

　　E. 野生动物栖息地指数低

　　惠东港口湿地斑块较适合濒危海龟物种的产卵繁殖及栖息，但有效湿地斑块面积较小且植被覆盖度很低，植被仅零星分布于海岸，不利于其他动植物的栖息和繁衍。

　　F. 湿地面临压力增大

　　惠东县常住人口约 120 万人，人口密度为 339 人/平方公里，且每年接待游客数量庞大，对湿地生态系统干扰强烈，另外居民湿地保护意识有待加强。

2）湿地功能

·功能状况

　　广东惠东港口海龟国际重要湿地综合功能指数为 7.42，功能级别为"好"。按照一级指标，湿地以文化功能为主，其次为供给功能和支持功能，调节功能较弱。按照二级指标，教育科研功能最为显著，其次为休闲与生态旅游和净化水质功能，保护生物多样性功能最弱（表 4-53）。

表 4-53　广东惠东港口海龟国际重要湿地生态系统功能评价结果

评价指标		指标值		指标权重	综合功能指数
一级指标	二级指标	原始值	归一化值		
供给功能	物质生产	0	5.00	0.1510	7.42
调节功能	气候调节	9.30	9.30	0.1123	
	水资源调节	9.50	9.50	0.0562	
	净化水质	10.00	10.00	0.1123	
文化功能	休闲与生态旅游	9.20	9.20	0.1232	
	教育与科研	9.50	9.50	0.2464	
支持功能	保护生物多样性	17.17	2.50	0.1986	

·结果分析

　　A. 文化功能巨大

　　惠东港口湿地是目前中国大陆 18 340 公里海岸线已记录的、唯一尚有成批上岸的海龟产卵场，而且是全球大陆架上唯一的海龟自然保护区，也是唯一与人类最接近、实现人与自然和谐相处的自然保护区，堪称"中国一绝"。目前，其已成为中国少年儿童手拉手地球村活动营地、全国科普教育基地、广东省科普教育基地，以及广东省青少年科技教育基地。

　　B. 供给功能较弱

　　惠东港口湿地是目前中国大陆唯一尚有成批海龟上岸的产卵场，对国际濒危野生动物海龟的种质资源多样性的保存和延续具有非凡的意义，但其物质生产功能较弱。

C. 支持功能未能充分显现

惠东港口湿地在保护海龟及栖息地的同时也保护了灰海豚、文昌鱼等其他国家Ⅱ级保护野生动物,由于海洋湿地生态系统的特点,生物多样性指数虽低,但其发挥了重要的保护生物多样性的功能。

3) 湿地价值

· 价值状况

广东惠东港口海龟国际重要湿地总价值为 2.98 亿元/年,单位面积湿地价值为 16.56 万元/(公顷·年)。在湿地生态系统的各项价值中,间接使用价值最大,达 1.80 亿元/年,占总价值的 60.40%,湿地在调节大气、调蓄洪水、净化去污方面具有重大价值;其次为直接使用价值 1.10 亿元/年,占总价值的 36.91%;再次为选择价值 0.05 亿元/年,占总价值的 1.68%;最后为存在价值 0.03 亿元/年,占总价值的 1.01%(表 4-54)。

表 4-54 广东惠东港口海龟国际重要湿地生态系统价值评价结果

(单位:亿元/年)

评价指标		单项价值	小计	总价值
一级指标	二级指标			
直接使用价值	湿地产品	0.70	1.10	2.98
	休闲娱乐	0.30		
	环境教育	0.10		
间接使用价值	调节大气	0.13	1.80	
	调蓄洪水	1.21		
	净化去污	0.46		
选择价值	生物多样性	0.05	0.05	
存在价值	生存栖息地	0.03	0.03	

· 结果分析

A. 间接使用价值显著

该湿地在调节大气、调蓄洪水,以及净化去污等方面发挥了重要作用,间接产生的经济价值显著。

B. 湿地资源丰富,直接利用价值高

湿地为周边提供了丰富的渔业产品和物质产出,同时由于湿地景观特色鲜明,成为人们休闲娱乐、生态旅游、环境教育和科学研究的良好场所。

C. 生物多样性价值偏低

由于海洋湿地生态系统的特点,生物多样性指数虽低,但作为海龟自然繁衍的栖息地和避难所,其发挥了重要的保护生物多样性的功能,有效地保护和维持湿地生态系统的完整性、稳定性和连续性。

4）总体评价

广东惠东港口海龟国际重要湿地生态系统健康级别为"中"，功能级别为"好"，湿地生态系统总价值为 2.98 亿元/年，单位面积湿地价值 16.56 万元/（公顷·年）。湿地内海水水质良好，土壤无污染，外来入侵物种侵害程度较低，湿地面积保持稳定，对保持生态系统长期健康具有重要作用。湿地在调节功能、文化功能方面发挥了较强的作用，作为保护濒危物种海龟及其栖息地的特定区域，其在生态旅游和科学研究、生态教育方面具有重要作用。

3. 存在问题及建议

1）存在问题

A. 人类活动对湿地生态造成干扰，湿地保护意识不高

2013 年，惠东县常住人口约 120 万人，人口密度为 339 人/平方公里，且每年接待游客数量庞大，对湿地生态系统干扰强烈。通过对湿地周边居民和游客的调查发现，他们湿地保护意识不强，另外惠东港口湿地邻近海域是传统的渔业作业水域，作业渔船较多。过度捕捞不但导致了渔业资源的衰退，影响了海龟在该海域的正常觅食，因底拖网、近岸海域的流刺网和长袖定置网作业等还会影响海龟的洄游，导致误捕海龟，甚至造成海龟缠网伤亡。

B. 周边工业企业对湿地生态造成危害

工业区的建设使稔平半岛的环境受到威胁，对海洋水质的污染是首当其冲的问题，海水质量的好坏将直接影响海龟的生存环境。近几年的研究发现，海龟的发病率呈现增高趋势，孵化率也有所降低，这与海洋污染和作为海龟食物的海藻数量变化都有关系。

C. 入侵物种对湿地生态带来影响

湿地内还存在一些对生态环境有不利影响的入侵物种：一是沙生植物区中的植物单叶蔓荆给海龟的产卵造成不利影响；二是原产于热带美洲的菊科多年生蔓生匍匐草本植物蟛蜞菊将众多的本地植物排挤出原来的生境；三是原产于巴西的马鞭草科常绿灌木马缨丹，已成为恶性杂"草"，破坏森林资源和环境生态系统，目前尚没有造成严重的危害，但也要引起相应重视。

2）建议

A. 采取生态补偿，提高周边居民湿地保护意识

不断加强湿地宣传工作，在国际重要湿地周边浴场、旅游设施附近设置宣传牌、警示牌，引导居民游客保护湿地环境和植被；同时，增加海龟保护知识科普活动，增强群众对湿地及海龟的保护意识。与周边居民的关系是影响湿地健康发展的一个重要因素，与周边居民和谐相处，采取必要的生态补偿，激发他们的保护热情，引起他们对海龟保护的重视，从而有利于开展各项湿地保护工作。

B. 加强对周边企业监管力度，严格保护湿地生态环境

惠东港口海龟国际重要湿地是南海北部大陆沿岸唯一的海龟产卵场，它的建立对保护和恢复海龟种群具有重要意义。而周边石化企业的发展对其生态环境已经造成了严重影响，改变了珍稀海洋动物的繁衍生息生态规律，长此以往，珍稀海龟将失去栖息地。因此，应该加强对排污口水质的监测力度，同时严格控制惠州石化区的大炼油、大乙烯项目的规模。

C. 对原有湿地植物加强保护，定期清除外来入侵物种

充分意识到外来入侵物种危害的严重性和防治外来入侵物种，对于保护生物多样性、维护生态环境具有重大意义。在做好外来入侵物种调查的基础上，要制定外来入侵物种防治计划，有目的、有组织地开展防治工作。对于已建立种群的外来入侵物种，应当制定切实可行的方案，采取生物防治、低污染化学防治、物理防治、生态替代、合理利用等综合防治措施予以清除；对于暂时无法清除的外来入侵物种，应当采取措施，将其控制在一定的范围内，防止其传播和蔓延。另外，还要加强该湿地的环境管理工作，增加资金支持力度，防止外来入侵物种的有意或无意传入。

D. 加强海龟国际重要湿地保护队伍建设

建议拓宽海龟救护及科研资金来源的渠道，增加人员外出培训的机会，扩大国内外重要湿地的科学技术交流，积极促进海龟保护的国际合作步伐，建立一支政治过硬、知识面宽广、专业能力强的海龟湿地保护队伍。

4.2.19　广东湛江红树林国际重要湿地

1. 基本情况

1）位置与范围

广东湛江红树林国际重要湿地（见书后彩图 19）位于中国大陆最南端，广东省雷州半岛沿海滩涂，跨徐闻县、雷州市、遂溪县、廉江市、吴川市 5 县市，以及麻章、坡头、东海、霞山 4 区，呈带状分布且极为分散。地理坐标为东经 109°40′～110°35′，北纬 20°14′～21°35′ 的沿海地带。

广东湛江红树林国际重要湿地是典型的以保护红树林生态系统为目标的滨海-海岸类型湿地，湿地总面积为 20 278.80 公顷（2014 年 5 月 14 日的 Landsat 8 TM 遥感影像解译）。各湿地类型中，红树林成林地为 9200 公顷，占湿地面积的 45.4%；潮间带泥滩为 7792 公顷，占湿地面积的 38.4%；滨海水域为 3286.8 公顷，占湿地面积的 16.2%。

2）历史沿革

1990 年经广东省政府批准建立了湛江红树林省级自然保护区；1995 年通过国家级自然保护区专家评审，并由广东省政府上报国务院审批；2002 年湛江红树林湿地被列入国际重要湿地名录。

3）自然状况

· 地质地貌

湛江红树林国际重要湿地所在的雷州半岛海岸滩涂平缓而开阔，潮沟密布交错。海岸线弯曲复杂，近海岛屿众多，除半岛南端海岸较崎岖外，东西两面及邻近海岛的海岸均为坡度很小的海滩。成土母质是玄武岩、页岩和近代沉积物。

· 气候

湛江红树林湿地属北热带和南亚热带季风气候区。受季风气候影响强烈，气温高，年平均最高气温为28℃，年平均最低温度为13～16℃。冬季无霜或仅有轻霜，终年日平均气温都在10℃以上，最冷月的平均气温高于15℃。年平均水温为25～27℃，2月在20℃左右，年较差为8℃。由于水温的年较差小，低温极限较高，且不随气温的急剧升降而发生相应变化，由此构成了湛江红树林生长的先决条件之一。

· 水文

湛江红树林湿地涉及的河流有22条，其中集雨面积1 000平方公里以上的河流有3条，即为鉴江、九洲江和南渡河。集雨面积在100平方公里以上的河流主要有高桥河、江背河等。在河流出海口处形成纵横曲折的大小港湾107处。根据监测结果，湿地大部分海水达到Ⅱ类海水水质标准。

· 土壤

湛江红树林湿地陆地上形成了典型的砖红壤性红土，厚约1～1.5米，pH为5～6，有机质丰富。在沿海红树林，除部分较坚实的盐渍沙质壤土外，其余河口和港湾为沉积的沼泽盐渍土。受腐殖酸影响，其pH为3.5～7.0。红树林沼泽的土壤多为浅海沉积、潮汐及河流搬运的堆积物在红树林生长作用下逐渐发育形成的盐渍沼泽土。

· 植被

湛江红树林湿地的天然植被主要为红树林，红树林面积占中国红树林面积的32%，是热带亚热带植被类型的典型代表，是中国红树林生态系统的重要组成部分。其生物多样性极其丰富，有红树林植物15科24种，主要红树林植物有红海榄、木榄、秋茄、白骨壤和桐花等群落。其中，优势群落是红海榄、桐花和白骨壤群落。分布特点是木榄、红海榄分布在潮位高、靠岸处，白骨壤、秋茄和桐花相对分布在潮位低处，靠海前沿。红树林生长茂密，具有庞大的支持根、呼吸根，还有形态各异的胎生胚轴，是红树林适应特殊生态环境下的独特特征。

· 动物

湛江红树林湿地有鸟类194种，其中国家Ⅱ级保护野生鸟类25种，如黑翅鸢、鹗等；IUCN濒危物种1种，即黑脸琵鹭，易危物种2种，即黄嘴白鹭、黑嘴鸥。有重要经济价值的鱼类32种，有重要经济价值的贝类28种，其中皱肋文蛤和鼬耳螺在中国大陆沿海是首次记录。湿地滩涂上有丰富的红树林凋零物，为林内的海生动物提供了良好的食物和生境。滩涂是潮间带泥滩，栖居有大量的弹涂鱼等底栖鱼类，同时也有泥蚶等软体动物，经济价值极高，是红脚鹬等涉禽鸟类的食物来源，也是周边居民收入的重要来源。

4）社会经济状况

湛江红树林湿地所处的湛江市位于中国大陆最南端雷州半岛，地处广东、广西、海南3省区的交汇地带。总面积为12 490平方公里，2013年年末，全市常住人口为716.71万人，其中，城镇人口为280.23万人，乡村人口为436.48万人。据统计，2013年湛江市全年实现生产总值2060.01亿元，全年市区居民人均可支配收入为22 371.40元，增长10.6%；农村居民人均纯收入为10 689元，增长11.8%。全年完成农林牧渔业总产值664.19亿元，比上年增长6.3%。

湿地内没有居民，周边乡镇居民的经济主要来源于种植业、渔业、养殖业及少量林果、蔬菜生产。近年来，红树林湿地成为旅游的新亮点，即使湿地内尚未开展旅游，但2008～2013年，每年有近6万的游客自发到湛江红树林湿地游览、观光，环保、教育部门也把湛江红树林湿地作为环保和科普教育基地。

5）湿地受到的干扰

湛江红树林湿地受到的干扰主要包括自然和人为两个方面。自然干扰表现为外来种无瓣海桑自然繁殖，以及外来入侵种互花米草在湿地内扩张，这两者都会挤占本地物种的生存空间。人为干扰主要是周边社区居民的经济活动对湿地环境构成一定的威胁。另外，湿地生态面临过度开发的潜在威胁，对红树林生长造成影响。

2. 评价结果

1）湿地健康

·健康状况

广东湛江红树林国际重要湿地生态系统综合健康指数为6.39，健康级别为"中"。湿地健康状况表现为海水水质良好，土壤污染程度较低，外来入侵物种较少，湿地面积保持稳定，这对保持生态系统长期健康具有重要作用。但生物多样性水平较低，周边人口密度较高，人类对湿地干扰较为强烈，这对湿地健康水平具有一定影响（表4-55）。

·结果分析

A. 湿地水质良好

根据水质年度监测数据，湛江红树林国际重要湿地海水水质基本为海水Ⅱ类水质，表明其湿地水质较好，适宜各种生物繁衍栖息，以及水产养殖的进行。

B. 土壤重金属含量低

土壤重金属内梅罗指数（P_N）为1.24，各指标中镉、铅略高于《土壤环境质量标准》（GB15618—2008）一级标准，其余铬、铜、锌低于土壤一级标准，表明湛江红树林国际重要湿地土壤受污染程度较低。

C. 生物多样性指数较低

湛江红树林国际重要湿地有鸟类194种，其中国家Ⅱ级保护野生鸟类25种，IUCN濒危物种1种；有重要经济价值的鱼类32种，有重要经济价值的贝类28种，有红树林

表 4-55　广东湛江红树林国际重要湿地生态系统健康评价结果

评价指标		指标值		指标权重	综合健康指数
一级指标	二级指标	原始值	归一化值		
水环境指标	地表水水质	Ⅱ	8.00	0.124 1	
	水源保证率	—	—	0.000 0	
土壤指标	土壤重金属含量	1.24	7.65	0.160 6	
	土壤 pH	6.58	10.00	0.038 1	
	土壤含水量	28.21	10.00	0.022 6	
生物指标	生物多样性	26.79	1.70	0.242 5	6.39
	外来物种入侵度	0.01	9.10	0.121 3	
景观指标	野生动物栖息地指数	4.80	4.80	0.048 7	
	湿地面积变化率	1.00	10.00	0.127 5	
	土地利用强度	0.00	9.96	0.027 9	
社会指标	人口密度	574.00	0.43	0.028 8	
	物质生活指数	0.00	0.00	0.012 1	
	湿地保护意识	5.34	5.34	0.045 8	

植物 15 科 24 种，但总体上生物多样性指数较低。

D. 野生动物栖息地指数较低

湛江红树林国际重要湿地斑块完整，适合红树林群落的生长，湿地滩涂上有丰富的红树林凋零物，但有效湿地斑块面积较小且植被覆盖度很低，植被仅分布于海岸，不利于其他动植物的栖息和繁衍。

E. 湿地面临压力加大

2013 年，湛江市总人口达到 716.71 万人，人口密度为 574 人/平方公里，且每年接待游客数量庞大，对湿地生态系统干扰强烈，另外居民湿地保护意识有待加强。

2）湿地功能

·功能状况

广东湛江红树林国际重要湿地生态系统综合功能指数为 7.44，功能级别为"好"，表明湿地在供给、调节、文化，以及支持方面发挥了较强的功能。国际重要湿地作为中国最大的红树林湿地，在红树林生态旅游和科学研究、生态教育方面具有重要的作用。同时，红树林湿地生态系统为周边居民提供了得天独厚的海洋资源，清洁的海水、优美的自然环境为生态旅游，以及教育科研的开展奠定了物质基础（表 4-56）。

·结果分析

A. 文化功能巨大

湿地是中国红树林面积最大的红树林湿地，区内物种多样性丰富，是中国南部水鸟与湿地野生动物的重要栖息地、繁衍地，也是往返西伯利亚和澳大利亚候鸟迁徙必经的停歇地。该区域渔业资源丰富，不但是湿地野生动物的乐园，也是观光旅游、品尝美味

表 4-56　广东湛江红树林国际重要湿地生态系统功能评价结果

评价指标		指标值		指标权重	综合功能指数
一级指标	二级指标	原始值	归一化值		
供给功能	物质生产	6.0%	7.00	0.1510	
调节功能	气候调节	8.50	8.50	0.1123	
	水资源调节	8.30	8.30	0.0562	
	净化水质	8.50	8.50	0.1123	7.44
文化功能	休闲与生态旅游	7.70	7.70	0.1232	
	教育与科研	9.20	9.20	0.2464	
支持功能	保护生物多样性	26.79	4.00	0.1986	

海鲜的好去处。2006 年建成了湛江红树林游客中心并对外开放;同年建立了野生动物疫病疫源监测站和沿海防护林监测站两个国家级监测站;2007 年建成了 100 平方米的科研实验室;2008 年举办第八届亚洲湿地文化交流活动;2009 年与厦门大学、香港城市大学合作,在高桥建立红树林生态系统定位研究站;2009~2011 年与亚洲红树林行动项目携手编写适合小学生使用的《雷州半岛神奇的红树林》,免费赠送给周边小学,培训师资 60 多人。2012 年分别启动了米草监测项目与特呈岛红树林生物多样性保护监测项目,在高桥和九龙山红树林小区建立红树林科普小径,并在高桥建立野外宣教点。

B. 调节功能较强

湛江红树林国际重要湿地呈带状分散分布于广东省雷州半岛沿海滩涂,其在气候调节、水资源调节方面起到了重要作用;而红树林复杂的地面根系截留河流及潮汐挟带来的漂浮泥沙及多种物质,吸收和固定于植物体内和林地内,起到净化海洋水质和固土保堤的作用。

C. 保护生物多样性功能较弱

由于海洋湿地生态系统的特点,生物多样性指数虽低,但其发挥了重要的保护生物多样性的功能。

3)湿地价值

· 价值状况

广东湛江红树林国际重要湿地总价值为 13.08 亿元/年,湿地单位面积价值为 6.45 万元/(公顷·年)。在湿地生态系统的各项价值中,湿地的间接使用价值最大,达 9.39 亿元/年,占总价值的 71.79%,湿地在调节大气、调蓄洪水、净化去污方面具有重大价值;其次为直接使用价值 2.77 亿元/年,占总价值的 21.18%;再次为选择价值 0.54 亿元/年,占总价值的 4.13%;最后为存在价值 0.38 亿元/年,占总价值的 2.90%(表 4-57)。

· 结果分析

A. 间接使用价值显著

湿地在调节大气、调蓄洪水,以及净化去污等方面发挥了重要作用,间接产生的经

表 4-57　广东湛江红树林国际重要湿地生态系统价值评价结果

（单位：亿元/年）

评价指标		单项价值	小计	总价值
一级指标	二级指标			
直接使用价值	湿地产品	1.50	2.77	13.08
	休闲娱乐	0.18		
	环境教育	1.09		
间接使用价值	调节大气	1.51	9.39	
	调蓄洪水	2.72		
	净化去污	5.16		
选择价值	生物多样性	0.54	0.54	
存在价值	生存栖息地	0.38	0.38	

济价值显著。

B. 湿地资源丰富，直接利用价值高

湿地提供了丰富的物质产品，另外其环境教育价值较高；虽然湿地内尚未开展旅游，但每年有近 6 万的游客自发到湛江红树林湿地游览、观光，环保、教育部门也把湛江红树林湿地作为环保教育基地和科普教育基地，因此其休闲娱乐价值有很大提升空间。

C. 生物多样性价值偏低

由于海洋湿地生态系统的特点，生物多样性指数虽低，但作为中国最大的红树林湿地，红树林湿地在生物多样性保护和沿海防护方面有重要意义。

4）总体评价

广东湛江红树林国际重要湿地生态系统健康级别为"中"，功能级别为"好"，湿地生态系统总价值为 13.08 亿元/年，单位面积湿地价值为 6.45 万元/（公顷·年）。国际重要湿地内海水水质良好，土壤污染程度较低，外来入侵物种较少，湿地面积保持稳定，对保持生态系统长期健康具有重要作用，在生态旅游和科学研究、生态教育方面也具有重要作用，具有显著的社会、生态和经济价值。

3. 存在问题及建议

1）存在问题

A. 居民湿地保护意识有待提升

根据统计资料，湛江市人口密度达 574 人/平方公里，同时随着中国人民生活水平的不断提高，大量游客蜂拥而至。对广东湛江红树林国际重要湿地周边居民和游客的调查发现，他们湿地保护意识不强，游客乱扔垃圾、危害湿地植被的行为较为普遍；由于忽视红树林的生态效益，红树林被毁，改作农田、养殖地、盐场、甚至建设港口等人为破坏活动时有发生。湿地保护压力主要来自周边群众和村落，他们的环保意识不强，法律意识淡薄，容易受当前的利益驱动非法围垦红树林湿地和破坏生态环境。因此，人类活动对湿地生态系统的干扰是危害湿地健康的主要因素。

B. 湿地生物多样性较低

广东湛江红树林国际重要湿地的保护对象是红树林资源，红树林面积占中国红树林面积的 32%，是中国红树林生态系统的重要组成部分，但总体上生物多样性指数较低，湿地在生物多样性保护方面的功能和价值没有得到很好的体现。

围塘养殖、围海造田、港口建设等活动对湿地造成了一定的破坏，保护区建立后，以上现象逐步得到控制，但周边群众采海活动仍比较频繁，影响红树林生长，局部甚至导致死亡；外来种无瓣海桑自然繁殖，外来入侵种互花米草在湿地扩张，都会挤占本地物种的生存空间。

C. 湿地旅游价值没有得到充分挖掘

2008～2013 年每年有近 6 万的游客自发到湛江红树林湿地游览、观光，环保、教育部门也把湛江红树林湿地作为环保教育基地和科普教育基地，湿地生态旅游具有巨大的市场和潜力。以生态旅游促进湿地资源保护具有广阔前景，广东湛江红树林国际重要湿地的旅游价值应当进一步被挖掘。

2) 建议

A. 加强湿地宣传工作，大力提高群众湿地保护意识

为了切实加强对红树林湿地的保护，有必要深入基层，走村串户，提高社区群众的环境保护意识，灌输相关法律知识，形成知法守法、依法办事的良好局面，充分发挥周边群众在自然资源保护中的积极作用。

B. 解决周边居民生存压力，切实保护红树林湿地状态

红树林呈块状分布，而周边人口密度相对较大。在周边居民的谋生手段中，从红树林及滩涂资源中获得的经济收入在家庭总收入中占有重要位置，包括有滩涂采集、近海捕捞、围塘、滩涂养殖、养蜂采蜜、家禽养殖等，其中滩涂采集和近海捕捞是红树林周边传统的经济活动。提倡发展生态旅游、红树林海鸭养殖、红树林养蜂等，就目前来说，是国内红树林周边社区中较为可行的替代生计，以减少周边社区传统作业所带来的人类干扰和破坏，从而减轻对自然资源使用的压力。

另外，需要完善巡护和监测体系，才能有效地对红树林生境状况和林下生物变化进行监测，以使红树林保护管理工作科学、有效地开展。

C. 合理发展生态旅游，有效提升湿地功能

广东湛江红树林国际重要湿地是中国最大的红树林湿地，奇特的红树林湿地景观构成了湛江红树林独特的风景线，是人们休闲和旅游的好地方，是开展生物学和生态教育的理想课堂，其成为众多学科开展研究和文化教育的综合性基地。

湛江红树林湿地生态系统具有巨大的生态旅游开发潜力。应积极探索湿地保护和利用方式，在优先保护湿地的基础上，红树林湿地的开发也必须体现出自身的经济价值，

并使之融入到当地的社会经济发展中去，努力提高红树林湿地的经济生态地位，这样才能使红树林湿地的开发和保护更具生命力和可持续性。

4.2.20 广西北仑河口国际重要湿地

1. 基本情况

1）位置与范围

广西北仑河口国际重要湿地（见书后彩图 20）位于广西壮族自治区防城港市的防城区和东兴市境内，距东兴市 4 公里。其地理坐标为：北纬 21°31′33″～21°33′30″，东经 108°0′34″～108°7′53″。

经 2014 年 1 月 23 日 Landsat 8 遥感影像反演，湿地总面积为 3 000.00 公顷。

2）历史沿革

广西北仑河口于 1985 年建立县级红树林保护区；1990 年晋升为省级海洋自然保护区；2000 年 4 月经国务院批准晋升为国家级自然保护区，以红树林生态系统为保护对象；2001 年 7 月，加入中国人与生物圈（MAB）组织；2004 年 7 月加入中国生物多样性保护基金会自然保护区委员会；2008 年北仑河口湿地列入国际重要湿地名录。

3）自然状况

· 地质地貌

北仑河口湿地为河口区和海湾潮间带滩涂，成土母质是玄武岩、页岩和近代沉积物，属全新世的海相沉积物，滩地平缓而开阔，潮沟密布交错。滩涂土壤主要为沙质和沙泥质，退潮时大面积露出。湿地河口与港湾环境特征明显，河口呈三角型，海湾呈半封闭的圆形，湾口向南；沿岸多丘陵、台地，东面有白龙半岛作为天然屏障，可抵挡海上的风浪。

· 气候

北仑河口湿地气候属海洋性季风气候。年平均气温为 22.3℃，7 月为最热月，平均气温为 28.6℃，1 月为最冷月，平均气温为 14.1℃。极端最低温为 2.8℃。平均年降水量为 2 220.5 毫米，平均年降水日数为 147.5 天，都集中在 5～9 月。年均蒸发量为 1 400 毫米，小于降水量。全年盛行东北风和西南风，平均风速为 5.1 米/秒。

· 水文

湿地内海岸潮间带有多条小河注入港湾，河口特征明显。海水常年比重为 1.018 3～1.025 1，水温为 11.5～31.5℃，月均盐值为 1.87％～3.29％。透明度为 3～8 米，水深为 2～15 米，洁净无污染，不受淡水显著影响。

· 土壤

湿地内土壤主要为砂页岩发育成的砖红壤性红土和海滨沙地，砖红壤厚为 1～1.5 米，pH 为 5～6，有机质丰富。红树林沼泽的土壤多为浅海沉积、潮汐及河流搬运的堆积物在红树林生长作用下逐渐发育形成的盐渍沼泽土。沉积物类型以细砂为主，其含砂量为 71.83%～97.9%。

· 植被

北仑河口湿地为独特的红树林生态系统类型，红树植物是维持其生态特征的重要基础。该区域内的红树植物种类有 15 种，其中真红树有 11 种，半红树有 4 种。主要物种包括卤蕨、白骨壤、秋茄、海漆、木榄等，半红树物种主要有黄槿、海芒果。其主要群落包括白骨壤群系、秋茄群系、海漆群系、木榄群系、桐花树群系、红海榄群系、老鼠簕群系和银叶树群系。

· 动物

北仑河口湿地内哺乳动物有树鼩、臭鼩、小家鼠、褐鼠、水獭、果子狸等 10 种。鸟类共有 216 种，分别隶属于 17 目 52 科。在这些鸟类中，有 32 种国家重点保护野生鸟类，其中国家 I 级保护野生鸟类有白肩雕 1 种，国家 II 级保护野生鸟类有斑嘴鹈鹕、海鸬鹚、岩鹭、白琵鹭等 31 种。红树林区鸟类呈现出明显的季节变动，春、秋两季为候鸟迁徙季节，鸟类种类和数量急骤大幅增多，呈现出两个显著高峰；夏季鸟类相对较少，冬季由于许多候鸟到此越冬，种类和数量上都明显多于夏季。爬行动物有乌龟、鳖、南草蜥、石龙子、钩盲蛇、蟒蛇等 29 种，占中国红树林区目前所知种数的 65.8%。两栖动物有黑眶蟾蜍、尖舌浮蛙、沼蛙、中国雨蛙、泽蛙、虎纹蛙等 18 种。它们大多栖息在淡水或低盐海水常年浸渍的红树林中，数量也极少。已知的鱼类共有 27 种，分别隶属于 1 门 1 纲 3 目 19 科。这些种类大都是近岸小型鱼类，绝大多数是广西沿海较常见种。大型底栖动物目前已发现 155 种，其中多毛类 37 种，软体动物种类最多，共有 62 种，占总种数的 40%，甲壳动物 41 种，占总种数的 26%，棘皮动物 1 种，其他动物 9 种，底栖鱼类 5 种。

4）社会经济状况

北仑河口湿地经济以农业经济为主，农业兼渔业是周边社区群众经济活动的特点。生产方式主要有粮食和经济作物种植、禽畜养殖、海水养殖、海洋捕捞、农副产品加工、海产品加工、海上运输和旅游业等。

湿地地处广西防城港市管辖的防城区和东兴市海域，周边农业人口所占比例较大，人口城镇化程度较低；2012 年，防城区实现地区生产总值 89.74 亿元，其中：第一产业增加值 21.32 亿元，第二产业增加值 38.33 亿元，第三产业增加值 30.09 亿元；农民人均纯收入 8837 元。东兴市实现地区生产总值完成 62.41 亿元，其中：第一产业增加值 10.75 亿元，第二产业增加值 25.4 亿元，第三产业增加值 26.26 亿元；农民人均纯收入 9264 元。

5）湿地受到的干扰

北仑河口湿地受到的干扰主要为人为因素，具体表现为：一是过渡捕捞导致渔业水产资源迅速下降，生物多样性受到威胁和破坏；二是人为干扰严重，80% 以上的红树林被海堤与陆岸隔开，且过度捕捞和过度挖掘捕获海洋经济动物而损坏红树林的根系，危害红树林幼苗和繁殖体库，使红树植物群落更新困难；三是周围的养殖业及城市生活污水排放，造成海水污染，直接威胁到红树林及其生态系统；四是红树林退化现象日益严重，绝大部分为次生林，90%以上的红树林高度不超过4米。

2. 评价结果

1）湿地健康

· 健康状况

广西北仑河口国际重要湿地生态系统综合健康指数为7.10，健康等级为"好"。健康状况表现为海水水质良好、水源保证率高、无土壤重金属污染、无外来物种入侵、湿地面积保持稳定，土地利用强度、人口密度等指数高，野生动物栖息地指数、湿地保护意识指数较高，适宜多种珍稀动植物的栖息，土壤含水量、生物多样性、物质生活指数3项指数偏低（表4-58）。

表4-58　广西北仑河口国际重要湿地生态系统健康评价结果

评价指标		指标值		指标权重	综合健康指数
一级指标	二级指标	原始值	归一化值		
水环境指标	地表水水质	I	10.00	0.1241	7.10
	水源保证率	—	—	0.0000	
土壤指标	土壤重金属含量	0.55	10.00	0.1606	
	土壤pH	6.60	10.00	0.0381	
	土壤含水量	25.55	2.56	0.0226	
生物指标	生物多样性	26.71	1.68	0.2425	
	外来物种入侵度	0.00	10.00	0.1213	
景观指标	野生动物栖息地指数	4.40	4.40	0.0487	
	湿地面积变化率	1.00	10.00	0.1275	
	土地利用强度	10.00	10.00	0.0279	
社会指标	人口密度	150.70	7.49	0.0288	
	物质生活指数	1.44	1.44	0.0121	
	湿地保护意识	3.94	3.94	0.0458	

· 结果分析

A. 水质较好，湿地面积稳定

湿地水质属于海水I类，表明海水水质较好，适宜作为珍稀濒危海洋生物保护区、水产养殖区、海水浴场等。同时，湿地水源非常充足，蓄水量为7500.00万立方米，近两年湿地面积保持稳定，没有变化，这对湿地生态系统的长期稳定具有重要意义。

B. 野生动植物栖息地环境良好

湿地生物多样性指数（BI）为26.71，整个滨海过渡带内生长着多种植物，分布有多种珍稀濒危的国家I级和II级保护野生动物。湿地没有受外来入侵植物干扰，且植被覆盖度较高，景观破碎化程度较低，表明湿地对野生动植物具有较强的承载能力，有利于保护生物多样性。

C. 人为活动对湿地存在干扰

湿地周边工农业不太发达，土地利用强度低，人口也比较稀疏，人口密度为 150.70 人/平方公里，但周边居民的纯收入主要依赖于与湿地相关的农业、渔业产出，居民的湿地保护意识较低，仅 39.40% 的居民对湿地认知较好，其生产、经营活动对湿地有一定程度的干扰。

2）湿地功能

· 功能状况

广西北仑河口国际重要湿地综合功能指数为 7.39，功能级别为"好"。结果表明，湿地在供给、调节、文化，以及支持方面发挥了较强的功能，尤其是文化功能得分占综合功能得分的 43.69%，作为海洋类型湿地，其在休闲与生态旅游、教育与科研功能方面发挥重要作用。同时，复杂的湿地生态系统为周边居民提供了得天独厚的动植物资源，作为栖息地孕育了较为丰富的生物物种，其在气候调节、水资源调节、净化水质等方面起了一定作用（表 4-59）。

表 4-59　广西北仑河口国际重要湿地生态系统功能评价结果

评价指标		指标值		指标权重	综合功能指数
一级指标	二级指标	原始值	归一化值		
供给功能	物质生产	4.20%	6.40	0.1510	7.39
调节功能	气候调节	9.00	9.00	0.1123	
	水资源调节	8.50	8.50	0.0562	
	净化水质	8.70	8.70	0.1123	
文化功能	休闲与生态旅游	8.40	8.40	0.1232	
	教育与科研	8.90	8.90	0.2464	
支持功能	保护生物多样性	26.71	3.67	0.1986	

· 结果分析

A. 湿地物质生产功能突出

湿地为周边居民提供了较丰富的动植物资源，湿地物质产品年增长率为 4.20%，为防城港市农、渔业发展做出了较大贡献。

B. 湿地调节功能显著

湿地为海洋类型湿地，其小气候现象十分明显，具有明显的南亚热带海洋性季风气候特征。同时，由于海水具有连续性和不可压缩性的特点，湿地的海水因风力或密度差异等原因流走后，相邻海区的海水就流来补充，进行自我调节。湿地内发达的海洋水系的稀释自净能力特强，再通过红树林净化，从而使水质得以净化。

C. 湿地具有重要的生态旅游功能

湿地地处防城港市的西南沿海地带，拥有河口海岸、开阔海岸和海域海岸等地貌类型，分布有面积较大、连片生长的红树林，其中连片木榄纯林和大面积老鼠簕纯林群落为中国罕见。优美的自然风光为生态游打下了良好基础。

3）湿地价值

· 价值状况

广西北仑河口国际重要湿地总价值为 3.90 亿元/年，湿地单位面积价值为 13.00 万元/（公顷·年）。在湿地生态系统的各项价值中，湿地的直接使用价值最大，达 2.12 亿元/年，占总价值的 54.36%，湿地在湿地产品、休闲娱乐、环境教育方面具有重大价值；其次为间接使用价值 1.6 亿元/年，占总价值的 42.05%；再次为选择价值 0.08 亿元/年，占总价值的 2.05%；最后为存在价值 0.06 亿元/年，占总价值的 1.54%（表 4-60）。

表 4-60　广西北仑河口国际重要湿地生态系统价值评价结果

（单位：亿元/年）

评价指标		单项价值	小计	总价值
一级指标	二级指标			
直接使用价值	湿地产品	1.69	2.12	3.90
	休闲娱乐	0.27		
	环境教育	0.16		
间接使用价值	调节大气	0.38	1.64	
	调蓄洪水	0.50		
	净化去污	0.76		
选择价值	生物多样性	0.08	0.08	
存在价值	生存栖息地	0.06	0.06	

· 结果分析

A. 湿地资源丰富，直接使用价值大

湿地范围内渔业资源丰富，湿地产品价值达到 1.69 亿元/年，占总价值的 43.33%，为防城港市周边提供了非常丰富的湿地产品。休闲娱乐价值为 0.27 亿元/年，占总价值的 6.92%，以湿地自然风光为主的生态旅游，对湿地生态系统总价值具有重要贡献。

B. 湿地区位重要，间接使用价值高

湿地生态区位重要，调蓄洪水能力强，生态系统的净初级生产力为 7.75 吨/（公顷·年），每年可固定 CO_2 37 897.50 吨，释放 O_2 27 900.00 吨，对缓解温室效应、调节区域大气平衡具有重要作用。同时，红树林净化水质，使水质得以净化。

C. 选择和存在价值低，生物多样性优势未体现

湿地选择和存在价值比重低，分别占总价值的 2.05%、1.54%，受湿地景观破碎化和人为干扰的影响，作为大量国家重点保护野生鸟类等越冬、自然繁衍的栖息地和繁殖地的优势未得到很好的体现。

4）总体评价

广西北仑河口国际重要湿地生态系统健康级别为"好"，表明该湿地水环境良好、水源保证率高、无土壤重金属污染、无外来物种入侵、湿地面积保持稳定，土地利用强度、

人口密度等指数高，野生动物栖息地指数、湿地保护意识指数较高，适宜多种珍稀动植物栖息。其功能级别为"好"，作为海洋类型湿地，其在休闲与生态旅游、教育与科研功能方面发挥重要作用。湿地生态系统总价值为 3.90 亿元/年，湿地单位面积价值为 13.00 万元/(公顷·年)，具有显著的社会、生态和经济价值。

3. 存在问题及建议

1）存在问题

A. 过渡捕捞、挖掘现象存在

当地极少数渔民为了提高经济收入，一是过渡捕捞，导致渔业水产资源迅速下降，生物多样性受到威胁和破坏；二是过渡挖掘，捕获海洋经济动物而损坏红树林的根系，危害红树林幼苗和繁殖体库，使红树植物群落更新困难。

B. 财力不足

北仑河口湿地在红树林调查与监测、示范区建设、湿地研究与宣传及相关保护工程建设等方面投入的资金不够，在一定程度上制约了广西红树林保护事业的发展。

C. 管理机构不完善，人员队伍素质不高

北仑河口湿地现有的 17 名管理人员中，本科学历以上 7 名，大专学历 7 名，中专学历 3 名。目前在职人员中尚无高级职称人才，仅有中级职称人员 2 名，初级职称人员 3 名，说明现有职工的整体素质明显偏低。

2）建议

A. 采取有力措施，提高生产经营活动的管理水平

指导渔民更加科学合理地从事生产活动，避免破坏性地掠取湿地资源。应加强湿地监管，加大执法力度，采取必要的生态补偿，杜绝过渡捕捞、挖掘现象，以降低对湿地生态系统的人为干扰强度，实施必要的生态修复工程，加快退化湿地恢复。

B. 多渠道解决资金来源

北仑河口湿地应多渠道筹集资金，积极争取国家、地方财政支持。同时，利用现有的教学科研平台，吸引有关大专院校、科研院所来开展科研项目，引进科研资金；开展科普生态旅游，通过招商引资办法，吸引投资者前来投资，增加资金来源。

C. 加强组织机构建设

进一步完善基础管护设施，增加基层管护人员的编制，引进具有专业知识水平的人员和基层管护人员。每年抽出一定经费，委托相关院校对工作人员进行技能培训活动，不断加强与高等院校的合作，建立起相关合作项目，听取专家意见，借助科学的力量，对湿地实行科学、有效的管理。

4.2.21 广西山口红树林国际重要湿地

1. 基本情况

1）位置与范围

广西山口红树林国际重要湿地（见书后彩图 21）位于广西壮族自治区北海市合浦县，由沙田半岛的东西两侧海岸及海域组成，距离合浦县城 77 公里，距离北海市 105 公里。其地理坐标如下：英罗港区的四界坐标为北纬 21°28′45″～21°34′38″，东经 109°44′43″～109°46′28″，丹兜海区的四界坐标为北纬 21°31′18″～21°36′43″，东经 109°38′1″～109°41′16″。

湿地面积为 3 811.00 公顷（经 2014 年 1 月 30 日 Landsat 8 遥感影像反演得到）。

2）历史沿革

1990 年成立广西山口国家级红树林生态自然保护区，管辖面积为 8 000 公顷；1993 年 7 月山口保护区加入中国人与生物圈网络；2000 年 1 月被联合国教科文组织人与生物圈（MAB）保护区网络接纳为成员；2002 年 1 月山口红树林湿地被列入国际重要湿地名录。

3）自然状况

· 地质地貌

山口红树林湿地内地质主要为第四纪松散沉积物，橄榄玄武岩和基性火山岩，滩地平缓开阔，潮沟密布交错。地貌类型以冲积台地为主，台地、岸线和河口之间形成狭长的海积平原，局部出现海蚀。滨海台地坡度平缓，河口型溺谷湾，潮间带淤泥深厚，开阔平坦。

· 气候

气候属南亚热带海洋性季风气候。受季风气候和海洋气候影响较大，气候温和，光照充足，干湿季分明，有效积温高，十分有利于红树植物的生长发育。年平均气温为 23.4℃，极端最低气温为 2℃。年均降水量为 1 600～2 800 毫米，年降水量的 80% 集中在夏季，平均湿度为 80%，主要灾害性天气为台风和暴雨。

· 水文

湿地内海区潮汐类型属非正规全日潮。一年中约有 60% 的时间为一天一次潮，其余时间为一天两次潮。年平均潮差为 2.31～2.59 米，潮差的季节变化为夏季大，春季小。多年平均潮差为 2.52 米，最大潮差为 6.25 米。当地平均海面比黄海基面高 0.37 米。平均海水盐度为 28.9。

· 土壤

湿地内潮滩土壤主要是红树林潮滩盐土，面积约为 930 公顷，其分布范围与红树林分布大体一致，且富含有机质、硫酸根离子，酸度较强，剖面多呈暗灰色，剖面中下层有机质常高于表层。

• 植被

山口红树林湿地植被类型为红树林，其优势植物群落为红海榄和木榄群落等 5 个群落，红树林一般发育有 3 个层次，上层为木榄，中层为秋茄，下层为桐花、白骨壤等植物。

湿地内现存红树植物种类共 9 科 10 属 10 种，有半红树植物 5 科 6 属 6 种，是中国红树林分布相对集中的地区之一。区域内的珍珠湾有 135.5 公顷的红树林生长在平均海面以下的滩涂，较为罕见，是湿地红树林的代表性特征之一。珍珠湾红树林外围低潮带发现的大叶藻海草群落生长茂盛，湿地是海草生态系统的重要分布区。也是广西北部湾沿海目前唯一的银叶树野生种群生长地。湿地内红树植物群落主要建群种有白骨壤、桐花树、秋茄、红海榄、木榄和海漆等真红树植物，形成单优种或多个共建种的红树植物群，例如，木榄-秋茄-桐花树群落、秋茄-红海榄群落等。半红树植物和伴生植物的种类主要分布于红树林的向岸边缘、海堤或近岸陆地上。一些种类，如黄槿和海芒果，分布到离海岸较远的河流岸边或陆地上。

湿地内共有浮游植物 3 门 20 种。其中，硅藻门 17 种，占 85%；甲藻门 2 种，占 10%；蓝藻门 1 种，占 5%。

• 动物

湿地内已知的游泳鱼类可以划分为林缘鱼类和潮沟鱼类两大部分。其中，林缘鱼类共有硬骨鱼纲 28 科 35 属 42 种；潮沟鱼类有 26 科 50 种，均为硬骨鱼纲鱼类。鸟类有 118 种，隶属于 16 目 32 科。其中，水鸟有 52 种，占总数的 49.05%。属国家 II 级保护野生动物的有白琵鹭、黑脸琵鹭、凤头鹰等 13 种。

4）社会经济状况

山口红树林湿地位于广西合浦县沙田半岛东西两侧，即英罗港、丹兜海。2010 年广西红树林研究中心调查表明，其所覆盖的区域辖于山口、沙田和白沙 3 镇，共 19 个村委会，8 万余人。其中，位于湿地的、以海堤为界、向陆岸垂直延伸 1 公里范围内的乡村有 17 个，总人口为 72 420 人，总户数为 12 936 户。

山口红树林湿地周边的 17 个村委地处经济欠发达地区，几乎没有工业。村民们主要从事农业、副业、渔业、养殖业、第三产业和劳务输出以获取收入，人均年收入为 5 654 元。

5）湿地受到的干扰

山口红树林湿地受到的干扰主要表现如下：一是当地居民传统的增收手段——挖掘泥丁、沙虫对红树林根系影响较大，这是目前乃至今后相当长时间内毁坏红树林的主要因素；二是毁林，开展海水养殖是山口红树林面临的最大威胁；三是可口革囊星虫是广西红树林林下滩涂的优势种，也是北部湾沿海地区家喻户晓、广为食用的海鲜品种，挖掘和人踩危害了林区红树植物幼苗和繁殖体库，使红树植物群落更新困难；四是红树林区是当地群众设网捕鸟的传统区域，虽然对非法捕鸟加强了巡查和打击力度，但少数群众仍然非法进行网捕或偷猎野生动物。

2. 评价结果

1）湿地健康

· 健康状况

广西山口红树林国际重要湿地生态系统综合健康指数为 6.65，健康级别为"中"。湿地健康状况表现为地表水质优、水源保证率高、无土壤重金属污染、有外来物种入侵、湿地面积保持稳定、土地利用强度等指数高，野生动物栖息地指数、物质生活指数、湿地保护意识指数较高，适宜多种珍稀动植物的栖息，土壤含水量、生物多样性、人口密度等指数偏低，说明生态系统健康有长期衰退的风险（表 4-61）。

表 4-61　广西山口红树林国际重要湿地生态系统健康评价结果

评价指标		指标值		指标权重	综合健康指数
一级指标	二级指标	原始值	归一化值		
水环境指标	地表水水质	Ⅰ	10.00	0.124 1	
	水源保证率	—	—	0.000 0	
土壤指标	土壤重金属含量	0.54	10.00	0.160 6	
	土壤 pH	6.73	10.00	0.038 1	
	土壤含水量	25.55	2.61	0.022 6	
生物指标	生物多样性	23.64	0.91	0.242 5	6.65
	外来物种入侵度	0.02	8.34	0.121 3	
景观指标	野生动物栖息地指数	3.20	3.20	0.048 7	
	湿地面积变化率	1.00	10.00	0.127 5	
	土地利用强度	10.00	10.00	0.027 9	
社会指标	人口密度	432.80	2.79	0.028 8	
	物质生活指数	4.35	4.35	0.012 1	
	湿地保护意识	6.11	6.11	0.045 8	

· 结果分析

A. 湿地水质好，湿地面积稳定

湿地水质属于Ⅰ类，表明海水水质很好，适宜各种动植物的繁衍栖息以及水产养殖生产的进行。此外，湿地水源非常充足，近两年湿地面积保持稳定没有变化，这对湿地生态系统的长期稳定具有重要意义。

B. 土壤无污染，适宜红树林生长

根据监测结果，土壤重金属内梅罗指数（P_N）为 0.54，基本无重金属污染，土壤平均 pH 为 6.73，湿地土壤平均含水量仅为 25.55%，土壤泥沙含量较大，适宜红树林和大多数动植物的生存。

C. 外来物种入侵，湿地生物多样性不高

湿地外来入侵植物有无瓣海桑和互花米草两种，外来物种入侵度（P_{in}）为 0.02，湿地内受威胁的野生维管束植物有 7 种、野生高等动物有 9 种，生物多样性指数（BI）为 23.64，湿地的生物多样性不高。

D. 生产活动干扰湿地，居民保护意识较高

湿地周边工业发展迅速，人口密集，人口密度为 432.80 人/平方公里，农业、渔业生产活动频繁且不尽科学，对湿地生态系统干扰强烈。湿地周边居民收入主要来源于农业、渔业的产出。随着湿地保护宣传力度的加大，周边居民普遍具有湿地认知及保护意识，本次评价发放调查问卷 54 份，具有湿地认知及保护意识的有 33 份，合格问卷率达 60.11%，表明周边居民对湿地具有良好的认知，有利于湿地保护工作的开展。

2）湿地功能

· 功能状况

广西山口红树林国际重要湿地综合功能指数为 7.76，功能级别为"好"。结果表明，湿地在供给、调节、文化以及支持方面发挥了较强的功能，尤其是文化功能得分占综合功能指数的 43.43%，作为海洋类型湿地，其在休闲与生态旅游、教育与科研功能方面发挥重要作用。同时，复杂的湿地生态系统为周边居民提供了得天独厚的动植物资源，作为栖息地孕育了较为丰富的生物物种，其在气候调节、水资源调节、净化水质方面起到了一定的作用（表 4-62）。

表 4-62　广西山口红树林国际重要湿地生态系统功能评价结果

评价指标		指标值		指标权重	综合功能指数
一级指标	二级指标	原始值	归一化值		
供给功能	物质生产	4.59%	6.53	0.1510	
调节功能	气候调节	9.70	9.70	0.1123	
	水资源调节	9.80	9.80	0.0562	7.76
	净化水质	9.70	9.70	0.1123	
文化功能	休闲与生态旅游	9.30	9.30	0.1232	
	教育与科研	9.00	9.00	0.2464	
支持功能	保护生物多样性	23.64	3.36	0.1986	

· 结果分析

A. 湿地物质生产功能突出

湿地为周边居民提供了丰富的动植物资源，湿地物质产品年增长率为 4.59%，为合浦县农业、渔业发展做出了较大贡献。

B. 湿地调节功能显著

山口红树林湿地为海洋类型湿地，经湿地气候调节，小气候现象十分明显，具有明显的南亚热带海洋性季风气候特征。同时，由于海水具有连续性和不可压缩性的特点，湿地的海水因风力或密度差异等原因流走后，相邻海区的海水就流来补充，进行水资源

自我调节。另外，红树林可净化水质，使水质得以净化。

　　C. 文化功能优势明显

　　山口红树林湿地地处北海市合浦县沿海地带，海岸线全长近 50 公里，区域内分布有面积较大、连片生长的红树林，其优美的自然风光为生态旅游打下良好基础，现年接待游客数量 3.9 万人次。同时，湿地建有完善先进的游客中心、观鸟屋，并布设了自然小径、简介册、学生参观设施等，来对外宣传红树林生态科普知识，达到了良好的宣传和教育效果。

3）湿地价值

·价值状况

　　广西山口红树林国际重要湿地总价值为 11.39 亿元/年，湿地单位面积价值为 29.89 万元/（公顷·年）。在湿地生态系统的各项价值中，湿地的直接使用价值最大，达 6.62 亿元/年，占总价值的 58.12％，湿地在湿地产品、休闲娱乐、环境教育方面具有重大价值；其次为间接使用价值 4.60 亿元/年，占总价值的 40.39％；再次为选择价值 0.10 亿元/年，占总价值的 0.88％；最后为存在价值 0.07 亿元/年，占总价值的 0.61％（表 4-63）。

表 4-63　广西山口红树林国际重要湿地生态系统价值评价结果

（单位：亿元/年）

评价指标		单项价值	小计	总价值
一级指标	二级指标			
直接使用价值	湿地产品	5.24	6.62	11.39
	休闲娱乐	1.17		
	环境教育	0.21		
间接使用价值	调节大气	0.28	4.60	
	调蓄洪水	3.35		
	净化去污	0.97		
选择价值	生物多样性	0.10	0.10	
存在价值	生存栖息地	0.07	0.07	

·结果分析

　　A. 湿地产品带动当地经济

　　湿地及邻近海域有着丰富的渔业资源，是周边村民传统的渔业捕捉作业区。在红树林潮滩挖掘和捕捉经济动物的村民，平均每人每年可创收 4000 元左右。海水养殖业是当地经济的一大支柱产业，湿地产品价值达到 5.24 亿元/年，占总价值的 46.01％，为北海市合浦县周边提供了丰富的农业、渔业产品。

　　B. 休闲娱乐和环境教育价值比重大

　　湿地休闲娱乐价值为 1.17 亿元/年，占总价值的 10.27％，以湿地自然风光为主的生态旅游，对湿地生态系统总价值有较大的贡献。湿地建有完善先进的游客中心、观鸟屋等教育设施，其环境教育价值巨大。

C. 生态服务功能强，间接价值显著

湿地生态系统每年可固定 CO_2 28450.64 吨，释放 O_2 20945.26 吨，调节大气价值达到 0.28 亿元/年，对缓解温室效应、调节区域大气平衡具有重要作用，湿地每年调蓄洪水 5.00 亿立方米，调蓄洪水价值达到 3.35 亿元/年，净化去污价值达 0.97 亿元/年。

4）总体评价

广西山口红树林国际重要湿地生态系统健康级别为"中"，表明湿地地表水水质优、水源保证率高、土壤重金属含量低、湿地面积保持稳定、土地利用强度等指数高，野生动物栖息地指数、物质生活指数、湿地保护意识指数较高，适宜多种珍稀动植物的栖息，土壤含水量、生物多样性、人口密度等指数偏低。湿地生态系统功能级别为"好"，作为海洋类型湿地，其在休闲与生态旅游、教育与科研功能方面发挥重要作用。湿地生态系统总价值为 11.39 亿元/年，湿地单位面积价值为 29.89 万元/公顷·年，具有显著的社会、生态和经济价值。

3. 存在问题及建议

1）存在问题

A. 资源保护和经济发展的矛盾比较突出

保护环境所获得的生态效益难以直接惠及普通老百姓，部分群众保护红树林生态系统的积极性不高，还存在毁林海水养殖、设网捕鸟现象，宣传教育和巡护监测工作需要进一步加强。

B. 人才资源缺乏

由于地方经济发展落后，人才资源严重缺乏，尤其是科研人才储备不足，必须借助外部科研机构和人才力量的支持，才能保证部分科研监测工作的正常开展，目前科研工作领域开展得不够全面，需要进一步深化和拓展。

C. 外来物种入侵

近几年，互花米草在湿地范围内扩散迅速，已经严重威胁红树林生态系统的安全；无瓣海桑生长繁殖能力较强，也影响本地种的生长。

2）建议

A. 合理利用湿地资源，维护湿地功能

严格控制湿地资源利用方式和程度，禁止挖掘泥丁和沙虫、毁林海水养殖、设网捕鸟等掠夺式开发利用行为，注重湿地生态系统完善及其生物多样性的恢复，保护野生动植物栖息地，维护湿地功能。

B. 技术人才引进

加强本单位职工自身的培训与急需人才的引进，积极争取增加技术人员事业编制与业务经费。

C. 建立外来物种时空变化预测模型

对外来物种时空变化建立预测模型，判断其在生态系统中的发展趋势，科学地控制互花米草，制定良好的控制和防治措施，以实现科学、合理地综合利用互花米草资源。

4.2.22 湖北沉湖国际重要湿地

1. 基本情况

1）位置与范围

湖北沉湖国际重要湿地（见书后彩图22）位于湖北省武汉市蔡甸区西南部，距离武汉市区直线距离45公里，地理坐标为东经113°44′25″～113°55′39″，北纬30°16′6″～30°25′6″，其被誉为"湿地水禽遗传基因保存库"。

沉湖湿地面积为7005.50公顷（经2014年1月23日Landsat 8遥感影像反演得到）。

2）历史沿革

1994年1月武汉市蔡甸区人民政府批准建立武汉沉湖珍稀湿地水禽自然保护区；1995年10月武汉市人民政府批准建立市级自然保护区；2000年被列入《中国湿地保护行动计划》；2006年8月湖北省人民政府批准建立省级自然保护区；2007年11月成立武汉市蔡甸区沉湖湿地自然保护区管理局；2013年10月沉湖湿地被列入国际重要湿地名录。

3）自然状况

• 地质地貌

按地质结构和发育过程，沉湖湿地地貌属平坦平原类，是由长江、汉江泛溢沉积而成，为汉水与长江漫滩交汇而构成的低洼地段，地面高程21～17.5米，由多个碟形洼地复合构成。最低处为沉湖，并以此地为中心向四周辐射缓升，形如炊锅。地貌以冲积平原和冲湖积平原两亚类为主。冲湖积平原包括张家大湖、沉湖、王家涉湖周边地区及洪北垸等地；冲积平原主要分布在曲口垸一带。

• 气候

沉湖湿地气候属北亚热带大陆性季风气候，冬冷夏热，雨热同季，四季分明，雨量充沛，光照充足。年均气温为16.5℃，无霜期达270天，最热月为7月，平均气温达28.9℃；最冷月为1月，平均气温为3.5℃。相对湿度为62%～82%，干燥度为0.5～1.0。湖泊年均水温为13.5～15.2℃。冬季或夜间，湖面上的气温高于陆地，冬季的水温常在6～8℃。年均降水量达1250毫米，主要集中于春夏两季。冬季盛行北风、东北风与西北风；夏季则盛行偏南风。

• 水文

湿地内主要有黄丝河、西流河、东荆河3个河流。通过黄丝河上通汉江，经东荆河下达长江，主要补给水源为地表径流、降水。

湿地内主要湖泊有沉湖、张家大湖、王家涉湖，隶属泛区水系。每年夏季，由于长江涨水，通顺河洪水的顶托式倒灌和降水内涝，沉湖地区的沟渠河道便与湖区连成一片汪洋，面积可达 6801.50 公顷（水深为 1～3 米）。而在秋、冬及早春枯水期季节，随着湖水排江，只有湖心、渠道保持着约 1059 公顷（水深为 0.5～1 米）的水面，其余部分则形成大片的泥泞沼泽草甸，构成了浅湖-沼泽-草甸相连续的湿地生态系统。

·土壤

沉湖湿地内有 3 种土壤类型，即潮土、水稻土、草甸土。潮土主要分布在滨湖平原的消泗、曲口等地；水稻土主要分布于消泗等地；草甸土主要集中分布在沉湖、张家大湖、王家涉湖、黄丝河洪道等四周的泛洪区。

·植被

湿地内有广阔的沼泽、湖滩、草甸和丰富的生物资源，其生态系统也十分完整，是江汉平原最大的淡水湖泊沼泽湿地，也是全球同一纬度地区湖泊群中唯一的、典型的淡水湖泊泛水沼泽湿地。湿地内植物资源较为丰富，具有维管束植物 315 种，隶属 74 科 198 属。其中，蕨类植物 6 科 6 属 7 种，裸子植物 2 科 5 属 5 种，被子植物 66 科 187 属 303 种。根据 1999 年国家林业局公布的《国家重点保护野生植物名录（第一批）》，湿地内有国家 II 级保护野生植物 4 种，即莲、野菱、野大豆和水蕨。有浮游植物 65 种，隶属 7 门 50 属。其中，蓝藻门 7 属 11 种；甲藻门 4 属 4 种；隐藻门 1 属 2 种；金藻门 4 属 5 种；硅藻门 9 属 15 种；裸藻门 2 属 3 种；绿藻门 23 属 25 种。浮游植物的密度为（47～95）万个细胞/升，生物量为 1.0～2.3 毫克/升。鱼类易消化的种类占 68% 以上。

湿地植被可划分为 6 种群落类型。其中，挺水植物带 1 种类型，主要有：芦苇＋菰群丛；浮叶植物带 3 种群落类型，即菱群丛、四角菱＋金鱼藻群丛、菱＋狸藻＋金鱼藻群丛；沉水植物带 2 种群落类型，即金鱼藻群丛、聚草＋金鱼藻群丛。

·动物

沉湖国际重要湿地动物按其生境分为陆生动物群落、两栖动物群落、湿生动物群落、水生动物群落。据统计，湿地内共有底栖动物 3 门 5 纲 12 目 29 科 73 种；鱼类 6 目 13 科 55 种，其中国家 II 级保护的有 1 种，即胭脂鱼，省级重点保护鱼类 3 种。种群数量较大的种类有泥鳅、草鱼、鳙、黄鳝等。数量较多的种类有青鱼、鳊等。两栖类 1 目 4 科 4 属 10 种，其中国家 II 级保护的有 1 种，即虎纹蛙，省级重点保护的有中华蟾蜍、黑斑蛙、金线蛙等 5 种。鸟类 169 种，隶属 15 目 38 科，其中国家 I 级保护的有白鹳、黑鹳、白头鹤等 8 种，国家 II 级保护的有白琵鹭、小天鹅等 22 种。兽类资源 26 种，其中国家 II 级保护的有 1 种，即河麂；省级重点保护动物有猪獾、狗獾、貉等 5 种，国家"三有"动物有刺猬、猪獾、狗獾等 8 种。

4）社会经济状况

沉湖湿地周边社区主要经济来源为农业，以种植业、养殖业为主，年产水产品约 2000 吨、芦苇 9000 吨；近年来，生态旅游逐渐兴起，农家乐、土特产品销售增加了当地居民的收入；湿地范围内无工业，其周边的永安、侏儒、湘口有部分工业。湿地内居民人均年纯收入达到 3780 元以上。

5）湿地受到的干扰

沉湖湿地受到的干扰主要表现在人为方面，具体包括：一是少数群众生态意识不强，违反湿地保护规定，在湿地范围内进行挖塘、围垦、围网养殖等农业生产活动，导致湿地功能退化；二是不合理的农业开发造成湿地退化，如水田改旱田使湿地面积减少，过度养殖使水生植被数量减少、水质恶化，农业使用化肥、农药，造成面源污染，污染土壤及水体；三是上游通顺河和黄丝河的污染水源，在丰水期时，黄丝河会涨水形成约1公里宽的泛滩区，河水会倒灌入湿地内的沉湖和张家大湖，使水质受到严重影响，湿地生物多样性遭到破坏。

2. 评价结果

1）湿地健康

· 健康状况

湖北沉湖国际重要湿地生态系统综合健康指数为 5.31，健康级别为"中"。结果表明，湿地水环境质量良好，有充足的水源，湿地面积保持稳定；其周边居民湿地意识也较高；野生动物栖息地指数一般，对珍稀动植物的栖息有所影响；土壤存在污染，生物多样性指数偏低；目前生态系统较为稳定，但因人口密集、人为干扰强烈，生态系统健康有长期衰退的风险（表 4-64）。

表 4-64　湖北沉湖国际重要湿地生态系统健康评价结果

评价指标		指标值		指标权重	综合健康指数
一级指标	二级指标	原始值	归一化值		
水环境指标	地表水水质	Ⅱ	9.00	0.093 3	
	水源保证率	8.86	8.86	0.279 9	
土壤指标	土壤重金属含量	3.20	0.00	0.131 5	
	土壤 pH	6.68	10.00	0.020 8	
	土壤含水量	23.93	2.39	0.019 8	
生物指标	生物多样性	28.04	2.01	0.228 9	5.31
	外来物种入侵度	0.00	10.00	0.038 1	
景观指标	野生动物栖息地指数	3.20	3.20	0.070 1	
	湿地面积变化率	0.90	7.28	0.016 6	
	土地利用强度	0.40	4.04	0.009 8	
社会指标	人口密度	454.5	2.43	0.014 7	
	物质生活指数	0.00	0.00	0.008 1	
	湿地保护意识	6.80	6.80	0.068 4	

・结果分析

A. 湿地水质较好、水源充足，有利于生态系统健康

湿地水质属于Ⅱ类，湿地水质好，适用于集中式生活饮用水地表水源地一级保护区、珍稀水生生物栖息地等。湿地水源充足，近两年湿地面积保持稳定，是江汉平原东部一片蓄洪区，也是武汉市重要的生态保护屏障。

B. 受重金属污染影响，不利于湿地长期健康稳定

根据检测结果，土壤重金属内梅罗指数（P_N）为 3.20，表明湿地土壤受到污染，其中最主要的污染是镉、铅的污染，铬、锌、铜等重金属污染较小，土壤受到的重金属污染可通过食物链富集，对湿地动植物和人类产生危害。

C. 周边土地利用强度高，居民湿地保护意识较好

湿地周边人口密集，工农业集中发展，土地利用强度（P_{Lu}）为 0.40，土地利用强度较高，工业、农业污染风险大，对湿地的健康和稳定有一定影响。同时，湿地周边城镇化建设快速发展，农林牧渔业生产活动频繁且不尽科学，对湿地生态系统干扰强烈。但随着湿地保护宣传力度的加入，周边居民普遍具有湿地认知及保护意识，从而有利于湿地保护工作开展。

2）湿地功能

・功能状况

湖北沉湖国际重要湿地综合功能指数为 6.35，功能级别为"中"。结果表明，湿地在供给、调节、文化，以及支持方面发挥了较强的功能，尤其是调节功能得分占综合功能得分的 50.63%，湿地具有明显的区域气候调节、水资源调节，以及净化水质的功能。同时，复杂的湿地生态系统为周边居民提供了得天独厚的动植物资源，作为栖息地孕育了丰富多彩的生物物种，为生态旅游，以及教育科研的开展奠定了物质基础（表 4-65）。

表 4-65 湖北沉湖国际重要湿地生态系统功能评价结果

评价指标		指标值		指标权重	综合功能指数
一级指标	二级指标	原始值	归一化值		
供给功能	物质生产	5.10%	6.70	0.2776	6.35
调节功能	气候调节	7.40	7.40	0.1386	
	水资源调节	7.00	7.00	0.2519	
	净化水质	5.60	5.60	0.0763	
文化功能	休闲与生态旅游	7.10	7.10	0.0477	
	教育与科研	6.70	6.70	0.0477	
支持功能	保护生物多样性	28.04	3.80	0.1602	

・结果分析

A. 湿地水资源丰富，湿地调节功能巨大

湿地水资源丰富、水量充足，由于受庞大水体的影响，湿地局地小气候现象十分明显，具有北亚热带中纬度季风气候。湿地内的蓄水量达 8796 万立方米，其在控制洪水、

补充地下水、涵养水源、净化水质等方面有着极为重要的作用，上游工业和生活污水经湖中各种生物的处理，使水质得以净化。

B. 湿地环境优美，湿地文化功能显著

湿地范围内天蓝、水清、植物茂盛；花鸟鱼虫应有尽有，十分丰富；河渠沟塘纵横交错，水网密布，经络通畅，环境优美。每年定期开展湿地观鸟节、生态景观游等活动，使湿地在武汉市生态旅游产业上发挥越来越重要的作用。在教育与科研方面，通过举办"爱鸟周"、"观鸟比赛"等大型宣传活动，以及开展生态文化教育基地、沉湖生态监测站的建设和野生动物疫源疫病监测，教育与科研水平进一步提高，发挥了较好的湿地文化传播功能。

C. 湿地生态区位重要，保护多样性功能突出

湿地是江汉平原上一片最大的、典型的淡水湖泊沼泽湿地，其生物多样性丰富，集典型性、脆弱性、多样性、稀有性、自然性于一体，生物多样性指数为28.04，湿地是珍稀水禽越冬种群较多的湿地之一，被专家誉为"湿地水禽遗传基因保存库"，其生态结构完整，功能独特。

3）湿地价值

·价值状况

湖北沉湖国际重要湿地总价值为4.68亿元/年，湿地单位面积价值为6.68万元/（公顷·年）。在湿地生态系统的各项价值中，湿地的间接使用价值最大，达2.83亿元/年，占总价值的60.47%；其次为直接使用价值1.53亿元/年，占总价值的32.69%；再次为选择价值0.19亿元/年，占总价值的4.06%；最后为存在价值0.13亿元/年，占总价值的2.78%（表4-66）。

表4-66　湖北沉湖国际重要湿地生态系统价值评价结果　（单位：亿元/年）

评价指标		单项价值	小计	总价值
一级指标	二级指标			
直接使用价值	湿地产品	1.05	1.53	4.68
	休闲娱乐	0.10		
	环境教育	0.38		
间接使用价值	调节大气	0.46	2.83	
	调蓄洪水	0.59		
	净化去污	1.78		
选择价值	生物多样性	0.19	0.19	
存在价值	生存栖息地	0.13	0.13	

·结果分析

A. 直接使用价值比重高，促进地区经济发展

该湿地为武汉市蔡甸区周边提供了较为丰富的湿地产品，通过建设游客中心、生态监测站、鸟类救护站，每年定期开展"湿地日""爱鸟周"等宣传活动，对普及湿地知识、

提高群众湿地保护意识具有重要作用。同时，积极发展以观鸟和生态旅游为主的休闲娱乐，对促进地区经济转型发展具有重要意义。

B. 间接使用价值突出，湿地生态功能显著

湿地每年可固定 CO_2 46 106.18 吨，释放 O_2 33 943.20 吨，调节大气价值为 0.46 亿元/年，对缓解温室效应、调节区域大气平衡具有重要作用。湿地水文受长江汛期涨水的影响，其调蓄洪水的能力为 8796 万立方米，调蓄洪水价值达到 0.59 亿元/年，对整个长江流域防洪可持续发展起到了不可磨灭的贡献。沉湖湿地是自然的污水处理厂，长江汛期涨水或东荆河洪水的顶托或倒灌和降水内渍进入水面宽阔的沉湖后，水流速度明显减慢，沉积物质的沉积速率明显增大，并大量沉积。有毒物质经湖中各种生物的处理，变成无毒物质或各种营养物质进入生态系统的物质循环。

4）总体评价

湖北沉湖国际重要湿地生态系统健康级别为"中"，表明湿地水环境质量良好，有充足的水源，湿地面积保持稳定；其周边居民湿地意识较高；野生动物栖息地指数一般，对珍稀动植物的栖息有所影响；土壤存在污染，生物多样性指数偏低。湿地生态系统功能级别为"中"，表明湿地具有明显的区域气候调节、水资源调节以及净化水质的功能；湿地生态系统总价值为 4.68 亿元/年，其中在物质生产、调蓄洪水和净化去污方面具有重大价值，湿地单位面积价值为 6.68 万元/（公顷·年），具有显著的社会、生态和经济价值。

3. 存在问题及建议

1）存在问题

A. 偷猎行为时有发生

少数群众在湿地范围内进行违法网捕或偷猎野生动物，此现象会破坏候鸟的栖息环境，导致湿地生态系统破坏。

B. 专业人才匮缺

目前，从事湿地保护的工作人员主要来自于林业系统，缺乏湿地保护的专业人才，所以其人员结构不合理。

C. 执法和宣传力度薄弱

多方位、多角度地加大执法人员的培训力度，加大宣传教育力度，提高沉湖湿地及周边群众对建立国际重要湿地的认识，养成自觉参与保护生态环境的意识。

2）建议

根据湿地生态系统评价结果，结合湿地面临的威胁和干扰，建议提升湿地管护水平，促进湿地生态系统健康稳定，确保湿地资源长期可持续发展，湿地功能、价值有效发挥。

A. 加强宣传教育，加大投入力度

各有关部门要高度重视湿地保护工作，加强宣传教育，加大投入力度，进一步强化环境保护法律法规的落实，坚决杜绝新的环境污染和生态破坏。

B. 改善湿地管理人员待遇

湿地所在区域交通不便，生活、工作条件艰苦，有必要适当提高湿地管理人员的待遇，改善工作和生活条件，解决职工的后顾之忧，从而保持管理队伍的稳定。

C. 加强水污染防治和改善水质

加强水污染的防治和执法工作，对现有的污染源必须限期治理和达标排放，无法达标的企业实行关、停、并、转，同时严格控制新污染源的产生。

4.2.23　湖南东洞庭湖国际重要湿地

1. 基本情况

1) 位置与范围

湖南东洞庭湖国际重要湿地(见书后彩图 23)位于长江中下游荆江南侧，地处湖南省东北部岳阳市境内，地理坐标为东经 112°43′～113°15′，北纬 28°59′～29°38′。东洞庭湖国际重要湿地北起长江湘鄂两省主航道分界线，南至磊石山，东至京广铁路，西至南县交界。管理范围包括整个东洞庭湖水域及其近周平原岗地。

经遥感影像(Landsat 8，2013 年 10 月)解译，东洞庭湖湿地总面积为 12.95 万公顷。

2) 历史沿革

1979 年开始湖南省人民政府做出了在东洞庭湖建立国家级湿地自然保护区的决策；1982 年 3 月湖南省人民政府批准建立省级自然保护区，归岳阳市人民政府领导；1987 年 6 月正式更名为湖南省岳阳东洞庭湖自然保护区；1992 年 7 月东洞庭湖湿地被列入国际重要湿地名录。

3) 自然状况

• 地质地貌

东洞庭湖区为一典型的以陆上复合三角洲占主体的淤积平原，组成物质主要是泥质沙、沙质泥和黏土质泥，地面高程一般为 30～80 米。东洞庭湖湖盆区由西南向东北方向倾斜，呈西南高东北低的走势，丰水期为水面掩覆，随着水位逐渐下降，依次露出平缓的苇滩、薹草地、滩涂、沙洲。由于在湘江、沅江和注滋河航道的分割和泥沙淤积，以及早期围垦和灭螺挖建的小堤坝滞水的双重作用下，保留了湖盆区众多大小不一的"湖中湖"。

• 气候

东洞庭湖湿地位于中亚热带向北亚热带过渡的气候区，由于受东亚季风和江湖庞大水体的影响，具有温和湿润、光热充足、多风多雨、四季分明的气候特征。年均气温为

17.0℃，年际变化比较稳定。年≥10℃的积温为 5360℃，无霜期为 266 天。年日照时数平均为 1600 小时，日照率为 38%，年太阳辐射总量为 418.68 千焦耳/平方厘米。年平均降水量为 1200～1450 毫米，年平均蒸发量为 1252 毫米。

· 水文

东洞庭湖是湿地的主体范围，也是洞庭湖的主体湖盆，最大湖水面积为 13.28 万公顷，汇集湖南湘、资、沅、澧四水，吞纳长江部分水量，对长江水量有巨大调剂作用。多年年均湖水量为 3126 亿立方米。

· 土壤

湿地内土壤源于长江、"四水"夹带物的成层沉积，底层为沙层、沙砾层。上层为沙土层、粉土层，土层极厚，有机质含量一般在 2% 左右，土质肥沃，透水性较高。平原土壤可分为湖潮土和河潮土两个亚类，湖盆滩涂土壤依高程可分为潮土、沼泽土、沼泽化草甸土和沙滩。

· 植被

东洞庭湖湿地处于亚热带常绿阔叶林区，有维管束植物 159 科 1186 种，其中被子植物 135 科 1129 种，裸子植物 5 科 25 种，蕨类植物 15 科 18 属 22 种。水生高等植物 168 种，隶属 43 科 94 属。浮游藻类 98 种。国家Ⅰ级保护野生植物有水杉、银杏，国家Ⅱ级保护野生植物有翠柏、马蹄参、野大豆、八角莲等 30 种。

东洞庭湖湿地自然植被主要由湿生植物组成，植被类群依立地水分梯度变化呈圈带状成层分布格局。从陆地至水底依次出现的植被类型是常绿阔叶林、落叶阔叶林、芦荻、柳蒿灌丛、薹草草甸、挺水植物、浮叶植物、沉水植物。同层植被组分比较一致，层间植物组分有较大差异。

· 动物

按照中国动物地理区划，东洞庭湖湿地动物区划属东洋界，中印亚界，华中区，东部丘陵平原亚区。独特的水域湿地环境，集中了许多珍稀濒危物种。其中，鱼类 12 目 23 科 114 种，白鲟和中华鲟是国家Ⅰ级保护野生动物；两栖类 6 科 12 种，有国家Ⅱ级保护野生动物大鲵；鸟类 16 目 41 科 340 种，国家重点保护的野生鸟类 44 种，属于国家Ⅰ级的有白鹤、白头鹤、东方白鹳等 7 种，国家Ⅱ级的有白额雁、小天鹅、白琵鹭等 37 种；被列入国际濒危物种红皮书的还有小白额雁、鸿雁等珍稀濒危鸟类。另外，属于中日、中澳双边协定保护的鸟类达到 67 种；哺乳类 16 科 31 种，其中白暨豚、江豚等国家重点保护野生动物在湿地还保存有一定的数量，具有极其重要的保护和研究价值。

4）社会经济状况

东洞庭湖湿地内社区主要有岳阳县麻塘镇、中洲乡和县苇业公司，华容县幸福乡、团洲乡、注滋口镇，君山区，以及岳阳城区。除岳阳城区外，其他社区基本属于农业生产区域，以及芦苇、渔业生产区域，社区内人均纯收入为 8326 元。湿地渔业资源丰富，水产品主要有鱼、虾、蟹、贝类等。整个东洞庭湖湿地都有捕鱼活动，捕鱼采用抛网、拖网、定置网，也有少部分人利用鸬鹚捕鱼。近年来，冬季竭泽而渔、电打鱼、迷魂阵等捕捞现象比较普遍，全年生产谷物达 315 万吨；水产总量超过 40 万吨。

5）湿地受到的干扰

东洞庭湖湿地受到的干扰包括自然和人为两方面的因素，具体包括：一是当地社区生产活动的影响，包括芦苇生产加速湿地萎缩、牛羊放牧干扰湿地鸟类栖息、落后的渔业生产损害食物链等；二是周边仍有少数村民受经济利益的驱使，网捕、毒猎野生动物；三是水位与污染的威胁。三峡大坝建成后，夏季水位通过大坝的调控相应地降低了1～2米，从而导致湖泊滩地提前出露，引起水生和陆生植物带的演替，影响鸟类觅食、栖息和分布。同时，由于湖区周边地区人口稠密，轻工业发达，造纸、化工污染始终得不到根本的控制，加之数千渔民的生活垃圾和污水的排放，湖区的污染比较严重。

2. 评价结果

1）湿地健康

· 健康状况

湖南东洞庭湖国际重要湿地生态系统综合健康指数为5.25，健康级别为"中"。结果表明，湿地水环境处于中等水平，湿地面积保持稳定，土壤存在一定程度的污染，生物多样性、野生动物栖息地指数较高，适宜多种珍稀动植物栖息，湿地周边居民湿地意识较高，生态系统较为稳定，但因人口密集、人为干扰强烈，生态系统健康有长期衰退的风险（表4-67）。

表 4-67　湖南东洞庭湖国际重要湿地生态系统健康评价结果

评价指标		指标值		指标权重	综合健康指数
一级指标	二级指标	原始值	归一化值		
水环境指标	地表水水质	Ⅲ	6.00	0.0933	5.25
	水源保证率	6.59	6.59	0.2799	
土壤指标	土壤重金属含量	2.73	1.17	0.1315	
	土壤pH	7.81	5.95	0.0208	
	土壤含水量	28.40	2.84	0.0198	
生物指标	生物多样性	38.78	4.70	0.2289	
	外来物种入侵度	0.05	6.60	0.0381	
景观指标	野生动物栖息地指数	7.00	7.00	0.0701	
	湿地面积变化率	0.99	9.71	0.0166	
	土地利用强度	0.32	4.80	0.0098	
社会指标	人口密度	368.00	3.87	0.0147	
	物质生活指数	1.67	1.67	0.0081	
	湿地保护意识	6.21	6.21	0.0684	

· 结果分析

A. 湿地水质较好，水源保障充足

东洞庭湖水质属于Ⅲ类，水质较好，适宜各种动植物的繁衍栖息，以及水产养殖生产的进行。东洞庭湖作为一个调蓄过水型湖泊，汇集湖南湘、资、沅、澧四水，吞纳长江水量，水源较为充足，近两年湿地面积保持稳定，其对湿地生态系统的长期稳定具有重要意义。

B. 土壤受重金属污染，不利于湿地长期健康稳定

经检测，湿地土壤重金属内梅罗指数（P_N）为 2.73，土壤受到一定程度的污染，其中最主要的污染是镉污染，平均含量达 0.70 毫克/公斤。铬、锌、铜、铅等重金属污染较小，重金属可通过食物链富集于湿地植物体内，影响湿地生态系统健康。

C. 生物多样性高，存在外来物种入侵现象

东洞庭湖湿地具有较高的生物多样性，生物多样性指数（BI）达到 38.78，栖息有野生维管束植物 1186 种，野生高等动物种 382 种，有国家重点保护野生动物 50 种，国家重点保护野生植物 32 种，以及长江江豚、中华鲟、白鲟、白鳍豚、中华秋沙鸭、水杉、银杏、马蹄参、八角莲等中国特有高等动植物。但湿地存在外来物种入侵情况，外来物种入侵度（P_{in}）为 0.05。入侵植物容易引起当地物种多样性减少，导致东洞庭湖湖泊湿地生态系统向森林生态系统演化，破坏湖泊的自然演替。

D. 人口密度高，经营活动干扰较大

东洞庭湖周边人口密集，人口密度为 368.00 人/平方公里，工农业集中发展，土地利用强度较高，挖沙、渔业等生产活动频繁且不尽科学，对湿地生态系统干扰强烈。但周边居民对湿地具有良好的认知，有利于湿地保护工作的开展。

2）湿地功能

·功能状况

湖南东洞庭湖国际重要湿地生态系统综合功能指数为 6.32，功能级别为"中"。结果表明，湿地在供给、调节、文化以及支持方面发挥了较强的功能，尤其是调节功能得分占综合功能得分的 47.47%，东洞庭湖作为巨型水体，具有明显的区域气候调节、水资源调节，以及净化水质的功能。同时，东洞庭湖复杂的湿地生态系统为周边居民提供了得天独厚的动植物资源，作为栖息地孕育了丰富的生物物种，为生态旅游及教育科研的开展奠定了物质基础（表 4-68）。

表 4-68　湖南东洞庭湖国际重要湿地生态系统功能评价结果

评价指标		指标值		指标权重	综合功能指数
一级指标	二级指标	原始值	归一化值		
供给功能	物质生产	4.50%	6.50	0.2776	
调节功能	气候调节	7.80	7.80	0.1386	
	水资源调节	6.00	6.00	0.2519	6.32
	净化水质	5.40	5.40	0.0763	
文化功能	休闲与生态旅游	7.60	7.60	0.0477	
	教育与科研	8.00	8.00	0.0477	
支持功能	保护生物多样性	38.78	4.88	0.1602	

·结果分析

A. 湿地供给功能巨大

东洞庭湖湿地为周边居民提供了丰富的动植物资源，其中湿地全年提供谷物达 315 万吨/年；水产总量超过 40 万吨/年，养育了数以万计的渔民。

B. 湿地调节功能显著

由于庞大水体的影响，湿地局地小气候现象十分明显，具有亚热带季风气候温和湿润、光热充足、多风多雨、四季分明的气候特征。湿地年吞吐长江和"四水"的过境水量达到 3126 亿立方米，在补给岳阳地区淡水资源的同时，对调蓄长江和"四水"的洪峰，缓解长江中下游地区免遭严重的洪涝灾害起到了重要的调蓄作用。同时，沿湖工业和生活污水进入洞庭湖后，受南水和北水的相互顶托及芦苇的滞水作用，水流速度减慢，沉积速率增大。沉积的有毒物质，经湖中各种生物的处理，变成无毒或营养物质，然后再进入湖泊生态系统的物质循环，使水质得到净化。

C. 湿地文化功能突出

湿地管理部门通过中国大陆首创的洞庭湖国际观鸟节、洞庭湖湿地生态公园等平台，融合岳阳文化特色，使湿地在岳阳生态旅游产业上发挥越来越重要的作用。"湿地日"、爱鸟周宣传活动、"中国湿地报导"大型宣传活动的举办，以及全国生态文化教育基地、洞庭湖生态监测站的建设，江豚、麋鹿等濒危物种监测的开展，表明东洞庭湖国际重要湿地具有极高的教育与科研价值，其对生态文明的传播与科学研究发展具有重大作用。

3）湿地价值

·价值状况

湖南东洞庭湖国际重要湿地生态系统发挥了显著的生态价值，总价值达 125.53 亿元/年，湿地单位面积价值为 9.69 万元/(公顷·年)。在湿地生态系统的各项价值中，湿地的间接使用价值最大，达 78.99 亿元/年，占总价值的 62.93%，东洞庭湖湿地在调节大气、调蓄洪水、净化去污方面具有重大价值(表 4-69)。

表 4-69　湖南东洞庭湖国际重要湿地生态系统价值评价结果

(单位：亿元/年)

评价指标		单项价值	小计	总价值
一级指标	二级指标			
直接使用价值	湿地产品	33.70	40.67	125.53
	休闲娱乐	0.01		
	环境教育	6.96		
间接使用价值	调节大气	13.15	78.99	
	调蓄洪水	32.87		
	净化去污	32.97		
选择价值	生物多样性	3.47	3.47	
存在价值	生存栖息地	2.40	2.40	

· 结果分析

A. 间接使用价值巨大，湿地生态功能突出

东洞庭湖湿地生态系统的净初级生产力为 6.26 吨/(公顷·年)，每年可固定 CO_2 132.18 万吨，释放 O_2 97.31 万吨，调节大气价值达到 13.15 亿元/年，对缓解温室效应、调节区域大气平衡具有重要作用。湿地每年调蓄洪水 49.06 亿立方米，调蓄洪水价值达到 32.87 亿元/年，对整个长江流域的防洪和中下游地区的可持续发展起到了不可磨灭的贡献。长江和"四水"进入水面宽阔的东洞庭湖后，水量顶托，水流速度明显减慢，沉积物质的沉积速率明显增大，并大量沉积。有毒物质经湖中各种生物的处理，变成无毒物质或各种营养物质。

B. 直接使用价值比重大，推动地方经济

东洞庭湖湿地产品价值达到 33.70 亿元/年，占总价值的 26.85%，为岳阳周边提供了丰富的湿地产品。湿地休闲娱乐以观鸟为主，生态旅游收益来源于游船费用，但因规模尚小，每年收益在 10 万元左右，其对湿地生态系统总价值的贡献很小。环境教育价值达到 6.96 亿元/年，占总价值的 5.54%，建有完善先进的宣教中心、4D 宣教室，每年定期开展"湿地日""爱鸟周"等宣传活动，对普及湿地知识、提高群众湿地保护意识具有重要作用。

4) 总体评价

湖南东洞庭湖国际重要湿地生态系统健康级别为"中"，湿地水源较为充足，湿地面积保持稳定；适宜多种珍稀动植物的栖息，具有较高的生物多样性；周边居民湿地保护意识较强；但人口密集、工业发展迅速，湿地土壤受到一定程度的污染。湿地生态系统功能级别为"中"，东洞庭湖具有明显的区域气候调节、水资源调节，以及净化水质的功能；湿地生态系统总价值为 125.53 亿元/年，单位面积湿地价值 9.69 万元/(公顷·年)，具有显著的社会、生态和经济价值。

3. 存在问题及建议

1) 存在问题

A. 人类活动对湿地健康的威胁

湿地内人口密度达 368 人/平方公里，存在较大的人口压力，东洞庭湖挖沙生产频繁，航道过于繁忙，渔民数量庞大，捕鱼方式不尽合理，草洲放牧、捕杀野生动物现象尚未得到全面禁止，芦苇种植面积继续扩大，对鱼类、鸟类、江豚、麋鹿等野生动物栖息干扰强烈，食物链容易受到损害，生态退化风险较大。

B. 工业污染对湿地健康的威胁

湿地土壤中镉含量超标，达 0.70 毫克/公斤，是土壤无污染状态下的 3.49 倍，且超过二级标准，即超过为保障农业生产、维护人体健康的土壤限制值，直接危害湿地生态系统健康。科学研究证实，土壤中镉超标，可能对农作物和人体都带来危害，长期接触会导致人肾脏损害，骨质软化和疏松。慢性镉中毒患者还可能出现神经系统、免疫系

统、生殖系统受损害，以及肿瘤高发的情况。

C. 湿地退化抑制其功能的有效发挥

由于受水位降低、人为干扰和湿地退化等因素的影响，湿地栖息环境逐渐退化，濒危物种和环境指示物种的数量急剧下降，湿地在生物多样性和生存栖息地方面的价值仅占湿地总价值的 4.66%。湿地的退化不仅影响湿地保护生物多样性功能的发挥，还制约了湿地物质生产等其他功能、价值的进一步增长。此外，岳阳地区丰富的人文旅游资源与湿地绮丽的自然风光尚未有效串联，生态旅游年收入仅 10 万元，湿地休闲旅游、环境教育方面的潜力有待进一步被挖掘。

2）建议

A. 加大力度，提高生产经营活动的管理水平

指导渔民、牧民、苇民更加科学合理地从事生产活动，避免破坏性地掠取湿地资源。应加强湿地监管，杜绝竭泽而渔、电打鱼、迷魂阵等捕捞方式；采取必要的生态补偿，控制草洲放牧，严防血吸虫病害；减少围垦种苇，保证湿地面积，以降低对湿地生态系统的人为干扰强度，实施必要的生态修复工程，加快恢复退化湿地。

B. 部门联动，促进湿地生态系统监测常态化

应联合环保部门，利用好东洞庭湖野外长期定位站，开展定点定期的生态监测，使水环境、土壤环境监测常态化、目标化，积极查明湿地土壤污染源、水污染源，严格控制污染物进入湖泊。同时，应做好湿地的巡护工作，加大珍稀野生动植物资源保护的力度。

C. 积极创新，提升湿地资源利用方式的现代化程度

应积极转变资源利用和生产方式，引入清洁、现代化企业，提升工农业环保化、无害化程度，同时将湿地资源与岳阳人文历史资源整合，合理开展湿地生态旅游，形成以生态旅游开发带动湿地资源保护的良好模式，实现湿地保护和旅游发展的互动双赢，增强湿地在生态旅游、环境教育方面的功能和价值。

4.2.24　湖南南洞庭湖国际重要湿地

1. 基本情况

1）位置与范围

湖南南洞庭湖国际重要湿地(见书后彩图 24)位于长江中游南岸益阳市境内，地理坐标为东经 112°18′15″～112°56′15″，北纬 28°36′15″～29°03′45″，东北与东洞庭湖相连，东、南方向分别为湖南省湘江和资水的出口，其与湖南南洞庭湖湿地和水禽自然保护区范围一致。

南洞庭湖为过水型湖泊，湿地总面积为 10.53 万公顷。

2）历史沿革

1991 年 3 月湖南省沅江市人民政府批准建立了县级洞庭湖鸟类自然保护区，下设漉

湖、东南湖、卤马湖、万子湖 4 个保护站；1997 年 7 月湖南省人民政府批准建立湖南南洞庭湖湿地和水禽省级自然保护区；2002 年 2 月南洞庭湖湿地被列入国际重要湿地名录。

3）自然状况

· 地质地貌

南洞庭湖湿地在新构造期历经了 4 次以上凹陷成湖、凸起成陆的发展过程。母岩母质主要有第四纪红土和洞庭冲积物两种，其中以河湖冲积物面积最大，广布于南洞庭东部地区及丘岗平原区；第四纪红土风化物面积较小，主要分布于南洞庭湖的西部地区。该湿地属长江中下游洞庭平原堆积而成的沼泽地貌，地势西高东低，由西往东形成丘岗、湖积平原二级台阶，整体地貌为起伏很小的浅盆状平原。

· 气候

南洞庭湖湿地气候属华中地区亚热带湿润型气候，气候温和，热量充足，四季分明，春季寒潮频繁，仲夏多雨易潮，夏末初秋多旱，冬季严寒期短，同时具有明显的湖区气候特点。多年平均气温为 17.0℃，年平均降水量为 1300～1400 毫米，多集中在夏季，年均蒸发量为 1183.8 毫米。全年日照多在 1700～1800 小时，无霜期为 275～280 天，平均风速 1～3 米/秒，以南北风或偏南北风频率最高。

· 水文

湿地内河流纵横、湖泊星罗棋布，由 18 个湖泊分割成 118 个湖洲，同时，还接纳湘、资两水，长江松滋、太平、藕池三口及沅、澧等水的汇流，通过赤磊洪道流入东洞庭湖，出城陵矶注入长江。湿地内水资源主要来自降水、地表径流和过境客水。降水以降雨为主，年平均降水量为 1300～1400 毫米，年降水日数为 140～150 天。3～8 月为多雨季节，降水量约占全年降水总量的 70%。多年平均径流量为 9.73 亿立方米，过境客水包括长江三口和资、沅、澧三水来水，多年平均过境水量为 2245.49 亿立方米，具有年际变化大、年内洪枯水位悬殊、汛期多受洪峰遭遇、入湖的泥沙多等特点。

· 土壤

南洞庭湖湿地内母岩母质主要有第四纪红土和洞庭冲积物两种，其中以河湖冲积物面积最大，分布较广。由此发育而成的土壤分为 3 种类型，即水稻土、潮土和红壤。

水稻土主要分布于南洞庭湖的东部地区及西部地势开阔的丘岗冲垄地带，具有较深厚的耕作层，犁底层紧实而不坚，透气性能良好，有机质含量为 3.32%，pH 趋于中性。

潮土系湘、资、沅、澧四水及长江三口的冲积物形成的土壤，分布于南洞庭湖的区垸内及外洲，所处的地势低平，地下水位较高，常年因降水分配及外河湖水位涨落，地下水发生季节性升降，土壤剖面可见锈纹、锈斑或胶膜。多数潮土的土层深厚，肥力较高。

红壤分布于南洞庭湖的丘岗地带，酸性较重，土层深厚，腐殖质层薄，质地从轻黏到重黏，剖面下部大多有红白相间的网纹层，有的还可见卵石层，其保水能力较强，但肥力较低。

· 植被

南洞庭湖湿地植物区系属华东地区中亚热带向北温带的过渡性地带，植物群落类型可分为暖性针叶林、落叶阔叶林、常绿落叶阔叶混交林、常绿阔叶林、竹林、硬叶常绿阔叶林、落叶阔叶灌丛、草甸、水生沼泽等。有维管束植物 88 科 262 属 412 种。其中蕨类植物 10 科 14 种；裸子植物 1 科 2 种(均为引种栽培)；被子植物 77 科 248 属 396 种。湿地植物中草本植物和木本植物比例为 9∶1，草本植物占绝对优势。草本植物中的中生性植物占植物总数的 55.3％、湿生植物占 23.3％、水生植物占 11.3％，这是湿地特殊环境形成的植物生态组成。有国家Ⅰ级保护野生植物两种，国家Ⅱ级保护野生植物 4 种。

由于南洞庭湖特殊的湿地地貌，湖水消落区占全湖的 50％以上，沉水植物、浮水植物、挺水植物、洲滩裸地植物依水位梯度变化而呈带状或同心圆状分布，主要优势植物群落有狸藻群落、狐尾藻群落、莲群落、辣蓼群落、芦苇群落、蒿草群落、鸡婆柳群落、薹草群落等。

· 动物

按照中国动物地理区划，南洞庭湖湿地动物区划属东洋界，中印亚界，华中区，东部丘陵平原亚区。湿地内有贝类 9 科 48 种，虾蟹类 4 科 9 种，鱼类 12 目 23 科 114 种，两栖类 3 科 8 种，爬行类 8 科 29 种，鸟类 16 目 42 科 174 种，哺乳类 13 科 23 种。国家Ⅰ级保护野生动物有白鲟、中华鲟、白鹤、白头鹤、白鹳、黑鹳、中华秋沙鸭、大鸨、白鱀豚 9 种，国家Ⅱ级保护野生动物有 26 种。江豚等国家重点保护野生动物在该湿地还保存有一定的数量，所以该湿地具有极其重要的保护和研究价值。

4) 社会经济状况

湿地内有一市二区一国营农场，辖 12 个乡镇和 7 个农、林、渔、芦苇场，盛产稻谷、棉花、苎麻、油菜籽、柑桔、芦苇、禽畜和鲜鱼。其中，湖洲芦苇面积达 2.40 万公顷，芦苇年产量达 40 万吨，是世界上最大的苇荻群落。林地面积为 4 667 公顷，活立木蓄积为 24.5 万立方米，森林覆盖率为 17.6％，林业年产值为 923 万元。乡镇工业发展较快，工副业主要生产项目有造纸、建材、麻纺、粮油食品加工、农机修造、交通运输和劳务输出等。2013 年国内生产总值为 23.19 亿元，农村人均年纯收入为 1511 元，城镇居民人均收入为 2 500 元。

5) 湿地受到的干扰

南洞庭湖湿地受到的干扰主要来自三方面：一是泥沙淤积、芦苇生产。长江和湘、资、沅、澧四水来水的大量泥沙淤积、大面积的芦苇种植，使芦苇和泥沙的淤积双向促进。此外，冬季集中收割作业持续时间长，加上砍光、烧光的现象普遍，对部分水禽的繁殖与生存造成严重影响。二是农业污水、工业废水污染。湿地周边农区大量使用农药、化肥，不但影响湿地质量，同时对内陆湖泊沼泽水质也造成很大污染，水禽食物中农药残毒不断积累，从而影响其繁殖率与健康状况。此外，工业废水尤其是造纸厂的工业废水对湿地水质、土壤的影响也不容忽视。三是非法狩猎与捕捉。随着宣传教育和联合保护的加强，湿地内偷猎和破坏候鸟栖息环境的现象已基本得到了制止。但鸟铳、放毒、炸药等旧式狩猎、捕捞方式依然存在，对湿地野生动物造成很大威胁。

2. 评价结果

1）湿地健康

·健康状况

湖南南洞庭湖国际重要湿地生态系统综合健康指数为 4.63，健康级别为"中"。结果表明，水环境处于中下等水平，湿地面积基本保持稳定，野生动物栖息地指数较高，适宜多种珍稀动植物的栖息，生态系统较为稳定，但周边居民湿地保护意识较薄弱，土壤受重金属污染较重，生物多样性指数较低，且湿地内人口密度大、人为干扰强烈，生态系统健康有长期衰退的风险（表 4-70）。

表 4-70　湖南南洞庭湖国际重要湿地生态系统健康评价结果

评价指标		指标值		指标权重	综合健康指数
一级指标	二级指标	原始值	归一化值		
水环境指标	地表水水质	Ⅳ	4.00	0.0933	4.63
	水源保证率	8.20	8.20	0.2799	
土壤指标	土壤重金属含量	3.71	0.00	0.1315	
	土壤 pH	7.80	6.00	0.0208	
	土壤含水量	30.63	3.06	0.0198	
生物指标	生物多样性	29.61	2.40	0.2289	
	外来物种入侵度	0.06	6.03	0.0381	
景观指标	野生动物栖息地指数	7.00	7.00	0.0701	
	湿地面积变化率	0.99	9.73	0.0166	
	土地利用强度	0.37	4.33	0.0098	
社会指标	人口密度	389	3.52	0.0147	
	物质生活指数	3.23	3.23	0.0081	
	湿地保护意识	3.27	3.27	0.0684	

·结果分析

A. 湿地水质较差，水源保证充足

根据《2010～2012 年洞庭湖南嘴、小河嘴、万子湖监测断面水质评价结果》，湿地水质为Ⅳ类，水质富营养化程度为中营养化，仅能满足一般工业用水需求。南洞庭湖是过水型湖泊，有湘江、资水和长江三口及沅、澧水汇流注入，水源充足，近两年湿地面积相对稳定，其对湿地生态系统的长期稳定具有重要意义。

B. 湿地土壤受重金属污染

经检测，湿地土壤重金属内梅罗指数（P_N）为 3.71，土壤受重金属污染，其中最主要的污染是镉污染，平均含量达 0.98 毫克/公斤，是《土壤环境质量标准》（GB15618—2008）一级标准的 4.89 倍，超过二级标准（0.60 毫克/公斤）及危害农业生产、人体健康的限制值，铬、铅、铜 3 种重金属对土壤也有一定程度的污染。

C. 外来物种入侵，影响生物多样性

外来入侵植物主要有凤眼莲、空心莲子草、豚草、意杨、美国黑杨5种，入侵动物有克氏原螯虾1种。入侵动植物容易引起当地物种多样性减少，导致湖泊湿地生态系统向森林生态系统演化，破坏湖泊的自然演替。生物多样性指数为29.61，有国家Ⅰ、Ⅱ级保护野生动物35种，国家Ⅰ、Ⅱ级保护野生植物6种，以及中华鲟、中华秋沙鸭、白鲟、水杉等中国特有高等动植物。同时，湿地景观破碎化程度高，不利于动物栖息，客观上减少了湿地的生物多样性。

D. 人口密集，居民湿地保护意识不强

湿地周边人口密集，人口密度为389人/平方公里，周边居民收入依赖渔业产出，对湿地的认知及保护意识不高，周边地区工农业集中发展，对湿地的健康稳定有一定的影响。

2）湿地功能

· 功能状况

湖南南洞庭湖国际重要湿地生态系统综合功能指数为6.59，功能级别为"中"。湿地调节功能明显，得分占综合功能总得分的54.48%。其次，复杂的湿地生态系统为周边居民提供了得天独厚的动植物资源。该湿地作为栖息地孕育了丰富多彩的生物物种，为生态旅游及教育科研的开展奠定了物质基础，但其休闲与生态旅游功能未能充分发挥（表4-71）。

表4-71　湖南南洞庭湖国际重要湿地生态系统功能评价结果

评价指标		指标值		指标权重	综合功能指数
一级指标	二级指标	原始值	归一化值		
供给功能	物质生产	2.45%	5.81	0.277 6	
调节功能	气候调节	7.80	7.80	0.138 6	
	水资源调节	8.00	8.00	0.251 9	
	净化水质	6.40	6.40	0.076 3	6.59
文化功能	休闲与生态旅游	7.40	7.40	0.047 7	
	教育与科研	8.60	8.60	0.047 7	
支持功能	保护生物多样性	29.61	3.96	0.160 2	

· 结果分析

A. 湿地供给功能巨大

湿地全年提供谷物218万吨；水产总量27万吨，芦苇产量40万吨。总体上，湿地物质产品年增长率为2.45%，为益阳农林牧渔业发展做出了巨大贡献。

B. 湿地调节功能显著

由于庞大水体的影响，湿地局地小气候现象十分明显，具有亚热带季风气候温和湿润、光热充足、多风多雨、四季分明的气候特征。湿地在补给益阳地区淡水资源的同时，对调蓄长江和"四水"的洪峰，缓解长江中下游地区免遭严重的洪涝灾害起到了重要的调蓄作用。

C. 生态旅游潜力巨大

南洞庭湖湿地集山丘、江河、湖泊为一体，湿地特点突出，动植物资源丰富，湿地景观风貌冬夏季各异，拥有丰富的旅游资源，在益阳生态旅游产业具有巨大潜力。可进一步结合益阳文化特色，积极发展湿地生态旅游。在教育与科研功能方面，目前建有湿地宣教中心，通过设立宣传木牌 30 块，书写宣传标语 100 余幅，印刷湿地宣传手册 100 余份，并结合"湿地日""爱鸟周"等宣传活动，提升教育与科研水平，这对生态文明的传播与科学研究发展具有重要作用。

3）湿地价值

·价值状况

湿地总价值为 112.07 亿元/年，单位面积湿地价值 10.64 万元/（公顷·年）。在湿地生态系统的各项价值中，间接使用价值最大，达 62.06 亿元/年，占总价值的 55.37%，该湿地在调节大气、调蓄洪水、净化去污方面具有重大价值（表 4-72）。

表 4-72 湖南南洞庭湖国际重要湿地生态系统价值评价结果

（单位：亿元/年）

评价指标		单项价值	小计	总价值
一级指标	二级指标			
直接使用价值	湿地产品	39.59	45.24	112.07
	休闲娱乐	0.00		
	环境教育	5.65		
间接使用价值	调节大气	10.68	62.06	
	调蓄洪水	24.58		
	净化去污	26.80		
选择价值	生物多样性	2.82	2.82	
存在价值	生存栖息地	1.95	1.95	

·结果分析

A. 湿地产品价值大，休闲娱乐规模小

湿地产品价值达到 39.59 亿元/年，占总价值的 35.33%，为益阳周边提供了丰富的农林牧渔业产品。湿地休闲娱乐以观鸟为主，生态旅游收益来源于餐饮服务费用，但因开发程度低，规模小，每年收益在 5 万元以下，对湿地生态系统总价值的贡献甚微。

B. 间接使用价值大，生态作用突出

湿地每年可固定 CO_2 107.43 万吨，释放 O_2 79.09 万吨，调节大气价值达到 10.68 亿元/年，对缓解温室效应、调节区域大气平衡具有重要作用。湿地每年承载了来自长江和湘、资、沅、澧四水上游上亿吨的泥沙，调蓄洪水 36.68 亿立方米，调蓄洪水价值达到 24.58 亿元/年，对整个长江流域的防洪和中下游地区的可持续发展起到了不可磨灭的贡献。在净化去污方面，有毒物质经湖中各种生物的处理，变成无毒物质或各种营养物质，然后再进入生态系统的物质循环，净化去污价值达 26.80 亿元/年。

4）总体评价

湖南南洞庭湖国际重要湿地生态系统健康级别为"中"，水源较为充足，湿地面积基本稳定；适宜多种珍稀动植物的栖息；但人口密度大，周边居民湿地保护意识不高；工业发展迅速，湿地土壤受重金属污染；生物多样性有待进一步提高。湿地生态系统综合功能指数为 6.59，功能级别为"中"，具有明显的区域气候调节、水资源调节，以及净化水质的功能。湿地生态系统总价值 112.07 亿元/年，湿地单位面积价值为 10.64 万元/（公顷·年），具有显著的社会、生态和经济价值。

3. 存在问题及建议

1）存在问题

A. 生态系统面临退化，支持功能偏低

由于缺乏科研人员与经费，大范围的芦苇场种植作业，以及大面积的杨树种植，人为地加快了湿地演化进程，干扰湿地植被群落组成，降低了植被群落丰富度，对部分水禽的繁殖与生存造成影响，进而影响湿地的支持功能，其生态退化风险较大。

B. 土壤重金属污染严重，地表水水质较差

湿地周边人口密度高，大量农业、工业废水和生活污水的排放，尤其是农药、化肥和造纸厂的工业废水，严重影响了湿地的土壤和水质。地表水水质为Ⅳ类水，仅能满足一般工业用水要求。土壤重金属污染严重，最主要的污染是镉污染，铬、铅、铜 3 种重金属对土壤也有一定程度的污染。

C. 湿地文化功能未能有效发挥

湿地对于开展休闲娱乐和环境教育具有良好的基础条件，但该湿地保护、生态旅游及教育科研的投入均依赖于政府部门，企业并没有充分参与湿地科研教育、生态旅游资源的开发。湿地休闲旅游与环境教育方面的价值未能充分实现，文化功能有待于进一步发挥。

2）建议

A. 完善科研条件，促进科学生产

加强湿地生态监测常态化，引进湿地科研技术人员，争取湿地项目科研经费，全面开展湿地生态系统监测与研究。同时，指导渔民、牧民、苇民更加科学合理地从事生产活动，避免破坏性地掠取湿地资源，减少围垦种苇，保证湿地面积，以降低对湿地生态系统人为干扰的强度，实施必要的生态修复工程，加快恢复退化湿地。

B. 开展定点监测，减少湿地污染

联合环保部门在湿地范围内设立监测点，开展定点定期生态监测，积极转变生产方式，引入清洁、现代化企业，淘汰落后重污染企业，从源头上解决湿地污染问题，严格控制污染物进入湖泊。

C. 提升公众意识，发展生态旅游

增加宣传力度，扩大宣传范围，开展科教活动，同时将湿地资源与益阳人文资源整合，合理开展湿地生态旅游，形成以生态旅游开发带动湿地资源保护的良好模式，实现湿地保护和旅游发展的互动双赢，增强湿地在生态旅游、环境教育方面的价值体现。

4.2.25　湖南西洞庭湖国际重要湿地

1. 基本情况

1）位置与范围

湖南西洞庭湖国际重要湿地(见书后彩图 25)地处湖南省常德市汉寿县境内，位于洞庭湖盆的西部，北距常德市 50 公里，在汉寿县县城东南 16 公里处。地理坐标为东经 111°55′14″～112°17′25″，北纬 28°47′48″～29°7′22″。

西洞庭湖湿地面积为 29 412.80 公顷(经 2014 年 5 月 6 日 Landsat 8 遥感影像反演得到)。

2）历史沿革

1998 年 1 月，湖南省人民政府批准成立了湖南省汉寿目平湖湿地省级自然保护区，归口汉寿县林业局管理；2002 年 1 月，西洞庭湖湿地被列入国际重要湿地名录；2003 年，湖南省汉寿目平湖湿地省级自然保护区管理处更名为湖南省汉寿西洞庭湖省级自然保护区管理处；2014 年 1 月，湖南省常德汉寿西洞庭湖自然保护区获批国家级自然保护区。

3）自然状况

• 地质地貌

西洞庭湖湿地地处新生代洞庭湖凹陷的西南侧，为扬子准地台江南地轴上的断陷盆地。第四系地层是区域内最主要的地层，其中以全新统(Q_4)地层分布最广。区域整体上呈河网切割状的平原地貌，为典型的以陆上复合三角洲占主体的淤积平原，地貌类型划分为堆积地貌、侵蚀堆积地貌、岗地几种类型。

• 气候

西洞庭湖湿地气候属于中亚热带季风气候区，气候温和，光照充足，雨量充沛，四季分明，年平均气温为 16.6～16.8℃，年平均降水量为 1200～1350 毫米，全年无霜期为 274 天，暴雨是湿地内最主要的灾害性天气，每年都有发生，年均 3～4 次，主要集中在 5～8 月。

• 水文

西洞庭湖湿地水系发达，有沅水、澧水两条水系汇聚西洞庭湖，而且吞吐长江松滋、太平二口洪流，汉寿县南部低山丘陵区为雪峰山余脉，其间沧水、浪水、龙池河、烟包山河等 8 条河流也由南向北流入西洞庭湖。湖水水温在垂直方向上为同温层分布，湖水的上下层温差较小，一般不超过 1.0℃，多年平均水温 17.76℃，除 7 月气温高于水温外，其余各月的水温均高于气温。由于湖流、风浪都相对较大，湖水紊动混合作用强烈，因此不利于湖水结冰，在近 50 年内未发生过全湖性封冰现象。沅水和澧水是该湿地永久性水源。丰水期，长江松滋、太平二口的水流入西洞庭湖。另外，汉寿县沧水、浪水、龙池河、烟包山河等 8 条河流为季节性水源。

· 土壤

西洞庭湖湿地成土母质以河湖冲积物为主，由于地形、水分、植被、成土母质以河湖冲积物为主，其土壤类型相应呈现出较为显著的地区性差异。沿江滨湖，地势较高，其分布的土壤类型主要是潮土；向湖洼地延伸，地势逐渐低下，其发育的土壤以沼泽化草甸土和沼泽土为主。

· 植被

西洞庭湖湿地共有维管束植物 87 科 259 属 414 种，其中蕨类植物 14 科 16 属 19 种，裸子植物 1 科 2 属 2 种，被子植物 72 科 241 属 393 种。国家 I 级保护野生植物有水杉 1 种，国家 II 级保护野生植物有粗梗水蕨、水蕨、野菱、三裂狐尾藻和野大豆 5 种。

· 动物

西洞庭湖湿地共有底栖动物 4 目 9 科 65 种，鱼类 9 目 20 科 112 种，两栖类 1 目 5 科 13 种，爬行类 3 目 8 科 20 种，哺乳类 7 目 14 科 26 种。哺乳动物中，属国家 I 级保护的有 1 种，即麋鹿；国家 II 级保护的有 3 种，即小灵猫、河麂、穿山甲。鸟类中，属国家 I 级保护的有 4 种，即白鹤、白尾海雕、黑鹳和东方白鹳；国家 II 级保护的有 21 种，即鸳鸯、小天鹅、白额雁、小鸦鹃等。两栖动物中，属国家 II 级保护的有 1 种，即虎纹蛙。鱼类中，属国家 I 级保护的 1 种，即中华鲟；国家 II 级保护的有 1 种，即胭脂鱼。

4）社会经济状况

西洞庭湖湿地周边社区各乡镇属平原湖区，土地肥沃。经济来源以传统农业为主，农业种植以水稻、棉花、油菜、苎麻为主，水产品养殖以鱼、中华鳖、珍珠为主，尤其是淡水珍珠养殖业，现已成为当地社区的支柱产业之一。除传统农业生产外，周边社区的畜牧业发展也较快，2007 年以后，成立了种（养）殖业农民专业合作社。

湿地周边社区各乡镇当前的生产总值约为 64.8 亿元，其中第一产业生产总值约为 16.6 亿元，第二产业生产总值约为 16.1 亿元，第三产业生产总值约为 32.1 亿元。居民人均纯收入为 10 262.00 元，主要来源于农林牧渔业的产出。

5）湿地受到的干扰

西洞庭湖湿地受到的干扰主要包括人为开发和水质污染两个方面。人为干扰表现为：一是少数群众生态意识不强，违反湿地保护规定，在湿地范围内进行非法围养和捕捞等生产活动，导致湿地功能退化。二是杨树过多种植开发。据调查，湿地杨树种植面积已由原来的 4000 多公顷减少到现在的 330 多公顷，但杨树种植开发影响了原始湿地植被群落结构和原生态湿地景观，同时也使鱼类"三场"（产卵场、索饵场、洄游场）和鸟类栖息地受到一定的破坏。水质污染主要表现为：一是农业污染。该湿地周边及沅、澧二水流域的农业开发、化肥、农药和地膜等生产资料的大量使用，以及农业发展所造成的土地沙化等过程产生的过剩营养元素、农药残留物、废弃物等随着地表和地下径流一起汇入湿地，影响鱼类生长，鸟类生存。二是工业污染。湿地工业污染一部分来自沅、澧二水上流的工业企业，而相当一部分则来自周边社区的小型造纸厂和纺织厂向湖中排放工业废水。

2. 评价结果

1）湿地健康

· 健康状况

湖南西洞庭湖国际重要湿地生态系统综合健康指数为 4.65，健康级别为"中"。结果表明，该湿地水环境处于中等水平，湿地面积保持稳定；周边居民湿地保护意识较高；土地利用强度、野生动物栖息地指数较高，适宜多种珍稀动植物栖息，目前生态系统较为稳定；土壤存在较严重的污染，土壤含水量较低；因人口密集、人为干扰比较强烈，生态系统健康有长期衰退的风险（表 4-73）。

表 4-73　湖南西洞庭湖国际重要湿地生态系统健康评价结果

评价指标		指标值		指标权重	综合健康指数
一级指标	二级指标	原始值	归一化值		
水环境指标	地表水水质	Ⅲ	6.00	0.093 3	
	水源保证率	6.21	6.21	0.279 9	
土壤指标	土壤重金属含量	3.12	0.00	0.131 5	
	土壤 pH	7.15	9.25	0.020 8	
	土壤含水量	26.64	2.66	0.019 8	
生物指标	生物多样性	32.27	3.07	0.228 9	
	外来物种入侵度	0.04	7.56	0.038 1	4.65
景观指标	野生动物栖息地指数指数	6.20	6.20	0.070 1	
	湿地面积变化率	0.99	9.61	0.016 6	
	土地利用强度	0.16	6.81	0.009 8	
社会指标	人口密度	401.90	3.30	0.014 7	
	物质生活指数	0.00	0.00	0.008 1	
	湿地保护意识	6.00	6.00	0.068 4	

· 结果分析

A. 地表水质好，水源保证充足

湿地水质属于Ⅲ类，表明西洞庭湖湿地水质较好，适宜各种动植物的繁衍栖息，以及水产养殖生产的进行。湿地集水面积约为 17 万平方公里，流域面积西跨下游的洞庭湖西部平原地带，北跨长江太平口、松滋口平原区，南面包括汉寿县南部低山丘陵区的沧水、烟包山河等 8 条支流的丘岗区，湿地水源充足，对湿地生态系统的长期稳定具有重要意义。

B. 土壤存在重金属污染

经检测，湿地土壤重金属内梅罗指数（P_N）为 3.12，镉平均含量为 0.81 毫克/公斤，超过土壤二级标准 0.3 毫克/公斤，表明镉污染较严重，超过危害农业生产、人体健康的限制值。除重金属铬污染未超标外，其他 3 种（铜、铅、锌）重金属均有轻微污染。

C. 野生动物栖息地环境好，生物多样性高

湿地植被覆盖度较高、景观破碎化程度较低，湿地对野生动植物具有较强的承载能力，有利于保护生物多样性。湿地具有较高的生物多样性，生物多样性指数（BI）达到 32.27，栖息有野生维管束植物 414 种，野生高等动物种 264 种。

D. 土地利用强度低，居民湿地保护意识好

经测算，土地利用强度（P_{Lu}）为 0.16，强度较低，对湿地的健康和稳定影响较小。同时，随着湿地保护宣传力度的加大，周边居民对湿地具有良好的认知及保护意识，从而有利于保护工作开展。

2）湿地功能

· 功能状况

湖南西洞庭湖国际重要湿地综合功能指数为 7.50，功能级别为"好"。结果表明，湿地在供给、调节、文化以及支持方面发挥了较强的功能，尤其是调节功能得分占综合功能总得分的 55.73%，湿地作为大型水体具有明显的区域气候调节、水资源调节，以及净化水质功能。同时，复杂的湿地生态系统为周边居民提供了得天独厚的动植物资源，作为栖息地孕育了丰富的生物物种，为生态旅游及教育科研的开展奠定了物质基础（表 4-74）。

表 4-74　湖南西洞庭湖国际重要湿地生态系统功能评价结果

评价指标		指标值		指标权重	综合功能指数
一级指标	二级指标	原始值	归一化值		
供给功能	物质生产	4.20%	6.40	0.277 6	7.50
调节功能	气候调节	9.32	9.32	0.138 6	
	水资源调节	9.07	9.07	0.251 9	
	净化水质	7.98	7.98	0.076 3	
文化功能	休闲与生态旅游	8.56	8.56	0.047 7	
	教育与科研	9.37	9.37	0.047 7	
支持功能	保护生物多样性	32.27	4.23	0.160 2	

· 结果分析

A. 湿地调节功能巨大

由于庞大水体的影响，湿地局地小气候现象十分明显，具有亚热带季风气候特征。湿地在调蓄洪水方面起着十分重要的作用，是长江中下游地区典型的调蓄型湖泊。湿地汇集沅、澧二水和长江太平、松滋二口洪流，对于均化洪水、减少下游地区洪涝灾害、维

持高标准的水质,以及对区域气候的调节和稳定具重要作用,是当地区域经济可持续发展的根本保证。湿地内发达的水系、巨大的洪水吞吐量,使得其稀释自净能力特强,湖泊换水周期一般小于 20 天,从而使水质得到净化。

B. 湿地文化传承功能强

湿地通过渔家乐、农家乐形式开展湿地生态旅游,融合当地文化特色,使湿地在汉寿生态旅游产业上发挥越来越重要的作用。"湿地日""越冬候鸟保护"大型宣传活动的举办,以及湿地保护宣传教育中心、观鸟屋、湿地保护管理站点的建设,濒危物种监测的开展,大大提高了湿地教育与科研水平,对生态文明的传播与科学研究发展具有重大作用。

C. 保护生物多样性功能好

湿地生物资源集典型性、脆弱性、多样性、稀有性、自然性于一体,生物多样性指数达到 32.27,野生动物栖息地环境好,分布有大量的珍稀野生动植物。

3) 湿地价值

· 价值状况

湖南西洞庭湖国际重要湿地总价值为 36.27 亿元/年,湿地单位面积价值为 12.33 万元/(公顷·年)。在湿地生态系统的各项价值中,间接使用价值最大,达 23.44 亿元/年,占总价值的 64.62%,湿地在调节大气、调蓄洪水、净化去污方面具有重大价值;其次为直接使用价值 11.50 亿元/年,占总价值的 31.71%;再次为选择价值 0.79 亿元/年,占总价值的 2.18%;最后为存在价值 0.54 亿元/年,占总价值的 1.49%(表 4-75)。

表 4-75　湖南西洞庭湖国际重要湿地生态系统价值评价结果

（单位：亿元/年）

评价指标		单项价值	小计	总价值
一级指标	二级指标			
直接使用价值	湿地产品	9.77	11.50	36.27
	休闲娱乐	0.15		
	环境教育	1.58		
间接使用价值	调节大气	1.75	23.44	
	调蓄洪水	14.20		
	净化去污	7.49		
选择价值	生物多样性	0.79	0.79	
存在价值	生存栖息地	0.54	0.54	

· 结果分析

A. 湿地直接使用价值高,休闲娱乐潜力大

湿地产品价值达到 9.77 亿元/年,为汉寿县周边提供了丰富的湿地产品。环境教育价值达到 1.58 亿元/年,湿地建有完善、先进的宣教中心,每年定期开展"湿地日""爱鸟周"等宣传活动,对普及湿地知识、提高群众湿地保护意识具有重要作用。但湿地休闲

娱乐价值仅 0.15 亿元/年，以渔家乐、农家乐形式开展湿地生态游为主，以游船湿地游为辅，但目前对湿地生态系统总价值的贡献还较小。

B. 湿地间接使用价值大，生态作用明显

湿地每年可固定 CO_2 176 004.14 吨，释放 O_2 129 573.6 吨，调节大气价值达到 1.75 亿元/年，对缓解温室效应、调节区域大气平衡具有重要作用。湿地调蓄洪水价值达到 14.20 亿元/年，对整个沅江、澧水二水下游的洞庭湖西部平原地带流域的防洪和中下游地区的可持续发展做出了不可磨灭的贡献。同时，在净化去污方面发挥了巨大价值，达 7.49 亿元/年。

4）总体评价

湖南西洞庭湖国际重要湿地生态系统健康级别为"中"，表明湿地水环境处于中等水平，湿地面积保持稳定；湿地周边居民湿地保护意识较高；土地利用强度、野生动物栖息地指数较高，适宜多种珍稀动植物的栖息，生态系统目前较为稳定；土壤污染较严重，土壤含水量较低。湿地生态系统功能级别为"好"，湿地作为大型水体具有明显的区域气候调节、水资源调节以及净化水质功能。湿地生态系统总价值为 36.27 亿元/年，湿地单位面积价值为 12.33 万元/公顷·年，具有显著的社会、生态和经济价值。

3. 存在问题及建议

1）存在问题

A. 湿地资源的破坏性行为时有发生

湿地范围内种芦植树、围网养殖等人为活动比较频繁，同时周边部分居民非法电鱼和猎捕鸟类等行为依然存在，导致湿地功能退化，严重破坏候鸟的栖息环境。

B. 湿地污染加剧

在湿地上游及周边有大量的工业废水、生活污水和化肥、农药等有害物质排入水体，受污染的水流经湿地，造成有毒物质积累，水体富营养化，食物网简化，生物多样性降低。

C. 湿地退化与恢复矛盾尚存

由于历史上围湖造田、杨树种植开发等活动，破坏了原始湿地植被群落结构和原生态湿地景观，同时也破坏了鱼类"三场"（产卵场、索饵场、洄游场）和鸟类栖息地。

2）建议

A. 搞好社区共管，提高生产经营活动的管理水平

依法打击滥捕乱猎等破坏野生动物资源的违法犯罪行为，发展生态旅游业、畜牧业、养殖业和农渔产品加工业，为退田还湖的渔民寻找合适的替代产业，继续搞好青山湖垸的社区共管，增加渔民收入，缓解西洞庭湖面临的生态环境压力；加强环境保护宣传教育，提高社区居民环境保护意识；进行鸟类、鱼类动态监测，掌握鸟类动态及与人类的活动关系，为鸟类保护提供基础资料。

B. 部门联动,有效防治水污染

积极与水利、环保等有关部门协作,加强水污染的防治和执法工作,对现有污染源限期治理,确保达标排放,同时严格控制新污染源的产生。

C. 实施必要的生态修复工程,加快退化湿地恢复

积极采取推沟平垄、推埂平障、矮围蓄水、清除湖洲杨树林和非法围栏养殖设施等措施来恢复严重退化的湿地。

4.2.26 江苏大丰麋鹿国际重要湿地

1. 基本情况

1) 位置与范围

江苏大丰麋鹿国际重要湿地(见书后彩图 26)位于江苏省东部黄海之滨,大丰市境内,东南与东台市蹲门滩涂开发区接壤,南边与江苏省新曹农场毗邻,西边和大丰林场及上海市川东农场相连,北方(东北)是浩瀚的大海。地理位置为东经 $120°46'\sim120°53'$,北纬 $32°58'\sim33°03'$。湿地距离大丰市区 50 公里,距离盐城市区 100 公里。

经遥感影像(2013 年 10 月,Landsat 8)解译,湿地总面积为 2160.33 公顷。

2) 历史沿革

1986 年 8 月林业部与世界自然基金会(WWF)合作,从英国 7 家动物园引入 39 头麋鹿到大丰林场南场,建立了 1000 公顷的大丰麋鹿保护区;1997 年保护区升级为国家级自然保护区;2002 年大丰麋鹿湿地被列入国际重要湿地名录。

3) 自然状况

· 地质地貌

大丰麋鹿湿地地处苏北海岸带属于淤涨型平原淤泥质海岸,为典型的滨海湿地,主要湿地类型包括滩涂、季节河和部分人工湿地,有大量林地、芦荡、沼泽地、盐裸地和森林草滩。近 50 年来,古黄河口三角洲海岸每年向西退 20~50 米。南北潮流在东台附近汇合,引起大量泥沙辐射与辐散,形成了东台大丰沿海的辐射沙脊群。

· 气候

大丰麋鹿湿地地处亚热带向暖温带过渡的地带,属于海洋和季风气候的过渡类型。冬季受大陆季风影响,多西北风,干旱少雨,低温霜冻;夏季受海洋季风影响,多东南风,高温,雨量充沛。年平均气温为 14.1℃,其中 1 月平均气温为 0.8℃,7 月平均气温为 27.0℃。降水多集中于 6~9 月,年均降水量为 1068 毫米,年均蒸发量为 850 毫米,年均地下水出流量为 1.8 万吨,无地表水流出。2013 年蓄水量约为 400 万吨。

· 水文

大丰麋鹿湿地所处沿海潮汐属半日潮,每日涨潮落潮各 2 次,最高潮位达 9.60 米,最低达 3.22 米。湿地内有人工水塘和自然水域 10 余处,沟渠构成网格状灌溉系统。

· 土壤

大丰麋鹿湿地土壤包括 3 个土壤亚类：潮滩盐土、草甸滨海盐土和沼泽滨海盐土。沼泽滨海盐土含盐量为 0.5%～0.7%，潮滩盐土由于地处潮间带的板沙滩和浮泥滩上，含盐量大于 0.6%，土壤 pH 为 7.5～8.5，土壤无机态磷含量为 0.126%～0.162%。

· 植被

大丰麋鹿湿地共有种子植物 284 种，隶属于 60 科 197 属。其中，裸子植物 2 种，均为引种栽培，被子植物 55 科 192 属 277 种，中国特有植物 8 科 13 属 14 种，没有发现本地区特有植物。湿地内有麋鹿可食植物 198 种，冬季被麋鹿利用的植物种类有 65 种。植被区系特征属自然或半自然植被。从海滨向内陆，植被由盐沼植被、盐土植被、杂草-灌丛-疏木植被到撂荒植被过渡。湿地水生高等植物种类十分丰富，按其生态类型可分为湿生植物、挺水植物、浮叶植物、沉水植物、漂浮植物 5 类 168 种。盐沼植被有大米草群落、芦苇-水烛为优势种的两种沼泽植被类型群落；盐土植被有盐地碱蓬-盐角草群落、罗布麻-柽柳群落、樟毛群落、白茅-拂子茅群落；杂草-灌丛-疏木植被有狼尾草-意大利杨群落。此外，还有以狐尾藻-苦草为优势种的水生植被，刚竹占明显优势的刚竹林林地，以及在半熟地和撂荒地上发育着的以茵陈蒿-狗尾草-荩草-芒尖薹草-白茅为优势种的植物群落。

· 动物

大丰麋鹿湿地共有野生动物 1183 种。其中，鱼类 156 种、昆虫 599 种、腔肠动物 6 种、环节动物 62 种、棘皮动物 10 种、浮游生物 98 种；有鱼类 156 种，其中硬骨鱼类的鲈形目占优势，种类最多；软骨鱼类以真鲨目种类最多。主要经济鱼类有小黄鱼、大黄鱼、棘头梅童鱼。此外，海滨湿地河流水库，以及人工池塘养殖的淡水性经济鱼类有草鱼、鲢鱼、鳙鱼、鲤鱼等。两栖爬行类 21 种，隶属于 5 目 9 科；兽类 27 种，隶属于 6 目 12 科。鸟类 204 种，隶属于 16 目 42（亚）科；国家Ⅰ、Ⅱ级保护动物共计 41 种；鸟类 204 种，以雀形目占优势，共有 17 个科（亚科）。哺乳类以啮齿目为主，共有 3 科 8 种，占哺乳类物种总数的 29.6%；食虫目、翼手目和食肉目各有 5 种，各占哺乳类物种总数的 18.5%；偶蹄目是哺乳类的另外一个重要类群，除了重点保护的麋鹿，另有两种小型有蹄类河麂和小鹿。

4）社会经济状况

2012 年，湿地所在地大丰市实现地区生产总值 393.36 亿元，按可比价计算同比增长 13.6%；人均地区生产总值为 56 013 元，第二、第三产业增加值占 GDP 增加值的比重达 83.9%，比上年提高 0.6 个百分点；全市城镇居民人均可支配收入为 22 471 元，同比增长 13.2%；城镇居民人均生活消费支出为 14 704 元，比上年增加 2182 元，增长 17.4%。全市各项事业发展迅速，与湿地息息相关的农林牧渔业总产值为 145.54 亿元，比上年增长 7.7%。全市实现农林牧渔业增加值 63.34 亿元，比上年增长 9.4%。

大丰麋鹿湿地位于江苏省盐城大丰市境内，湿地内无行政村或自然村，周边涉及两个镇（大桥镇、草庙镇）、两个行政村（野鸭荡村、川竹村）、两个农场（川东农场、金丰农场)和大丰林场。

5) 湿地受到的干扰

大丰麋鹿湿地在建立之前主要受到城市化、基建、围垦、污染和过度捕捞等因素的影响,危害面积较大,对湿地的质量造成了较为严重的破坏。该湿地建立之后,主要危害来自于互花米草等外来物种的入侵,互花米草面积达 500 公顷(占第三核心区的一半),对本地种的生存构成威胁。另外,随着主要保护对象麋鹿个体数量的增加,湿地原来的土地承载压力也随之加大,保护管理难度不断提升;周边交通日益完善,周边居民生产生活日益活跃,严重影响着麋鹿的栖息繁衍。

2. 评价结果

1) 湿地健康

· 健康状况

江苏大丰麋鹿国际重要湿地生态系统综合健康指数为 6.49,健康级别为"中"。结果表明,湿地水环境处于中等水平,土壤基本无重金属污染;但生物多样性一般,土壤不太适宜多种珍稀动植物的栖息;湿地周边居民湿地意识较高,目前生态系统较为稳定,但因麋鹿种群日益庞大,生态系统健康有长期衰退的风险(表 4-76)。

表 4-76　江苏大丰麋鹿国际重要湿地生态系统评价综合健康指数

评价指标		指标值		指标权重	综合健康指数
一级指标	二级指标	原始值	归一化值		
水环境指标	地表水水质	Ⅲ	6.00	0.1172	6.49
	水源保证率	—	10.00	0.2343	
土壤指标	土壤重金属含量	0.69	10.00	0.1247	
	土壤 pH	8.85	0.75	0.0295	
	土壤含水量	23.18	2.32	0.0175	
生物指标	生物多样性	26.09	1.52	0.2311	
	外来物种入侵度	0.01	9.10	0.0578	
景观指标	野生动物栖息地指数	3.80	3.80	0.0264	
	湿地面积变化率	0.99	9.71	0.0691	
	土地利用强度	0.19	6.20	0.0151	
社会指标	人口密度	229.00	6.15	0.0257	
	物质生活指数	0.00	0.00	0.0108	
	湿地保护意识	5.80	5.80	0.0408	

· 结果分析

A. 湿地水质及土壤良好

湿地水质属于Ⅲ类,表明湿地水质较好,适宜各种动植物的繁衍栖息,以及水产养殖生产的进行。土壤重金属内梅罗指数(P_N)为 0.69，表明湿地土壤基本没有受到重金属污染。

B. 湿地面积稳定

湿地面积变化率为 0.99，由于水源保证较为充足，近两年湿地面积保持稳定，有利于湿地生态系统的稳定和健康。

C. 外来物种入侵度较低

外来入侵植物主要为互花米草，它的入侵对本地种的生存造成了一定威胁，但近年来发现了野生麋鹿频繁采食互花米草的情况，而且互花米草还为麋鹿种群提供了较佳的栖息空间。

D. 生物多样性指数较低

由于建立大丰麋鹿保护区的主要目的在于对麋鹿的人工驯化和野养，所以对区内其他动植物保护的重视程度不够，另外，随着江苏沿海滩涂围垦开发进程的推进，人类的干扰强度有所增加，黄海沿岸泥沙不断淤积，这种改变势必对生物多样性产生影响。

E. 野生动物栖息地指数低

湿地内人工围网的设置，以及发达的公路交通加大了野生动物栖息地的破碎化程度，麋鹿、河麂、豹猫、南蝠，东方白鹳、白尾海雕、丹顶鹤、白头鹤等 27 种野生高等动物的栖息繁衍受到影响。

2）湿地功能

· 功能状况

江苏大丰麋鹿国际重要湿地生态系统综合功能指数为 7.15，功能级别为"好"。结果表明，湿地在供给、调节、文化以及支持方面发挥了较强的功能，尤其是调节功能得分占综合功能得分的 46.01%，作为全球最大麋鹿种群的栖息地，湿地在促进麋鹿研究与保护、开展生态旅游方面具有重要作用(表 4-77)。

表 4-77　江苏大丰麋鹿国际重要湿地生态系统功能评价结果

评价指标		指标值		指标权重	综合功能指数
一级指标	二级指标	原始值	归一化值		
供给功能	物质生产	7.70%	7.57	0.105 0	
调节功能	气候调节	7.40	7.40	0.093 5	
	水资源调节	7.40	7.40	0.245 1	7.15
	净化水质	7.40	7.40	0.107 1	
文化功能	休闲与生态旅游	8.20	8.20	0.142 4	
	教育与科研	9.20	9.20	0.142 4	
支持功能	保护生物多样性	26.09	3.61	0.164 5	

· 结果分析

A. 调节功能巨大

大丰麋鹿湿地地处滨海地区，局地小气候现象十分明显，气候属海洋和季风气候的过渡类型，湿地内沟渠构成网格状灌溉系统，在气候调节、水资源调节和净化水质几个方面起到了重要作用。

B. 文化功能巨大

大丰麋鹿湿地始终坚持以科研促保护、以旅游促发展的方针，建设了中华麋鹿园、鹦鹉园等景点，其生态旅游大大增强了湿地保护的自养能力，在缓解当地就业问题、合理利用资源、保护与利用协调发展的同时，兼顾了宣传教育的作用，促进了生态文化的传播，具有极高的教育与科研水平，对生态文明的传播与科学研究发展具有重大作用。

C. 供给功能较强

大丰麋鹿湿地为周边居民提供了丰富的动植物资源，其中近两年麋鹿数量增加了229 头，鸟类种数和数量也有所增加，鱼类产量 40 万公斤，饲草 150 万公斤，薪柴 5 000担，谷物 50 万公斤，为大丰市农林牧渔业发展做出了很大贡献。

3）湿地价值

· 价值状况

江苏大丰麋鹿国际重要湿地总价值为 1.18 亿元/年，湿地单位面积价值 5.46 万元/（公顷·年）。在湿地生态系统的各项价值中，间接使用价值最大，达 0.81 亿元/年，占总价值的 68.64%，湿地在调节大气、调蓄洪水、净化去污方面具有重大价值（表 4-78）。

表 4-78　江苏大丰麋鹿国际重要湿地生态系统价值评价结果　（单位：亿元/年）

评价指标		单项价值	小计	总价值
一级指标	二级指标			
直接使用价值	湿地产品	0.11	0.27	1.18
	休闲娱乐	0.04		
	环境教育	0.12		
间接使用价值	调节大气	0.23	0.81	
	调蓄洪水	0.03		
	净化去污	0.55		
选择价值	生物多样性	0.06	0.06	
存在价值	生存栖息地	0.04	0.04	

· 结果分析

A. 间接使用价值显著

湿地每年可固定 CO_2 2.46 万吨，释放 O_2 1.81 万吨，每年调蓄洪水 400 万吨，在调节大气、调蓄洪水，以及净化去污等方面发挥了重要作用，间接产生的经济价值显著。

B. 湿地资源丰富，直接利用价值高

湿地为周边社区提供了丰富的农林牧渔业产出，也为麋鹿种群的保护提供了必要的物质基础。另外，湿地开展以麋鹿为主的生态旅游，拥有极高的知名度和影响力；建有完善先进的宣教中心，每年定期开展湿地、麋鹿等专项宣传活动，对普及湿地知识、提高群众湿地保护意识具有重要作用。

C. 生物多样性价值偏低

由于建立大丰麋鹿保护区的主要目的在于麋鹿的人工驯化和野养，所以对其他动植物保护的重视程度不够，另外随着江苏沿海滩涂围垦开发进程的推进，人类的干扰强度有所增加，黄海沿岸泥沙不断淤积，这种改变势必对生物多样性产生影响。

4) 总体评价

江苏大丰麋鹿国际重要湿地生态系统健康级别为"中"，功能级别为"好"，湿地生态系统总价值为 1.18 亿元/年，单位面积湿地价值为 5.46 万元/（公顷·年）。目前，湿地生态系统较为稳定；土壤污染程度较低；具有明显的区域气候调节、水资源调节，以及净化水质功能；在物质生产、调蓄洪水和净化去污方面具有重大价值，发挥了显著的社会、生态和经济价值。

3. 存在问题及建议

1) 存在问题

A. 麋鹿种群发展带来负面影响

由于喜食的植物被麋鹿优先采食，再加上鹿群的反复践踏，植物群落种类组成结构发生了显著变化。引发这一变化的原因在于仅重视了麋鹿的人工驯化和野养，所以对湿地内其他动植物保护的重视程度不够。由于麋鹿种群的不断增大，常年践踏对放养区的湿地景观造成了很大破坏，同时人工围网也加剧了湿地景观破碎化程度，严重影响了麋鹿生存环境的质量。

B. 管理不完善影响湿地保护

大丰麋鹿湿地经过前期的一定发展，也暴露了自身存在的不足：一是湿地保护投入不够，湿地管理人员少、管理经费不足；二是湿地保护管理体制不完善，湿地保护与管理牵涉面广，涉及部门多，在湿地开发利用方面存在各行其是、各取所需的现象。旅游、捕鱼、采盐、开荒、养殖等都在向湿地要产品、要效益，严重影响了对湿地的保护和合理利用。

C. 周边发展对生态系统带来威胁

大丰麋鹿湿地保护区成立之初，周边交通较落后，居民数量较少，环境相对静谧，有利于动植物的生存。但是历经20多年的发展变化，湿地周边交通日益完善，居民生产生活日益活跃。人为干扰对湿地健康的威胁越来越大。经监测，湿地受污染程度较轻，但面临着环境污染的威胁逐年加大，污染湿地的威胁主要来自于大量工业废水、生活污水的排放，油气开发等引起的漏油、溢油事故，以及农药、化肥引起的面源污染等，而且环境污染对湿地的威胁正随着工业化进程的发展而迅速加剧。

2) 建议

A. 试行麋鹿放养区轮转机制

国内的相关研究一般认为，中度干扰下湿地物种多样性影响处于可控阶段，强度干扰则会造成生物多样性减少、物种丰富度降低。受经费等因素制约，不可能无限制地扩大麋鹿放养区面积。因此，在管理制度上可选择放养区轮转方式，扩大放养区面积，并对部分放养区位置进行调整，同时插播其他生物量高的食源植物，以缓解放养区内植物生物多样性降低的趋势。

B. 开展麋鹿迁出异地保护的可行性研究

将一部分麋鹿转移到其他地区或者建立新的麋鹿保护区，以降低种群密度、可食植物匮乏压力和疾病爆发的风险，从而保证麋鹿这个珍稀物种能够健康地生存下去。

C. 继续开展栖息地的生态修复

加强对麋鹿栖息地的环境、植被变化、土壤养分等监测工作，建立长期有效的数据资料库；对退化的光裸地进行植被栽植，以增加麋鹿的食物；对半野生区域内的优势植物进行控制，通过轮牧、收割或栽植其他植物等方式，丰富生物多样性，保证区域内生态安全和生态系统稳定。

D. 重视湿地调查、监测、保护、恢复等科技支撑工作

目前，大丰麋鹿湿地保护的基础研究和科技支撑还非常薄弱，特别是对湿地的监测、恢复、功能、演替规律等方面缺乏系统、深入的研究，不能很好地为湿地保护和管理决策服务。因此，要重视对湿地保护管理的科技支撑工作，建立湿地定期调查和动态监测体系，掌握湿地资源与环境动态，为湿地保护、合理利用与管理提供科学依据。加强湿地保护、恢复等可行性研究工作，对已经退化的湿地资源进行人工恢复。

4.2.27　江苏盐城国际重要湿地

1. 基本情况

1) 位置与范围

江苏盐城国际重要湿地(见书后彩图 27)位于江苏省盐城市境内的沿海地带，地跨东台、大丰、射阳、滨海、响水、亭湖 6 县(市、区)，南北长 582 公里，东西宽 15～20 公里，呈狭长条状。地理坐标为东经 119°46′59″～121°7′46″，北纬 32°36′1″～34°32′14″。

盐城湿地面积为 37.49 万公顷(经 2014 年 5 月 26 日 Landsat 8 遥感影像反演得到)。

2) 历史沿革

1983 年 2 月，江苏省人民政府批准建立江苏省盐城省级沿海滩涂珍禽自然保护区；1984 年 10 月，成立保护区管理处；1992 年 10 月，经国务院批准，晋升为国家级自然保护区，并更名为江苏盐城国家级珍禽自然保护区；1992 年 11 月，被联合国教科文组织人与生物圈委员会协调理事会批准为生物圈保护区，并纳入世界生物圈保护区网络；2002 年 1 月，盐城湿地被列入国际重要湿地名录；2007 年 2 月，经国务院批准，保护区范围有所调整，并更名为江苏盐城湿地珍禽国家级自然保护区。

3) 自然状况

· 地质地貌

盐城湿地滩涂是江苏沿海湿地发育的地理空间基础，主要由细沙-粉沙-黏土级的细

颗粒沉积物组成。江苏盐城海岸带位于中国海岸中部，是典型的粉砂淤泥质海岸。湿地内核心区滩涂仍以每年 50～200 米的速度向海域延伸。

· 气候

盐城湿地气候属典型的季风气候区，年平均气温为 13.8℃，极端最高气温为39.0℃，极端最低气温为－17.3℃。年平均降水量为 1023.8 毫米，5～9 月的平均降水量达 700 毫米，占全年降水量的 70% 左右，冬季降水很少。该地具有雨热同期的特点，夏季雨量集中，有利于土壤脱盐。光照充足，无霜期长，太阳年辐射总量为 116.2～121.0 千卡/平方厘米，年平均光照时间为 2 199～2 362 小时，无霜期为 210～224 天。

· 水文

湿地内近岸潮流总趋势为落潮历时大于涨潮历时，时差约为 0.5～1.0 小时，海水平均潮差为 2～3 米。海水盐度年平均为 29.52‰～32.24‰，汛期及近岸受排水影响仍不低于 22‰。近岸海水 pH 8.0 左右，全年时空变幅不大，适宜于海洋及滩涂生物的生长和繁殖。因沿岸水系发育，营养盐类含量也较为丰富。

湿地内涉及的陆地水系由北向南主要有灌河、中山河、翻身河、扁担河、淮河入海水道等 16 条河流。除灌河外，其他河口全部有闸门，可人工控制入海流量。正常年份水资源较充足，但季节分布不平衡；干旱年份，其内滩地严重缺水，导致湿地疏干。

· 土壤

盐城湿地内土壤包括 3 个土壤亚类，即潮滩盐土、草甸滨海盐土和沼泽滨海盐土。沼泽滨海盐土含盐量为 0.5%～0.7%，潮滩盐土由于地处潮间带的板沙滩和浮泥滩上，含盐量大于 0.6%，土壤 pH 为 7.5～8.5，土壤无机态磷含量为 0.126%～0.162%。

· 植被

盐城湿地植被种类组成比较丰富，共有高等植物 128 科 378 属 607 种。其中，中国特有的属有 9 个，分别是腊梅属、杜仲属、栾树属、银杏属、侧柏属、水杉属、枳属、知母属、盾果草属；其中，4 种为国家Ⅱ级保护野生植物，即野大豆、珊瑚菜、野菱和莲。湿地内植物主要分为 3 类：积盐植物如盐角草、盐地碱蓬，泌盐植物如中华补血草、獐茅，避盐植物如芦苇等。

在水域中还有浮游植物 230 种，隶属 5 门 72 属；种类较多的有硅藻门、甲藻门和蓝藻门。

· 动物

盐城湿地共有鱼类 266 种，隶属于 28 个目 94 科，两栖动物有 8 种，爬行动物有 27种。湿地内共记录鸟类 394 种，隶属于 19 目 52 科，有大量的保护鸟类，国家Ⅰ级保护鸟类 11 种，如丹顶鹤、白头鹤、白鹤、白尾海雕、东方白鹳、大天鹅等；国家Ⅱ级保护鸟类 64 种，如黑脸琵鹭、鸳鸯、白枕鹤、灰鹤、红隼等；列入《中国濒危物种红皮书》的鸟类有稀有种 15 种，濒危种 7 种，易危种 11 种，不确定种 3 种。湿地内共有哺乳动物 40种，其中有国家Ⅰ级保护野生动物麋鹿和国家Ⅱ级保护野生动物河麂。盐城湿地海域发现鲸类 6 种：长须鲸、布氏鲸、伪虎鲸、瓶鼻海豚、太平洋斑纹海豚、江豚；鳍足目 3 种：北海狮、斑海豹、环海豹，均为国家Ⅱ级保护野生动物。

4) 社会经济状况

盐城湿地所在的最小行政区为盐城市，共涉及射阳、大丰、东台、滨海、响水和亭湖 6 县(市)中的 5 个镇和 8 个农盐场。2013 年，全市实现地区生产总值 3475.5 亿元，比上年增长 12.3%；全市城镇居民人均可支配收入为 24 119 元，比上年增长 9.9%；农民人均纯收入为 13 344 元，比上年增长 12.1%，与湿地息息相关的农林牧渔业总产值为 991.7 亿元，增长 7.2%。

湿地内的居民一直以围垦、晒盐和海洋捕捞为主要生产方式，主要发展粮、棉、林、牧、盐、淡水鱼、贝类、紫菜、芦苇、对虾等产品的种养殖业及其加工业，近年来开始逐渐走上绿色工业的道路，其对当地经济发展起到了促进的作用。

5) 湿地受到的干扰

盐城湿地受到的干扰主要包括人为和自然两个方面。人为干扰主要表现为新建的大型风电项目开始投入运营和人类的生产活动，其对湿地的生态环境均产生明显的负面作用，同时对鸟类等生物生存也造成了一定程度的威胁。自然干扰主要表现为海平面上升和风暴潮。海平面上升降低了河流的坡降，向海的输沙量减少，同时海洋动力加强，风暴潮的发生频率增加，海岸侵蚀加剧。

2. 评价结果

1) 湿地健康

·健康状况

江苏盐城国际重要湿地生态系统综合健康指数为 7.72，健康级别为"好"。结果表明，湿地土壤无重金属污染，生物多样性指数、外来物种入侵度、野生动物栖息地指数、湿地面积变化率等较高；地表水水质较好，土壤 pH、土地利用强度指数较高；土壤含水量、人口密度、物质生活指数等指数偏低；目前生态系统较为稳定，但因人口密集、人为干扰强烈，生态系统健康有长期衰退的风险(表 4-79)。

·结果分析

A. 地表水质较好，水源保证充足

湿地水质属于Ⅲ类，湿地水质较好，适宜各种动植物繁衍栖息，以及水产养殖生产的进行。湿地属于滨海湿地，具有潮间淤泥海滩、潮间盐水沼泽及河口水域等多种湿地类型，海水水源充足，海岸滩涂又有众多池塘、水库，其蓄水量为 93.7 亿立方米，表明湿地水源非常充足，对湿地生态系统的长期稳定具有重要意义。

B. 土壤环境良好，适宜耐盐碱动植物生存

湿地土壤重金属内梅罗指数(P_N)为 0.75，重金属基本无污染，达到土壤一类标准，湿地土壤平均 pH 为 8.07，呈碱性，适合耐盐碱性生物生存，湿地土壤平均含水量仅为 25.21%，主要是由于土壤泥沙含量较大。

表 4-79　江苏盐城国际重要湿地生态系统健康评价结果

评价指标		指标值		指标权重	综合健康
一级指标	二级指标	原始值	归一化值		指数
水环境指标	地表水水质	Ⅲ	6.00	0.124 1	
	水源保证率	—	—	0.000 0	
土壤指标	土壤重金属含量	0.75	9.78	0.160 6	
	土壤 pH	8.07	4.65	0.038 1	
	土壤含水量	25.21	2.52	0.022 6	
生物指标	生物多样性	52.22	8.06	0.242 5	
	外来物种入侵度	0.005	9.64	0.121 3	7.72
景观指标	野生动物栖息地指数	7.60	7.60	0.048 7	
	湿地面积变化率	0.005	10.00	0.127 5	
	土地利用强度	0.17	6.55	0.027 9	
社会指标	人口密度	484.6	1.92	0.028 8	
	物质生活指数	0.00	0.00	0.012 1	
	湿地保护意识	3.40	3.40	0.045 8	

C. 野生动物栖息地环境好，生物多样性高

湿地植被覆盖度较高、景观破碎化程度较低，湿地对野生动植物具有较强的承载能力，所以有利于保护生物多样性。生物多样性指数为 52.22，野生高等动物种 741 种，其中受威胁的野生高等动物种 100 种；有野生维管束植物 607 种，其中中国特有的野生维管束植物种 11 种，受威胁的野生维管束植物种 9 种，外来入侵植物 1 种。

2）湿地功能

· 功能状况

江苏盐城国际重要湿地综合功能指数为 7.81，功能级别为“好”。结果表明，湿地在供给、调节、文化以及支持方面发挥了较强的功能，尤其是文化功能得分占综合功能得分的 43.28%，湿地具有明显的休闲与生态旅游、教育与科研的功能。同时，复杂的湿地生态系统为周边居民提供了得天独厚的动植物资源，作为栖息地孕育了丰富多彩的生物物种，为生态旅游及教育科研的开展奠定了物质基础（表 4-80）。

· 结果分析

A. 湿地调节功能显著

由于受海洋性气候影响，湿地局地小气候现象十分明显，具有典型的季风气候区特征。海水具有连续性和不可压缩性的特点，湿地的海水因风力或密度差异等原因流走后，相邻海区的海水就流来补充，进行自我调节。在净化水质方面湿地具有较强的功能，排放的工业废水、生活污水等有害物质经过芦苇等各种生物的处理变成无毒或营养物质，从而使水质得以净化。

表 4-80 江苏盐城国际重要湿地生态系统功能评价结果

评价指标		指标值		指标权重	综合功能指数
一级指标	二级指标	原始值	归一化值		
供给功能	物质生产	7.20%	7.40	0.1510	7.81
调节功能	气候调节	7.50	7.50	0.1123	
	水资源调节	8.30	8.30	0.0562	
	净化水质	6.75	6.75	0.1123	
文化功能	休闲与生态旅游	8.50	8.50	0.1232	
	教育与科研	9.45	9.45	0.2464	
支持功能	保护生物多样性	0.01	6.22	0.1986	

B. 湿地文化传承功能好

湿地作为全球最大的丹顶鹤越冬地,把底蕴浓厚的仙鹤文化和历史悠久的海、盐、垦、殖文化相结合,呈现了极高的旅游价值,先后接待来自美、英、法、德及香港等40多个国家和地区的专家、学者和游客,以及国内游客数十万人次,使湿地在盐城市生态旅游产业中发挥越来越重要的作用。

C. 保护生物多样性功能强

湿地生物资源集典型性、脆弱性、多样性、稀有性、自然性于一体,同时建立湿地管护建设、科研监测、宣传教育等专项资金,从根本上提升湿地生态系统的稳定性。

3)湿地价值

·价值状况

江苏盐城国际重要湿地生态系统总价值为 342.12 亿元/年,湿地单位面积价值为9.13 万元/(公顷·年)。在湿地生态系统的各项价值中,间接使用价值最大,达 200.70亿元/年,占总价值的 58.66%,湿地在调节大气、调蓄洪水、净化去污方面具有重大价值;其次为直接使用价值 124.45 亿元/年,占总价值的 36.38%;再次为选择价值 10.03亿元/年,占总价值的 2.93%;最后为存在价值 6.94 亿元/年,占总价值的 2.03%(表 4-81)。

·结果分析

A. 休闲娱乐潜力大,环境教育价值高

湿地休闲娱乐价值仅 0.02 亿元/年,以保护为主的湿地生态系统在总价值中贡献不大。但湿地建有完善先进的宣教中心、保护站等,每年定期开展"湿地日""爱鸟周"等宣传活动,对普及湿地知识、提高群众湿地保护意识具有重要作用,环境教育价值达到20.13 亿元/年。

B. 间接价值巨大,生态价值显著

湿地生态系统每年可固定 CO_2 427.10 万吨,释放 O_2 314.50 万吨,调节大气价值为42.48 亿元/年,对缓解温室效应、调节区域大气平衡具有重要作用。湿地调蓄洪水93.70 亿立方米,调蓄洪水价值达到 62.80 亿元/年,作为海滨类型的湿地,它自身的调

表 4-81　江苏盐城国际重要湿地生态系统价值评价结果 （单位：亿元/年）

评价指标		单项价值	小计	总价值
一级指标	二级指标			
直接使用价值	湿地产品	104.3	124.45	342.12
	休闲娱乐	0.02		
	环境教育	20.13		
间接使用价值	调节大气	42.48	200.70	
	调蓄洪水	62.8		
	净化去污	95.42		
选择价值	生物多样性	10.03	10.03	
存在价值	生存栖息地	6.94	6.94	

蓄洪水能力很强。湿地稀释自净能力强，再通过芦苇等水生植物净化水污染，使水质得以净化。其净化去污价值达 95.43 亿元/年。

C. 生态环境良好，选择和存在价值突出

湿地为鸟类的栖息提供了得天独厚的自然条件，是鸟类重要的越冬地与繁殖地，是东北亚与澳大利亚候鸟迁徙重要的中途停歇点，其生存栖息地价值为 6.94 亿元/年。湿地生物多样性价值为 10.03 亿元/年，有效地保护和维持了湿地生态系统的完整性、稳定性和连续性。

4）总体评价

江苏盐城国际重要湿地生态系统健康级别为"好"，表明湿地面积无变化、土壤无重金属污染、生物多样性丰富、外来物种入侵度低、适合野生动物栖息；地表水水质较好、土地利用强度等指数都较高；土壤含水量、人口密度、物质生活指数等偏低。湿地生态系统功能级别为"好"，湿地在供给、调节、文化，以及支持方面发挥了较强的功能。湿地生态系统总价值为 342.12 亿元/年，在调节大气、调蓄洪水和净化去污方面具有重大价值，单位面积湿地价值为 9.13 万元/（公顷·年），具有显著的社会、生态和经济价值。

3. 存在问题及建议

1）存在问题

A. 围垦与捕捞

湿地内部分居民缺乏保护湿地的意识，有过多围垦和捕捞现象，严重破坏滩涂湿地生态系统，使水产品种、数量、品质逐年锐减，影响鸟类食物来源。

B. 湿地污染加剧

在湿地上游，生产、生活产生的大量工业废水、生活污水和化肥、农药等有害物质被排入水体，受污染的水流经湿地，造成有毒物质积累、水体富营养化、食物网简化和生物多样性降低。

C. 外来物种入侵

近几年，互花米草在湿地范围内部分滩涂恶性繁殖，急剧蔓延，开始威胁到当地的生物多样性。同时，生物多样性赖以存在的基础——滩涂湿地的急剧减少和质量下降，也使湿地物种多样性受到严重威胁。

2）建议

A. 加强执法力度

加强与政府及有关执法部门的联系和沟通，进一步强化环境保护法律法规的实施和监督，减少甚至杜绝围垦和捕捞现象。

B. 有效防治水污染和改善水质

加强湿地内及周边水污染的防治和执法工作，对现有的污染源必须限期治理和达标排放，无法达标的企业实行关、停、并、转，同时严格控制新污染源的产生。

C. 建立外来物种时空变化预测模型

对外来物种时空变化建立预测模型，判断其在生态系统中的发展趋势，科学地控制和发展互花米草，制定良好的控制和防治措施，以实现科学合理地综合利用互花米草资源。

4.2.28　辽宁大连斑海豹国际重要湿地

1. 基本情况

1）位置与范围

辽宁大连斑海豹国际重要湿地（见书后彩图 28）位于辽东半岛西部海域，东经为 120°50′~121°57′，北纬为 38°55′~40°05′，距离大连市约 3.5 公里。湿地分为 3 处，分别位于大连市境内的旅顺口、长兴岛和瓦房店。

湿地总面积为 11 700 公顷（经 2014 年 6 月 4 日 Landsat 8 影像反演得到）。

2）历史沿革

1992 年 5 月，为了保护斑海豹资源，大连市水产局向大连市人民政府提建议，在大连渤海区斑海豹重点栖息地，设立市级海豹资源保护区；大连市人民政府于 1992 年 9 月批准建立大连斑海豹自然保护区；1997 年 12 月，国务院将大连斑海豹自然保护区批准为国家级自然保护区，行政区域属辽宁省大连市管辖；2002 年 1 月，大连斑海豹湿地被列入国际重要湿地名录。

3）自然状况

· 地质地貌

大连斑海豹湿地沿岸海底地势陡峻，坡度较大，多为基岩岸段，辽东湾海底沉积物多为陆源碎屑物质。近岸地区粒度较细，南部颗粒逐渐变粗，表层沉积物为粉砂质黏土软泥和黏土质软泥。长兴岛附近有各种粒度的砾石出现，旅顺口分布着砂质沉积物。

· 气候

大连斑海豹湿地气温从海洋向大陆递减。年极端高温可达 40℃ 左右，其他区域为 34～36℃，岛屿为 33℃。年极端低温以东北部沿岸最低，为 −29～−27℃；所处的海域年平均气温为 9.3℃。沿海全年 6 级以上大风日数超过 80 天。湿地内无霜期为 165～185 天。常年降水量在 610 毫米以上，所处海域年平均降水量为 580～750 毫米，全年太阳总辐射量为 143.3 千卡/平方厘米。

· 水文

辽东湾北部有辽河、双台子河、大凌河、小凌河挟带着大量颗粒物很细的物质入海。大连斑海豹湿地北部高温区为 26～27℃；东岸水温由北向南递减，其变化范围为 23～26℃；西岸水温分布较均匀，变化范围为 24～25℃。底层水温同表层相近。冬季受冷空气影响，并由于沿岸低温径流和融冰注入，水温达到最低。湿地是渤海中冰期最长的海域，冰情也最严重。在一般年份，辽东湾海岸于 11 月中下旬，最晚 12 月中旬初冰，到翌年 3 月中下旬终冰。

· 土壤

大连斑海豹湿地土壤分布较少，附近海岛表层为风化壳，土壤发育不完善，主要分布在海岛岩石缝中，土层稀薄，主要为棕壤性土。

海底表层沉积可分为砾石、中粗砂、细砂、粉砂质细砂、细砂质粉砂、泥-粉砂-砂、泥质粉砂、粉砂质泥 8 种类型，分布在辽东半岛南侧沿海及渤海海峡老铁山水道附近，成分主要是石灰岩、千枚岩等变质岩。

· 植被

大连斑海豹湿地沿岸浅海区盐度低，温差较大，浮游生物种类多为低盐广温性种类，群落组成属于较典型的北方海域种类。根据浮游植物调查结果，湿地海域浮游植物有 26 种，其中硅藻 8 科 11 属 24 种，甲藻 2 科 2 属 2 种，主要优势种是具槽直链藻、中肋骨条藻、窄隙角毛藻和夜光藻，种子植物仅分布于湿地边缘的沙滩上，尚未进行完整的调查。

· 动物

大连斑海豹湿地内约有鱼类 100 余种，虾类 3 种，蚧类 2 种，头足类 3 种，海洋哺乳动物 9 种。斑海豹、北海狮、长须鲸、小须鲸、虎鲸、伪虎鲸、江豚、瓶鼻海豚、真海豚为国家 II 级保护野生动物。

4）社会经济状况

据统计，2013 年大连地区生产总值为 7650.8 亿元，比上年增长 9.0%。其中，第一产业增加值为 477.6 亿元，增长 4.8%；第二产业增加值为 3892 亿元，增长 9.4%；第三产业增加值为 3281.2 亿元，增长 9.1%。三次产业结构由上年的 6.4∶51.9∶41.7 调整为 6.2∶50.9∶42.9，对经济增长的贡献率分别为 3.2%、55.4% 和 41.4%。人均生产总值为 110 600 元，农村居民年人均纯收入为 17 717 元。

大连斑海豹湿地周边分布有 20 座海岛，兔岛、鹿岛和蛇岛目前已开发旅游业，其他海岛多为无人岛，个别岛有居民，主要从事渔业生产。该湿地周边沿岸分布有港口及海洋交通运输业、海洋渔业、滨海旅游业、海洋船舶制造业、海盐及盐化工和海水利用业等。

5）湿地受到的干扰

大连斑海豹湿地受到的干扰主要有三方面：一是非法捕杀斑海豹，周边渔民有猎捕幼兽的习惯，最低年非法捕杀量不少于 100 头。二是沿海过度开发，周边地区海洋交通运输业、海洋渔业、滨海旅游业、海洋船舶制造业、海盐及盐化工和海水利用业发展迅速，干扰强烈。三是渔业资源较少，渤海湾渔业资源明显朝着低龄化、小型化、低质化方向演变。斑海豹每天进食的鱼量达 10 公斤左右，渔业资源下降，同时渤海污染、滩涂开发、石油钻探开采，都对斑海豹的栖息地安全造成了影响。

2. 评价结果

1）湿地健康

· 健康状况

辽宁大连斑海豹国际重要湿地生态系统综合健康指数为 6.31，健康级别为"中"。结果表明，湿地内海水水质良好，土壤无污染，无外来入侵的种侵害，湿地面积保持稳定，对保持生态系统长期健康具有重要作用。但湿地生物多样性水平较低，周边人口密度较高，且游客及居民湿地保护意识一般，人类对湿地干扰较为强烈，对湿地健康水平具有一定影响（图 4-82）。

表 4-82　辽宁大连斑海豹国际重要湿地生态系统健康评价结果

评价指标		指标值		指标权重	综合健康指数
一级指标	二级指标	原始值	归一化值		
水环境指标	地表水(海水)水质	Ⅰ	9.00	0.124 1	6.31
	水源保证率	—	—	0.000 0	
土壤指标	土壤重金属含量	0.69	10.00	0.160 6	
	土壤 pH	7.69	6.55	0.038 1	
	土壤含水量	17.00	1.70	0.022 6	
生物指标	生物多样性	17.45	0.00	0.242 5	
	外来物种入侵度	0.00	10.00	0.121 3	
景观指标	野生动物栖息地指数	4.40	4.40	0.048 7	
	湿地面积变化率	1.00	10.00	0.127 5	
	土地利用强度	10.00	10.00	0.027 9	
社会指标	人口密度	505	1.58	0.028 8	
	物质生活指数	0.00	0.00	0.012 1	
	湿地保护意识	5.77	5.77	0.045 8	

· 结果分析

A. 湿地水质良好,土壤无污染

根据水质年度监测数据,大连斑海豹湿地海水水质基本为海水Ⅰ类水质,表明斑海豹湿地水质较好,适宜各种生物繁衍栖息,以及水产养殖生产的进行,土壤重金属内梅罗指数(P_N)为 0.69,各指标均低于土壤一级标准,湿地土壤未受到污染,湿地环境保存较好。

B. 生境单一,生物多样性较低

大连斑海豹湿地栖息有 100 多种鱼类、斑海豹等 9 种国家Ⅱ级保护野生动物,由于陆地面积小,均是浅海生境,维管束植物分布较少且缺乏相应的调查,所以总体上生物多样性指数较低,仅为 17.45。

C. 旅游压力大,湿地干扰强烈

大连斑海豹湿地内土地利用未改变,土地利用强度较小,但湿地周边人口密集,人口密度为 505 人/平方公里,且每年接待游客数量庞大,对湿地生态系统干扰强烈。随着湿地保护宣传力度的加大,周边居民和来往游客的湿地认知及保护意识逐渐增强,但总体保护意识仍较低,不利于湿地保护工作的开展。

2)湿地功能

· 功能状况

辽宁大连斑海豹国际重要湿地生态系统综合功能指数为 6.88,功能级别为"中"。湿地在供给、调节、文化以及支持方面发挥了较强的功能,湿地作为保护斑海豹及其栖息地的特定区域,在生态旅游和科学研究、生态教育方面具有重要作用。同时,斑海豹湿地生态系统为周边居民提供了得天独厚的海洋资源,清洁的海水、优美的自然环境、珍稀的斑海豹种群为生态旅游,以及教育科研的开展奠定了物质基础(表 4-83)。

表 4-83　辽宁大连斑海豹国际重要湿地生态系统功能评价结果

评价指标		指标值		指标权重	综合功能指数
一级指标	二级指标	原始值	归一化值		
供给功能	物质生产	6.63%	7.32	0.1510	
调节功能	气候调节	7.60	7.60	0.1123	
	水资源调节	8.40	8.40	0.0562	
	净化水质	7.50	7.50	0.1123	6.88
文化功能	休闲与生态旅游	8.70	8.70	0.1232	
	教育与科研	8.20	8.20	0.2464	
支持功能	保护生物多样性	17.45	2.62	0.1986	

· 结果分析

A. 湿地面积大,调节功能强

由于受庞大水体的影响,湿地局地小气候现象十分明显,本区域虽属季风性大陆性气候,但具有海洋性特点,四季分明,气候温和;夏季温暖无酷暑,冬季少严寒;春季气温适中；空气湿润，降水集中，季风明显，适宜旅游活动的开展。

　　B. 湿地景观、教育与科研价值高

　　斑海豹的繁殖栖息地是一座天然的"海上公园"，不仅海区内各种类型的流冰和堆积的冰块是一种奇观，而且在流冰块上繁育的斑海豹及其哺育的仔兽也能吸引广大国内、外游客。近年来，大连斑海豹湿地共张贴保护斑海豹公告 1400 余份，发放宣传单 70 000 余份；共救助、治愈病、幼斑海豹 21 头；组织了 3 次斑海豹卫星标识放生活动，共放生斑海豹 27 头。同时，建立了 4 处瞭望台、2 处管理站和 1 处集管理、科研、救助为一体的斑海豹救助中心，其对斑海豹的科研和保护经验在国际上具有较高的借鉴意义。

　　C. 保护生物多样性功能突出

　　大连斑海豹湿地是世界上最南端的斑海豹繁殖地，在保护斑海豹及其栖息地的同时也保护了北海狮、长须鲸、小须鲸等其他国家 II 级保护野生动物，由于海洋湿地生态系统的特点，生物多样性指数虽低，但其发挥了重要的保护生物多样性的功能。

　　3）湿地价值

　　·价值状况

　　辽宁大连斑海豹国际重要湿地生态系统发挥了显著的生态价值，总价值为 8.61 亿元/年，湿地单位面积价值为 7.36 万元/(公顷·年)。在湿地生态系统的各项价值中，间接使用价值最大，达 6.26 亿元/年，占总价值的 72.70%，大连斑海豹湿地在调节大气、调蓄洪水、净化去污方面具有重大价值(表 4-84)。

表 4-84　辽宁大连斑海豹国际重要湿地生态系统价值评价结果

（单位：亿元/年）

评价指标		单项价值	小计	总价值
一级指标	二级指标			
直接使用价值	湿地产品	1.19	1.82	8.61
	休闲娱乐	0.00		
	环境教育	0.63		
间接使用价值	调节大气	0.93	6.26	
	调蓄洪水	2.35		
	净化去污	2.98		
选择价值	生物多样性	0.31	0.31	
存在价值	生存栖息地	0.22	0.22	

　　·结果分析

　　A. 环境教育价值高

　　近年来，湿地主管部门深入 30 多个重点渔业港口、重点渔村，共张贴保护斑海豹公告 1400 余份，发放宣传单 70 000 余份，对普及湿地知识、提高群众湿地保护意识具有重要作用，环境教育价值达到 0.63 亿元/年。

B. 生态功能强，调节大气价值大

大连斑海豹湿地生态系统的净初级生产力为 4.88 吨/公顷·年，每年可固定 CO_2 9.31 万吨，释放 O_2 6.85 万吨，调节大气价值达到 0.93 亿元/年，对缓解温室效应、调节区域大气平衡具有重要作用。

C. 生存栖息地价值大

斑海豹是鳍脚类中唯一能够在中国繁殖的海洋性哺乳类动物，其进化史、生活史和生态特性在生物科学和仿生学中都有极高的研究价值，湿地作为斑海豹自然繁衍的栖息地和避难所，发挥了巨大的生存栖息地的价值。

4）总体评价

辽宁大连斑海豹国际重要湿地生态系统健康级别为"中"，湿地内海水水质良好，土壤无污染，无外来入侵物种侵害，湿地面积保持稳定，对保持生态系统长期健康具有重要作用。但湿地生物多样性水平较低，周边人口密度较高，且游客及居民湿地保护意识一般，人类对湿地干扰较为强烈，对湿地健康水平具有一定影响。大连斑海豹国际重要湿地生态系统功能级别为"中"，在生态旅游和科学研究、生态教育方面具有重要作用；湿地生态系统总价值为 8.61 亿元/年，湿地单位面积价值为 7.36 万元/（公顷·年），具有显著的社会、生态和经济价值。

3. 存在问题及建议

1）存在问题

A. 群众湿地保护意识不高

根据统计资料，大连市人口密度达 505 人/平方公里，且每年吸引着大批量游客。但大连斑海豹国际重要湿地周边居民和游客的湿地保护意识普遍不强，渔民捕杀、误杀斑海豹的事情时有发生；游客乱扔垃圾、危害湿地植被的行为较为普遍；同时，随着人工养殖的发展，斑海豹栖息地不断萎缩，斑海豹进入网箱偷食的现象越来越严重，人类生产与斑海豹栖息的矛盾较为突出。因此，人类活动对湿地生态系统的干扰是危害湿地健康的主要潜在因素。

B. 湿地生物多样性指数低

大连斑海豹国际重要湿地的保护对象是斑海豹及其栖息地，其具有重要的保护功能。虽然湿地范围内野生高等动物数量达到 100 多种，但它是浅海型的湿地且基本无陆地面积，野生维管束植物分布较少，缺乏相应的科考调查，与湖泊型、沼泽型和河流型湿地相比，客观上生物多样性较低。因此，湿地生物多样性指数仅为 17.45，保护生物多样性功能得分仅为 2.62，生物多样性价值也仅为 0.31 亿元/年，湿地在生物多样性保护方面的功能和价值没有得到很好的体现。

C. 旅游潜力没有被充分挖掘

2013 年赴大连市旅游的国内外游客达到 5230.9 万人次，其中大部分游客的旅游活动与海滨度假有关，湿地生态旅游具有巨大的市场和潜力。目前，大连斑海豹国际重要湿地内基本无旅游和游览设施，湿地内也仅有蛇岛、兔岛和鹿岛开展生态旅游，但至今缺少旅游人数和旅游收入的相关记录，湿地旅游价值无从考证。

2）建议

A. 加强湿地宣传工作，大力提高群众湿地保护意识

不断加强湿地宣传工作，在湿地周边浴场、旅游设施附近设置宣传牌、警示牌，引导居民、游客保护湿地环境和植被，同时增加斑海豹保护知识科普活动，增强群众对湿地及斑海豹的保护意识。针对斑海豹进入渔民养殖网箱偷食的行为，应采取必要的生态补偿，引导渔民采用合理的方式应对斑海豹偷食行为。

B. 加大打击偷猎力度，切实保护斑海豹种群数量

在加强居民及游客湿地保护意识的基础上，加强冬季巡护执法及投入力度，积极组织环保、公安、海洋等部门，联合组成海上巡逻大队，在斑海豹活动区域进行巡护，加大打击斑海豹偷猎力度，严惩非法捕杀行为。此外，在加大打击非法捕猎的同时，还应积极开展斑海豹的人工救助，切实保护斑海豹的种群数量。

C. 合理发展生态旅游，有效促进湿地功能价值发挥

斑海豹是非常可爱的海洋性哺乳类动物，深受人们喜欢。在欧美国家，观赏海洋性哺乳类动物的生态旅游已有多年历史，是生态旅游业的重要组成部分。大连斑海豹国际重要湿地应积极探索湿地保护和利用方式，把观赏斑海豹、海景观光及湿地宣传保护有机地结合在一起，形成以生态旅游开发带动湿地资源保护的良好模式，实现湿地保护和旅游发展的互动双赢，增强湿地在生态旅游、环境教育方面的功能和价值。

4.2.29　辽宁双台河口国际重要湿地

1. 基本情况

1）位置与范围

辽宁双台河口国际重要湿地（见书后彩图 29）位于辽宁省盘锦市境内的双台河入海口处，地处东经 121°30′~122°00′，北纬 40°45′~41°10′，东界与盘锦市大洼县的二界沟镇相接，西界与锦州市的大凌河口相连，北界为锦盘公路，南界与渤海湾的海岸线和浅海海域相连，包括北部芦苇沼泽区与南部河口滩涂区两部分，是中国面积最大的芦苇沼泽区之一。

辽宁双台河口国际重要湿地类型可分为近海与海岸湿地、河流湿地、沼泽湿地和人工湿地，湿地总面积为 11.75 万公顷。

2）历史沿革

1982~1985 年，有关专家在盘锦发现了丹顶鹤的巢、卵、雏，确定了丹顶鹤的繁殖地，使丹顶鹤的繁殖地南移了 480 公里，为保护区的建立奠定了基础；1985 年 8 月经盘锦市政府批准，建立了盘锦市双台河口水禽自然保护区；1987 年晋升为省级保护区；

1988 年 5 月，经国务院批准晋升为国家级自然保护区，并将保护区确定为以保护丹顶鹤等珍稀水禽及其赖以生存的湿地生态环境为主的野生动物类型自然保护区；2004 年，双台河口湿地被列入国际重要湿地名录。

3）自然状况

·地质地貌

双台河口湿地的大地构造位于华北台地东北部，区域构造位于辽河断陷的构造位置上，下辽河盆地是中生代的断陷盆地。地貌类型为辽河下游冲积平原，地势低洼平坦，海拔高度为 1.3～4.0 米，坡降为 1/25 000～1/20 000，河道明显，多苇塘泡沼和潮间带滩涂。

·气候

双台河口湿地属于北温带半湿润季风性气候区。全年日照时数为 2768.5 小时，年均气温为 8.4℃，年平均降水量为 623.3 毫米，降水主要集中在夏季；年平均蒸发量为 1669.6 毫米，同时由于受渤海影响，风速和风向变化较小，年平均风速为 4.3 米/秒，主导风向为西南风；全年无霜期为 204 天，终霜为 4 月上旬，初霜为 10 月中旬。

·水文

湿地集水主要来源于地表水。地表径流包括双台子河、大辽河、饶阳河、大凌河等河流水系和降水的地表径流；双台子河和大凌河为形成和维持湿地生态系统的主导因素。据统计，多年来平均年径流量为 46.91 亿立方米。芦苇沼泽湿地的需水量为 13 亿立方米/年。湿地内芦苇沼泽水体平均为Ⅳ类水质。

·土壤

湿地成土物质主要来源于河水携带的大量泥沙沉积，土壤以沼泽土和海滨盐土为主，由于受长年积水影响，土壤透气性差，养分分解慢，又因土壤含盐量高，影响植物根系对土壤养分的代换吸收，造成土壤养分大量积累。

·植被

双台河口湿地植物物种数量相对较丰富，高等植物区系属华北植物区，受区域湿地环境的影响，分布的植物种类比较多，共分布维管束植物 40 科 99 属 138 种，其中蕨类植物 1 科 1 属 1 种、裸子植物 1 科 1 属 1 种、双子叶植物 30 科 66 属 94 种、单子叶植物 8 科 31 属 42 种。此外国家Ⅱ级保护野生植物野大豆在湿地内呈小片分布。

双台河口湿地的主要植被群落以芦苇群落、碱蓬群落、香蒲群落和柽柳灌丛群落为主。芦苇群落生长的地下水位在 0.5～1.0 米以上，地表长年积水或季节性积水，水深一般在 20～40 厘米，芦苇株高一般为 2～3 米，盖度在 90% 以上。碱蓬群落分布于滨海潮沟两侧，或分布于受潮水影响的低洼地带，其常沿海岸呈带状断续分布，是滨海裸地上的先锋植物群落。香蒲群落分布在灌渠周围，水深在 50 厘米左右。此群落分为两层，上层优势种为普香蒲，高为 2～2.5 米，盖度为 60%～80%，下层优势种为达香蒲，高为 1～1.4 米，盖度为 80% 左右。柽柳灌丛群落主要分布在不受河水和潮水影响的河滩阶地上，地表积水时间短。柽柳灌丛优势种为柽柳，株高为 1.0～1.5 米，盖度为 10%～65%，下层为草本植物拂子茅，高为 40～70 厘米，盖度为 30%。

·动物

双台河口湿地野生动物资源十分丰富。共分布有脊椎动物 137 科 442 种，其中兽类
7 目 10 科 18 种，鸟类 17 目 60 科 287 种，两栖动物 4 种、爬行动物 8 种，鱼类 20 目 56
科 125 种。其中，列入国家重点保护动物有 44 种，国家 I 级保护野生动物有 9 种，均为
鸟类，即黑鹳、东方白鹳、白尾海雕、金雕、白鹤、白头鹤、丹顶鹤、大鸨、遗鸥；国家 II
级保护野生动物有黄嘴白鹭、白鹇、白琵鹭等 35 种。

4）社会经济状况

双台河口湿地周边社区居民共 62 554 人，民族有汉族、回族、满族、朝鲜族、锡伯族
和蒙古族。2013 年社区内居民人均收入为 7 076 元，主要从事芦苇生产、水产养殖、渔
业捕捞、农业种植、石油开采等生产活动。双台河口湿地是芦苇生产、渔业生产的基地，
芦苇年产量为 38 万吨，可生产河蟹 6500 吨、鱼 7800 吨，同时双台河口湿地拥有丰富的
自然资源，秀丽的风光，红海滩每年可吸引国内外游客 1088 万人次前来旅游观光。

5）湿地受到的干扰

辽宁双台河口国际重要湿地受到的干扰主要有三个方面：一是石油化工对湿地生态
系统的干扰，油田开发也产生了一定数量的废弃油井，油井直接破坏了原始植被，也可
能提高湿地土壤受污染的概率。二是淡水资源对湿地生态系统的影响，由于气候变暖、
上游水库拦蓄灌溉设施不配套等多种原因，每年有 1/3 的苇塘供水不足，沼泽植被退化，
芦苇质量下降。三是社区开发对湿地生态系统的干扰，湿地周边是盘锦大米、渔业的主
产区，效益较低的芦苇湿地有被周边社区农业活动逐渐蚕食的风险。

2. 评价结果

1）湿地健康

·健康状况

辽宁双台河口国际重要湿地生态系统综合健康指数为 6.59，健康级别为"中"。湿地
内土壤无污染，无外来入侵种侵害，湿地面积保持稳定，对保持生态系统长期健康具有
重要作用，但沼泽湿地水质一般，水源保证率较低，周边居民及游客湿地保护意识一般，
人类对湿地干扰较为强烈，这些对湿地健康水平具有一定影响（表 4-85）。

·结果分析

A. 湿地水质较差，水源保证率低

近年来，辽河开展了生态综合整治，水质有了明显改善，水质从劣 V 类变为 IV 类，
湿地水质虽有所好转，但距离保障湿地生态系统健康仍有差距。此外，沼泽湿地需水量
为每年 13 亿立方米，降水、地表径流为湿地提供补水 8 亿立方米，剩余 5 亿立方米需要
通过生态补水解决。

B. 土壤无重金属污染，适宜耐盐碱性动植物栖息

土壤重金属内梅罗指数（P_N）为 0.73，各指标均好于土壤一级标准，湿地土壤基本未

表 4-85　辽宁双台河口国际重要湿地生态系统健康评价结果

评价指标		指标值		指标权重	综合健康指数
一级指标	二级指标	原始值	归一化值		
水环境指标	地表水水质	Ⅳ	4.00	0.0949	
	水源保证率	1.00	1.00	0.0949	
土壤指标	土壤重金属含量	0.73	9.87	0.2131	
	土壤 pH	7.34	8.30	0.0623	
	土壤含水量	27.75	2.78	0.0362	
生物指标	生物多样性	33.67	3.42	0.1090	6.59
	外来物种入侵度	0.00	10.00	0.1090	
景观指标	野生动物栖息地指数	7.60	7.60	0.0513	
	湿地面积变化率	9.06	9.06	0.0815	
	土地利用强度	8.68	8.68	0.0323	
社会指标	人口密度	316	4.74	0.0343	
	物质生活指数	2.92	2.92	0.0189	
	湿地保护意识	5.00	5.00	0.0623	

受到污染。湿地土壤 pH 平均为 7.34，由于其受潮汐影响，土壤偏碱性，其主要适宜耐盐碱性动植物栖息。

C. 珍稀动植物多，生物多样性高

双台河口湿地是中国东北部候鸟迁徙的必经之路，栖息有野生高等动物 442 种，其中国家Ⅰ级保护野生动物有 9 种，国家Ⅱ级保护野生动物有 35 种，中国特有野生高等动物有 1 种；野生维管束植物有 138 种，其中国家Ⅱ级保护野生植物有 1 种，生物多样性指数为 33.67，具有较高的生物多样性。

D. 生产经营活动影响大

湿地周边人口密度为 316 人/平方公里，每年接待游客数量庞大，对湿地生态系统干扰强烈。周边居民经济收入主要依赖于湿地周边农业、渔业、油田和旅游业的产出。由于人为活动强烈，湿地斑块破碎化程度较高，使得湿地环境日益脆弱。

2）湿地功能

·功能状况

辽宁双台河口国际重要湿地生态系统综合功能指数为 7.90，功能级别为"好"。湿地在供给、调节、文化以及支持方面发挥了较强的功能，尤其是文化功能特别突出，占综合功能得分的 46.30%，同时双台河口湿地生态系统为周边居民提供了得天独厚的湿地资源，为生态旅游及教育科研的开展奠定了物质基础（表 4-86）。

·结果分析

A. 物质生产功能强，地方经济贡献突出

双台河口湿地为周边居民提供了丰富的物质产品，湿地产品年增长率为 4.9%，可

表 4-86　辽宁双台河口国际重要湿地生态系统功能评价结果

评价指标		指标值		指标权重	综合功能指数
一级指标	二级指标	原始值	归一化值		
供给功能	物质生产	4.90%	6.63	0.1510	
调节功能	气候调节	9.60	9.60	0.1123	
	水资源调节	9.80	9.80	0.0562	
	净化水质	6.90	6.90	0.1123	7.90
文化功能	休闲与生态旅游	9.80	9.80	0.2464	
	教育与科研	10.00	10.00	0.1232	
支持功能	保护生物多样性	33.67	4.32	0.1986	

年产芦苇 38 万吨、河蟹 6500 吨、鱼类 13 万吨、贝类 10 万吨，其他海产品 5 万吨，其盘锦大米、芦田河蟹等湿地产品名扬海内外。

B. 局地小气候明显，生态服务功能显著

湿地周边区域局地小气候现象十分明显，为北温带半湿润季风性气候区，四季分明、雨热同季、干冷同期、温度适宜、光照充裕，适宜旅游活动的开展。同时，国际重要湿地约占盘锦市总面积的 1/3，芦苇沼泽达 43 391 公顷，占湿地总面积的 30% 以上，对维护整个盘锦市，甚至是辽东湾地区的水资源平衡都起着关键作用。在净化水质方面，双台子河与大陵河带来上游区域农牧区的化肥、人粪、牲畜的废弃物、工业排放物等，这些物质经沉积物沉降后，通过湿地植物吸收、生物化学循环转换而被储存起来。

C. 湿地景观优美，生态旅游功能强

双台河口湿地孕育了以丹顶鹤、黑嘴鸥为代表的湿地珍稀鸟类资源，以苇海为特征的湿地植被资源，以河蟹、文蛤为代表的湿地水产资源，以碱蓬为代表的红海滩植物景观资源。2013 年，该湿地接待国内外游客 1088 万人次，发挥了重大的休闲与生态旅游功能。

D. 保护生物多样性作用大

双台河口湿地为世界野生丹顶鹤繁殖分布地的最南限和世界上黑嘴鸥种群的最大面积繁殖地，栖息有黑嘴鸥的最大繁殖种群，是辽东湾最重要的生物聚集地，其对保护生物多样性具有重大作用。

3）湿地价值

· 价值状况

辽宁双台河口国际重要湿地生态系统发挥了显著的生态价值，总价值为 158.81 亿元/年，湿地单位面积价值为 13.52 万元/（公顷·年）。在湿地生态系统的各项价值中，湿地的直接使用价值最大，达 103.67 亿元/年，占总价值的 65.28%（表 4-87）。

表 4-87　辽宁双台河口国际重要湿地生态系统价值评价结果

（单位：亿元/年）

评价指标		单项价值	小计	总价值
一级指标	二级指标			
直接使用价值	湿地产品	42.96	103.67	158.81
	休闲娱乐	54.40		
	环境教育	6.31		
间接使用价值	调节大气	10.53	49.82	
	调蓄洪水	9.38		
	净化去污	29.91		
选择价值	生物多样性	3.14	3.14	
存在价值	生存栖息地	2.18	2.18	

· 结果分析

A. 湿地产品价值突出，促进地方经济

双台河口湿地产品价值达到 42.96 亿元/年，占总价值的 27.05%，其中芦苇价值为 1.90 亿元/年、河蟹价值为 1.95 亿元/年、苇田养鱼价值为 0.65 亿元/年、水稻价值为 4.50 亿元/年、海参价值为 11.39 亿元/年、其他海产品价值为 2.14 亿元/年、淡水鱼养殖价值为 10.45 亿元/年、浅海水域海产品价值为 4.46 亿元/年、淤泥质滩涂贝类价值为 5.52 亿元/年，为湿地周边提供了丰富的物质产出。

B. 湿地景观特色鲜明，休闲娱乐价值高

辽宁双台河口湿地景观特色鲜明，通过开展红海滩、苇海特色湿地观光，全年接待国内外游客 1088 万人次，可实现产值 54.40 亿元/年，占总价值的 34.25%。

C. 科研宣教体系完善，环境教育价值凸显

每年 4 月双台河口湿地举行爱鸟周活动，大大提高了公众的保护意识，建成了宣传教育馆，使其成为盘锦的环保教育基地，并为游人提供了参观和科普教育场所；与此同时，以双台河口湿地作为对象，先后开展了 6 个国家自然科学基金项目。开展了《建立盘锦不迁徙丹顶鹤种群的研究》《翅碱蓬人工恢复技术》《黑嘴鸥的生物学特性与保护对策》研究，并进行了丹顶鹤人工受精、人工孵化、人工育雏、黑嘴鸥环志与种群监测等工作。

双台河口湿地环境教育价值达到 6.31 亿元/年，占总价值的 3.98%，近年来，双台河口湿地科研宣教体系逐步建立，利用宣教培训中心及陈列馆内设置的标本、模型、图片、录像，以及珍稀野生植物种质保存基因库等"天然实验室"，向人们普及生物学、自然地理等自然知识，并提供直接的感性教育，从而进一步增强全社会的环保意识。

D. 生态功能显著，间接使用价值高

双台河口湿地生态系统的净初级生产力为 5.52 吨/（公顷·年），每年可固定 CO_2 105.9 万吨，释放 O_2 78.0 万吨，调节大气价值达到 10.53 亿元/年，占总价值的 6.63%，对缓解温室效应、调节区域大气平衡具有重要作用。湿地每年调蓄洪水 14 亿立方米，调蓄洪水价值达到 9.38 亿元/年。上游工业、农业和生活污水进入湿地后，经香蒲、芦苇

等各种生物的处理变成无毒或营养物质，并大量沉积，然后再进入生态系统的物质循环，净化去污价值达 29.91 亿元/年。

4）总体评价

辽宁双台河口国际重要湿地生态系统健康级别为"中"，湿地内土壤无污染，无外来入侵物种侵害，湿地面积保持稳定，对保持生态系统长期健康具有重要作用，但沼泽湿地内水质一般，水源保证率较低，周边居民及游客湿地保护意识一般，人类对湿地干扰较为强烈，这对湿地健康水平具有一定影响。双台河口湿地生态系统功能级别为"好"，在生态旅游和科学研究、生态教育方面具有重要功能；湿地生态系统总价值为 158.81 亿元/年，单位面积湿地价值为 13.52 万元/（公顷・年），具有显著的社会、生态和经济价值。

3. 存在问题及建议

1）存在问题

A. 水源保证率低，影响湿地综合健康水平

受干旱、上游截留，以及工业、农业和生活用水挤占的三重作用，辽宁双台河口湿地供水紧张，芦苇沼泽的水源保证率一直处于较低水平，每年需生态补水 5 亿立方米。同时，苇区内灌溉工程、配套设施不完善，导致每年有 1/3 的苇塘供水不足，沼泽植被退化，芦苇生长密度和高度降低，芦苇质量下降，影响芦苇湿地的健康水平。

B. 人为干扰较强，群众湿地保护意识不强

由于石油化工、水稻种植，以及水产养殖等生产活动的开展，湿地面临的人为干扰越来越强烈，周边群众在从事这些生产活动时，一般不注重对湿地的保护，所以对湿地健康的影响较大。与此同时，随着人民生活水平的不断提高，大批量游客蜂拥而至。2013 年，赴盘锦游玩的旅客数量达到 1088 万人次，许多游客存在乱扔垃圾、破坏湿地植被的行为。

C. 斑块破碎化程度高，局部湿地植被退化

通过遥感影像分析和野外调查发现，湿地范围内的道路四通八达，这些路面基本硬化、沙化，人为地分割了原本为整体的湿地斑块，单位面积湿地斑块数量为 0.43 个/平方公里，表明湿地斑块破碎化程度很高，不利于野生动植物的保护。野外调查还发现，盐地碱蓬群落面临芦苇群落的演替，黑嘴鸥繁殖、红海滩等局部碱蓬群落具有退化的现象。

2）建议

A. 加强湿地宣传工作，大力提高群众湿地保护意识

不断加强湿地宣传工作，在双台河口湿地重要区域、旅游设施附近设置宣传牌、警示牌，引导居民和游客保护湿地环境与生物；同时，增加湿地保护知识科普活动，定期开展"湿地日""爱鸟周""观鸟节"等形式多样的湿地宣传活动，印制湿地保护宣传手册，发放湿地保护倡议书，向群众讲解鸟类识别知识等，全方位、多层次地开展湿地宣传教育，提高群众对湿地及鸟类的保护意识。

B. 加大湿地恢复力度，切实保护珍贵天然湿地资源

湿地管理部门应坚持保护与恢复相结合，加大对自然湿地环境的恢复力度，积极实施黑嘴鸥繁殖地恢复、红海滩植被恢复、河道两侧芦苇湿地恢复、油田废弃井站湿地恢复；并在湿地植被恢复的基础上，对一些珍稀动植物进行人工繁殖，以增加种群数量，切实保护中国高纬度地区面积最大的芦苇沼泽区、世界上最大的黑嘴鸥种群的繁殖地。

C. 加强淡水资源调控，科学实施湿地生态补助补偿

双台河口湿地应通过建设适宜的调水工程，充分利用河道内季节性来水为湿地补充水源，采取调整水资源分配、开发其他水源等措施，促进湿地供水量恢复，使湿地生态用水和生产生活用水相协调。辽宁双台河口湿地具有重要的生态服务功能和价值，盘锦市应积极探索湿地补助、补偿机制，合理分配湿地补助、补偿资金，发挥资金的杠杆作用，保护好湿地资源。

4.2.30 上海长江口中华鲟国际重要湿地

1. 基本情况

1）位置与范围

上海长江口中华鲟国际重要湿地（见书后彩图 30）分布在长江入海口处，以上海崇明东滩国际重要湿地的南-东-北外部边界扩展为长江口中华鲟国际重要湿地的西部起始边界，其向东扩展至上海市长江口中华鲟自然保护区的部分区域，地理坐标为东经 122°3′21.832″～122°8′0.609″，北纬 31°27′57.339″～31°32′24.151″。

长江口中华鲟国际重要湿地多为 5 米以内水深的咸淡水交汇水域，是世界上最大的河口湿地之一，也是中国为数不多和较为典型的咸淡水河口湿地，湿地总面积为 3978 公顷。

2）历史沿革

1988 年，在崇明东滩建立中华鲟暂养保护站；2002 年，上海市人民政府正式批准建立上海市长江口中华鲟自然保护区；2008 年 2 月，长江口中华鲟湿地被列入国际重要湿地名录，从而成为中国水生野生动物保护区中的第一块国际重要湿地。

3）自然状况

·地质地貌

长江口中华鲟湿地由长江水挟带泥沙在河口区受潮汐影响天然沉积而成，其地处长江入海口，东临大海，西接长江，水量充沛、恒定，属于中潮岸带，是长江口北港和北支水道落潮流和崇明岛影区缓流的堆积地貌区，属涨势向东和向北的淤涨岸，主要为潮下滩。底质主要有细纱、粉沙质细纱、细纱质粉沙、粉沙和黏土质粉沙等多种类型。

· 气候

长江口中华鲟湿地所在区域属北亚热带季风气候,四季分明,日照充分,雨量充沛。上海气候温和湿润,春秋较短,冬夏较长,年平均气温为 15.5～15.8℃,年均日照时数为 1800～2 000 小时,无霜期为 254 天,年平均降水量为 1083 毫米,年平均湿度为 80%,年均蒸发量为 1300～1500 毫米,年均雾日为 50 天以上,年平均风速为 3.7 米/秒。

· 水文

长江口中华鲟湿地具有潮汐河口特有的水文特征,主要受长江径流、潮汐和风暴潮控制,属非正规半日浅海潮,多年平均潮差为 2.43～3.08 米,最大涨潮差为 4.62 米,最大落潮差为 4.85 米,水深为 5 米以内,波浪以风浪为主,涌浪次之。

· 土壤

长江口中华鲟湿地多为沙质土,可以分为滨海盐土类和潮土类两大类型。

· 植被

长江口中华鲟湿地为单一河口水域,水质中含有大量悬沙,底质为泥沙,不适于滩涂植物、水生植物生长,湿地内植物以浮游植物为主,记录到的浮游植物有 6 门 68 属 132 种。其中,硅藻的种类最多,为 37 属 93 种,占总种数 70.5%;其次为绿藻 17 属 20 种,占总种数 15.2%;甲藻、蓝藻、黄藻和裸藻种类相对较少,分别占 6.1%、6.1%、1.3% 和 0.7%。浮游植物的密度达 222.42 万个/立方米。

· 动物

长江口中华鲟湿地内动物主要有鱼类、节肢动物、软体动物、腔肠动物、环节动物和哺乳动物 6 门,以鱼类为主,共监测到 332 种,隶属于 29 目 106 科,节肢动物次之,为 17 种,软体动物 9 种,腔肠动物 3 种,环节动物 5 种,棘皮动物 1 种,包括强卷螺、长吻沙蚕、毛蚶、日本沼虾、海参、滩栖阳遂足、中华鲟、长吻鮠、白暨豚等。

4) 社会经济状况

湿地内目前还没有固定居民。为了协调和兼顾当地经济与自然保护的共同发展,对资源进行统一合理的管理和开发利用,需要与周边的社区密切合作。只有吸收它们参与制定湿地资源的可持续利用战略,发挥它们保护自然资源的积极性,使资源保护与可持续利用成为当地社区的自觉行动,才有可能顺利地保护好湿地有限的自然资源,减轻各种开发经营活动对湿地生物多样性的压力。

5) 湿地受到的干扰

目前,湿地受到的干扰主要包括三个方面:一是水生动物栖息地丧失。近 50 年来,崇明岛进行了多次大规模的围垦。滩涂湿地的面积在逐年变小,从 1987 年的 19 705.09 公顷锐减到 2002 年的 4773.08 公顷,15 年间减少了 75.78%。过度围垦后,造成滩面宽度变窄,自然植被破坏,淤涨速率明显减慢。随着滩涂围垦的加剧、未来海平面的上升和河流泥沙大量减少,将会进一步破坏潮滩生态系统。

二是长江干流水利工程的影响。代表性的长江中上游重大水利工程包括中游江湖隔绝和围湖造田、上游梯级水能工程、南水北调工程等。江湖隔绝和围湖造田似乎不会对长江口造成显著的直接影响，但是受这些工程的影响，减少了整个流域水生动物的资源量和生物多样性，也影响到长江口的水生动物资源。

三是全球气候变化的影响。全球气候的变化可能引起海平面的上升，将对长江口湿地产生极大的影响。自 20 世纪 90 年代以来，上海地面平均年降 6 毫米，而根据联合国气候变化委员会 IPCC 报告，到 2100 年，全球海平面将上升 26 厘米。考虑地面沉降和海平面上升的综合效应，预测上海地区的海平面到 2050 年将有 40～70 厘米的变化。海平面上升和风暴潮的变化会侵蚀河岸、增加港湾和淡水区的盐度、改变河流和海湾的潮汐范围、影响沉积和营养物的输送。滩地沼泽会在冲蚀中消失、变性或向内陆移动。长江口湿地作为水生生物栖息地的作用可能会降低，生物多样性可能减少。

2. 评价结果

1）湿地健康

·健康状况

上海长江口中华鲟国际重要湿地综合健康指数为 7.22，健康等级为"好"。湿地健康状况表现为水源保障充足，无外来入侵物种，湿地面积保持稳定，野生动物栖息地指数高，适宜多种珍稀动植物的栖息，周边居民湿地意识较强，目前生态系统较为稳定，但湿地生物多样性水平较低，周边工业发展迅速，对湿地健康水平具有一定影响（表 4-88）。

表 4-88　上海长江口中华鲟国际重要湿地生态系统健康评价结果

评价指标		指标值		指标权重	综合健康指数
一级指标	二级指标	原始值	归一化值		
水环境指标	地表水水质	Ⅲ	6.00	0.124 1	
	水源保证率	—	—	0.000 0	
土壤指标	土壤重金属含量	—	10.00	0.160 6	
	土壤 pH	—	10.00	0.038 1	
	土壤含水量	—	10.00	0.022 6	
生物指标	生物多样性	26.12	1.53	0.242 5	7.22
	外来物种入侵度	0.00	10.00	0.121 3	
景观指标	野生动物栖息地指数	10.00	10.00	0.048 7	
	湿地面积变化率	0.00	10.00	0.127 5	
	土地利用强度	0.00	10.00	0.027 9	
社会指标	人口密度	0.00	10.00	0.028 8	
	物质生活指数	0.00	0.00	0.012 1	
	湿地保护意识	7.50	7.50	0.045 8	

· 结果分析

A. 水源保障充足

长江口中华鲟湿地为近海浅海水域，水源保障充足。

B. 湿地面积稳定

通过对比湿地 2013 年和 2014 年前后两期 Landsat 卫星影像，发现湿地面积尚未发生变化，有利于保持湿地生态系统的健康。

C. 野生动植物栖息地环境良好

长江口中华鲟湿地景观破碎化程度低，对野生动植物具有较强的承载能力，无外来物种入侵，为野生动物提供了较好的栖息地环境。

D. 生物多样性较低

长江口中华鲟湿地为近海浅海水域，生物多样性较低，没有野生维管束植物，野生高等动物 332 种，有易危、濒危或极度濒危动物 6 种，以及中华鲟、白鳍豚、白鲟等中国特有高等动物。

2）湿地功能

· 功能状况

上海长江口中华鲟国际重要湿地综合功能指数为 6.80，功能等级为"中"。按照一级指标，湿地以文化功能为主，其次为调节功能和供给功能，支持功能较弱。按照二级指标，教育与科研功能最为显著，其次为气候调节和物质生产功能，保护生物多样性功能最弱（表 4-89）。

表 4-89　上海长江口中华鲟国际重要湿地生态系统功能评价结果

评价指标		指标值		指标权重	综合功能指数
一级指标	二级指标	原始值	归一化值		
供给功能	物质生产	2.30%	5.77	0.1510	
调节功能	气候调节	9.78	9.78	0.1123	
	水资源调节	9.89	9.89	0.0562	6.80
	净化水质	5.44	5.44	0.1123	
文化功能	休闲与生态旅游	5.67	5.67	0.1232	
	教育与科研	9.89	9.89	0.2464	
支持功能	保护生物多样性	26.12	2.61	0.1986	

· 结果分析

A. 科研教育功能突出

长江口中华鲟湿地同国内外科研院校加强了合作，开展了物种保护、资源和环境监测、执法和综合管理等方面的科研工作，已出版专著 2 部，发表研究论文数十篇，获得了多项专利技术，逐步构建了中华鲟及长江珍稀水生野生动物科研和交流平台。

B. 调节功能巨大

长江口中华鲟湿地位于崇明岛东部，由于庞大水体的影响，湿地局地小气候现象十分明显,对水资源调节和阻截沉淀物具有很重要的作用,沿海工业和生活污水进入湿地后,经海中各种生物的处理,变成无毒或营养物质,然后再进入海洋生态系统的物质循环,从而使水质得到净化。

C. 供给功能显著

长江口中华鲟湿地为周边居民提供了丰富的渔业资源,湿地物质产品年增长率为2.30%,其经济和社会效益显著。

D. 保护生物多样性功能未充分显现

长江口中华鲟湿地生物资源集典型性、脆弱性、稀有性、自然性于一体,保护了易危、濒危或极度濒危动物6种,由于海洋湿地生态系统的特点,湿地生物多样性指数较低,保护生物多样性功能未充分显现。

3)湿地价值

· 价值状况

上海长江口中华鲟国际重要湿地总价值为3.36亿元/年,单位面积湿地价值为8.45万元/(公顷·年)。其中间接使用价值最大,为2.51亿元/年,占74.70%;其次为直接使用价值,为0.67亿元/年,占19.94%,选择价值和存在价值较小,分别仅占3.27%和2.09%。按照二级指标,湿地调蓄洪水的价值最大,占总价值的39.58%;其次为净化去污与湿地产品价值,分别占总价值的30.36%和13.69%;休闲娱乐价值最小(表4-90)。

表4-90　上海长江口中华鲟国际重要湿地生态系统价值评价结果

(单位:亿元/年)

评价指标		单项价值	小计	总价值
一级指标	二级指标			
直接使用价值	湿地产品	0.46	0.67	3.36
	休闲娱乐	0.00		
	环境教育	0.21		
间接使用价值	调节大气	0.16	2.51	
	调蓄洪水	1.33		
	净化去污	1.02		
选择价值	生物多样性	0.11	0.11	
存在价值	生存栖息地	0.07	0.07	

· 结果分析

A. 湿地面积大,间接使用价值显著

长江口中华鲟湿地总面积为3978公顷,广阔的湿地在调蓄洪水、净化去污,以及调节大气等方面发挥了重要作用,其间接产生的经济价值显著。

B. 湿地资源丰富,直接利用价值高

湿地不仅为区域社会提供了丰富、优质的水资源,也为当地群众提供了大量的水产资源；独特的自然景观、良好的生态环境也是人们休闲娱乐、生态旅游、环境教育和科学研究的良好场所。

C. 生物多样性价值偏低

长江口中华鲟湿地独特的自然环境为各类生物的生存、繁衍提供了丰富的食物资源，以及优良的迁移、栖息及繁殖条件，但湿地生物多样性价值及生存栖息地价值在湿地生态系统总价值中比重较低，分别仅占总价值的 3.27% 和 2.09%。

4）总体评价

上海长江口中华鲟国际重要湿地生态系统健康等级为"好"，功能等级为"中"，湿地生态系统总价值为 3.36 亿元/年，单位面积湿地价值为 8.45 万元/（公顷·年）。湿地水源保障充足，无外来物种入侵，湿地面积保持稳定，野生动物栖息地指数高，适宜多种珍稀动物的栖息，周边居民湿地保护意识较强；但周边工业发展迅速，湿地生物多样性水平较低。湿地以文化功能为主，以调节功能和供给功能为辅，支持功能较弱。湿地间接使用价值显著，直接使用价值巨大。

3. 存在问题及建议

1）存在问题

A. 滩涂围垦对中华鲟栖息地的威胁

中华鲟幼鱼等长江口珍稀物种广泛栖息于长江口潮间带和潮下带水域，这些区域是滩涂围垦的重要区域，湿地相对于长江口中华鲟幼鱼栖息地的总面积比例有限，湿地外大量的中华鲟幼鱼栖息地仍在快速消失。

B. 过度和非法捕捞对鱼类资源的破坏

长江口是中国最大的河口渔场，由于仍然存在一些非法捕捞的问题，鱼汛期间可以看到多种定置渔具和渔船充塞整个长江口区域，捕捞强度超过了资源的增补能力。长江口的插网时常误捕中华鲟幼鱼，导致其受伤和死亡。

C. 周边大型工程建设对中华鲟生境的影响

目前，上海在建的长江口区域大型航运及交通工程有长江口深水航道工程、洋山港国际航运中心、上海外高桥集装箱港口、崇明越江通道工程等，这些工程在建设过程中会对栖息地产生影响，工程完成后也会改变原有的栖息地环境，改变固有水流的流场结构和营养盐及其他化学物质循环，可能会对中华鲟洄游过程中的行为和生长产生直接或间接的影响。

2）建议

A. 加强湿地保护宣传力度，提升湿地保护管理水平

不断加强湿地宣传工作，在湿地周边设置宣传牌、警示牌，引导居民和游客保护湿地环境，同时增加中华鲟保护知识科普活动，增强群众对湿地及中华鲟的保护意识。指导渔民更加科学合理地从事生产活动，避免破坏性地掠取湿地资源。减少滩涂围垦，以

降低对湿地生态系统的人为干扰强度，实施必要的生态修复工程，加快退化湿地恢复。

B. 加强执法队伍建设，完善湿地监督体系

要做好湿地和长江口水生生物资源的保护工作，必须要树立牢固的依法保护的观念，制定切实可行的执法措施，加强执法队伍建设和执法力度，增加执法投入。需要进一步完善监督体系，加强对执法活动的监督，确保权力正确行使。加强法制宣传教育，提高全社会的法律意识和法制观念。

C. 加强科技与创新研究能力建设，提高中华鲟保护技术

中国科学院进行的放流底栖生物活动、对河道栖息地进行的生态修复和重建，已经取得了显著的效果，这为保护中华鲟的栖息地提供了技术借鉴。下一步应对受伤中华鲟的抢救技术、康复中华鲟人工放流技术、数字化国际重要湿地建设技术、重大灾变预警技术等领域开展创新性研究。

4.2.31　浙江杭州西溪国际重要湿地

1. 基本情况

1）位置与范围

浙江杭州西溪国际重要湿地（见书后彩图 31）位于浙江省杭州市西湖区，位于杭州西溪国家湿地公园管理范围内，地理坐标为东经 120°03′～120°05′，北纬 30°15′～30°17′，中心地理坐标为东经 120°03′，北纬 30°16′。行政隶属于西湖区蒋村乡。

西溪湿地是由原住民上千年的农耕利用形成的自然-人工复合湿地生态系统，以池塘为主体，以及渠道、淡水湖泊、天然河流及草本沼泽等多种湿地类型，是中国近自然河流湿地与水产池塘类型湿地复合体的典型代表。随着湿地生态系统长期的自然演替和生态修复，现在的湿地呈现近自然状态。经遥感影像（2013 年 6 月，Landsat 8）解译，湿地总面积为 200.97 公顷。

2）历史沿革

2002 年西溪湿地开始实施湿地综合保护工程；2005 年 2 月，国家林业局批复同意杭州建设西溪国家湿地公园，西溪湿地位于该湿地公园管理范围内。西溪国家湿地公园建立后，消除了影响湿地的不利因素，湿地得到了有效恢复；2009 年 11 月，西溪湿地被列入国际重要湿地名录。

3）自然状况

· 地质地貌

西溪湿地地质由三墩凹陷、古钱塘江及苕溪谷地受两次海水进退交复和苕溪古河道两侧的五常-蒋村和古荡-西湖水流排泄不畅形成湖泊沼泽后，经冲积湖积而成，第四纪地质作用使该区域成为一片地势平坦、河流密布的水网平原，整体地势略呈南高北低状。长期以来，由于人类频繁的活动，使原始地面的微地貌破坏严重。目前，已没有原

生湿地景观，而是在长期的改造下，逐步形成的次生湿地地貌景观，属于自然-人工复合型湿地。

· 气候

西溪湿地属于亚热带北缘季风气候，季风交替规律明显。四季分明，雨量充沛，日照良好，多年平均日照时数为 1853.4 小时，年平均降水量为 1400 毫米，以春雨、梅雨、台风降水为主，降水量月份主要集中在 4～9 月。冬季最低温度为 -5℃左右，年无霜期为 250 天以上，夏日最高温达 38℃，年平均气温为 16.2℃，年平均相对湿度为 79%。

· 水文

西溪湿地从水系上归属于杭州市区运河水系的运西片，处于低山丘陵与平原的过渡地带，上承山区性河流沿山河段上游闲林港的部分山水和上埠河、东穆坞溪，以及北高峰、龙门山北麓之水；下泄主要经余杭塘河，沿山河汇入京杭运河。湿地内主要南北向的河流有五常港、蒋村港、紫金港等，东西向的主要有沿山河、严家港、顾家桥港等，分布有约 400 个各具特色的池塘，平均水深为 1.3～1.5 米。

西溪湿地由沿山河、五常港、紫金港、顾家桥港、严家港和蒋村港 6 条纵横交错的河流在围合汇聚而成，河流总长约为 28 公里，水网密度高达 25 公里/平方公里；河水受西边五常港补给，缓缓东流，流速为 0.03～0.07 米/秒，常年平均水位约为 1.15 米。

· 土壤

西溪湿地内土壤分布主要有红壤、岩性土和水稻土 3 个土类，其中以红壤和水稻土分布最为广泛，占总面积的 90% 以上。

· 植被

西溪湿地内植被资源丰富，分布有多种被子植物、裸子植物、蕨类植物。调查统计，共分布维管束植物 125 科 391 属 602 种，其中，蕨类植物 11 科 12 属 14 种，裸子植物 5 科 10 属 15 种，双子叶植物 90 科 290 属 465 种，单子叶植物 19 科 79 属 108 种。国家 II 级保护野生植物有金荞麦、樟、野大豆和野菱 4 种。

湿地内主要分布有池塘和草本沼泽，主要群落有飘浮植物群落、沉水植物群落、挺水植物群落等。飘浮植物群落主要有满江红群落、槐叶萍群落和浮萍群落等。草本沼泽主要位于西溪湿地河道与湖汊的交错区，以菰、野莲、芦苇等挺水植物为主。

· 动物

西溪湿地内有水生无脊椎动物 98 属 142 种，其中原生动物 19 属 26 种，原腔动物 29 属 54 种，环节动物 6 属 8 种，软体动物 12 属 16 种，节肢动物 32 属 38 种。现有鱼类 55 种，隶属于 7 目 16 科 41 属。现有爬行类 14 种，隶属于 3 目 7 科，其中蛇目 2 科 7 种。鸟类 15 目 46 科 157 种，国家重点保护的野生鸟类 14 种，属于国家 I 级的有白尾海雕，国家 II 级的有凤头鹰、红隼、褐翅鸦鹃和斑头鸺鹠等 13 种。现有兽类 12 种，隶属于 6 目 7 科，其中远东刺猬、东亚伏翼、黄鼬、华南兔等属于国家有益的或者有重要经济、科学研究价值的陆生野生动物。

4）社会经济状况

西溪湿地所在地杭州市被《福布斯》杂志评为"中国大陆最佳商业城市"。2013 年，杭州市全年实现地区生产总值 8343.52 亿元，全年城镇居民人均可支配收入为 39 310 元，农村居民人均纯收入为 18 923 元。目前，西溪湿地内无常住人口，湿地已由原来的农耕经济体转化成为以休闲和旅游为主业的服务经济体，并取得较为明显的社会和经济效益。近年来，西溪湿地成功打造了中国湿地保护与利用双赢的"西溪模式"，并在 2011 年成功创建国家 5A 级景区。通过大力实施"以节促旅"计划，定期举办元宵节、花朝节、龙舟节和火柿节等节庆活动，2013 年生态旅游总收入约为 1.50 亿元。

5）湿地受到的干扰

西溪湿地受到的干扰主要表现在以下三个方面：一是湿地受到城市建设和旅游开发的侵占，且游客流量的增长和生产活动的不断扩展，使得湿地内原生生态环境受到破坏。

二是钱塘江水的引进可能使湿地内水域的盐度提高，部分生活在钱塘江的物种，如淡水贻贝和无齿相手蟹等进入湿地，影响其原有物种的生长，对生物多样性的保护、湿地生态系统的稳定产生影响。

三是虽然湿地内生态修复良好，但其周边被柏油路和水泥路覆盖，地表渗透水量的减少导致地下水位下降，不利于保护湿地生物多样性。同时，地表径流难免会带入城市、街道上的污染物，直接污染湿地。

2. 评价结果

1）湿地健康

· 健康状况

浙江杭州西溪国际重要湿地健康指数为 4.70，健康等级为"中"。湿地健康状况表现为水环境处于中等水平，土壤状况良好，湿地面积相对稳定；湿地周边土地利用强度高，影响了野生动物栖息，生物多样性水平较低；周边居民湿地意识较高，目前生态系统较为稳定，但因游客规模增多、人为干扰强烈，生态系统健康会有衰退的风险（表 4-91）。

· 结果分析

A. 湿地环境良好，适合动植物栖息

湿地水质属于Ⅲ类，水质较好，适宜各种动植物的繁衍栖息，以及水产养殖生产的进行。湿地水源除了自身低洼地势存储天然雨水和周边山体北高峰、小和山自流雨水补充外，又从钱塘江引水进入湿地内，水源补给相对比较充裕，近两年湿地面积稳定。湿地土壤重金属内梅罗指数（P_N）为 1.23，土壤基本无污染，土壤平均 pH 为 7.15，适宜大多数动植物的生存。

B. 湿地外来物种多，生物多样性低

湿地外来物种入侵度（P_{in}）达 0.16，入侵植物主要有臭荠、北美独行菜、野老鹳草、一年蓬、凤眼莲等 14 种，入侵动物有克氏原螯虾、牛蛙、巴西龟和鳄龟 4 种。这些动植物非常适宜在湿地生长，扩张能力较强，会破坏湿地生态系统的稳定性。又由于湿地面积较小，生物多样性水平低，生物多样性指数仅为 19.72。

表 4-91　浙江杭州西溪国际重要湿地生态系统健康评价结果

评价指标		指标值		指标权重	综合健康指数
一级指标	二级指标	原始值	归一化值		
水环境指标	地表水水质	Ⅲ	6.00	0.1351	4.70
	水源保证率	4.78	4.78	0.2703	
土壤指标	土壤重金属含量	1.23	7.70	0.0499	
	土壤 pH	7.15	9.25	0.0079	
	土壤含水量	30.29	3.03	0.0075	
生物指标	生物多样性	19.72	0.00	0.1356	
	外来物种入侵度	0.16	0.00	0.0271	
景观指标	野生动物栖息地指数	3.80	3.80	0.0314	
	湿地面积变化率	0.96	8.76	0.1644	
	土地利用强度	0.82	1.80	0.0718	
社会指标	人口密度	3154	0.00	0.0215	
	物质生活指数	0.00	0.00	0.0091	
	湿地保护意识	6.38	6.38	0.0684	

C. 人口密集，土地利用强度高

湿地周边发展迅速，过高的土地利用强度不利于湿地生物多样性的保护，已经超出其可承受的范围。同时，湿地所在地杭州市西湖区人口密度为 3154 人/平方公里，湿地周边人口密集，对湿地生态系统干扰强烈。

2）湿地功能

·功能状况

浙江杭州西溪国际重要湿地综合功能指数为 7.81，功能等级为"好"。按照一级指标，湿地以文化功能为主，其次为调节功能和供给功能，支持功能较弱。按照二级指标，休闲与生态旅游功能最为显著，其次为物质生产和气候调节功能，水资源调节功能最弱（表 4-92）。

表 4-92　浙江杭州西溪国际重要湿地生态系统功能评价结果

评价指标		指标值		指标权重	综合功能指数
一级指标	二级指标	原始值	归一化值		
供给功能	物质生产	7.30%	7.20	0.1838	7.81
调节功能	气候调节	8.20	8.20	0.1403	
	水资源调节	7.00	7.00	0.0425	
	净化水质	7.00	7.00	0.0772	
文化功能	休闲与生态旅游	9.20	9.20	0.3375	
	教育与科研	9.60	9.60	0.1125	
支持功能	保护生物多样性	19.72	2.96	0.1062	

· 结果分析

A. 湿地调节功能强，缓解城市热岛效应

湿地局部地区小气候现象十分明显，夏季平均温度比城区低1℃，为人们纳凉休闲提供了便利，由于湿地水资源调控能力较强，基本无旱涝灾害。同时，进入湿地内的污水经各种微生物的处理，变成无毒或营养物质，然后再进入湿地生态系统的物质循环，使水质得到净化。

B. 休闲与生态旅游功能突出

西溪湿地是以湿地生态保护为前提，以湿地生态景观为主要特色，是融湿地旅游、文化游览、乡村民俗游、科普教育及养生休闲、旅游购物为一体的综合性旅游区。

C. 教育与科研水平高

"深潭口环保体验中心"和"西溪湿地生态研究中心"的建立，对西溪湿地的生态监测和科学研究具有重大作用。"中国湿地博物馆""杭州湿地植物园"的建设，广泛科普了全民湿地动植物知识。

3）湿地价值

· 价值状况

浙江杭州西溪国际重要湿地生态系统发挥了显著的社会、生态和经济价值，总价值为1.63亿元/年，单位面积湿地价值达81.11万元/(公顷·年)。在湿地生态系统的各项价值中，湿地的直接使用价值最大，为1.51亿元/年，占总价值的92.63%，湿地在休闲娱乐和环境教育方面具有重大价值；其次为间接使用价值0.11亿元/年，占总价值的6.76%；再次为选择价值0.01亿元/年，占总价值的0.61%；存在价值不足0.01亿元/年(表4-93)。

表4-93　浙江杭州西溪国际重要湿地生态系统价值评价结果

（单位：亿元/年）

评价指标		单项价值	小计	总价值
一级指标	二级指标			
直接使用价值	湿地产品	0.00	1.51	1.63
	休闲娱乐	1.50		
	环境教育	0.01		
间接使用价值	调节大气	0.02	0.11	
	调蓄洪水	0.04		
	净化去污	0.05		
选择价值	生物多样性	0.01	0.01	
存在价值	生存栖息地	<0.01	0.00	

· 结果分析

A. 休闲娱乐价值突出

西溪湿地开展的生态旅游在国内外拥有极高的知名度和影响力，是融湿地旅游、文化游览、乡村民俗游、科普教育及养生休闲、旅游购物为一体的综合性旅游区,而且每年定期开展梅花节、干塘节、端午龙舟等旅游活动。2013 年湿地生态旅游总收入为 1.50 亿元,占总价值的 92.02%。

B. 环境教育价值显著

湿地内建有"中国湿地博物馆",是国内唯一以展示中国湿地为主题的国家级博物馆,对普及湿地知识、提高群众湿地保护意识具有重要作用。环境教育价值达到 0.01 亿元/年。

C. 间接使用价值巨大

湿地生态系统总生物量为 1000 吨,每年可固定 CO_2 1630 吨,释放 O_2 1200 吨,调节大气价值为 0.02 亿元/年,局地小气候现象特别明显,对净化城市空气、缓解城市热岛效应具有重要作用。湿地每年调蓄洪水 600 万吨,调蓄洪水价值为 0.04 亿元/年,对城市防洪和水资源调节做出了重大贡献。西溪湿地被誉为"杭州之肾",有毒物质经湿地生态系统中各种生物的处理,变成无毒物质或各种营养物质进入生态系统的物质循环,湿地净化去污价值为 0.05 亿元/年。

4) 总体评价

浙江杭州西溪国际重要湿地生态系统健康等级为"中",功能等级为"好",湿地生态系统总价值为 1.63 亿元/年,单位面积湿地价值为 81.11 万元/(公顷·年)。水源较为充足,土壤状况良好,目前湿地生态系统较为稳定;由于湿地面积较小,湿地生物多样性水平低;周边居民、游客湿地保护意识较强,湿地周边城市发展迅速,湿地内虽无人口居住,但周边城市人口密集,土地利用强度高,客观降低了湿地生态系统的健康程度。湿地以文化功能为主,调节功能和供给功能为辅,支持功能较弱。湿地间接使用价值显著,直接使用价值巨大。

3. 存在问题及建议

1) 存在问题

A. 城市建设和人类活动威胁湿地生态系统健康

由于城市化和道路建设,西溪湿地已逐步成为一个生态孤岛。湿地生态系统与外界的交流被阻隔,从而制约了湿地生态系统与外界的物质交流和能量流动。此外,湿地内部建设和开发也不利于野生动植物栖息和繁衍,进而降低了生态系统健康程度。

B. 水源的引入影响湿地生态系统健康

钱塘江水源的引入,使得部分生活在钱塘江的物种进入西溪湿地,对湿地内其他原有物种产生一定影响,且钱塘江引水可带来一定程度的污水和泥沙。污水经湿地生物降解形成了大量的淤泥沉积,增加了重金属进入生态系统食物链的风险,可引起湿地生态系统退化。

C. 外来物种入侵降低湿地生态系统健康

依据湿地管理部门提供的有关数据进行指标计算,西溪湿地生物多样性指数为

19.72，外来物种入侵度为 0.16，说明外来入侵物种危害湿地生物多样性，不利于生物多样性的保护。

2）建议

A. 科学利用，加强对湿地保护

湿地内开发要充分发挥湿地资源的利用价值，重点构建生态保护、科研科普和生态旅游的功能。在湿地资源利用时，注重科学性、合理性，降低湿地资源利用对湿地水环境和土壤产生的污染。同时，还要加强湿地保护，建议定期对湿地内部的水系进行疏浚与清淤。

B. 加强监控，确保引水水质

建议引水水质先经过相关部门检测，经过物理化学净化达标后，方可引入湿地内。湿地管理部门应该联合环保部门，充分利用湿地内深潭口环保体验中心，以及生态监测站，开展定点定期的生态监测，使水环境、土壤环境监测常态化、目标化。

C. 积极发挥湿地功能，加强湿地保护宣传教育

西溪湿地是"国家生态文明教育基地""全国科普教育基地""国家环保科普教育基地"，在湿地宣教方面具有重要的功能。加强对游客湿地保护意识的宣传，开展有关湿地生物多样性的公众教育活动，广泛普及湿地和湿地保护科学知识，对保护湿地意义重大。

D. 营造原生生态环境，提高生物多样性

定期开展有害生物清除，控制其对湿地健康的危害；建议在西溪湿地的内部，特别是在虾龙滩生态保护区、莲花滩观鸟区等保留部分原生植被及高干草丛为两栖爬行动物提供栖息和繁殖环境，建立适当面积的浅水池溏，为两栖类提供栖息和繁殖场所。

4.2.32　海南东寨港国际重要湿地

1. 基本情况

1）位置与范围

东寨港地处海南岛的东北部，地理位置为东经 110°32′～110°37′，北纬 19°51′～20°01′，是 1605 年琼州大地震陆地下陷而形成的浅水港湾。东寨港国际重要湿地（见书后彩图 32）位于海口市的行政管辖区域内，周边与文昌市的罗豆农场和海口市的三江农场、三江镇、演丰镇交界，包括海口市的演丰、塔市的曲口镇、铺前湾的罗豆镇和潮间带区域。东寨港湿地范围面积为 5 400.00 公顷，其中红树林面积为 2 065 公顷，滩涂和浅水水域面积为 3 335 公顷。根据国务院发布的第二次全国湿地资源调查结果，湿地面积约为 3 841.34 公顷，全部为近海与海岸湿地。根据 2012 年 7 月 Landsat 遥感影像解译所得湿地面积为 3 337.60 公顷。

2）历史沿革

1980 年 1 月经广东省人民政府批准成立海南东寨港自然保护区；1986 年 7 月经国

务院批准晋升为国家级，是中国建立的第一个红树林类型的湿地自然保护区；1992 年东寨港湿地被列入国际重要湿地名录；2000 年，海南东寨港红树林湿地生态系统定位研究开建；2004 年晋升为国家林业局生态定位站，是国内唯一以红树林生态系统结构、功能及生态过程为研究对象的湿地生态站；2006 年被国家林业局评定为示范保护区。

3）自然状况

· 地质地貌

东寨港湿地是在 300 多年前，即 1605 年的一次大地震中由地层下陷形成的，海岸线曲折多弯，海湾开阔，形状似漏斗，滩面缓平，微呈阶梯状，有许多曲折迂回的潮水沟分布其间。涨潮时沟内充满水流，滩面被淹没；退潮时，滩面裸露，形成分割破碎的沼泽滩面。红树林就分布在海岸浅滩上。海岸地区是微咸沼泽地，海湾水深一般在 4 米内，海水含氯量最高为 33.44‰，最低为 9.3‰，平均为 21.86‰。东寨港湿地成土母质是火山玄武岩、矿页岩和近代沉积物，属全新世的海相堆积物，平缓而开阔，潮沟密布交错，土壤松软，土层深厚。东寨港湾呈不规则的长方形，近南北方向展布。长轴最大长度为16 公里，短轴最大长度为 8 公里，是全岛最大的港湾，面积近 100 平方公里，也是最年轻的港湾，形成时间不超过 400 年。

· 气候

东寨港湿地为热带季风区海洋性气候。夏季受热带海洋气候影响，秋季被南海、太平洋台风经常袭击，因此气候多表现为春季暖湿，夏季高温多雨，秋季多台风暴雨，冬季冷湿。平均气温为 23.3～23.8℃。年均降水量为 1 676.4 毫米，雨季平均起始期为 5月上旬，终期为 10 月下旬。年均蒸发量为 1 831.5 毫米。5～7 月蒸发量最大，月蒸发量均在 200 毫米以上；蒸发量最少的是 1～2 月，在 100 毫米以下。年平均相对湿度为85%，年际变化小，都在 82%～88%，最大值出现在 2 月多阴雨和 9 月多雨时间，月均87%～88%。

· 水文

东寨港湿地素有"一港四河，四河满绿"的说法，东面有演州河，南有三江河（又称罗雅河），西有演丰东河、西河。四条河流每年共有 7 亿立方米的水量汇入东寨港，此外还有若干短小河道流经湿地入海。暴雨季节，河水挟带大量泥沙，在东寨港内沉积并形成滩涂沼泽，非常适合红树林的生长繁殖。东寨港地处低纬度地区，海面水温较高，年平均水温为 25.4℃。潮型为不规则的半日潮，其特点为潮差大、潮间带较宽。最高潮位为2.61 米，平均高潮位为 2.09 米，最低潮位为 0.48 米，平均低潮位为 1.19 米，平均潮位为 1.61 米，最大潮差为 1.8 米，平均潮差为 0.89 米。

· 土壤

东寨港位于中国华南热带亚热带立地区域、海南岛及南海诸岛立地区、滨海阶地平原立地亚区、滨海沙滩平原立地类型，其主要土壤类型为海湾泥滩沼泽土。土壤成土母质以玄武岩和橄榄玄武岩为主。在地带性气候作用下，陆地上形成了典型的砖红壤性红土。土壤厚约 1～1.5 米，表土呈酸性，pH 为 5～6，土壤有机质丰富。在沿海，红树林植物立地除部分较坚实的盐渍沙质壤土外，其余河口和港湾为沉积的沼泽盐渍土。因受腐殖酸影响，土壤 pH 为 3.5～7.5，大多数在 5.0 以下。此外，土壤特征还表现为高水分、高盐分、大量硫化氢、缺乏氧气、植物残体多处于半分解状态等。

· 植被

东寨港湿地属于近海及海岸湿地类型中的红树林沼泽湿地，主要保护对象为红树林及水鸟。东寨港有着中国保存最好的、集中连片的、成熟的红树林，红树植物 19 科 35 种，其中真红树植物 11 科 23 种，半红树植物 9 科 12 种（其中真红树白骨壤和半红树许树同属马鞭草科），占全国红树林植物种类的 97%，其中海南海桑、水椰、卵叶海桑、木果楝、正红树、尖叶卤蕨、瓶花木、玉蕊、杨叶肖槿和银叶树等 11 种为中国红树林珍稀濒危植物。湿地内主要红树林群落有木榄群落、海莲群落、角果木群落、白骨壤群落、秋茄群落、红海榄群落、水椰群落、卤蕨群落、桐花树群落、榄李群落等。

· 动物

红树林还是动物的乐园，东寨港湿地内统计有鸟类 204 种，其中珍稀濒危、属国家 Ⅱ 级保护的野生鸟类有褐翅鸦鹃、小鸦鹃、黄嘴白鹭、黑脸琵鹭、白琵鹭、黑嘴鸥等 13 种。现记录有海南巨松鼠、犬蝠等兽类动物 8 种，其中海南水獭为国家 Ⅱ 级保护野生动物。两栖动物主要有斑腿树蛙、变色树蜥和泽蛙等；爬行动物以蛇类为主，主要有金环蛇、眼镜蛇等。湿地内的昆虫以蝶类较具特色，有 6 科 27 种。另有鱼类记录 103 种，其中大多具有较高的经济价值，如鳗鲡、石斑鱼等。还有大型底栖动物 92 种，主要有沙蚕、泥蚶、牡蛎、对虾等，具有较高的经济价值。

4）社会经济状况

东寨港周围主要有两镇（演丰镇、三江镇）一场（三江农场），共有海岸居民 4 000 多户，约 16 万人。红树林海岸居民主要收入来源是农业和渔业。在东寨港红树林湿地及周边的地区中，红树林分布及相关海捕及养殖比较集中的区域是演丰镇（合并前的演丰、演海镇）海岸线周围的村庄。三江农场虽有大面积的红树林分布，但相关的海捕却很少，其以种植业为主；演丰镇北港村及附近铺前镇（属文昌市）一带海捕业发达，但占大比重的是到较远的近海捕捞，相关的红树林海捕却很少。靠海的村庄主要发展海水养殖，并且逐步取代种植业等其他传统产业。

5）湿地受到的干扰

东寨港湿地周边村镇密集，人口密度较大，且多以捕捞和水产养殖为生，捕捞和养殖的现象较为普遍。部分村民使用小网眼渔具进行过度捕捞，严重地破坏了鱼类资源。与此同时，湿地内存在人工养殖等问题，对生物多样性造成了严重影响。而近年兴起的红树林湿地旅游活动也对红树林产生了威胁。目前，东寨港红树林湿地景观已经在很大程度上受到人为干扰。

2. 评价结果

1）湿地健康

·健康状况

海南东寨港国际重要湿地生态系统综合健康指数为 4.47，健康等级为"中"。结果表明，湿地的生物指标非常重要，由于东寨港湿地人口多，原来多以养殖业为生，与保护红树林湿地存在利益冲突，因此社会经济压力对东寨港红树林湿地健康影响较大，其指标权重较大，另外景观指标和土壤指标也比较重要（表 4-94）。

表 4-94　海南东寨港国际重要湿地生态系统健康评价结果

评价指标		指标值		指标权重	综合健康
一级指标	二级指标	原始值	归一化值		指数
水环境指标	地表水水质	Ⅱ	8.00	0.0388	
	水源保证率	—	0.00	0.0776	
土壤指标	土壤重金属含量	0.76	10.00	0.0333	
	土壤 pH	7.24	8.80	0.0999	
	土壤含水量	30.53	3.10	0.0333	
生物指标	生物多样性	27.44	1.86	0.1530	
	外来物种入侵度	0.044	6.92	0.0382	4.47
景观指标	野生动物栖息地指数	5.20	5.20	0.1081	
	湿地面积变化率	1.28	10.00	0.1081	
	土地利用强度	0.68	7.76	0.0360	
社会指标	人口密度	505	1.58	0.0911	
	物质生活指数	5 623	4.38	0.0382	
	湿地保护意识	2/50	0.40	0.1444	

·结果分析

A. 湿地水质较好

东寨港湿地内水质较好，为Ⅱ类水。

B. 土壤环境整体一般

东寨港湿地土壤没有受到重金属污染，但含水量较低。

C. 湿地生物指标状况一般

东寨港湿地内生物多样性水平一般，存在部分入侵物种，由于计算生物多样性所需数据难以获取，生物多样性的指标值可能偏低，对于红树林类型湿地，若把丰富的底栖动物资源统计在内，东寨港湿地内的生物多样性将非常丰富。

D. 景观指标状况较好

东寨港湿地面积变化率小，土地利用强度高，对野生动物栖息有一定影响。

E. 湿地面临压力加大

东寨港湿地周边人口较多，周边居民对湿地的认知不足，不能从长远认识到红树林湿地的生态效益和短暂的经济效益的区别，湿地保护意识非常欠缺，通过对湿地管理人员访谈了解到，从 2008 年起保护区成立了社区科和宣教科，加大了对社区居民的环保宣传，通过社区共管合作和进村入户的宣教，使得湿地周边村民环保认知相比以前提高很多。

2）湿地功能

·功能状况

海南东寨港国际重要湿地生态系统综合功能指数为 6.77，功能等级为"中"。评价结果表明，湿地供给功能非常重要，水资源调节功能、教育和科研及支持功能次之，但也很重要。在休闲与生态旅游方面得分较高，但权重较低（表 4-95）。

表 4-95　海南东寨港国际重要湿地生态系统功能评价结果

评价指标		指标值		指标权重	综合功能指数
一级指标	二级指标	原始值	归一化值		
供给功能	物质生产	2.8%	5.70	0.2273	6.77
调节功能	气候调节	7.22	7.22	0.0829	
	水资源调节	8.72	8.72	0.2088	
	净化水质	3.44	3.44	0.1315	
文化功能	休闲与生态旅游	9.00	9.00	0.0758	
	教育与科研	9.67	9.67	0.1516	
支持功能	保护生物多样性	27.44	3.74	0.1221	

·结果分析

A. 文化功能强大

东寨港湿地保护区是中国建立的第一个红树林类型的湿地自然保护区，也是迄今为止中国红树林自然保护区中红树林资源最多、种类最丰富的自然保护区，是众多学者研究红树林湿地的首选研究地，其教育与科研功能很强。

B. 水资源调节和气候调节等功能较为显著

红树林素有"护岸卫士、造陆先锋、鸟类天堂、鱼虾粮仓"的美誉，可以有效地防控洪水和海啸，其水资源调节功能很强；红树林湿地调节周边气候的功能很强。

C. 保护湿地生物多样性功能未充分显现

由于东寨港国际重要湿地内生物多样性水平一般，其保护生物多样性的功能未充分发挥出来。

3）湿地价值

价值状况

海南东寨港国际重要湿地价值较高，总价值为 13.44 亿元/年，单位面积湿地价值为40.27 万元/（公顷·年）。其中，间接使用价值最高，达 8.10 亿元/年，占 60.27%，高于其他几项价值，其次为直接使用价值，为 5.19 亿元/年，占 38.61%，选择价值和存在价值较小，分别仅占 0.67% 和 0.45%。从二级指标看，湿地调蓄洪水价值最高，占总价值的 34.90%，其次为休闲娱乐和净化去污价值，分别占总价值的 33.48% 和 22.17%，生存栖息地价值最小，仅占总价值的 0.45%。

・结果分析

A. 间接使用价值显著

间接使用价值高达 8.10 亿元，其中红树林防控洪水价值巨大，仅其一项就能间接产生 4.69 亿元价值，占总价值的 34.90%，占间接使用价值的 57.9%。

B. 直接使用价值中休闲娱乐价值也较显著

直接使用价值中，休闲娱乐价值最高，开展生态旅游所带来的直接使用价值约 4.50 亿元。

C. 选择价值和存在价值偏低

生物多样性价值和生存栖息地价值相对较低。

表 4-96　海南东寨港国际重要湿地生态系统价值评价结果　（单位：亿元/年）

评价指标		单项价值	小计	总价值
一级指标	二级指标			
直接使用价值	湿地产品	0.11	5.19	13.44
	休闲娱乐	4.50		
	环境教育	0.58		
间接使用价值	调节大气	0.43	8.10	
	调蓄洪水	4.69		
	净化去污	2.98		
选择价值	生物多样性	0.09	0.09	
存在价值	生存栖息地	0.06	0.06	

4）总体评价

海南东寨港国际重要湿地生态系统健康等级为"中"，功能等级为"中"，湿地生态系统总价值达 13.44 亿元/年，单位面积湿地价值为 40.27 万元/（公顷・年）。湿地水质良好，土壤环境较好，使其发挥了很好的教育与科研功能，产生了很高单位面积价值。但同时也存在一些问题，如生物多样性总体水平一般，保护生物多样性的功能需要进一步加强，居民的湿地保护意识还需要进一步提高等。

3. 存在问题及建议

1）存在问题

A. 湿地受人类活动影响较大

湿地周边人口密集，捕捞、挖螺等人为活动太多，对湿地生物多样性造成一定影响。

B. 湿地附近居民湿地保护意识欠缺

周边居民对湿地的认知不足，不能从长远角度认识到红树林湿地的生态效益和短暂的经济效益的区别，湿地保护意识非常欠缺。

2）建议

A. 加强对人类活动的管理，减少对湿地生态系统的干扰和影响

加强巡护管理工作，防止周边民众在湿地内毁林挖塘、蚕食行为。同时，努力提高社区民众的自然资源保护意识，宣传红树林保护规定，并严厉打击各种违规行为。

B. 形成长效机制，资源合理利用

因周边社区的民众依赖于湿地内的自然资源，管理部门应协调与渔业、环保等各部门的联系，调动群众参与保护的积极性，划定重点保护区域，减少人类行为对自然资源无序、过度利用造成的破坏，通过规定渔具网眼等有效的管理机制，实现资源可持续的发展，以达到自然资源合理、可持续发展的利用。

4.2.33　湖北洪湖国际重要湿地

1. 基本情况

1）位置与范围

洪湖国际重要湿地（见书后彩图 33）位于湖北省中南部，地处长江中游北岸，系江汉平原四湖流域的下游，是长江与汉水支流东荆河之间的河间洼地，行政区划隶于属荆州市，地跨洪湖市和监利县。其地理位置为东经 113°12′～113°26′，北纬 29°40′～29°58′。湿地以洪湖围堤为界，总面积为 43 450 公顷，包括湖周滩地、沼泽、鱼池、农田、河汊及建设用地等，边界线总长度为 104.5 公里。根据国务院发布的第二次全国湿地资源调查结果，洪湖国际重要湿地范围内湿地面积为 42 782.68 公顷，其中湖泊湿地面积为 34 310.83 公顷，沼泽湿地面积为 3 062.22 公顷，人工湿地面积为 54 09.63 公顷。根据 2012 年 8 月 HJ-1B 影像解译所得湿地面积为 39 341.46 公顷。

2）历史沿革

1996 年 6 月，洪湖市人民政府批建洪湖湿地县级自然保护区；2000 年 12 月晋升为省级；2007 年 7 月在国家环保局组织的专家评审会议上，湖北省洪湖湿地申报国家级自然保护区顺利通过专家评审；2008 年洪湖湿地正式被列入国际重要湿地名录；2014 年洪湖湿地升级为国家级自然保护区。

3）自然状况

· 地质地貌

洪湖所在的四湖地区属中国东部新华夏系第二沉降带的江汉沉降区，是由燕山运动开始形成的内陆断陷盆地，其构造格局受西北、西北西和东北北向构造线所控制。在燕

山运动以后形成的两组基岩断裂将区内切割成许多块断体；前第四纪受地质外营力的作用形成一个巨大深厚的山麓相洪积、河湖相沉积；全新世以来形成了若干个河流洼地，其中之一就是长江和东荆河之间的河间洼地。在洼地中，两侧为河流沉积物，天然堤或人工堤堆积，中间洼地处潜水不畅，雍塞成湖，洪湖就这样形成了。洪湖所在的四湖地区的地貌类型比较单一，主要是冲积、湖积平原，但由于其基本上是由一系列河间洼地组成，因而微地貌形态分异比较明显，既有沿江高亢平原也有河间低湿平原。河间低湿平原是洪湖湿地主要的地貌类型，其内部又由湖泊和湖垸构成，湖泊所占的面积是湿地总面积的 82%。

· 气候

洪湖湿地气候属于北亚热带湿润季风气候，具有四季分明、光能充足、降水充沛、热量丰富、雨热同季的特点。年平均气温为 15.9～16.6℃，年平均降水量为 1000～1300 毫米，4～10 月总降水量约占全年总降水量的 77%，年均蒸发量为 1354 毫米。

· 水文

洪湖湿地位于长江中游江汉湖群四湖流域下游，是流域内主要的调蓄型湖泊，并兼有灌溉、生产生活供水、物种保护、养殖、旅游等多项功能。洪湖的汇水区域为 12 000 平方公里。区域内地形平坦，地面海拔一般为 24～28 米，自西北略向东南倾斜。区内降水丰沛，水资源十分丰富。洪湖水资源由两部分组成：一是降水形成的地表径流与地下水；二是过境客水。地表水资源十分丰富，地下水资源尚未得到广泛利用。汇水区多年平均降水量为 1000～1300 毫米，地表水年均径流量为 19.1 亿立方米，过境客水年均径流量为 7.8 亿立方米，多年平均入湖水量为 19.6 亿立方米，年均入湖流量为 513 立方米/秒，年最大流量为 727 立方米/秒。

· 土壤

洪湖湿地近周，系河湖冲积、淤积物组成的低洼地、沼泽。土壤类型主要有水稻土和潮土，而在湖洲滩地有少面积的草甸土分布。水稻土是现代沼泽化土经过自然演化和围垦，在长期水耕熟化过程中发育起来的，其中主要有潜育型水稻土和沼泽型水稻土，水稻土的分布面积广大。潮土类主要分布在洪湖和长江之间地势较高的地带，是在长期旱耕熟化过程中发育起来的。

· 植被

洪湖湿地在湖北省植被分区中为中亚热带常绿阔叶林地带、江汉平原栽培植被水生植被区、江汉平原滨湖岗地枫杨柳树栽培植被水生植被小区。据调查，湿地现有维管植物 116 科 303 属 494 种（含 20 变种 1 变型），浮游植物 7 门 77 属 280 种（其中绿藻门 32 属 137 种、硅藻门 20 属 97 种、蓝藻门 13 属 26 种、裸藻门 4 属 11 种、金藻门 5 属 8 种、甲藻门 2 属 4 种、隐藻门 1 属 2 种）。水生高等植物 44 科 91 属 158 种 5 变种（蕨类植物 5 科 5 属 5 种、裸子植物 2 科 2 属 2 种、被子植物 37 科 84 属 154 种（双子叶植物 25 科 44 属 68 种 1 变种，单子叶植物 12 科 40 属 81 种 4 变种）。主要水生植被有微齿眼子菜群落、穗花狐尾藻＋微齿眼子菜＋金鱼藻群落、光叶眼子菜群落、微齿眼子菜＋穗花狐尾藻群落、菰群落、莲群落、菰＋莲群落、水杉群落等。国家Ⅱ级保护野生植物有粗梗水蕨、莲、野菱、野大豆 4 种。

· 动物

洪湖湿地拥有丰富的动物资源。据调查，湿地现有浮游动物和底栖动物较多，共计有 477 种，其中原生动物 8 纲 29 目 63 科 99 属 198 种，轮虫类 1 纲 5 目 14 科 45 属 103 种，枝角类和桡足类 1 纲 4 目 12 科 30 属 78 种，底栖无脊椎动物 1 纲 10 目 57 科 98 种，以软体动物的种类和生物量占优势。鱼类 7 目 18 科 57 种；两栖类 1 目 2 科 6 种；爬行类 2 目 7 科 12 种；鸟类 16 目 40 科 138 种（其中水禽 70 种）；兽类 6 目 7 科 13 种。列为国家Ⅰ级保护野生动物 6 种，全部是鸟类，即东方白鹳、黑鹳、中华秋沙鸭、白尾海雕、白肩雕和大鸨，国家Ⅱ级保护野生动物 16 种，即两栖类虎纹蛙 1 种，鸟类有白琵鹭、白额雁、鸳鸯、大天鹅、小天鹅、松雀鹰、大鵟、普通鵟、红脚隼、斑头鸺鹠、短耳鸮、草鸮13 种，兽类河麂 1 种。

4）社会经济状况

洪湖湿地涉及洪湖和沿湖 8 个乡镇。历史悠久，经济比较发达，素有"鱼米之乡"之称。现有人口 1.5 万人，均为汉族，生产以渔业为主，盛产鱼虾、莲藕等；旅游业是近年来逐步发展的行业，每年中外游客在 1 万人左右。湿地内水陆运输较为方便，年货运量为 640 万吨，其中陆运占 79%，水运占 21%。洪湖湿地内洪湖水面属国家所有，行政村用土地属集体所有，湿地内的土地总面积为 37 088 公顷。居民的文教、卫生状况良好，医院设施齐备，居全省平均水平。

5）湿地受到的干扰

在洪湖湿地生态环境演变过程中，人类活动是主要影响因素。围湖造田是人类利用湖泊资源、改造湖区环境的主要方式。由于人类过分干扰，洪湖湿地环境平衡受到威胁，湿地生态系统结构简化，组成种类趋于单一，生物多样性降低；系统不稳定性增加，自我调节能力减弱，系统变得更加脆弱。

洪湖湿地生态系统受到的干扰主要来自三方面：一是极端气候带来的旱涝灾害，给洪湖生态环境尤其是生物多样性带来灾难。二是，由于过度围垦和养殖，改变了洪湖的自然生态格局，生态遭到较大破坏，影响了湿地生态系统部分功能的实现。三是，夏季旅游人数的增加对野生动物的栖息带来一定影响，增加生态环境的压力。

2. 评价结果

1）湿地健康

· 健康状况

洪湖国际重要湿地生态系统综合健康指数为 5.05，健康等级为"中"。结果表明，湿地水环境指标十分重要，其次是生物指标，土壤指标中土壤重金属含量也对湿地生态系统健康影响较大，社会指标中人口密度对湿地健康影响很小，所占权重最小。洪湖湿地健康状况表现为水质较好，水源保证率处于中等水平；湿地面积变大；土壤呈弱碱性，含水量中等，重金属含量较低；湿地有极轻微的外来物种入侵情况，生物多样性较差，野生动物栖息地指数较低；湿地变化率小，湿地面积增大。湿地内人口较为稀疏，物质生活指数一般。湿地内公众的湿地保护意识仍然不高（表 4-97）。

表 4-97　湖北洪湖国际重要湿地生态系统健康评价结果

评价指标		指标值		指标权重	综合健康指数
一级指标	二级指标	原始值	归一化值		
水环境指标	地表水水质	Ⅱ-Ⅲ	7.00	0.074 5	
	水源保证率	—	4.15	0.223 5	
土壤指标	土壤重金属含量	1.18	9.14	0.100 0	
	土壤 pH	7.76	6.22	0.027 5	
	土壤含水量	50.84	5.08	0.030 3	
生物指标	生物多样性	22.03	0.51	0.198 7	
	外来物种入侵度	0.005	9.65	0.099 3	5.05
	野生动物栖息地指数	3.80	3.80	0.086 8	
景观指标	湿地面积变化率	1.283 6	10.00	0.033 1	
	土地利用强度	0.637 6	7.74	0.037 9	
社会指标	人口密度	36	9.44	0.009 8	
	物质生活指数	7 000	3.00	0.039 3	
	湿地保护意识	18/51	3.52	0.039 3	

· 结果分析

A. 湿地水质较好，但水源保证率较高

洪湖湿地水质状况一般，水源保证率比较高，水资源较充足，除极端气候（如 2011 年）外。由于缺乏数据，本次评价中水源保证率偏低。

B. 土壤环境出现重金属污染

土壤环境整体一般，但由于湿地周边部分区域有养殖珍珠现象，局部湿地土壤受到轻微重金属污染。

C. 湿地生物指标状况一般

生物多样性总体水平一般，物种不够丰富，并存在外来物种入侵的情况。

D. 景观指标状况较好

湿地内湿地景观较好，湿地面积年际变化小，且近两年呈现扩大的趋势；土地利用强度较小，对野生动物栖息有一定影响。

E. 湿地面临压力加大

湿地周边人口密度大，居民在洪湖周边进行珍珠养殖等活动，极大地影响了湿地的健康，且当地居民缺乏湿地保护意识。

2）湿地功能

· 功能状况

洪湖国际重要湿地生态系统综合功能指数为 6.50，功能等级为"中"。结果表明，按照一级指标，湿地以调节功能和文化功能为主，其次是支持功能，供给功能较弱。按照二级指标，教育与科研功能最为显著，其次为净化水质和气候调节功能，休闲与生态旅游功能最弱（表 4-98）。

表 4-98　湖北洪湖国际重要湿地生态系统功能评价结果

评价指标		指标值		指标权重	综合功能指数
一级指标	二级指标	原始值	归一化值		
供给功能	物质生产	3.1%	6.03	0.097 4	
调节功能	气候调节	6.00	6.00	0.124 7	
	水资源调节	7.00	7.00	0.078 6	
	净化水质	7.00	7.00	0.198 0	6.50
文化功能	休闲与生态旅游	8.00	8.00	0.067 5	
	教育与科研	8.00	8.00	0.270 0	
支持功能	保护生物多样性	22.03	3.20	0.163 8	

· 结果分析

A. 文化功能巨大

作为湖北省最大的湖泊，洪湖发挥了很好的教育与科研功能，每年有大量的学者针对洪湖开展研究，中国科学院地理科学与资源研究所、华中农业大学、武汉大学、华中师范大学等诸多高校和科研机构在洪湖建立实验实习基地，每年定期去洪湖开展科研和其他实验，《洪湖赤卫队》更是让洪湖成为家喻户晓的地方，使得洪湖在文化传承、红色旅游和湿地生态旅游方面也发挥了很重要的功能。

B. 调节和供给功能也较为显著

洪湖在净化水质及对局地气候调节方面也有很强的功能；洪湖每年生产大量水产品，相比其他几项功能，洪湖的物质生产功能较强。

C. 保护湿地生物多样性功能未充分显现

因洪湖湿地生态系统健康评价中生物多样性得分较低，其保护生物多样性功能得分并不高，保护生物多样性功能未能充分显现。

3）湿地价值

· 价值状况

洪湖国际重要湿地生态系统具有很高的价值，总价值为 95.44 亿元/年，湿地单位面积价值为 24.26 万元/（公顷·年）。其中，直接使用价值最大，为 77.17 亿元/年，占 80.86%；其次为间接使用价值，为 16.43 亿元/年，占 17.21%，选择价值和存在价值较小，分别仅占 1.14% 和 0.79%。按照二级指标，湿地休闲娱乐价值最高，占总价值的

40.86%；其次为湿地产品价值，占总价值的 37.71%；调节大气价值最小，仅占总价值的 0.01%（表 4-99）。

表 4-99　湖北洪湖国际重要湿地生态系统价值评价结果　（单位：亿元/年）

评价指标		单项价值	小计	总价值
一级指标	二级指标			
直接使用价值	湿地产品	35.99	77.17	95.44
	休闲娱乐	39.00		
	环境教育	2.18		
间接使用价值	调节大气	0.01	16.43	
	调蓄洪水	6.07		
	净化去污	10.35		
选择价值	生物多样性	1.09	1.09	
存在价值	生存栖息地	0.75	0.75	

· 结果分析

A. 直接使用价值最高

洪湖湿地生态系统价值中直接使用价值最高，达 77.17 亿元/年，远远高于其他几项价值，每年全国各地有大量游客来洪湖旅游度假，休闲娱乐的直接经济价值高达 39 亿元/年，为所有种类中价值最高的；而湿地产品价值也高达 35.99 亿元/年。

B. 调蓄洪水等间接价值较高

长江中下游地区多旱涝灾害，作为重要的水源地，洪湖受其影响较大，同时也为旱涝灾害的缓解起到重要的调节作用，其调蓄洪水的价值是除休闲娱乐价值以外最高的。

4）总体评价

洪湖国际重要湿地生态系统健康等级为"中"，功能等级为"中"，总价值为 95.44 亿元/年，单位面积价值为 24.26 万元/（公顷·年），价值较高。湿地的水源保证率较高，土地利用强度较小，发挥了很好的教育与科研功能，产生了很高的价值。同时，湿地内也存在一些问题，如水质较差、局部湿地土壤受到轻微重金属污染，土壤环境需要进一步改善，生物多样性总体水平一般，保护生物多样性的功能需要进一步加强，居民的湿地保护意识还需要进一步提高。

3. 存在问题及建议

1）存在问题

A. 受人类活动影响较大

目前，洪湖湿地受人类活动影响较大，捕鱼、养殖贝壳等活动较多，这不仅改变了洪湖原有的自然格局，同时过度的养殖活动也导致了水质的污染，致使土壤重金属含量增大。

B. 洪涝灾害严重影响洪湖湿地生物多样性

作为长江中上游的重要湖泊之一，洪湖经常受到洪涝灾害的影响，严重影响了洪湖湿地生物多样性。

C. 洪湖湿地附近居民湿地保护意识欠缺

居民只知洪湖，不知湿地，普遍缺乏对湿地生态系统的认知，对湿地的保护意识较为欠缺。

2) 建议

A. 加强人类活动的管理，减少对湿地生态系统的干扰和影响

加强对洪湖周边开发和捕鱼的规划和管理，尽可能还原湿地生态系统的自然状态，为野生动物提供更好的栖息场所。

B. 采用生态治理，提高调蓄洪水功能

尽量采用生态治理的方式治理洪涝灾害，在不影响洪湖自然生态格局的前提下，增强洪湖调蓄洪水的功能。

C. 加强湿地基本知识宣传，提高居民的湿地保护意识

通过在湿地内设置宣传牌、警示牌，开展湿地保护活动等，加强湿地保护意识宣传和湿地基本知识的普及，提高周边居民的湿地保护意识。

4.2.34　江西鄱阳湖国际重要湿地

1. 基本情况

1) 位置与范围

江西鄱阳湖国际重要湿地(见书后彩图 34)位于江西省北部，长江南岸，鄱阳湖西北角，赣江、修河交汇处，北纬 29°02′～29°19′，东经 115°54′～116°12′，地跨新建、永修和星子三县，管辖有沙湖、大汉湖、蚌湖、朱市湖、梅西湖、象湖、大湖池、常湖池、中湖池 9 个湖泊，总面积为 22 400 公顷，湿地面积约为 17 220 公顷。根据国务院发布的第二次全国湿地资源调查结果，鄱阳湖湿地总面积达 34 954.23 公顷，其中湖泊湿地为 34 939.32 公顷，沼泽湿地为 14.82 公顷，河流湿地为 0.09 公顷。

2) 历史沿革

鄱阳湖湿地是中国第一大淡水湖湿地，其承纳发源于江西境内的五条主要河流(赣江、修水、抚河、饶河、信江)(简称"五河")之水并与长江贯通，有着悠久的历史，古称"彭蠡泽""彭泽""官亭湖"，位置主要东起湖北省黄梅县，南至安徽省宿松县，西达德江县，包括长江北岸的龙感湖、黄湖、泊湖等水域，后由于地质水文作用，"彭蠡泽"向南扩迁到今江西省的波阳县附近，始称鄱阳湖。时至近代，为了进一步开发鄱阳湖湿地的文化功能、生态功能和旅游功能，鄱阳湖国家湿地公园应运而生，并成为了世界六大湿地之一，是亚洲湿地面积最大、湿地物种最丰富的国家级湿地公园，也是中国科普教育基地。

江西鄱阳湖国家级自然保护区成立于 1983 年,原名为"江西省鄱阳湖候鸟保护区"; 1988 年晋升为国家级,并更名为"江西鄱阳湖国家级自然保护区",主要职能是保护鄱阳湖以白鹤为代表的珍稀候鸟和湿地生态环境,开展与生态保护相关的科学研究,科学地、可持续地利用自然资源;1992 年鄱阳湖湿地被列入国际重要湿地名录,先后被列入中国和世界自然基金会、国际自然资源保护联盟的重要保护地区。

3) 自然状况

· 地质地貌

第三纪时鄱阳湖区曾是一个巨大的盆地,至"喜马拉雅运动"时期,鄱阳湖西侧断裂上升为庐山,东侧陷落为鄱阳湖入江水道,第四纪时鄱阳湖地区则再度下沉,成为江西第四系沉积中心。现今鄱阳湖最大的地质地貌特征是"高水是湖,低水似河"。湖底水道高程自南向北渐降,由海拔 12 米降至湖口约 1 米,鞋山附近为－1 米,褚溪口低达－2 米。鄱阳湖区分为水道、洲滩、岛屿、内湖和汊港 5 种地物类型。在地貌组合结构上,湿地由分支河道两侧天然堤、侧缘缓坡和蝶形洼地组成。在沉积断面结构上,根据地面高程由高到低又可分为高漫滩(草滩)、低漫滩(包括过渡带和泥滩)和积水洼地等沉积单元,而沉积物主要为细粉沙、极细粉沙和黏土。

· 气候

鄱阳湖湿地属亚热带湿润季风气候,冬季北风,夏季多南风。年平均气温为 16.5～17.8℃,无霜期为 246～275 天,年降水量为 1 368.7～1 633.8 毫米,年日照时数为 2 008～2 105 小时,年辐射总量为 450 亿焦耳/平方米,是江西省光热资源相对富足的区域。

· 水文

鄱阳湖湿地为半湿润区域,相对湿度稳定。鄱阳湖分南北两湖,南北长 170 公里,东西宽 50～70 公里,湖水北经九江注入长江。湖区受修河水系和赣江水系影响,水位存在着明显的季节性变化。湿地水位与鄱阳湖水位的年内变化趋势一致,月平均水位 7 月最高,1 月最低。赣江吴城站历年最高水位为 22.29 米,历年最低水位为 10.46 米。都昌站历年最高水位为 21.78 米,历年最低水位为 8.84 米。赣江吴城站和鄱阳湖都昌站的年最高水位一般出现在 5～9 月。两站的年最低水位分别为 10.46～12.61 米和 8.84～11.63 米,多年平均值分别为 11.34 米和 9.77 米,一般出现在 12 月至次年 3 月。鄱阳湖区平均水温 18.3℃,比平均气温偏高 1.2℃。月平均水温 8 月最高,1 月最低,年较差为 21.8～26.0℃,平均 24.3℃。汛期湖泊与草洲被洪水淹没,与大鄱阳湖融为一体,湖流以吞吐流为主。其中,中低水位期以重力型湖流为主,中高水位期以顶托型湖流为主,也经常出现倒灌型湖流,顶托型湖流的流向与重力型湖流基本相同。

· 土壤

由于鄱阳湖以河流、湖泊相沉积为主,沉积物粒度总趋势是自下至上由粗变细,因此湿地内主要分布为比较均一的土壤质地。鄱阳湖湖区内主要发育有 5 种土壤类型:红壤(棕红壤)、水稻土、黄褐土、冲积土和潮土(湿潮土),其分布与高程和微地形有关,由湖岸向湖心呈带状分异基础上的镶嵌分布。

· 植被

鄱阳湖湿地及周边地区共有苔藓植物 2 科 3 属 3 种、蕨类植物 8 科 11 属 12 种、裸子植物 5 科 8 属 11 种和被子植物 80 科 330 属 430 种和变种，合计 95 科 352 属 456 种（含变种），两种当地特有植物，即永修柳叶箬和短四角菱。鄱阳湖湿地的植被分为天然植被和栽培植被两大类型。其中天然植被分为沙丘阶地植物群落，包括 7 个群丛；红壤阶地植物群落，包括 7 个群丛；湖洲潜育沼泽植物群落，包括 32 个群丛；河漫滩植物群落，包括 7 个群丛；水生植物群落，包括 1 个群丛。按照建群种的生活型可分为湿生植物带、挺水植物带、浮叶植物带和沉水植物带。湿生植物（一般分布在高程 13~15 米的区域内）有薹草、蓼子草、牛毛毡、稗草、荻等，包括薹草群丛；挺水植物（一般分布高程在 12~15 米的区域内），如荻、菰、水蓼、白茅、莲、白菖蒲等，包括芦＋荻群丛和芦＋菰群丛；浮叶植物（一般分布高程在 12~15 米的范围内），有菱、荇菜、金银莲花、芡实等；沉水植物（一般分布高程在 11~13 米的范围内），如马来眼子菜、黑藻、苦草、小茨藻、大茨藻、聚草、金鱼藻等，包括马来眼子菜-黑藻＋小茨藻＋苦草群丛、马来眼子菜-黑藻＋苦草群丛、马来眼子菜群丛。

· 动物

鄱阳湖湿地生态系统结构完整，生物资源丰富。据初步统计，有兽类 45 种、鸟类 310 种、爬行类 48 种、鱼类 122 种、贝类 40 种、浮游动物 47 种、浮游植物 50 种、昆虫类 227 种。鄱阳湖已记载鱼类 140 种，属国家 I 级保护野生动物的有白鲟和中华鲟，国家 II 级保护野生动物的有胭脂鱼。鄱阳湖已知鸟类 310 种，其中典型的湿地鸟类（水鸟）159 种。按居留型分类，留鸟 45 种、冬候鸟 155 种、夏候鸟 107 种、迷鸟 3 种，其中，有 13 种为世界濒危鸟类。其中属国家重点保护动物的鸟类共有 54 种，国家 I 级保护野生动物 10 种：白鹤、白头鹤、大鸨、东方白鹳、黑鹳、中华秋沙鸭、白肩雕、金雕、白尾海雕和遗鸥；国家 II 级保护野生动物 44 种，如小天鹅、卷羽鹈鹕、白枕鹤、灰鹤、沙丘鹤、白额雁等。兽类中属国家 II 级保护野生动物的有江豚、水獭、穿山甲、小灵猫等。

4）社会经济状况

鄱阳湖国际重要湿地位于江西省西北部，该地区产业结构较稳定，发展有农业、工业、建筑业等多种产业，据《新建县 2011 年国民经济和社会发展统计公报》显示，2011 年生产总值为 217.24 亿元，比 2010 年增长 14.1%，人均为 GDP 39 650 元。该地区位于鄱阳湖生态经济区内，建有鄱阳湖大坝和鄱阳湖水电站等工程，其中水电站蓄水能力达到 200 亿立方米，年发电量约 10.33 亿度。

5）湿地生态系统受到的干扰

鄱阳湖湿地目前受到的威胁主要是湿地周边生产活动，少数村民非法网捕、毒杀野生动物，导致了湿地面积减少，生物多样性和生态环境遭到破坏；9 个湖泊水位控制基础设施弃控水坝、引水渠，以及排灌设备简陋，无法对水位进行有效调控，难以保证理想的候鸟栖息环境；鄱阳湖湿地地处江西省的重点血吸虫疫区，为保护候鸟及其栖息地，不能进行药物灭螺，致使血吸虫病严重威胁着全体职工及周边居民的身心健康。

2. 评价结果

1）湿地健康

・健康状况

江西鄱阳湖国际重要湿地生态系统综合健康指数为 5.26，健康等级为"中"。湿地健康状况表现为水质较差，水源保证率处于中等水平；湿地面积稳定；土壤呈弱酸性且含水量不高；湿地内有极轻微的外来物种入侵的情况，生物多样性差，野生动物栖息地指数较低；湿地变化率小，湿地面积稳定。湿地内人口较为稠密，物质生活指数一般。湿地内公众的湿地保护意识仍有待提高（表 4-100）。

表 4-100　江西鄱阳湖国际重要湿地生态系统健康评价结果

评价指标		指标值		指标权重	综合健康指数
一级指标	二级指标	原始值	归一化值		
水环境指标	地表水水质	Ⅳ	4.00	0.062 2	
	水源保证率	—	6.69	0.186 7	
土壤指标	土壤重金属含量	0.68	10.00	0.089 9	
	土壤 pH	6.27	10.00	0.023 8	
	土壤含水量	26.05	2.61	0.056 6	
生物指标	生物多样性	27.86	1.97	0.218 8	
	外来物种入侵度	0.05	6.46	0.054 7	5.26
景观指标	野生动物栖息地指数	4.00	4.00	0.139 1	
	湿地面积变化率	2.95	10.00	0.043 8	
	土地利用强度	0.15	9.10	0.055 2	
社会指标	人口密度	777.00	0.00	0.017 3	
	物质生活指数	5 134.70	4.87	0.034 6	
	湿地保护意识	9/49	1.84	0.017 3	

・结果分析

A. 湿地水质较差

水环境指标对鄱阳湖湿地生态系统健康影响较为显著，其权重值达到 0.2489，表明湿地水文状况、水环境质量是维持湿地基本健康的重要保证。地表水污染严重，为Ⅳ类水。

B. 湿地面积稳定

通过对比鄱阳湖湿地 2012 年和 2013 年前后两期卫星影像，发现湿地面积动态变化小，湿地面积基本保持稳定。

C. 野生动植物栖息地环境较差

野生动物栖息地指数较低，生物多样性差，有外来物种入侵情况。

D. 土壤指标较高，含水量较差

土壤没有受到污染，土壤呈弱酸性，但土壤含水量不高，这可能是受到采样地点的限制，由于调查期间是鄱阳湖的丰水期，所以样本的代表性不够典型。

E. 湿地面临压力加大

湿地内人口压力相对较为稠密，居民对湿地的认知不足，湿地保护意识欠佳。

2) 湿地功能

· 功能状况

江西鄱阳湖国际重要湿地综合功能指数为 6.66，功能等级为"中"。按照一级指标，湿地以调节功能为主，其次为文化功能和支持功能，供给功能较弱。按照二级指标，水资源调节功能最为显著，其次为保护生物多样性和教育与科研功能，气候调节与净化水质功能最弱（表 4-101）。

表 4-101　江西鄱阳湖国际重要湿地生态系统功能评价结果

评价指标		指标值		指标权重	综合功能指数
一级指标	二级指标	原始值	归一化值		
供给功能	物质生产	3.85%	6.20	0.109 0	
调节功能	气候调节	6.67	6.67	0.069 7	
	水资源调节	6.89	6.89	0.278 5	
	净化水质	8.00	8.00	0.069 7	6.66
文化功能	休闲与生态旅游	8.44	8.44	0.082 8	
	教育与科研	9.00	9.00	0.165 7	
支持功能	保护生物多样性	27.86	3.79	0.224 6	

· 结果分析

A. 调节功能巨大

鄱阳湖湿地总面积为 34 954.23 公顷，其中河流湿地为 0.09 公顷，湖泊湿地为 34 939.32 公顷，沼泽湿地为 14.82 公顷，水资源丰富，在调节气候、消洪抗旱、调节径流、补充地下水等方面作用巨大。

B. 保护生物多样性功能显著

鄱阳湖湿地属亚热带湿润季风气候，气候温暖湿润适宜生物生存繁衍。湿地生态系统结构完整，生物资源丰富。据初步统计，有兽类 45 种、鸟类 310 种、爬行类 48 种、鱼类 122 种、贝类 40 种、浮游动物 47 种、浮游植物 50 种、昆虫类 227 种、高等植物 456 种。

C. 科研教育功能独特

鄱阳湖湿地是中国第一大淡水湖湿地，其承纳发源于江西境内的五条主要河流（赣江、修水、抚河、饶河、信江，简称"五河"）之水并与长江贯通，有着悠久的历史，也有着历史学研究价值。同时，湿地生物资源丰富，有着很高的生物学研究价值。

D. 生态旅游功能未充分显现

鄱阳湖湿地一直处在血吸虫病的疫区，严重影响生态旅游的开发。

3) 湿地价值

· 价值状况

江西鄱阳湖国际重要湿地总价值为 42.87 亿元/年，单位面积湿地价值为 24.89 万元/(公顷·年)。其中直接使用价值最大，为 24.40 亿元/年，占 57.04%；其次为间接使用价值，为 17.66 亿元/年，占 41.19%，选择价值和存在价值较小，分别仅占 1.12% 和 0.77%。按照二级指标，湿地提供休闲娱乐的价值最大，占总价值的 47.59%；其次为调蓄洪水与净化去污价值，分别占总价值的 30.63% 和 10.57%；调节大气价值最小，仅占总价值的 0.07%（表 4-102）。

表 4-102　江西鄱阳湖国际重要湿地生态系统价值评价结果

（单位：亿元/年）

评价指标		单项价值	小计	总价值
一级指标	二级指标			
直接使用价值	湿地产品	3.0416	24.40	42.87
	休闲娱乐	20.4000		
	环境教育	0.9560		
间接使用价值	调节大气	0.0028	17.66	
	调蓄洪水	13.1293		
	净化去污	4.5313		
选择价值	生物多样性	0.4762	0.48	
存在价值	生存栖息地	0.3298	0.33	

· 结果分析

A. 湿地资源丰富，直接利用价值显著

湿地不仅为区域社会提供了丰富、优质的水资源，也为当地群众提供了大量的泥炭、饲草、野生动植物等生产原材料；优美的自然景观、悠久的历史文化环境也是人们休闲娱乐、生态旅游、环境教育和科学研究的良好场所。

B. 湿地面积大，间接使用价值显著

鄱阳湖湿地管辖有沙湖、大汊湖、蚌湖、朱市湖、梅西湖、象湖、大湖池、常湖池、中湖池 9 个湖泊湿地总面积 34954.23 公顷。在固碳释氧、调节大气、减少洪水径流、调蓄洪水以及净化去污等方面发挥了重要作用，间接产生的经济价值显著。

C. 生物多样性价值偏低

鄱阳湖湿地为各类生物的生存、繁衍提供了丰富的食物资源，以及优良的迁移、栖息及繁殖条件，但湿地生物多样性价值及生存栖息地价值在湿地生态系统总价值中比重较低，分别仅占 1.12% 和 0.77%。

4）总体评价

江西鄱阳湖国际重要湿地生态系统健康等级为"中"，功能等级为"中"，湿地生态系统总价值达 42.87 亿元/年，单位面积湿地价值为 24.89 万元/（公顷·年）。分析表明，鄱阳湖国际重要湿地生态系统水环境指标一般，水质较差；土壤状况良好，重金属含量较低，土壤呈弱酸性，但是土壤含水量较低；生物指标较差，主要问题在于生物多样性较低，并且存在少量的入侵物种；景观指标总体较好，湿地面积变化不大，而且土地利用强度不高，但野生栖息地指数较低；湿地内人口密度较高，物质生活比较丰富，但当地居民的湿地保护意识较差。鄱阳湖湿地生态系统物质生产功能一般；调节功能较强，而且对气候和水资源的调节作用比较均匀，净化水质功能较为突出；文化功能很强，在教育与科研方面作用很大；对保护生物多样性的支持功能较弱。鄱阳湖湿地生态系统的直接使用价值较高，最为突出的价值在于休闲娱乐价值；间接使用价值同样较高，在调蓄洪水方面价值较大；选择价值和存在价值也较高，因此鄱阳湖湿地生态系统的单位面积价值较高。

3. 存在问题及建议

1）存在问题

A. 湿地水质较差

鄱阳湖自然条件优越，区内工业尚不发达，整体环境质量状况良好，但随着周边地区污染源的增多，局部污染逐渐加重，已在一定程度上影响湿地的生产力水平和功能，1971 年鄱阳湖区为杀灭钉螺，撒下五氯酸钠 4 000 吨，致使水生生物大量死亡。湖水水质较差，尤其是枯水季节，往往低于渔业水质标准。信江、饶河的重金属污染较严重，赣江在南昌、吉安等江段的城市污水也造成水质污染。

B. 人口密度过大，居民湿地保护意识不强

生态系统面临严重威胁，逐渐恶化。特别是水产资源由于过度捕捞和围垦，破坏了鱼类和其他水生生物的产卵场，破坏了幼鱼的育肥场，缩小了鱼类等水生动物和湿地动物的生存空间，导致水产资源下降。同时，鄱阳湖湿地人口密度大，物质生活指数高，而且居民保护意识不高，构成了湿地生态系统健康功能的潜在威胁。

C. 生物多样性低

鄱阳湖国际重要湿地内生物多样性很低，存在外来的入侵物种，对生态系统稳定性构成威胁，其野生动植物栖息地指数较低。

2）建议

A. 提高鄱阳湖水质的监测力度

提高鄱阳湖水质的监测力度，加快改善湿地水质的速度，并进一步查明土壤含水量较低的原因。同时，对鄱阳湖已构成污染的工矿企业和城市生活生产排放的废渣、废水、废气等有害物质，应采取有力措施进行防治，大力扩大废物资源化，减少污染，减轻对鄱阳湖湿地功能的破坏。

B. 增强居民湿地保护意识

积极开展教育宣传活动，普及湿地保护知识，提倡全民参与保护湿地，加强湿地巡护和管理工作。

C. 加强野生动物保护工作，预防整治外来入侵物种

加强对鄱阳湖湿地栖息的野生动物的保护工作，加强湿地水生、陆生，以及沼泽植被的保护工作，预防和整治外来入侵物种。

4.2.35 山东黄河三角洲国际重要湿地

1. 基本情况

1）位置与范围

黄河三角洲国际重要湿地（见书后彩图 35）位于山东省东营市东北部的黄河入海口处，北临渤海，东靠莱州湾，与辽东半岛隔海相望，地理坐标为东经 118°32.981′～119°20.450′，北纬 37°34.768′～38°12.310′，是以黄河口新生湿地生态系统和珍稀濒危鸟类为主要保护对象的湿地。黄河三角洲湿地总面积为 15.3 万公顷，其中核心区为 5.8 万公顷，缓冲区为 1.3 万公顷，实验区为 8.2 万公顷。分为南北两个区域，北部区域位于 1976 年改道后的黄河古道入海口，面积为 4.85 万公顷，南部区域位于现行黄河入海口，面积为 10.45 万公顷。黄河三角洲国际重要湿地是中国暖温带保存最完整、最广阔、最年轻的湿地生态系统，是东北亚内陆和环西太平洋鸟类迁徙路线上重要的中转站、越冬地和繁殖地。根据国务院发布的第二次全国湿地资源调查结果，山东黄河三角洲国际重要湿地总面积达 111 724.57 公顷，其中近海与海岸湿地为 65 160.02 公顷，人工湿地为 15 933.94 公顷，沼泽湿地为 27 788.92 公顷，河流湿地为 2 841.69 公顷。根据 2013 年 8 月遥感影像解译所得湿地面积为 117 104.00 公顷。

2）历史沿革

黄河是中华儿女的母亲河，黄河三角洲地区孕育了无数的华夏子女，具有悠久的历史沿革。由于频繁的人类活动，近现代黄河三角洲发生了多次变迁，其分流河道多次改道。自 1855 年开始的百余年间，黄河尾闾的决口改道达五十余次。三角洲上废弃的河道，鳞次栉比，从而形成放射状的入海水系，发育成典型的扇形三角洲。2009 年，国务院正式批复《黄河三角洲高效生态经济区发展规划》，黄河三角洲地区的发展上升为国家战略，成为国家区域协调发展战略的重要组成部分。1990 年，黄河三角洲自然保护区经东营市人民政府批准建立；1991 年晋升为省级自然保护区；1992 年晋升为国家级自然保护区；2013 年 10 月 24 日，黄河三角洲湿地被正式列入国际重要湿地名录。

3）自然状况

· 地质地貌

黄河三角洲湿地生态系统位于黄河入海口，主要地形特点是平原地势低平，西南部

海拔为 11 米，东北部最低处小于 1 米。湿地内以黄河河床为骨架，构成地面的主要分水岭。主要地貌特点是由黄河多次改道和决口泛滥而形成的岗、坡、洼相间的微地貌形态，分布着砂、黏土不同的土体结构和盐化程度不一的各类盐渍土。这些微地貌控制着地表物质和能量的分配、地表径流和地下水的活动，形成了以洼地为中心的水、盐汇积区，这是造成"岗旱、洼涝、二坡碱"的主要原因。黄河改道、修建黄河大堤、垦殖、城建、高速公路、海堤、石油开采等人类活动剧烈地改变着湿地的微地貌形态，但其基本框架仍清晰可辨。

· 气候

黄河三角洲湿地地处中纬度地区，受欧亚大陆和太平洋的共同影响，属于暖温带半湿润大陆性季风气候区，基本气候特征为冬寒夏热，四季分明。黄河三角洲四季温差明显，年平均气温为 11.7～12.6℃，极端最高气温为 41.9℃，极端最低气温为 -23.3℃；年平均日照时数为 2590～2830 小时，无霜期为 211 天，年均降水量为 530～630 毫米，70%分布在夏季，平均蒸发量为 750～2400 毫米。

· 水文

黄河三角洲湿地是世界少有的河口湿地生态系统，海岸线为 131 公里，其中黄河流经 61 公里。由于黄河挟带大量的泥沙，在三角洲淤积了大面积新生陆地。又因处于黄河入海口，水文条件独特，海水、淡水交汇。湿地内的水资源主要分为地表水和地下水两类，其中地表水的来源主要包括黄河、小清河和支脉河等，地下水资源分为淡水资源和咸水资源两类，多年平均地下水资源量达到 4627.28 万立方米。

· 土壤

黄河三角洲湿地土壤类型主要包括 5 个土类，10 个亚类，134 个土种，其中 5 个土类包括潮土（所占面积比例为 44.46%，多分布在山麓平原至海拔 3～4 米的滨海平原上）、褐土（所占面积比例为 3.44%，多分布在南部高程 8 米以上的山前缓岗、山前倾斜地与河阶地上）、盐土（所占面积比例为 50.88%，多分布在除南部外，其余地区均有盐土分布，分布区域潜水位多在 1～2 米，矿化度为 10～30 克/升，局部地段大于 30 克/升，个别区域能达 100 克/升以上）、水稻土（所占面积比例 0.47%，多分布在呈斑状散布于水利条件好的低平地或沿黄低洼地上）和砂浆黑土（所占面积比例 0.75%，多分布在交接洼地或古扇间洼地中）。

· 植被

黄河三角洲湿地内淡水浮游植物 8 门 41 科 97 属，共计 291 种；海洋浮游植物 4 门 116 种；自然分布维管束植物 46 科 128 属 195 种；栽培植物 26 科 63 属 83 种。湿地植物以菊科、禾本科、豆科、藜科居多，其代表植物有盐地碱蓬、中亚滨藜、狗尾草、白茅、芦苇、茵陈蒿等。而木本植物主要为刺槐、旱柳、柽柳。国家Ⅱ级保护野生植物野大豆的分布十分广泛，其分布面积约为 4300 公顷；芦苇沼泽湿地约为 26513.5 公顷，天然草地约为 12071.9 公顷，另有约 5570.1 公顷的人工刺槐林。湿地以自然植被为主，占植被面积的 91.9%，是中国沿海最大的海滩自然植被区。森林覆盖率为 17.4%，植被覆盖率为 55.1%。

• 动物

黄河三角洲湿地共有鱼类 16 目 55 科 197 种，两栖动物 3 科 6 种，爬行动物 6 科 10 种，鸟类 12 目 58 科 296 种，哺乳动物 7 目 14 科 26 种。其中，有 6 种海洋性水生动物属国家重点保护动物；3 种淡水鱼类属国家重点保护动物；在 296 种鸟类中，属国家 I 级保护的有丹顶鹤、白头鹤、东方白鹳、金雕、中华秋沙鸭、白尾海雕、遗鸥等 10 种，属国家 II 级保护的有灰鹤、大天鹅、鸳鸯等 49 种。在中日两国政府保护鸟类及栖息环境协定所列的 227 种鸟类中，湿地内有 155 种，占 68.3%；在中澳两国政府保护候鸟协定所列的 84 种鸟类中，湿地有 53 种，占 65.4%。其中，白鹤、黑鹳、疣鼻天鹅、黑脸琵鹭等 15 种鸟类是湿地近年来新发现的鸟类，并且东方白鹳在湿地恢复区筑巢繁殖，使黄河三角洲成为东方白鹳在中国新的繁殖地。

4）社会经济状况

黄河三角洲位于中国"黄三角"经济区，已实施"黄河三角洲高效生态经济区"的发展规划。2006 年，这一地带总人口约 988.9 万人，生产总值达到 3256 亿元，占山东省全省的 1/7，享有"最具开发潜力的三角洲"的荣誉。黄河三角洲范围内建有黄河湿地公园等开发湿地旅游资源的项目，湿地产品以水产品为主。

2010 年全区实现生产总值 5 679 亿元，同比增长 13.6%。其中，第一产业为 449 亿元，同比增长 4.5%，第二产业为 3576 亿元，同比增长 13.3%，第三产业为 1 653 亿元，同比增长 17.1%。2010 年，传统服务业与现代服务业双轮驱动的服务业内涵式增长格局已初步显现。

5）湿地受到的干扰

1996 年以来，由于生态环境恶化，黄河流域降水量普遍减少。黄河上游用水量急剧增加，尤其是黄河两岸工农业用水、引黄灌溉的发展，使黄河径流量骤减，甚至出现断流，导致黄河入海口的来水量减少。黄河流量减少，导致部分区域湿地退化。同时，黄河三角洲湿地内存在农业开垦、水产养殖、油田开发等现象，严重破坏了自然景观，影响了湿地综合功能的发挥。在未来，不合理的旅游开发可能会对湿地生态系统产生影响。

2. 评价结果

1）湿地健康

• 健康状况

山东黄河三角洲国际重要湿地生态系统综合健康指数为 4.72，健康等级为"中"。湿地健康状况表现为：湿地水环境一般，土壤环境整体较差，生物指标状况较好，湿地面积变化很小，土地利用强度适中，野生动物栖息地适宜度中等；湿地内人口压力相对经济发展压力小，居民对湿地的认知不足，湿地保护意识欠佳（表 4-103）。

表 4-103　山东黄河三角洲国际重要湿地生态系统健康评价结果

评价指标		指标值		指标权重	综合健康指数
一级指标	二级指标	原始值	归一化值		
水环境指标	地表水水质	Ⅱ～Ⅲ	7.00	0.100 8	
	水源保证率	183.17×10^8	1.26	0.201 7	
土壤指标	土壤重金属含量	0.72	9.92	0.096 1	
	土壤 pH	8.79	1.04	0.032 0	
	土壤含水量	22.71	2.27	0.032 0	
生物指标	生物多样性	34.64	3.66	0.197 5	4.72
	外来物种入侵度	0.07	5.05	0.065 8	
景观指标	野生动物栖息地指数	6.80	6.80	0.081 8	
	湿地面积变化率	0.995 2	9.86	0.020 5	
	土地利用强度	0.24	5.63	0.081 8	
社会指标	人口密度	127.37	7.87	0.036 0	
	物质生活指数	90 670.64	0.00	0.018 0	
	湿地保护意识	14/35	4.00	0.036 0	

· 结果分析

A. 湿地水质良好

水环境指标对黄河三角洲湿地生态系统健康影响最为显著，其权重值达到 0.302 5。湿地水质较好，但水源保证率较差，主要是由黄河径流减少造成的，尽管近几年黄河小浪底等水利工程使黄河径流增大，但相比于该区域生态需水量仍显不足，目前已有许多专家学者针对黄河三角洲生态需水量和补水量进行研究。

B. 湿地面积稳定

通过对比黄河三角洲湿地 2012 年和 2013 年前后两期的 Landsat 卫星影像，发现湿地动态变化小，湿地面积基本保持稳定。

C. 土壤环境整体较差

湿地内土壤受到轻微的重金属污染，且盐碱化程度大，pH 为 8.79，偏碱性，含水量较低。

D. 生物指标状况较好

湿地物种丰富，国家重点保护的生物物种较多，但由于外来入侵物种种类较多，国家重点保护维管束植物物种、中国特有维管束植物和高等动物物种较少，因此生物多样性指标结果不高，生物入侵程度中等。

E. 湿地面临的压力

湿地内人口压力相对经济发展压力小，居民对湿地的认知不足，湿地保护意识欠佳，外来入侵物种种类较多。

2) 湿地功能

· 功能状况

黄河三角洲国际重要湿地生态系统综合功能指数为 6.61，功能等级为"中"。按照一级指标，湿地以调节功能为主，其次为支持功能和供给功能。按照二级指标，物质生产功能和保护生物多样性功能最为显著，其次为教育科研和水资源调节功能，净化水质功能最弱（表 4-104）。

表 4-104　山东黄河三角洲国际重要湿地生态系统功能评价结果

评价指标		指标值		指标权重	综合功能指数
一级指标	二级指标	原始值	归一化值		
供给功能	物质生产	3.67%	6.22	0.2451	
调节功能	气候调节	8.83	8.83	0.0996	
	水资源调节	6.33	6.33	0.1186	
	净化水质	6.67	6.67	0.0749	6.61
文化功能	休闲与生态旅游	8.33	8.33	0.0972	
	教育与科研	8.83	8.83	0.1195	
支持功能	保护生物多样性	34.61	4.40	0.2451	

· 结果分析

A. 调节功能显著

黄河三角洲湿地面积 11.17 万公顷，其调节功能极为显著，尤其是气候调节功能最为明显。

B. 供给功能显著

湿地内有生物物种较多，且水产品种类丰富，使得黄河三角洲湿地生态系统的物质生产功能很高。

C. 文化功能得分较高

黄河三角洲湿地生态系统作为中国暖温带保存最完整、最广阔、最年轻的湿地生态系统，被称为"中国最美的六大湿地"之一，越来越多地得到学者和各方游客的关注。

D. 保护生物多样性功能未充分显现

黄河三角洲湿地气候温和，物产丰富，适宜生物生存繁衍，但是由于环境污染、外来物种入侵等问题，严重制约了当地生物多样性的保护。

3）湿地价值

· 价值状况

黄河三角洲国际重要湿地生态系统总价值为 147.58 亿元/年，单位面积湿地价值为 12.60 万元/（公顷·年）。其中，间接使用价值最大，为 87.09 亿元/年，占 59.01%；其次为直接使用价值，为 55.21 亿元/年，占 37.41%，选择价值和存在价值较小，分别仅占 2.12% 和 1.46%。按照二级指标，调蓄洪水的价值最大，占总价值的 37.23%；其次为湿地产品与净化去污价值，分别占总价值的 33.05% 和 20.12%；休闲娱乐价值最小，仅占总价值的 0.11%（表 4-105）。

表 4-105　黄河三角洲国际重要湿地生态系统价值评价结果

（单位：亿元/年）

评价指标		单项价值	小计	总价值
一级指标	二级指标			
直接使用价值	湿地产品	48.7795	55.21	147.58
	休闲娱乐	0.1692		
	环境教育	6.2623		
间接使用价值	调节大气	2.4595	87.09	
	调蓄洪水	54.9400		
	净化去污	29.6911		
选择价值	生物多样性	3.1205	3.1205	
存在价值	生存栖息地	2.1609	2.1609	

· 结果分析

A. 湿地面积大，间接使用价值显著

黄河三角洲湿地总面积为 11.17 万公顷，广阔的湿地在固碳释氧、调节大气、减少洪水径流、调蓄洪水，以及净化去污等方面发挥了重要作用，间接产生的经济价值显著。

B. 湿地资源丰富，直接利用价值高

湿地不仅为区域社会提供了丰富、优质的水资源，也为当地群众提供了大量的泥炭、水产品、野生动植物等生产原料；作为中国暖温带保存最完整、最广阔、最年轻的湿地生态系统，黄河三角洲湿地越来越多地得到专家学者和各方游客的关注，其环境教育的价值将日益显著。

C. 生物多样性价值偏低

黄河三角洲湿地为各类生物的生存、繁衍提供了丰富的食物资源，以及优良的迁移、栖息及繁殖条件，但湿地生物多样性价值及生存栖息地价值在湿地生态系统总价值中比重较低，分别仅占 2.12% 和 1.46%。

4）总体评价

黄河三角洲国际重要湿地生态系统健康等级为"中"，功能等级为"中"，湿地生态系统总价值为 147.58 亿元/年，单位面积湿地价值为 12.60 万元/（公顷·年）。分析发现，黄河三角洲国际重要湿地生态系统水环境状况一般，水源保证率明显不足；土壤呈碱性，含水量较低；生物多样性偏低，湿地面积变化较少；社会指标总体较差，主要问题是当地物质生活比较丰富，但是当地居民对湿地的保护意识相对较差。黄河三角洲湿地生态系统供给功能较强；调节功能普遍较强，气候调节功能突出；文化功能较高；对保护生物多样性的支持功能较弱。黄河三角洲湿地生态系统的直接使用价值低于间接使用价值，间接使用价值主要体现于调蓄洪水和净化去污；生物多样性的选择价值较低；作为生存栖息地的存在价值也较低。

3. 存在问题及建议

1）存在问题

A. 湿地水资源匮乏

黄河三角洲湿地生态系统水源保证率较低，水环境情况堪忧。目前，黄河三角洲的淡水资源包括当地水资源和黄河水资源，而黄河是三角洲唯一可以大规模开发利用的淡水资源。自 20 世纪 70 年代开始，黄河断流等情况的发生也加剧了黄河三角洲生态环境的恶化。

B. 土壤遭到破坏

因胜利油田开发、经济发展等人类活动的影响，加之黄河三角洲年蒸发量大于降水量、黄河径流量近年来减少，大量原生湿地转化为石油基地、城镇矿区、低产田或盐碱荒地，土壤盐碱化严重，土壤含水量较低。

C. 生物多样性发展遭到制约

由于黄河径流量减少、海水入侵、风暴潮、海岸线侵蚀等影响，三角洲湿地大幅度萎缩，生物多样性较低，并存在外来入侵物种。

D. 居民湿地保护意识较弱

居民物质生活较好，但是对湿地了解不足，对湿地的保护意识较弱，这些都是湿地生态系统的潜在威胁。

2）建议

A. 保护水源，提高水源保证率

自 1999 年以来的黄河调水调沙工程，疏通了黄河河道，增加了黄河径流，为黄河三角洲湿地生态系统运输了充足的水源，恢复了三角洲湿地的生态功能。进一步查找黄河三角洲湿地水源保证率较低的原因，并且及时解决存在的问题。

B. 加强土壤治理工作，维护湿地健康与功能

恢复湿地土壤肥力，改善植被生长状况，提高湿地生态系统的生产力，而盐碱地改良是恢复工程的关键。

C. 保护当地物种，预防整治外来物种

加强当地生物栖息地保护工作，保护当地生物多样性；同时加强对外来入侵物种的预防与整治力度，减少外来物种入侵情况的出现。

D. 加强湿地生态系统的监管，维护湿地健康与功能，积极开展教育宣传活动，加强湿地保护与恢复的科研工作，普及湿地保护知识，提倡"全民参与保护湿地"，并通过加强湿地生态环境监测、人工湿地公园建设、油田滚动式开发、污染物总量控制、加强湿地巡护和管理工作等方式，加强对湿地生态系统的保护和管理。

4.2.36　上海崇明东滩国际重要湿地

1. 基本情况

1）位置与范围

上海崇明东滩国际重要湿地（见书后彩图 36）位于低位冲积岛屿——崇明岛东端的崇明东滩的核心部分，南北濒临长江的入海口，向东缓缓伸向浩瀚的东海，并与南北大陆遥遥相对。崇明东滩国际重要湿地南起奚家港，北至北八滧港，西以 1968 年建成的围堤为界，东至吴淞标高零米线外侧 3 000 米水线为界，仿半圆形航道线内属于崇明岛的水域、陆地和滩涂，其地理位置为东经 121°50′～122°05′，北纬 31°25′～31°38′。

崇明东滩国际重要湿地面积为 326 平方公里，属长江口典型的河口湿地。其中，自然保护区的面积为 241.55 平方公里，包括 1998～2001 年大堤以外的潮间带滩涂和水域；堤内以鱼蟹塘和水稻田为主的人工湿地面积约为 85 平方公里，其也是迁徙水鸟的重要栖息地。根据国务院发布的第二次全国湿地资源调查结果，上海崇明东滩湿地总面积达 25 821.87 公顷，其中近海与海岸湿地为 24 691.4 公顷，人工湿地为 1 130.47 公顷。根据 2013 年 7 月遥感影像解译所得湿地面积为 27 627.62 公顷。

2）历史沿革

1998 年经上海市人民政府批准建立上海崇明东滩市级鸟类自然保护区，划分为核心区、缓冲区和实验区；1999 年 7 月，崇明东滩湿地被正式列入东亚-澳大利西亚涉禽保护区网络；2000 年被列入《中国重要湿地名录》；2002 年被列入国际重要湿地名录；2005 年 7 月，经国务院批准晋升为国家级自然保护区。

3）自然状况

· 地质地貌

崇明东滩湿地位于上海崇明岛的最东端。崇明岛面积为 1 267 平方公里，是全世界最大的河口冲积岛，也是中国仅次于台湾岛、海南岛的第三大岛屿，长江每年挟带泥沙经潮流、海浪的改造，经历了河口心滩—水下沙洲—河口沙岛的演变过程和千余年的涨坍变化，在河口地区堆积形成了崇明岛。

根据地貌分类的形态成因原则和长江口地区地貌形成的外动力过程，崇明东滩湿地属于潮滩地貌单位。潮滩由潮上带、中潮滩、低潮滩和潮下带组成。潮上带指平均大潮高潮线以上的淤泥质沉积地带，潮间带指平均大潮高潮线和平均低潮线之间的滩涂；在这两个区域的滩涂受周期性海洋潮汐影响。东滩潮下带非常宽，一直延伸至 20 公里外的佘山岛，潮下带的水深约 5 米左右。湿地内地貌的一个重要特征是潮滩区中有大大小小众多发育良好的潮沟，潮沟是由进潮和落潮时的潮水冲刷而形成的，其主要作用是加速了潮水的涨落速度。潮沟在潮滩上的发育形成了众多的生态微环境，具有丰富的生物多样性。

• 气候

崇明东滩湿地地处中亚热带北缘，属海洋性季风气候。气候温和湿润，四季分明，夏季湿热，盛行东南风；冬季干燥，盛行偏北风。年平均日照时数为 2 137.9 小时，无霜期长达 229 天，年均气温为 15.3℃。降水充沛，年降水量为 1022 毫米，主要集中在 4～9 月，占全年降水的 71%。由于处在长江口和东海水体的包围之中，水体热容量大，对气温有良好的调节作用，因此该区域冬暖夏凉，气温适宜，有利于各种候鸟在不同季节迁徙过境和栖息繁殖。

• 水文

崇明东滩湿地内 0 米线以上的滩涂面积为 120 平方公里，0 米线以外 3 公里宽的水域面积为 145 平方公里，两者之和为 265 平方公里，属天然湿地。崇明东滩是长江口规模最大、发育最完善的河口型潮汐滩涂湿地，其南北狭，东西宽，湿地内潮沟密布，一级潮沟低潮时宽 60～80 米，由其发育的二级、三级潮沟众多，在滩面上呈树枝状分布。

受长江径流和外海潮流的影响，崇明东滩附近的水文变化明显，季节性较强。潮汐为非正规的浅海半日潮，多年平均潮差为 2.43～3.08 米，属于中潮岸段。潮汐日不等现象特别明显，一般从春分到秋分，夜潮大于日潮，而从秋分到翌年春分则反之。北支潮差较南支大，在牛棚港附近带常形成涌潮，在夏秋大潮汛伴随东北风时尤为明显。一般 1 月潮差变化最小，8～9 月变化最大。受径流影响，4～10 月为全年丰水期，而 6～8 月的径流量又占全年径流总量的 60%，是洪峰的发生时段。从 11 月到翌年 3 月为全年的枯水期。

• 土壤

崇明东滩湿地土壤类型为潮滩盐土。其中，潮上滩和高潮滩基本上是沼泽潮滩盐土，而低潮滩是潮滩盐土。潮滩盐土适宜盐生化草本植物群落的自然生长。

• 植被

目前，上海崇明东滩湿地植被类型正处于演替的初始阶段，植物的种类比较少，但随着时间的推移，湿地中植物种类会不断增加。根据初步调查，目前在湿地内发现高等植物 122 种，分属 34 科 88 属。其中，菊科植物最多（22 种），禾本科植物 14 种，豆科植物 10 种。与此同时，在崇明东滩水域，调查发现浮游植物 4 门 31 属 59 种。其中，硅藻 22 属 49 种，甲藻 3 属 4 种，蓝藻 4 属 4 种，绿藻 2 属 2 种。

滩涂是主要的湿地，由于滩面高程的不同，滩涂各区域浸水的时间不同，也因此形成不同的植物群落。滩涂的最低处（最外面）主要分布有盐渍藻类，蕉草群落和芦苇群落。在高潮滩分布有芦苇、糙叶薹草、互花米草。低潮滩生长有蕉草。光泥滩上生长有盐渍藻类。互花米草是因固滩促淤引进的国外种类，生长十分迅速，将有可能取代东滩当地物种。互花米草密度极高，不但影响当地植被的生长，也对动物群落的发展有巨大影响。由于鸟类很难利用互花米草作为其生境，因此互花米草的发展影响了鸟类的生存，应引起充分的注意。崇明东滩湿地内有大面积的河沟，水中生长有芦苇等常见的挺水植物，以及菹草、金鱼藻、眼子菜等水生植物，这些植被对水质的净化有重要作用。

• 动物

由于崇明东滩湿地所处位置具有独特的地理条件和水热环境，动物资源十分丰富。

根据初步调查，动物资源由浮游、底栖、鸟类等几类生物组成。

据 2000 年 6～7 月对崇明东滩湿地水域的调查发现，共鉴定出浮游动物 19 种，其中以甲壳动物占绝对优势。湿地滩涂底泥中有丰富的营养物质，因此底栖动物特别丰富，据初步调查，东滩有底栖动物 70 多种。调查显示，昆虫 103 种，隶属 12 目 50 科。长江口水域有丰富的鱼类资源。崇明东滩湿地处于长江口的最外端，因此鱼类资源十分丰富。根据调查和资料记载，已知分布有鱼类 94 种，两栖、爬行动物共 16 种，在附近水域生存的海龟是国家的重点保护野生动物。

同时，崇明东滩作为过境候鸟迁徙路线上的重要停歇地、越冬候鸟的重要栖息地，每年均有近 100 万只迁徙水鸟在此栖息或过境。经历年调查，崇明东滩记录的鸟类有290 种，其中鹤类、鹭类、雁鸭类、鸻鹬类和鸥类是主要水鸟类群。目前，已观察到的国家保护的Ⅰ、Ⅱ级野生鸟类共 39 种，占崇明东滩鸟类群落组成的 15.06%，其中列入国家Ⅰ级保护的野生鸟类 4 种，分别为东方白鹳、黑鹳、白尾海雕和白头鹤；列入国家Ⅱ级保护的野生鸟类 35 种，如黑脸琵鹭、小青脚鹬、小天鹅、鸳鸯等；列入《中国濒危动物红皮书》的鸟类有 20 种。除此之外，湿地还记录中日候鸟及其栖息地保护协定的物种156 种，中澳候鸟保护协定的物种 54 种。

4）社会经济状况

崇明县隶属上海市，位于长江入海口，全县地势平坦，由崇明、长兴、横沙三岛组成，总面积为 1411 平方公里，其中崇明岛是世界上最大的河口冲积岛，也是继台湾岛、海南岛之后的中国第三大岛。崇明岛素有"长江门户""东海瀛洲"的美誉，陆域总面积为1267 平方公里。长兴岛位于吴淞口外长江南支水道，陆域总面积为 88 平方公里。横沙岛是长江入海口最东端的一个岛，陆域总面积为 56 平方公里。崇明、长兴、横沙三岛互成犄角之势，组成崇明县，下辖 16 个镇和 2 个乡，县政府所在地城桥镇是全县的政治、经济和文化中心。三岛户籍人口总量为 68.8 万人。2011 经济总量达 224.1 亿元。工、农业总产值分别达 450 亿元和 56 亿元。2010 年度崇明县财政总收入为 66.4 亿元，县级财政收入实现 34.8 亿元。全社会固定资产投资总额实现 127 亿元。

5）湿地受到的干扰

由于人工大面积引入外来种互花米草，所以其在这些地区建立种群并快速扩散。其中，崇明东滩河口盐沼是长江口地区最大的且仍保持自然状态的湿地。由于湿地可以积累水分、营养、沉积物等，同时加上自然的和人为的干扰，所以为入侵种提供了可入侵的空地及生长所需物质，这使得湿地很容易受到外来种的入侵。至 2005 年，崇明东滩的互花米草分布面积已占盐沼植被总面积的 27% 左右。随着互花米草的快速扩散，已引发了一系列的生态问题，对本地种藨草植被的生存造成了很大威胁。这不仅破坏了生物多样性，而且还影响了底栖动物、水鸟和其他很多生物类群的生存、栖息和繁殖，进而影响到东滩原有生态系统结构的稳定性和正常功能的运转，以及生态安全。

2. 评价结果

1) 湿地健康

· 健康状况

上海崇明东滩国际重要湿地生态系统综合健康指数为 5.99，健康等级为"中"。结果表明，生物指标最为重要，野生动物栖息地指数和土地利用强度对湿地健康也很重要，社会指标对湿地健康影响较小。湿地地处长江入海口，水源保证率较好，但因长江水质原因，湿地水质一般，土壤环境整体较差，土壤受到轻微的重金属污染，且受盐碱化影响，pH 较高，含水量较低；湿地生物指标状况一般，没有中国特有的野生维管束植物和国家重点保护植物，生物入侵问题严重，但种类只有护花米草一种；湿地面积变化很小，土地利用强度适中，野生动物栖息地较差；湿地所在县级行政单位内人口压力相对经济发展压力小，湿地附近居民对湿地的认知不足，湿地保护意识欠佳(表 4-106)。

表 4-106　上海崇明东滩国际重要湿地生态系统健康评价结果

评价指标		指标值		指标权重	综合健康指数
一级指标	二级指标	原始值	归一化值		
水环境指标	地表水水质	Ⅱ～Ⅲ	7.00	0.0666	
	水源保证率	10	10.00	0.0333	
土壤指标	土壤重金属含量	1.0329	8.55	0.0292	
	土壤 pH	8.454	6.22	0.0877	
	土壤含水量	27.64	2.76	0.0877	
生物指标	生物多样性	31.9892	3.00	0.1825	5.99
	外来物种入侵度	0.0019	9.87	0.1825	
景观指标	野生动物栖息地指数	3.80	3.80	0.0888	
	湿地面积变化率	1.001	10.00	0.0888	
	土地利用强度	0.0005	9.99	0.0445	
社会指标	人口密度	590.14	0.16	0.0322	
	物质生活指数	33776.44	0.00	0.0177	
	湿地保护意识	11/49	2.24	0.0585	

· 结果分析

A. 湿地水质良好

崇明东滩湿地水质较好。同时，因地处长江入海口，水源保证率很好。

B. 湿地面积增大，但变化程度小

通过对比崇明东滩湿地 2012 年和 2013 年前后两期的 Landsat 卫星影像，发现湿地面积有所增大，但动态变化程度较小。

C. 土壤环境整体较差

崇明东滩湿地内土壤受到轻微的重金属污染，且盐碱化程度大，pH 为 8.45，偏盐碱性，潮上带区域土壤的含水量较低。

D. 生物指标状况一般

崇明东滩湿地物种丰富，国家重点保护的生物物种较多、外来入侵物种种类较少等。

E. 湿地面临的压力较大

崇明东滩湿地所在区域内人口压力和经济发展压力均比较大，且居民对湿地的认知不足，保护意识欠佳。

2）湿地功能

·功能状况

上海崇明东滩国际重要湿地生态系统综合功能指数为 6.42，功能等级为"中"。结果表明，崇明东滩湿地的文化功能得分很高，说明上海崇明东滩国际重要湿地得到了学者和各方游客的关注，科研成果、调查数据也比较丰富；湿地调节功能很强，尤其是气候调节和水质调节；但对于生物多样性的支持功能较差，建议开展生态旅游的同时，加强保护生物多样性，改善生态环境，进一步发挥湿地的气候、水资源调节功能（表 4-107）。

表 4-107　上海崇明东滩国际重要湿地生态系统功能评价结果

评价指标		指标值		指标权重	综合功能指数
一级指标	二级指标	原始值	归一化值		
供给功能	物质生产	1.04%	6.00	0.1128	
调节功能	气候调节	7.0	7.00	0.0918	
	水资源调节	6.0	6.00	0.0386	
	净化水质	7.0	7.00	0.1457	6.42
文化功能	休闲与生态旅游	7.0	7.00	0.0611	
	教育与科研	9.0	9.00	0.2445	
支持功能	保护生物多样性	31.99	4.00	0.3055	

·结果分析

A. 调节功能较为显著

崇明东滩湿地面积为 2.7 万公顷，其调节功能极为显著，尤其是气候调节功能和净化水质等最为明显。

B. 供给功能显著

湿地内生物物种较多，水产品种类丰富，且产量增加（2012 年与 2013 年相比），使得崇明东滩湿地生态系统的物质生产功能很高。

C. 文化功能显著

崇明东滩湿地是东亚最大的候鸟保护区之一，位于候鸟南北迁徙路线东线中段，是国际迁徙鸟类必需的栖息地；东滩湿地是国际意义的生态区的核心部分，成为了世界上罕见的快速演替的生态系统。近些年来，其越来越多地得到学者和各方游客的关注。

D. 保护生物多样性功能未充分显现

上海崇明湿地气候温和，物产丰富，适宜生物生存繁衍，但是由于外来物种入侵等问题，制约了当地生物多样性的保护。

3）湿地价值

· 价值状况

上海崇明东滩国际重要湿地价值很高，总价值为 50.57 亿元/年，单位面积湿地价值为 18.30 万元/(公顷·年)。其中直接使用价值高达 28.20 亿元/年，高于其他几项价值，尤其是在湿地产品和休闲娱乐方面；间接使用价值也很高，达到 21.12 亿元/年，尤其在调蓄洪水方面具有非常高的价值。相比较而言，生物多样性和生存栖息地的价值较低(表 4-108)。

表 4-108　上海崇明东滩国际重要湿地生态系统价值评价结果

（单位：亿元/年）

评价指标		单项价值	小计	总价值
一级指标	二级指标			
直接使用价值	湿地产品	15.90	28.20	50.57
	休闲娱乐	10.82		
	环境教育	1.48		
间接使用价值	调节大气	1.32	21.12	
	调蓄洪水	12.79		
	净化去污	7.01		
选择价值	生物多样性	0.74	0.74	
存在价值	生存栖息地	0.51	0.51	

· 结果分析

A. 湿地面积大，间接使用价值显著

崇明东滩湿地面积为 2.7 万公顷，湿地面积较大，在固碳释氧、调节大气、减少洪水径流、调蓄洪水，以及净化去污等方面发挥了重要作用，间接产生的经济价值显著。

B. 湿地资源丰富，直接利用价值高

崇明东滩湿地不仅提供了丰富、优质的水资源，也为当地群众提供了大量的水产品、人工种植植物、野生动植物等生产原料；崇明东滩湿地因其是东亚最大的候鸟保护区之一，又是世界上罕见的快速演替的生态系统，其环境教育的价值将日益显著。

C. 生物多样性价值偏低

崇明东滩湿地为各类动植物，特别是为鸟类的生存、繁衍提供了丰富的食物资源，以及优良的迁移、栖息及繁殖条件，但其湿地生物多样性价值及生存栖息地价值相比于其他价值较低，在湿地生态系统总价值中比重小，仅占 1.46% 和 1.01%。

4）总体评价

上海崇明东滩国际重要湿地生态系统的健康等级为"中"，功能等级为"中"，总价值为 50.57 亿元/年，单位面积湿地价值为 18.30 万元/(公顷·年)。湿地范围内水质一般，但水源保证率较好，土壤受到轻微的重金属污染，且受盐碱化影响，生物入侵问题严重；湿地调节功能很强，尤其是气候调节和水质调节，文化功能得分很高，但对于生物多样性的支持功能较差；其价值组成中直接使用价值高于其他几项价值，尤其是在湿地产品和休闲娱乐方面。

3. 存在问题及建议

1）存在问题

A. 湿地土壤受到一定程度污染

崇明东滩国际重要湿地由于地处长江入海口，其水源保证率较好，但因长江水质原因，湿地水质一般，土壤环境整体较差，土壤受到轻微的重金属污染，且受盐碱化影响，pH 较高，含水量较低。

B. 湿地受人类活动干扰较大

崇明东滩国际重要湿地由于地处繁华的上海市崇明东滩，得到了专家学者和各方游客的关注，调查科研活动比较丰富，收集数据和研究成果也较多，旅游开发得较好，但相应地受到的人类干扰也比较大，对湿地生态系统健康和功能造成了一定程度的威胁。

C. 互花米草种植广泛

自 1989 年起，中国开始从美国引入互花米草，其具有耐盐碱、耐水湿，可以在低潮生长，对促淤具有一定的帮助。但互花米草同样具有茎、枝高且硬的特点，不利于鸟类的栖息。

2）建议

A. 加强湿地保护宣传教育

建议针对外来物种入侵情况进行治理，并着力改善土壤环境，同时加强生物多样性保护和湿地保护意识宣传教育。

B. 规范和管理科研教育活动

对开展的科研和教育活动进行进一步的规范管理，在充分发挥该国际重要湿地文化功能的同时增强对其生态环境的保护，提高其调节气候、调节水资源的功能，最大化其生态系统服务价值。

C. 对互花米草进行管理

针对崇明东滩互花米草覆盖面积较大的情况，应采取措施，加强控制互花米草的扩张。做到有目的、有控制、因地制宜地种植互花米草。

4.2.37　福建漳江口红树林国际重要湿地

1. 基本情况

1) 位置与范围

福建漳江口红树林国际重要湿地(见书后彩图 37)位于福建省漳州市云霄县漳江入海口,地理位置为东经 117°24′07″~117°30′00″,北纬 23°53′45′~23°56′00″,是以红树林湿地生态系统、濒危动植物物种和东南沿海优质水产种质资源为主要保护对象的湿地生态系统,面积达 117.9 公顷,占福建省天然红树林面积的 48%。根据国务院发布的第二次全国湿地资源调查结果,福建漳江口红树林国际重要湿地总面积达 2 359.54 公顷,其中近海与海岸湿地为 1 680.53 公顷,人工湿地 679.01 公顷。根据 2013 年 8 月遥感影像解译所得的湿地面积为 2 360.00 公顷。

2) 历史沿革

福建漳江口红树林保护区于 1992 年 1 月成立;1997 年 7 月经福建省政府批准成为省级自然保护区;2003 年 6 月经国务院批准升级为国家级自然保护区;2008 年漳江口红树林湿地被列入国际重要湿地名录。

3) 自然状况

· 地质地貌

漳江口红树林湿地所在的福建省云霄县地貌属闽粤花岗岩丘陵亚区,整个地势自西北向东南表现出明显的阶梯状降落,东、北、西三面高,中部及南部地势平坦开阔,构成了向东南开口的马蹄形地貌。漳江口是云霄县最大的河流出海口。漳江下游地带母质为第四纪残积物质沉积,由古老冲积物、近代河流冲积、海积和风积形成。

· 气候

漳江口红树林湿地属亚热带海洋性季风气候,气候温暖湿润,光、热、水资源丰富。根据县气象台历史观测资料统计,年平均气温为 21.2℃,1 月均温为 13.3℃,7 月均温为 28.2℃,极端最高气温为 38.1℃,极端最低气温为 0.2℃,年平均风速为 2.7 米/秒,秋冬季多偏北风,春夏季多偏南风。年平均降水量为 1 714.5 毫米,年平均蒸发量为 1 718.4 毫米,年平均雷暴雨日数为 50.5 天,年平均日照时数为 2 152.1 小时,年平均霜日数 2.3 天。

· 水文

漳江口红树林湿地位于漳江的入海口,漳江是云霄县的主要河流,全长 58 公里,流域面积为 855 平方公里,径流总量为 10.11 亿立方米,全县年平均径流量为 6.35 亿立方米。海域 pH 变化范围为 8.02~8.45,水温变化为 14.85~25.56℃。海域由不规则的半日潮形成,平均潮差为 2.32 米,最高潮位为 7.7 米,最低潮位为 3.03 米。

· 土壤

漳江口红树林湿地土壤为滨海滩涂淤泥和沙质淤泥，厚达 2 米以上。红树林土壤在国内外学术界称为酸性硫酸盐土，也称为红树林沼泽土壤。土壤含盐量较高，一般为 10‰以上，具盐渍化特征；土壤的 pH 为 3.5～7.5，土壤含有丰富的植物残体和有机质。

· 植被

漳江口红树林湿地内植物资源丰富，已初步查明，维管束植物种类有 80 科 185 属 224 种（含亚种和变种），滩涂上生长着秋茄、白骨壤、桐花树、木榄、海漆、老鼠勒 5 科 6 属 6 种红树林植物，属东方类群的红树植物；16 科 27 属 29 种 1 变种盐沼植物；59 科 152 属 184 种 3 变种 1 亚种滨海植物。按照《中国植被》的划分方法，漳江口红树林湿地主要植被类型可以分为红树林、滨海盐沼、滨海沙生植被 3 种植被类型；有白骨壤林、桐花树林、白骨壤林＋桐花树林、秋茄林、秋茄＋桐花树林、木榄林、芦苇盐沼、卡开芦盐沼、短叶茳芏盐沼、铺地黍盐沼、厚藤群落、苦蓝盘群落、露兜树群落共 13 个群系、22 个群丛。

· 动物

漳江口红树林湿地内已查明野生脊椎动物共 359 种，其中哺乳动物 9 科 14 种、鸟类 38 科 154 种、爬行类 11 科 37 种、两栖类 5 科 13 种、鱼类 141 种。列入国家 Ⅰ 级保护野生动物的有中华白海豚和缅甸蟒蛇两种，列入国家 Ⅱ 级保护野生动物的有宽吻海豚、黄嘴白鹭、小杓鹬、小青脚鹬、绿海龟、棱皮龟、太平洋丽龟、虎纹蛙等 19 种。省级重点保护动物 24 种。湿地鸟类中具有众多的双边国际性协定保护的候鸟，其中中日候鸟保护协定保护的鸟类 77 种、中澳候鸟保护协定保护的鸟类 41 种。红树林湿地区潮间带底栖动物 28 种。潮下带底栖生物 181 种。海区浮游植物 201 种，其中硅藻 165 种。浮游动物 180 种，其中水母类 59 种、桡足类 71 种。游泳动物 182 种，其中鱼类 141 种、甲壳类 30 种、头足类 11 种。还有 10 目 12 科 27 属 45 种的微生物。

4）社会经济状况

漳江口红树林湿地所处福建省漳州市云霄县，辖区面积为 1 054.3 平方公里，人口为 44.47 万人（2012 年）。县域有漳诏高速公路过境，境内 24.8 公里，以国道 324 线，省道 210 线、211 线为主干的公路通车 400.7 公里，内河通航 30 公里。该县下辖 6 个镇、3 个乡、1 个工业开发区，2013 年 GDP 总额为 120.95 亿元，人均 GDP 为 29 407 元。

5）湿地受到的干扰

漳江口红树林国际重要湿地位于台风多发区，1955～1980 年影响云霄的台风达 150 次，年平均台风影响 5.8 次。红树林湿地是该区域的保护者，在稳固海岸、抵抗台风侵蚀方面有重要作用，但其自身生长也受到台风的干扰。此外，随着漳江口红树林湿地名声的扩大和旅游、教育、科研等活动的增加，湿地生态系统的保护也面临严重的威胁。

2. 评价结果

1) 湿地健康

·健康状况

福建漳江口红树林国际重要湿地生态系统综合健康指数为 5.47，健康等级为"中"。湿地健康状况表现为湿地面积稳定增长，水质良好，生物多样性较差，有轻微的外来物种入侵的情况，野生动物栖息地环境较差，湿地内居民生活质量较高，社区居民湿地保护意识良好；局部土壤环境受到污染，对湿地生态系统健康构成一定程度的威胁（表 4-109）。

表 4-109　福建漳江口红树林国际重要湿地健康评价结果

评价指标		指标值		指标权重	综合健康指数
一级指标	二级指标	原始值	归一化值		
水环境指标	地表水水质	Ⅱ	8.00	0.1187	5.47
	水源保证率	7.22	7.22	0.3561	
土壤指标	土壤重金属含量	1.63	5.94	0.0211	
	土壤 pH	7.10	9.47	0.0383	
	土壤含水量	40.00	4.00	0.0696	
生物指标	生物多样性	23.95	0.99	0.2201	
	外来物种入侵度	0.00	9.69	0.0314	
景观指标	野生动物栖息地指数	1.40	1.40	0.0651	
	湿地面积变化率	1.08	10.00	0.0264	
	土地利用强度	0.09	8.25	0.0107	
社会指标	人口密度	390.12	3.50	0.0054	
	物质生活指数	25572.57	0.00	0.0079	
	湿地保护意识	6.84	6.84	0.0292	

·结果分析

A. 湿地水质良好

水环境指标对漳江口红树林国际重要湿地生态系统健康的影响最为显著，其权重值达 0.4748，表明湿地水文状况、水环境质量是维持湿地基本健康的前提和保证。地表水属Ⅱ类水，水质良好，且水源保证率较高。

B. 湿地面积稳定增长

通过对比漳江口红树林湿地 2012 年和 2013 年前后两期的 Landsat 卫星影像，发现湿地面积动态变化小且处于增长阶段，土地利用强度较小。

C. 野生动植物栖息地环境较差

湿地较少受到外来物种入侵，生物多样性较差，野生动物栖息地指数较低。

D. 区内居民生活质量较高

湿地内人口密度偏大，该地区居民收入较高，生活质量较高，湿地保护意识较强。

E. 局部土壤环境受到污染

湿地内局部土壤有重金属污染情况，土壤偏碱性。

2）湿地功能

· 功能状况

福建漳江口红树林国际重要湿地生态系统综合功能指数为 5.99，功能等级为"中"。按照一级指标，湿地以支持功能为主，其次为调节功能，供给功能和文化功能相对较弱。按照二级指标，保护生物多样性功能最为显著，其次为净化水质和水资源调节功能，休闲与生态旅游功能最弱（表 4-110）。

表 4-110　福建漳江口红树林国际重要湿地功能评价结果

评价指标		指标值		指标权重	综合功能指数
一级指标	二级指标	原始值	归一化值		
供给功能	物质生产	4.02%	6.34	0.089 7	
调节功能	气候调节	6.83	6.83	0.043 5	
	水资源调节	6.17	6.17	0.138 2	
	净化水质	9.17	9.17	0.219 4	5.99
文化功能	休闲与生态旅游	9.67	9.67	0.017 1	
	教育与科研	9.67	9.67	0.067 9	
支持功能	保护生物多样性	23.95	3.39	0.424 2	

· 结果分析

A. 支持功能显著

漳江口红树林湿地是以红树林湿地生态系统、濒危动植物物种和东南沿海优质水产物种资源为主要保护对象的湿地类型，拥有中国天然分布最北的、种类最多的、生长最好的红树林天然群落，土壤含有丰富的植物残体和有机质，气候温暖湿润，适宜生物生存繁衍。

B. 供给功能稳定

漳江口红树林湿地供给能力较稳定，主要是对薪柴、木炭、食用、药用产品等红树林相关动植物资源的供给。

C. 调节功能较好

漳江口红树林湿地调节功能较好，尤其是对水质的净化功能突出。

D. 生态旅游功能未充分显现

由于该地区红树林的绝对主导地位，其生物多样性不高，因此来此观光旅游的人数较少，生态旅游功能未能充分显现。

3）湿地价值

·价值状况

漳江口红树林国际重要湿地总价值为 14.58 亿元/年，单位面积湿地价值为 61.78
万元/（公顷·年）。其中，直接使用价值最大，为 12.24 亿元/年，占 83.95%；其次为间
接使用价值，为 2.24 亿元/年，占 15.36%，选择价值和存在价值较小，分别仅占 0.41%
和 0.28%。按照二级指标，湿地提供物质产品的价值最大，占总价值的 82.58%；其次
为调蓄洪水与净化去污价值，分别占总价值的 8.16% 和 4.18%；生存栖息地价值最小，
仅占总价值的 0.28%（表 4-111）。

·结果分析

A. 湿地资源丰富，直接利用价值显著

漳江口红树林湿地不仅为区域社会提供了丰富、优质的水资源，也为当地群众提供
了大量的泥炭、野生动植物等生产原料；独特的红树林自然景观、良好的生态环境也是
人们休闲娱乐、生态旅游、环境教育和科学研究的良好场所。

表 4-111　福建漳江口红树林国际重要湿地价值评价结果（单位：亿元/年）

评价指标		单项价值	小计	总价值
一级指标	二级指标			
直接使用价值	湿地产品	12.04	12.24	14.58
	休闲娱乐	0.086		
	环境教育	0.117		
间接使用价值	调节大气	0.44	2.24	
	调蓄洪水	1.19		
	净化去污	0.61		
选择价值	生物多样性	0.058	0.06	
存在价值	生存栖息地	0.044	0.04	

B. 湿地面积大，间接使用价值较高

漳江口红树林湿地总面积为 2360.00 公顷，广阔的湿地在固碳释氧、调节大气、减
少洪水径流、调蓄洪水，以及净化去污等方面发挥了重要作用，间接产生了显著的经济
价值。

C. 生物多样性价值偏低

由于该地区红树林的绝对主导地位，其生物多样性不高，因此生物多样性价值
偏低。

4）总体评价

福建漳江口红树林国际重要湿地生态系统健康等级为"中，"功能等级为"中"，湿地
总价值为 14.58 亿元/年，单位面积湿地价值为 61.78 万元/（公顷·年）。湿地水环境质
量较高；土壤部分受到重金属的影响，土壤 pH 偏中性；湿地较少受到外来物种入侵，但

生物多样性较差，野生动物栖息地指数较低；湿地面积呈上升趋势，土地利用强度较小；湿地内人口密度较高，物质生活指数很高，周边居民的湿地保护意识很好。湿地供给能力较稳定，调节功能较好，文化功能较为突出，但保护生物多样性的功能不高。湿地面积虽然较小，但湿地具有较高的价值，尤其以湿地产品价值最为显著。

3. 存在问题及建议

1）存在问题

A. 生物多样性较低

漳江口红树林湿地生态系统处于海洋与陆地的动态交界面，周期性遭受海水浸淹的潮间带环境，使其在结构和功能上具有既不同于陆地生态系统也不同于海洋生态系统的特性，作为独特的海陆边缘湿地生态系统，其在自然生态平衡中起着特殊的作用。海滩的淤泥只有少数经过特殊的生理生态适应才能生长，极大地限制了其他物种的侵入，因此物种数目少，生物多样性较低。

B. 湿地生态受到较大的外界压力

由于厦门大学、福建农林大学等高等院校把红树林作为教学科研基地，法国、日本，以及国内相关院所的专家学者经常来漳江口红树林进行考察，国家林业局、福建省博物馆的专家也先后对该湿地的动植物资源进行定点观察，公众也越来越多地来湿地度假旅游，因此湿地生态系统受到了较大的外界压力，人为活动的影响及生态环境的变化使得该红树林群落的生长有一定的退化趋势，有必要加以重点保护。

C. 湿地面临一定程度的红树林虫危害

湿地中的红树林面临一定程度的红树林虫危害，需要采取措施进行预防和诊断。

2）建议

A. 扩大红树林资源分布

加强红树林的引种、扩种和造林技术研究，扩大红树林资源。

B. 充分发挥红树林效益

在红树林堤岸养护上采用生态养护模式，充分发挥红树林的生态和经济效益，严格控制红树林资源的转化性利用。

C. 加强红树林研究，积极推动红树林湿地的可持续发展

加大资金投入、购置相应监测设备、配置专业红树林病虫害研究人员、加强对红树林群落病虫害防治技术的研究。与国内其他红树林国际重要湿地加强交流联系、相互学习和共享好的保护对策，共同推进红树林湿地生态系统的可持续发展。

D. 加强漳江口红树林的管理保护工作

正视红树林的重要生态功能，重视人类生产活动导致的土地利用格局变化，严格控制滩涂的开发利用，加强对湿地内教育科研和生态旅游活动的管理，加强与红树林保护相关的宣传教育和法规建设。

4.2.38　内蒙古鄂尔多斯国际重要湿地

1. 基本情况

1) 位置与范围

内蒙古鄂尔多斯国际重要湿地(见书后彩图 38)位于鄂尔多斯市中部,地理坐标为东经 109°14′～109°23′,北纬 39°43′～39°51′,属于高原内陆型湿地生态系统。国际重要湿地总面积为14 770公顷,核心区面积为 4 753 公顷,缓冲区面积为 1 627 公顷,实验区面积为 8 397 公顷。根据国务院发布的第二次全国湿地资源调查结果,内蒙古鄂尔多斯国际重要湿地总面积达 1849.12 公顷,其中湖泊湿地为 291.58 公顷,沼泽湿地为 1441.85公顷、河流湿地为 61.79 公顷、人工湿地 53.9 公顷。根据 2014 年 5 月遥感影像解译所得的湿地面积为 1 915.00 公顷。

2) 历史沿革

1998 年经内蒙古自治区人民政府批准建立鄂尔多斯遗鸥自然保护区;2001 年经国务院批准晋升为国家级自然保护区;2002 年鄂尔多斯湿地被列入国际重要湿地名录。

3) 自然状况

・地质地貌

内蒙古鄂尔多斯国际重要湿地位于鄂尔多斯波状高原区,整体地势由西南向东北倾斜,统属于太古界古老变质岩系。最高点位于湿地西侧的巴彦敖包山,海拔为 1 520 米,最低点位于桃-阿海子湖区,海拔为 1 360 米,高差变化不大。湿地内露出地表的岩层以白垩系、侏罗系沉积岩为主,其地表覆盖物主要为白垩系、侏罗系泥岩泥质砂岩、沙砾岩的分化物。

・气候

鄂尔多斯湿地属于温带大陆性气候,主要受西北环流与极地冷空气影响,春季与夏季温热,秋季凉爽,冬季寒冷。冬长夏短,四季分明,季度更替明显。光照资源丰富,年太阳辐射能量平均为 686.83 千焦耳/平方厘米,年日照时数为 3 200 小时,年日照率大于 70%。太阳辐射能量最高值在 5 月,最低值在 12 月。年平均气温为 5.2℃,最热月(7 月)平均气温为 21.3℃,最低月(12 月)平均气温为 −12.9℃,≥10℃的年积温为2580.3℃。土壤冻结日数达 7 个月左右,无霜期多年平均 116 天。降水一般集中在每年7～8 月,占全年降水量的 65%,年平均降水量为 325.8 毫米,蒸发量为 2 501 毫米,春夏两季蒸发量很大。

・水文

鄂尔多斯湿地内的主要湖泊有桃-阿海子、侯家海子和苏家圪卜海子。其中,最大的桃-阿海子位于湿地的中央。雨季时节,鸡沟河、乌尔图河、活页乌素河、根皮沟和孟家河等季节性河流的雨水大量涌入湖内,使其水质、水量得到了充分的保证。侯家海子位于湿地的西北部，苏家圪卜海子位于湿地范围内，水面面积极不稳定，无明显的注入河流，只是每年雨季的雨水通过漫流注入湖区，使湖水得以补充。另外，湿地内还有面积较小的碱性湖泊十余个，在干旱年份，部分小湖泊因过分蒸发而干涸。

・土壤

鄂尔多斯湿地内有栗钙土、潮土、风沙土 3 种土壤类型。土壤有机质含量和全氮含量总体偏低；湿地的西北地区，有机质含量和全氮含量相对较高，在中部地区，存在斑块状含量较大区。土壤垂直方向的空间分布变化规律为随着土壤深度的加大，有机质含量及全氮含量总体呈现降低趋势。pH 与有机质含量、全氮含量呈现极显著的负相关；湿地内草本植物覆盖区土壤的有机质含量和全氮含量明显高于其余土壤覆盖类型区。

・植被

鄂尔多斯湿地位于鄂尔多斯高原、由典型草原向荒漠化草原的过渡地带，植被稀疏，多为沙生植物。草原以长芒草、糙隐子草、菱蒿、冷蒿为主；沙地上以油蒿为建群种；流沙上以白沙蒿等为先锋群落；滩地植被类型有以寸草苔为建群种的湿滩地；以乌柳等为建群种的柳湾林地，以芨芨草、碱蓬、红柳等为建群种的盐化滩地等。湖中的水生植物主要有绿藻等，蒲、苇等挺水植物。人工植被主要分布在湿地的北部，有人工林900 公顷，成林方式以片状或带状为主，造林树种有旱柳、柠条、乌柳和柽柳等。湿地内湖泊、岛屿众多，湿地、谷地草场遍布，是典型的高原荒漠、半荒漠湿地生态系统，其独特的地理位置和自然条件为众多候鸟提供了栖息、繁殖的必要环境。

・动物

鄂尔多斯湿地内动物以湿地鸟类和草原动物，以及爬行类动物为主。据调查，现有湿地鸟类 83 种，属国家 I 级保护野生动物的有遗鸥、东方白鹳、白尾海雕 3 种，属国家 II 级保护野生动物的有角䴙䴘、赤颈䴙䴘、白琵鹭、大天鹅、蓑羽鹤、黑浮鸥等 10 多种。典型的草原动物主要有蒙古兔、刺猬、五趾跳鼠、田鼠和草原沙蜥等优势种。

遗鸥是湿地的主要保护对象，遗鸥属鸥形目鸥科，体长为 430～460 毫米。虹膜黑色，眼周白色，嘴和脚暗红色。栖于草原、沙漠和半荒漠的湖泊和沼泽地，分布于鄂尔多斯高原海拔 1200～1500 米的沙漠咸水湖和碱水湖中。遗鸥是国家 I 级保护野生动物，是人类认识最晚的鸟类之一。

4）社会经济状况

鄂尔多斯国际重要湿地位于内蒙古东胜区和伊金霍洛旗境内。东胜区是隶属内蒙古自治区鄂尔多斯市的一个市辖区，位于鄂尔多斯市中部偏东，是鄂尔多斯市经济、科技、文化、金融、交通和信息的中心，面积为 2512.3 平方公里，人口为 26 万人（2012 年）。2013 年，东胜区地区生产总值达到 880.28 亿元。伊金霍洛旗是鄂尔多斯市下辖旗，地处鄂尔多斯高原东南部、毛乌素沙地东北边缘，东与准格尔旗相邻，西与乌审旗接壤，南与陕西省榆林市神木县交界，北与鄂尔多斯市政府所在地康巴什新区隔河相连，总面积为 5600 平方公里，辖 7 个镇 138 个行政村，2011 年户籍人口为 16.7 万人，其中少数民族人口为 1.3 万人，占全旗总人口的 7.78%。

5）湿地受到的干扰

内蒙古鄂尔多斯国际重要湿地生态系统主要受到气候变化和人类活动的干扰。自1999 年以后，鄂尔多斯地区气候逐渐变得干旱，降水量减少，季节性河流河水水量减少，致使部分湖泊海子干涸，湿地退化。与此同时，人类活动加剧也是湿地生态系统受到干扰而退化的主要原因，由于降水减少，湿地集水区内居民灌溉用水增多，大面积种植玉米等耗水量高的植被，人工开采矿产，以及 2000 年后修建的大型淤地坝截水工程拦蓄大量地表径流，切断了湿地的补水源，这些用水项目耗水量的增加，导致湿地逐渐干涸。

2. 评价结果

1）湿地健康

· 健康状况

内蒙古鄂尔多斯国际重要湿地生态系统综合健康指数为 4.81，健康等级为"中"。结果表明，湿地水环境指标非常重要，尤其是水源保证率，其次是生物指标，生物多样性非常重要，野生动物栖息地指数和土地利用强度对湿地健康也很重要，社会指标对湿地健康影响相对较小（表 4-112）。

表 4-112　内蒙古鄂尔多斯国际重要湿地生态系统健康评价结果

评价指标		指标值		指标权重	综合健康指数
一级指标	二级指标	原始值	归一化值		
水环境指标	地表水水质	I	10	0.086 7	4.81
	水源保证率	0.88	0.88	0.173 4	
土壤指标	土壤重金属含量	0.91	9.1	0.052 0	
	土壤 pH	9	1.040	0.104 0	
	土壤含水量	32.94	3.29	0.104 0	
生物指标	生物多样性	19.35	0.00	0.130 1	
	外来物种入侵度	0.00	10.00	0.130 1	
景观指标	野生动物栖息地指数	3.80	3.80	0.045 9	
	湿地面积变化率	1.03	10.00	0.045 9	
	土地利用强度	0.013	9.72	0.045 9	
社会指标	人口密度	23.07	9.62	0.036 4	
	物质生活指数	33 140	0.00	0.009 2	
	湿地保护意识	9/150	3.80	0.036 4	

· 结果分析

A. 湿地水质较好，但水源保证率较低

水环境对内蒙古鄂尔多斯国际重要湿地生态系统健康的影响较大，权重为 0.2601，湿地地表水质为Ⅰ类水，但水源保证率较差，主要是降水减少、植被生长致使地表径流减少，湿地中湖泊海子的水域面积持续减少。

B. 土壤环境整体一般

湿地土壤环境质量整体一般，出现干燥和盐碱化，土壤的重金属含量并不高，但土壤盐碱化程度大，pH 较高，同时含水量较低。

C. 湿地生物指标状况较差

鄂尔多斯国际重要湿地面积小，湿地区域内生物物种数量较少，且因湿地近些年来处于缺水状态，部分鸟类也迁徙至附近湖泊中，生物多样性得分较低，但并没有生物入侵的现象。

D. 景观指标状况较好

鄂尔多斯国际重要湿地面积变大，但变化程度很小，湿地内畜牧和耕地用地面积小，土地利用强度得分较高，野生动物栖息地适宜度中等。

E. 湿地面临压力加大

湿地内人口压力小，经济发展压力小，但附近居民对湿地的认知不足，湿地保护意识欠佳。

2）湿地功能

· 功能状况

内蒙古鄂尔多斯国际重要湿地生态系统综合功能指数为 6.16，功能等级为"中"。结果表明，鄂尔多斯湿地作为以保护遗鸥为目的的国际重要湿地，其保护生物多样性的功能最为重要，此外物质生产功能也很重要。相对而言，其调节功能和文化功能的重要程度稍微较弱（表 4-113）。

表 4-113　内蒙古鄂尔多斯国际重要湿地生态系统功能评价结果

评价指标		指标值		指标权重	综合功能指数
一级指标	二级指标	原始值	归一化值		
供给功能	物质生产	3.7%	6.0	0.285 8	
调节功能	气候调节	7.4	7.4	0.095 2	
	水资源调节	9	9.0	0.095 2	
	净化水质	9	9.0	0.095 2	6.16
文化功能	休闲与生态旅游	7	7.0	0.047 6	
	教育与科研	8.8	8.8	0.095 2	
支持功能	保护生物多样性	19.35	3.0	0.285 8	

· 结果分析

A. 调节功能巨大

内蒙古鄂尔多斯湿地地处荒漠半荒地区，其调节功能很强，尤其是水资源调节和水质净化功能评分较高，表明该湿地对于当地的水源调节和水质净化等发挥了一定的作用。

B. 文化功能较为显著

作为中国荒漠、半荒漠地区唯一列入《世界湿地名录》的风景优美的湿地，鄂尔多斯遗鸥湿地是研究荒漠湿地及珍稀鸟类遗鸥的热点区域，其科研和旅游功能得分也很高。

C. 保护湿地生物多样性功能未能充分显现

因内蒙古鄂尔多斯湿地面积较小，生物多样性功能得分并不是很高，且近几年湿地常年处于缺水状态，导致不少鸟类已迁徙至别处，其保护生物多样性功能未能充分显现。

3）湿地价值

· 价值状况

内蒙古鄂尔多斯国际重要湿地价值一般，总价值为 1.19 亿元/年，单位面积湿地价值为 6.21 万元/(公顷·年)。其中，间接使用价值最大，为 0.56 亿元/年，占 47.06%；其次为直接使用价值，为 0.54 亿元/年，占 45.38%，选择价值和存在价值较小，分别仅占 4.20% 和 3.36%。按照二级指标，湿地净化去污价值最高，占总价值的 41.18%；其次为休闲娱乐和湿地产品价值，分别占总价值的 25.21% 和 11.76%；调节大气价值最小，仅占总价值的 2.52%(表 4-114)。

表 4-114　内蒙古鄂尔多斯国际重要湿地生态系统价值评价结果

（单位：亿元/年）

评价指标		单项价值	小计	总价值
一级指标	二级指标			
直接使用价值	湿地产品	0.14	0.54	1.19
	休闲娱乐	0.30		
	环境教育	0.10		
间接使用价值	调节大气	0.03	0.56	
	调蓄洪水	0.04		
	净化去污	0.49		
选择价值	生物多样性	0.05	0.05	
存在价值	生存栖息地	0.04	0.04	

· 结果分析

A. 直接使用价值和间接使用价值均较为显著

鄂尔多斯湿地生态系统价值中直接和间接使用价值最高，达 0.54 亿元和 0.56 亿元，高于其他几项价值，其中净化去污价值为 0.49 亿元，为所有二级指标价值中的最高值，鄂尔多斯国际重要湿地风景优美、地理位置独特，拥有丰富的科考旅游价值。

B. 湿地面积较小，选择价值和存在价值偏低

因内蒙古鄂尔多斯湿地面积较小，湿地内生物种类较少，且因近几年湿地面临持续干旱，湿地的存在价值、选择价值相对较低。

4）总体评价

内蒙古鄂尔多斯国际重要湿地生态系统健康级别为"中"，功能级别为"中"，总价值为 1.19 亿元/年，单位面积湿地价值为 6.21 万元/（公顷·年）。湿地水质较好，但水源补充存在较大问题；土壤环境整体良好，但盐碱化程度高；生物多样性指标低；野生动物栖息地适宜程度适中，湿地变化程度小，面积变大；湿地附近居民的湿地保护意识欠佳。该湿地因保护对象为遗鸥等珍稀鸟类，其保护生物多样性的功能尤为突出。特殊的地理位置使其拥有较高的科考和旅游功能。鄂尔多斯湿地价值中直接和间接使用价值最高，达 0.54 亿元和 0.56 亿元。

3. 存在问题及建议

1）存在问题

A. 气候变化和人类影响导致湿地蓄水量减少

目前，内蒙古鄂尔多斯国际重要湿地所遇到的最大问题是因气候变化和人类活动的影响，湿地蓄水量连年减少，湿地内出现持续的湖泊萎缩和干涸现象。湿地内最大的湖泊桃-阿海子之前水域面积约为 10 平方公里，平均水深至少为 1.5 米，但从 1987 年开始，水域面积持续减少，至 2005 年减少至 2.65 平方公里。

B. 因湿地水域面积减少，导致繁殖和迁徙的鸟类种群数量减少

桃-阿海子作为鄂尔多斯湿地最重要的水禽繁殖地和迁徙过往水禽停歇地的作用得以凸显，其鼎盛时期繁殖水鸟群落仅遗鸥就 3 600 巢。但 21 世纪以来，降水明显偏少，桃-阿海子水面下降明显，繁殖和迁徙水鸟的数量逐年减少，至 2006 年已基本干涸，无任何水鸟在那里繁殖，秋季迁徙时停歇的水禽不足 1000 只。

2）建议

A. 通过修筑引水工程提高湿地水源补给

当前水资源成了内蒙古鄂尔多斯国际重要湿地的核心问题，1999 年后，由于气候变化和人类活动的影响，湿地蓄水量呈亏缺状态，这是导致湿地生态系统退化的关键。因此，加强鄂尔多斯湿地内水资源的补充，合理分配、充分利用水资源的问题已经到了不能不重视，也不能不解决的地步。其中较为有效的方法是修筑引水工程，人工增加鄂尔多斯湿地的水源补给。

B. 减少人类活动干扰，提高湿地蓄水量

应减少人类活动干扰，特别是减少地下开采矿产、煤气，减少大量使用地下水等活动，以保证湿地地下水水量。

C. 种植低耗水的植被，减少水分蒸发，增加河流径流，提高湿地水资源补给

应在湿地范围内，多种植耗水量低的植被，这可以减少区域内因植被生长导致的过高的耗水量；同时，植被种植不应过于茂密，因为茂密的植被会阻碍河流的径流，减少湿地水资源补给。

4.2.39　内蒙古达赉湖国际重要湿地

1. 基本情况

1) 位置与范围

内蒙古达赉湖国际重要湿地(见书后彩图 39)位于内蒙古自治区呼伦贝尔市西部,跨新巴尔虎右旗、新巴尔虎左旗、满洲里市行政区域,地理坐标为北纬 47°45′50″~49°20′20″;东经 116°50′10″~118°10′10″,面积为 74 万公顷。根据第二次全国湿地资源调查统计结果,达赉湖国际重要湿地的总面积为 2 838.7 平方公里,其中主要湿地类型为湖泊湿地(2 246.7 平方公里)、沼泽湿地(581.1 平方公里)、河流湿地(7.8 平方公里)和人工湿地(3.1 平方公里)。根据 2014 年 8 月遥感影像解译所得的湿地面积为 293 000.00 公顷。

2) 历史沿革

内蒙古达赉湖保护区成立于 1986 年;1990 年晋升为自治区级;1992 年晋升为国家级;2002 年加入联合国教科文组织生物圈保护区网络,同年达赉湖湿地被列入国际重要湿地名录。其主要保护对象为湿地生态系统和以鸟类为主的珍稀濒危野生动物。

3) 自然状况

· 地质地貌

达赉湖湿地所在的达赉湖区域属于内蒙古高原、呼伦贝尔高平原的一部分,海拔约为 550~650 米,分属于呼伦贝尔新北部低山丘陵区和呼伦贝尔高平原区,西北部是低山丘陵,中北部是达赉湖湖盆;达赉湖的北、东和南面环湖一带是湖滨平原,外围是冲积平原、乌尔逊河、克鲁伦河、达兰鄂罗木河合股;沿达赉湖东、南岸是现代形成的沙滩、沙丘,湿地东面还有部分高平原地貌分布。

· 气候

赉湖湖湿地区域属中温带半干旱、干旱大陆性气候。年平均气温为 −0.6~1.1℃,年降水量为 240.5~283.6 毫米,年蒸发量为 1 455.3~1 754.3 毫米,年平均风速为 3.38~3.83 米/秒,年日照时数为 2 694~3 131 小时,湿地自东向西、自北向南由半干旱带向干旱带过渡。

· 水文

达赉湖湿地内的达赉湖是一个处在呼伦贝尔高平原上的吞吐性湖泊,属于额尔古纳河水系。达赉湖水系包括达赉湖、哈拉哈河、贝尔湖、新达赉湖、乌尔逊河、乌兰诺儿、克鲁伦河、新开河(达兰鄂罗木河),包含长度在 100 公里以上的河流共 3 条,20~100 公里的河流有 13 条,20 公里以下的河流有 64 条。全流域大小河流共 80 条,河流总长度为 2 374.9 公里,总流域面积(国内)为 37 214 平方公里。达赉湖本身最大时平均水深为 10 米,蓄水量达 138.5 亿立方米。

· 土壤

达赉湖湿地的主要土壤类型为栗钙土、草甸土、沼泽土、碱土、沙土。该湿地由于地处气候干旱、风大的地区，地面物质粗糙，土层浅薄。栗钙土是该地区的地带性土壤，分布广泛。草甸土和沼泽土也是主要的土壤类型之一，分布在河谷阶地、低洼盆地和冲积平原。风沙土分布于沙地沙岗。

· 植被

达赉湖湿地内共有野生种子植物 74 科 653 种。在植物区划上属欧亚草原区，亚洲中部亚区。植物区系是以达乌里-蒙古、泛北极、古北极、东古北极、亚洲中部、古地中海和黑海-哈萨克-蒙古植物种为主。另外，本地区植物区系组成的特征是含单属单种和少属少种的科特别多，此特征是由达赉湖湿地地理位置所决定的，它反映了本区植物区系的基本性质。其中，植被类型有典型草原植被、沙生植被、盐生草甸、沼泽植被、草甸植被。其主要的湿地植被类型为大针茅、羊草、冷蒿、克氏针茅、芨芨草、小叶锦鸡儿等。

· 动物

达赉湖湿地内的 35 种哺乳动物，333 种鸟类，2 种爬行类，2 种两栖类和 30 种鱼类，按照自然界生态位规律生息繁衍，相辅相成。其中，国家Ⅰ级保护野生鸟类 10 种，国家Ⅱ级保护野生鸟类 51 种和其他国家Ⅱ级保护野生动物 3 种。主要经济鱼类有鲤鱼、红鳍原鲌等。两栖类为黑龙江林蛙和白条锦蛇。在 333 种野生鸟类中，有些种类在达赉湖湿地内已经绝迹，如黑头白鹮，有些种类十分罕见，如红喉潜鸟、卷羽鹈鹕、黑脸琵鹭、黑嘴鸥等，有些种类以前常见现在却罕见，如金雕、玉带海雕、苍鹰。在 35 种哺乳动物中，蒙原羚是本地区典型的代表物种，原有十万多只分布在达赉湖湿地及附近草原，现在只有 30 余只分布在达赉湖湿地内，湿地以外的稳定种群也不到 100 只。犬科的狼、赤狐、沙狐、貉在达赉湖湿地内也广泛分布。特定的地理位置使达赉湖国际重要湿地成为澳洲-东亚候鸟迁徙的重要通道和集散地，也是亚洲水禽的重要繁殖地。

4）社会经济状况

达赉湖湿地总面积为 7400 平方公里，跨新巴尔虎右旗、新巴尔虎左旗、满洲里市行政区域。2013 年年末，新巴尔虎左旗全旗总人口为 42 592 人，增长 1.0%，人口密度为 1.4 人/平方公里，人均收入为 16 336 元。2013 年，城镇人口比重达 55.2%，城镇居民人均可支配收入为 17 980 元，同比增长 7.8%，牧民人均纯收入为 14 310 元，增长 14.8%。2013 年年末，新巴尔虎右旗总户数为 14 864 户，总人口为 35 201 人，人口密度为 2.16 人/平方公里，人均收入为 17 010 元。其中城镇人口为 18 947 人，全旗城镇居民人均可支配收入达 19 232 元，同比增长 10.2%，牧民人均纯收入达 14 420 元，比上年增长 15.2%。2013 年年末满洲里市全市总人口 30 万人，其中户籍人口为 171 573 人，总户数为 72 954 户，人口密度为 418 人/平方公里，人均收入为 25 800 元。城镇居民人均可支配收入 2.58 万元，增长 9.8%。

根据达赉湖湿地分布在新巴尔虎左旗、新巴尔虎右旗、满洲里市的面积加权平均，计算得到达赉湖国际重要湿地的总人口为 16 658 人，人口密度为 2.25 人/平方公里，人均收入为 16 504 元。

5) 湿地受到的干扰

基于 2013 年 Landsat 8 遥感影像解译和计算得到达赉湖湿地当年的土地利用强度为 60%，利用的土地主要为牧民放牧用草场。通过现场勘察可知，在达赉湖湿地不存在过度放牧的情况。

由于湖泊水位持续下降，湖面绝对高程低于额尔古纳河水面绝对高程，新开河（达来鄂罗木河）变为流入河，从而达赉湖变成没有向外流的内陆湖泊。湖水不能有效流通，湖水的藻类大量繁殖，造成湖区的氮磷钾蓄积；湖区周围有大量的牛羊生活，其粪便经雨水的冲刷，大量冲入湖内，造成湖区的氮磷钾含量增高；湖区水域面积减小、水量减少，造成氮磷钾含量比例增大，并最终令水体呈现富营养化。

2. 评价结果

1) 湿地健康

· 健康状况

内蒙古达赉湖国际重要湿地健康指数为 5.63，健康等级为"中"。湿地健康状况表现为无土壤重金属污染，外来物种入侵情况较轻微，生物多样性适中，野生动物栖息地指数较高，湿地面积呈上升趋势，土地利用强度较小，人口稀疏，物质生活指数适中；但湿地水环境质量较差，地表水水质较差，水源保证率一般，土壤盐碱化问题严重，土壤含水量较低，公众湿地保护意识有待提高（表 4-115）。

表 4-115　内蒙古达赉湖国际重要湿地生态系统健康评价结果

评价指标		指标值		指标权重	综合健康指数
一级指标	二级指标	原始值	归一化值		
水环境指标	地表水水质	Ⅲ～Ⅴ	4.00	0.036 2	
	水源保证率	6.63	6.63	0.036 2	
土壤指标	土壤重金属含量	0.62	10.00	0.013 8	
	土壤 pH	9.10	0.00	0.013 8	
	土壤含水量	25.16	2.52	0.041 5	
生物指标	生物多样性	36.06	4.02	0.272 7	5.63
	外来物种入侵度	0.01	9.92	0.090 9	
景观指标	野生动物栖息地指数	8.80	8.80	0.169 0	
	湿地面积变化率	1.12	10.00	0.042 2	
	土地利用强度	0.60	2.98	0.169 0	
社会指标	人口密度	2.25	9.96	0.051 0	
	物质生活指数	16504	0.00	0.012 7	
	湿地保护意识	1.60	1.60	0.051 0	

·结果分析

A. 野生动物栖息地环境良好

达赉湖湿地内沼泽面积为701.2平方公里，湖泊面积为1968平方公里，滩涂面积为264.19平方公里。计算归一化有效湿地斑块面积为10，归一化植被覆盖度为6，归一化单位面积湿地斑块数量为10，表明达赉湖湿地的破碎程度较低，加之该湿地生物多样性适中，外来入侵物种少，从而为野生动物提供了良好的栖息环境。

B. 湿地面积稳中有升

根据调查时提供的达赉湖2012年的湖面面积为1759.47平方公里，根据遥感影像解译结果得到2013年达赉湖湖泊面积为1968平方公里，湿地面积呈上升趋势。

C. 土地利用强度小

达赉湖湿地内草地面积为4487.2平方公里，其中草地为牧民放牧所用，湿地内无农业、沙地，只有零星的、可移动的蒙古包，建筑面积可以忽略，总体上土地利用强度较小。

D. 湿地水质较差

达赉湖湿地地表水水质为Ⅲ～Ⅴ类，水质较差，水源保证率一般，水环境质量较差。

E. 土壤环境较差

达赉湖湿地土样检测结果显示，达赉湖湿地的土壤盐碱化问题严重，土壤含水量较低，但是土壤几乎没有受到重金属的污染。

2）湿地功能

·功能状况

内蒙古达赉湖国际重要湿地生态系统综合功能指数为6.21，功能等级为"中"。按照一级指标，湿地以供给功能为主，其次为文化功能和调节功能，支持功能较弱。按照二级指标，物质生产功能最为显著，其次为水资源调节和教育与科研功能，保护生物多样性功能最弱（表4-116）。

表4-116　内蒙古达赉湖国际重要湿地生态系统功能评价结果

评价指标		指标值		指标权重	综合功能指数
一级指标	二级指标	原始值	归一化值		
供给功能	物质生产	19.05％	10	0.1835	6.21
调节功能	气候调节	6.83	6.83	0.0151	
	水资源调节	9.33	9.33	0.1252	
	净化水质	6.17	6.17	0.0432	
文化功能	休闲与生态旅游	8.17	8.17	0.0059	
	教育与科研	9.17	9.17	0.0528	
支持功能	保护生物多样性	36.06	4.02	0.5743	

·结果分析

A. 供给功能巨大

达赉湖湿地内有大面积的草场，孕育大量牲畜，肉制品、奶制品等食品产量较高，湿地供给能力整体稳定，2013 年达赉湖湿地的物质生产量相对于 2012 年增加了 19.05％。

B. 调节功能显著

达赉湖是中国第五大湖泊，内蒙古第一大湖泊，蓄水量高于 100 亿立方米，其东北部达兰鄂罗木河是一个吞吐性河流，因此达赉湖湿地的水资源调节功能十分强大，相对而言，气候调节、净化水质的功能一般，其中净化水质的功能状况与湿地地表水水质较差及水源保证率一般相吻合。

C. 科研教育功能独特

达赉湖湿地具有丰富的水资源和独特的河网分布，其位于广阔的呼伦贝尔大草原，为各类野生和驯养生物提供了良好的栖息地，创造了高水平的经济价值。此外，结合当地自身的民族文化特色、自然环境特色开发了一定的旅游资源，每年吸引大量的国内外游客休闲和娱乐，发挥了强大的休闲和旅游功能。

D. 生物多样性功能未能充分显现

达赉湖湿地属于典型的寒温带大陆性季风气候，年半均气温较低，降水量不足，蒸发量较大，湿地内生物种类较少，生物多样性指数较低，表明达赉湖湿地保护生物多样性的功能较弱。而通过权重分析可知，保护生物多样性对达赉湖湿地的功能影响最为显著，权重高达 0.5744，因此生物多样性是影响该湿地生态功能的重要指标。

3）湿地价值

· 价值状况

内蒙古达赉湖国际重要湿地总价值为 231.36 亿元/年，单位面积湿地价值为 7.90 万元/（公顷·年）。其中间接使用价值最大，为 182.78 亿元/年，占 79.00％；其次为直接使用价值，为 26.29 亿元/年，占 11.37％，存在价值和选择价值较小，分别仅占 6.13％和 3.50％。按照二级指标，湿地调蓄洪水的价值最大，占总价值的 40.50％；其次为净化去污与环境教育价值，分别占总价值的 33.31％和 7.03％；休闲娱乐价值最小，仅占总价值的 0.44％（表 4-117）。

表 4-117　内蒙古达赉湖国际重要湿地生态系统价值评价结果

（单位：亿元/年）

评价指标		单项价值	小计	总价值
一级指标	二级指标			
直接使用价值	湿地产品	9.03	26.29	
	休闲娱乐	1.01		
	环境教育	16.25		
间接使用价值	调节大气	12.01	182.78	231.36
	调蓄洪水	93.70		
	净化去污	77.07		
选择价值	生物多样性	8.10	8.10	
存在价值	生存栖息地	14.19	14.19	

· 结果分析

A. 湿地蓄水量大，间接使用价值显著

2013年，达赉湖湿地蓄水量为10.7亿立方米，强大的蓄水功能使达赉湖调蓄洪水的价值不容小觑。广阔的湿地草原，具有丰富的植物资源，在固碳释氧、调节大气方面发挥了巨大作用，间接产生了高水平的经济价值。

B. 湿地资源丰富，直接利用价值高

达赉湖湿地富有大量的水资源、植物资源，并且提供了丰富的湿地产品，如牲畜、鱼类等。自然形成的湿地景观、湖泊景观，以及周边历史沉淀形成的人文景观吸引国内外学者开展大量研究，并提供给中小学生环境教育价值，同时它也是人们休闲娱乐的场所之一。

C. 湿地单位面积价值偏低

达赉湖湿地及周边地广人稀，牲畜养殖数量不多，湿地内没有种植农作物。湿地调蓄洪水的价值对于达赉湖湿地的生态系统价值占有较高的比重，但是由于达赉湖的面积只占达赉湖国际重要湿地总面积的38%左右，而调蓄洪水的价值主要是利用达赉湖的生态系统蓄水量计算的，因此调蓄洪水的价值平均到整个达赉湖国际重要湿地也就低了很多。

4）总体评价

内蒙古达赉湖国际重要湿地生态系统的健康、功能等级均为"中"，湿地生态系统总价值为231.36亿元/年，单位面积湿地价值为7.90万元/（公顷·年）。湿地水环境质量较差；土壤盐碱化问题严重，土壤含水量较低；有轻微的外来物种入侵，土壤几乎没有受到重金属的污染；野生动物栖息地指数较高；湿地面积呈上升趋势，土地利用强度较小；达赉湖湿地内人口稀疏，物质生活指数适中，公众的湿地保护意识仍有待提高。达赉湖湿地供给能力较稳定；调节功能较好；文化功能较为突出；保护生物多样性的功能适中。湿地价值中调蓄洪水和净化去污的价值最大，其次为环境教育价值。

3. 存在问题及建议

1）存在问题

A. 湖泊水位持续下降，水体呈现富营养化，水质较差

达赉湖流域地处中高纬度地区，流域年降水量远远低于蒸发量，加之连年干旱、湖周边径流含沙量逐年增加，使湖泊水位持续下降，促使湖泊盐碱化，造成达赉湖国际重要湿地地表水水质较差。由于湖泊水位持续下降，湖面绝对高程低于额尔古纳河水面绝对高程，新开河变为流入河，从而达赉湖变成没有向外流的内陆湖泊。湖水不能有效流通，湖水的藻类大量繁殖，造成湖区的氮磷钾蓄积；湖区周围有大量的牛羊生活，其粪便经雨水的冲刷，大量冲入湖内，造成湖区的氮磷钾含量增高；湖区水域面积减小、水量减少，造成氮磷钾含量比例增大，并最终导致水体呈现富营养化。

B. 湿地土壤盐碱化严重

达赉湖湖水 pH、氟化物、高锰酸盐指数较高，是造成湿地土壤 pH 过高的直接原因。同时，连年来，达赉湖水位持续下降，不断有盐分析出留在土壤，导致达赉湖湿地土壤盐碱化问题十分严峻。

2）建议

A. 疏通河道，清理湖底，防止生态环境进一步恶化

加强达赉湖湿地的综合保护，对达赉湖富营养化进行调查与治理，加强乌尔逊河河道疏通、达赉湖湖底淤积清除等治理工程，将有效改善达赉湖水质及达赉湖国际重要湿地范围内地表水水质状况，防止生态环境进一步恶化。

B. 合理规划湿地旅游资源，发展湿地生态旅游

加强达赉湖国际重要湿地的旅游规划，在不破坏达赉湖湿地生态功能的前提下，合理地发展生态旅游。同时，对达赉湖国际重要湿地范围内的捕鱼行为加大管理力度，合理规范人类对湿地资源的开发利用活动。

4.2.40　青海鸟岛国际重要湿地

1. 基本情况

1）位置与范围

青海湖国家级自然保护区位于青藏高原东北部，祁连山系南麓，地跨青海省海南、海北两个藏族自治州，东距西宁市 285 公里。地理位置为北纬 $36°31'\sim37°16'$，东经 $99°34'\sim100°49'$。其东自环青海湖东路，南自 109 国道，西自环湖西路，北自青藏铁路以内的整个青海湖水体、湖中岛屿及湖周沼泽滩涂湿地、草原，属湿地生态系统和野生动物类型的自然保护区。鸟岛国际重要湿地位于保护区西部，包括鸟岛、三块石岛、海心山岛 3 个岛屿和水域，以及环湖沿岸的水域、湖岸、泥滩、沼泽草地及河口。

整个鸟岛国际重要湿地（见书后彩图 40）的中心坐标是北纬 $36°52'51''$，东经 $99°57'10''$。其中，鸟岛片区位于北纬 $36°53'26''\sim37°8'11''$，东经 $99°35'10''\sim99°57'54''$；三块石岛片区位于北纬 $36°47'9''\sim36°48'32''$，东经 $99°53'55''\sim99°55'56''$；海心山岛片区处于北纬 $36°50'56''\sim36°52'41''$，东经 $100°7'4''\sim100°9'18''$。

根据第二次全国湿地资源调查结果，青海鸟岛国际重要湿地范围内湿地面积为 40 502.40 公顷，其中河流湿地 476.79 公顷，湖泊湿地为 33 265.03 公顷，沼泽湿地为 6 760.58 公顷。

2）历史沿革

青海湖国家级自然保护区管理局始建于 1975 年；1997 年晋升为国家级自然保护区；鸟岛湿地于 1992 年被列入《关于特别是作为水禽栖息地的国际重要湿地公约》的国际重要湿地名录，该湿地总体上属于内陆型微咸水湖湿地。

3) 自然状况

· 地质地貌

青海湖处在高原山间盆地，四周为巍巍的高山所怀抱，南傍青海南山，东靠日月山，西临阿木尼尼库山，北依大通山，这4座大山海拔都在3 600~5 000米。鸟岛地处青藏高原东北部，海拔为3 185~3 250米，呈现高原山地特征，是黄土高原西部向青藏高原腹地过渡的地域。

· 气候

鸟岛湿地位于中国东部季风区、西部干旱区和西南部高寒区的交汇地带，属高原半干旱高寒气候区，光照充足，日照强烈；冬寒夏凉，暖季短暂，冷季漫长，春季多大风和沙暴；雨量偏少，雨热同季，干湿季分明。湿地内年均气温为−0.7℃，最热月(7月)平均气温为10.4~15.2℃，最冷月(1月)平均气温为−14.7~−10.4℃，每年12月至翌年3月湖面封冻，冰厚可达60~80厘米，年均降水量为319~395毫米，年均蒸发量为1 300~2 000毫米。

· 水文

青海湖水主要补给来源是河水，其次是湖底的泉水和降水。湖周大小河流有70余条，布哈河是流入湖中最大的一条河，支流有几十条，较大支流有十多条，下游河面宽为50~100米，深达1~3米，流域面积为16 570平方公里，约占湖区各河流流域面的1/2。年径流量为11.2亿立方米，占入湖径流的60%。青海湖每年获得的径流补给主要是布哈河、沙柳河、乌哈阿兰河和哈尔盖河，这4条大河的年径流量达16.12亿立方米，占入湖径流量的86%。青海湖每年入湖河流补给为13.35亿立方米，降水补给为15.57亿立方米，地下水补给为4.01亿立方米，总补给为32.93亿立方米，湖区风大蒸发快，每年湖水蒸发量为39.3亿立方米，年均损为4.37亿立方米。

· 土壤

鸟岛湿地内由于地形地貌复杂多样，因此成土母质具有很大差异，形成了多种类型土壤的特点。另外，受海拔的影响，土壤类型还会呈现垂直分布的特点。在河谷平原或山前盆地，受冲积作用的影响，成土母质为冲积物或洪积物；在山区形成的土壤，成土母质多为残积物；沙丘地带的土壤母质多为沙粒。成土母质的多样性使湿地内形成了不同的土壤类型，如高山寒漠土、高山草原土、山地草甸土、高山草甸土、灰褐土、黑钙土、栗钙土、沼泽土、风沙土等。

· 植被

按照周兴民等《青海植被》的"青海自然植被分类系统"，鸟岛湿地植被可分为草甸及沼泽和水生植被两大类，以温性草原、温性荒漠草原和紧邻湖岸的高寒沼泽化草甸为主，主要优势种群为西北针茅、短花针茅、华扁穗草。其中，草甸包括高寒沼泽化草甸和盐生草甸两种。高寒沼泽化草甸是以耐寒湿中生多年生地面芽和地下芽植物为优势或混生多年生草本植物的草甸植被类型，群落优势种为华扁穗草、海韭菜、蕨麻、海乳草、碱茅、西伯利亚蓼、禾叶嵩草等。盐生草甸是指由多年生中生和一年生中生耐盐植物或抗盐植物组成的草甸植被类型，该类型在青海湖区以针茅、西伯利亚蓼、海乳草为优势种群。沼泽植被是由湿生和沼生植物所组成,主要分布在湖区地表经常过于潮湿或有薄层积水的河漫滩,沼泽植被的主要优势植物为芦苇、荸荠、水葱、狭叶菖蒲、杉叶藻等。水生植被是指以沉水植物为主要代表植物组成的植被类型,零星分布于湖滨湿地,生于溪流、河畔及湖塘内,该类型主要有毛柄水毛茛群落和芦苇群落。

• 动物

鸟岛湿地内野生动物资源丰富,是中国特有的濒危动物普氏原羚的栖息地和繁殖区域,是特有的水生资源动物青海裸鲤的主要栖息场所,更是水鸟栖息繁殖和迁徙的重要场所。据调查,湿地内鸟类共计221种,分属14目37科,其中国家Ⅰ级保护野生动物4种,国家Ⅱ级保护野生动物21类,候鸟数占63.6%,迁徙途径此区域停歇的水鸟近92种,总数超过9万只。据2012年观测记录,斑头雁1.2万只、棕头鸥0.8万只、渔鸥0.4万只、普通鸬鹚1万只、4种水禽资源量为3.4万只,国家Ⅰ级保护野生动物黑颈鹤主要在湿地沼泽中栖息繁殖,数量达88余只,越冬水鸟以大天鹅为主种群。湿地兽类共计42种,分属5目17科,以啮齿、食肉目、偶蹄目种类居多,其中国家Ⅰ级保护野生动物5种,国家Ⅱ级保护野生动物14种,其中包括世界濒危动物普氏原羚,2012年调查种群数量为776只,有70多只普氏原羚在鸟岛湿地栖息。湿地有鱼类8种,主要为青海裸鲤,占湖内鱼类资源总量的95%以上,为青海湖最具高原特色的鱼类资源。

4) 社会经济状况

青海鸟岛国际重要湿地位于青海省刚察、共和及海晏三县的交汇处,保护区内辖8个乡镇,共4158户人家,2013年总人口为4.5607万人,地方财政收入为109 122.0万元,GDP为249 000.0万元,农村居民人均纯收入为10 687.0元/(年·人)。湿地区域内居民以农业、畜牧业、渔业为主。在中华人民共和国成立之前基本上没有农耕地,当地居民均以放牧为生。从20世纪60年代开始,一些省级单位和相关部门陆续来此开荒种地。农作物以小麦、青稞、油菜为主,部分地方种植少量的马铃薯、豌豆等。青海湖中盛产青海裸鲤(俗称湟鱼)和硬刺条鳅、隆头条鳅。

5) 湿地受到的干扰

鸟岛湿地生态系统受到的干扰主要来自三方面:一是青海湖水位和湖面积的年际变化对候鸟繁殖地的影响,2004年是青海湖有监测以来水位最低的一年,据青海省生态环境遥感监测中心提供的数据,青海湖2004~2013年水面面积(2004年为8月,其余年份为1月)呈现年际间一升一降的波动变化,从2012年开始面积急剧增大,水面面积的升降变化,导致夏候鸟的繁殖地呈下降趋势,表现形式为水鸟繁殖地由400余公顷,下降为200余公顷,最为典型的是布哈河口三角洲已被湖水淹没多年,部分水鸟繁殖地发生位移、繁殖数量发生波动。二是青海湖周边沼泽和草甸过度放牧,环境恶化、土地沙化,对野生动物的取食和繁殖有一定的影响。此外,由于在夏季非繁殖期开展生态旅游(观鸟)活动,每年有10万游客来此观鸟休闲,对鸟类生境造成了一定的干扰。

2. 评价结果

1）湿地健康

·健康状况

青海鸟岛国际重要湿地健康指数为 5.87，健康等级为"中"。湿地健康状况表现为湿地面积稳定，土壤未受到重金属污染，水质良好，水源保证率较高，湿地内人口稀疏，土地利用强度较低；但湿地土壤 pH 较高，土壤含水量偏低，存在一定的生物入侵现象，居民湿地保护意识较为薄弱（表 4-118）。

表 4-118　青海鸟岛国际重要湿地生态系统健康评价结果

评价指标		指标值		指标权重	综合健康指数
一级指标	二级指标	原始值	归一化值		
水环境指标	地表水水质	Ⅱ	8.00	0.132 0	
	水源保证率	7.29	7.29	0.201 8	
土壤指标	土壤重金属含量	0.58	10.00	0.016 0	
	土壤 pH	8.50	2.50	0.034 5	
	土壤含水量	27.70	2.77	0.084 4	
生物指标	生物多样性	29.02	2.25	0.166 9	5.87
	外来物种入侵度	0.04	7.33	0.069 0	
景观指标	野生动物栖息地指数	4.40	4.40	0.076 5	
	湿地面积变化率	1.00	10.00	0.076 5	
	土地利用强度	0.01	9.79	0.047 7	
社会指标	人口密度	4.20	0.72	0.04	
	物质生活指数	79	9.93	0.038 7	
	湿地保护意识	0.07	0.00	0.016 0	

·结果分析

A. 湿地水质良好，水源保证率充足

鸟岛国际重要湿地水质很好，水源保证率较高，整体水环境健康指标较高，为当地居民提供了良好的水资源和水环境。

B. 湿地面积稳中有升

通过对比青海鸟岛湿地 2012 年和 2013 年前后两期的卫星影像，发现湿地面积分别为 40 498.11 公顷和 40 611.96 公顷，湿地动态变化小，湿地面积基本保持稳定。

C. 土地利用强度低，野生动物栖息地指数低

对湿地不利的土地利用类型和面积少，土地利用强度较小，然而盐湖面积较大，适合野外动物栖息的场所受到限制。

D. 土壤环境较差

湿地土壤 pH 偏高，呈较强的碱性，土壤含水量偏低，目前尚未受到重金属污染，土壤环境还有待进一步改善。

E. 居民保护意识薄弱，生物多样性低

湿地内人口压力相对经济发展压力小，居民拥有的湿地基本知识还有所欠缺。建议加强对退化的草地和湿地进行生态恢复，加强生物多样性保护，同时加大湿地知识的宣传，提高周边居民的湿地保护意识。

2）湿地功能

· 功能状况

青海鸟岛国际重要湿地生态系统综合功能指数为 7.80，功能等级为"好"。按照一级指标，湿地以文化功能为主，其次为调节功能和供给功能，支持功能较弱。按照二级指标，休闲与生态旅游功能最为显著，其次为气候调节和教育与科研功能，保护生物多样性功能最弱（表 4-119）。

表 4-119　青海鸟岛国际重要湿地生态系统功能评价结果

评价指标		指标值		指标权重	综合功能指数
一级指标	二级指标	原始值	归一化值		
供给功能	物质生产	10.16％	9.08	0.0889	7.80
调节功能	气候调节	9.80	9.80	0.1456	
	水资源调节	9.40	9.40	0.1228	
	净化水质	8.70	8.70	0.1228	
文化功能	休闲与生态旅游	9.90	9.90	0.1027	
	教育与科研	9.70	9.70	0.1208	
支持功能	保护生物多样性	29.02	3.90	0.2964	

· 结果分析

A. 文化功能巨大

鸟岛湿地文化功能得分较高，作为特殊的高原湖泊湿地生态系统，是闻名中外的鸟类聚居地，又是普氏原羚唯一的栖息活动分布区，鸟岛国际重要湿地越来越多地得到学者和各地游客的关注。

B. 调节功能显著

鸟岛湿地调节功能很强，湿地内有大面积的盐湖湖休和沼泽湿地，气候调节和水资源调节能力强大。

C. 供给功能强大

按照功能评价指标划分，鸟岛湿地物质生产功能相对不重要，但是据青海湖国家级自然保护区综合监测报告显示，鸟岛湿地为当地物质生产提供了丰富的优质资源，评价结果显示其供给功能十分强大。

D. 保护生物多样性功能较弱

经实地调研和综合评价显示，鸟岛湿地内生物物种较单一，生物多样性指数不高，同时湿地盐水湖面积较大，限制了野生动物的栖息环境，湿地内草场有退化现象，对生物多样性保护的功能较弱。

3) 湿地价值

· 价值状况

鸟岛国际重要湿地总价值为 64.31 亿元/年，单位面积湿地价值为 15.88 万元/（公顷·年）。其中，间接使用价值最大，为 56.86 亿元/年，占 88.42%；其次为直接使用价值，为 5.59 亿元/年，占 8.69%，选择价值和存在价值较小，分别仅占 1.71% 和 1.18%。按照二级指标，湿地调蓄洪水的价值最大，占总价值的 71.22%；其次为净化去污与环境教育价值，分别占总价值的 16.26% 和 3.43%；生存栖息地价值最小，仅占总价值的 1.18%（表 4-120）。

表 4-120　青海鸟岛国际重要湿地生态系统价值评价结果　　　（单位：亿元/年）

评价指标		单项价值	小计	总价值
一级指标	二级指标			
直接使用价值	湿地产品	2.16	5.59	64.31
	休闲娱乐	1.22		
	环境教育	2.21		
间接使用价值	调节大气	0.60	56.86	
	调蓄洪水	45.80		
	净化去污	10.46		
选择价值	生物多样性	1.10	1.10	
存在价值	生存栖息地	0.76	0.76	

· 结果分析

A. 湿地面积大，间接使用价值显著

鸟岛湿地总面积为 40 502.40 公顷，经计算，2013 年洪水调蓄量为 68.37 亿立方米，在调蓄洪水方面产生了超过 45 亿元的经济价值，在净化去污方面也取得了超过 10 亿元的经济价值，在释氧固碳方面贡献了约 6000 万元的经济价值。

B. 湿地资源丰富，直接利用价值高

鸟岛湿地是全国著名的风景区，拥有特有的野生动物，其自然风光和人文特色吸引了无数游客和研究者，创造了很高的休闲娱乐价值和科研教育价值。同时，为区域社会提供了丰富、优质的水资源和大量的泥炭、饲草、野生动植物等生产原料。

C. 生存栖息地价值偏低

鸟岛湿地水域面积较大，仅有的草地受盐水影响，可供野生动物栖息的场所面积较小，不能为野生动物提供较好的生存栖息环境。

4) 总体评价

青海鸟岛国际重要湿地生态系统健康等级为"中"，功能级别为"好"，湿地总价值为 64.31 亿元/年，单位面积湿地价值为 15.88 万元/（公顷·年）。湿地水环境状况良好，土地利用强度较低，调节功能发挥了很大作用，产生了很高的价值。同时，湿地也存在一些问题,如土壤呈较强的碱性、含水量偏低,土壤环境需要进一步改善,生物多样性指数偏低,保护生物多样性的功能需要进一步加强,居民的湿地保护意识还需要进一步提高。

3. 存在问题及建议

1) 存在问题

A. 过度放牧,鼠害严重,环湖草场退化

鸟岛湿地存在过度放牧、鼠害严重的情况,草场和湿地呈现出不同程度的退化,还存在一些沙化严重的区域。环湖草场退化面积已达 40%,植被覆盖度损失为 20%~40%。土地沙化面积已达到 43 025 公顷,强烈的风沙流使鸟类的营巢受到威胁和破坏。

B. 人类干扰增多

特别是近代人类活动的加剧,如滥垦草原和超载放牧,使自然生态系统的自身维持和调节能力受到一定程度的干扰和破坏,从而使青海湖地区生态环境日趋恶化。近些年,随着鸟岛知名度的增加,接待旅游的人次逐年增加,对鸟类的栖息产生了一些干扰,也给该地区的生态环境带来了压力。

C. 湿地保护意识欠缺

当地牧民大部分不通汉语,对湿地保护的宣传工作有一定难度,牧民普遍对湿地的认知还有欠缺。

2) 建议

A. 加强治理,恢复生态

加强退化草场的恢复和沙化土地的治理,尽可能还原湿地生态系统的自然状态,为野生动物提供更好的栖息场所。因湿地内大部分退化的草地生态系统依靠自然恢复极其缓慢,建议适地、适时地采取人工措施,包括松土、浅耕翻来改善土壤物理性状,同时增施肥料,尤其是增施氮肥以改善土壤的营养状况,补播当地优良牧草以增加植被恢复速率,并通过轻度合理的放牧来促进湿地内草地生态恢复等。

B. 规范旅游管理,监督人类破坏行为

加强生态旅游管理,规范生态旅游过程,并适量控制生态旅游规模以便控制游客对鸟类生活的直接干扰。

C. 加强环境保护教育

加强开展湿地保护意识的宣传和湿地基本知识的普及,鼓励湿地内居民了解湿地的基本知识、生态水文学原理,以及湿地资源的价值,提高周边居民的湿地保护意识。

4.2.41 青海扎陵湖国际重要湿地

1. 基本情况

1) 位置与范围

青海扎陵湖国际重要湿地(见书后彩图 41)位于青海省果洛州玛多县内,居鄂陵湖西侧，呈不对称菱形。中心位置为北纬 34°55′，东经 97°15′，地理坐标为东经 97°02′～97°30′，北纬34°48′～35°01′，长为 35 公里，平均宽为 15 公里，面积为 526 平方公里，湖区海拔为4 287 米。由三江源国家级自然保护区管理局管理，属典型的高原湖泊湿地。根据第二次全国湿地资源调查结果，青海扎陵湖国际重要湿地范围面积为 649.20 平方公里，湿地面积为 566.35 平方公里，其中河流湿地面积为 3.44 平方公里，湖泊湿地面积为 546.41 平方公里，沼泽湿地面积为 16.50 平方公里。

2）历史沿革

扎陵湖是黄河上游大淡水湖，又称"查灵海"，藏语意为白色长湖。为保护青海扎陵湖湿地生态系统，当地政府于 2000 年建立三江源自然保护区；2003 年晋升为青海三江源国家级自然保护区。扎陵湖湿地为三江源自然保护区的核心区域。2005 年 2 月，青海扎陵湖湿地被列入国际重要湿地名录。

3）自然状况

·地质地貌

扎陵湖系更新世断陷盆地形成的构造湖，盆地边缘为湖成阶地和发育了的山前台地和洪积扇。北面为布尔汗布达山及其支脉布青山，南面为巴颜喀拉山，海拔多在 4 600 米以上，中间形成宽阔的古盆地。

·气候

扎陵湖湿地气候为典型的内陆型气候，具有干旱、多风、少雨的特征。靠近湖畔、河流地带，有局部小气候，夏秋温暖、潮湿，夜雨较多。年平均气温为－4.1℃，最热月平均气温为 7.4℃，最冷月平均气温为－16.9℃，年平均降水量298.5 毫米，年蒸发量为1 208.06 毫米，无绝对无霜期，太阳年辐射量为 675.9～729.99 千焦耳/平方厘米，全年日照时数为 2 481.5～2 747.1 小时。气候总的特点是雨热同期，日照时间长，昼夜温差大，蒸发大于降水，干旱寒冷，风沙大。冬春季节寒冷干燥，且雪灾较多。

·水文

黄河发源于扎陵湖以西的约古宗列曲，汇集两侧山地发育的众多河流注入扎陵湖及其姊妹湖鄂陵湖；湖水主要依赖地表径流和湖面降水补给，集水面积为 8 161.0 平方公里，补给系数为 15.5。多年平均入湖径流量为 11.84 亿立方米，湖面降水量为 1.6 亿立方米，年出湖径流量为 6.48 亿立方米，蒸发量为 6.95 亿立方米，水量收支平衡；湖水透明度为 1.0～3.0 米，湖水矿化度为 480.0 毫克/升，pH 为 9.4，属闭流类氯化物盐湖。其中，扎陵湖集水面积为 526 平方公里，最大水深为 13.1 米，平均水深为 8.9 米，波动较少；年平均降水量为 260～400 毫米。

·土壤

扎陵湖湿地由于受干燥寒冷和多风气候的影响，土壤类型主要为泥炭土、泥炭沼泽土和草甸沼泽土。低洼地因地表常年积水，加之低温作用，发育着水成土、半水成土。其水平分布不明显，但受气候、地势、地形等自然条件的影响，部分土壤局部范围内的特点与整个土壤类型有质的区别，这主要分布在巴颜喀山山体的中部及扎陵湖乡和玛查理镇的山地滩地间。

· 植被

植被是以帕米尔蒿草为优势种的丰富的高原草甸和沼泽草地植被。在扎陵湖国际重要湿地的黄河入口水下三角洲地带，水生植物丛生茂密，以水毛茛、狐尾藻、荇菜、眼子菜优势种。环湖区域为高寒沼泽化草甸类植被，以耐寒湿、中生多年生地面芽或地下芽植物群落占优势。常见的草本植物有 50 多种，其中以藏嵩草等占优势，覆盖度达85%～90%。青海扎陵湖国际重要湿地区域在世界植物区系中属泛北极植物区，在中国植物区系中属青藏高原植物亚区的唐古特地区。在该区域的高寒环境下主要发育着以藏嵩草和青藏薹草为主的高寒沼泽化草甸，加上高寒草甸类型，构成了"中华水塔"主要的保水屏障和蓄水库。组成草本植物群落的主要是披碱草、藏嵩草、华扁穗草、海韭菜等，次优势种为青藏薹草、黑褐薹草等。草本群落层次分化不明显，一般高为 10～25 厘米，总盖度为 85%～90%。牧草生长期为 90～120 天。植物群落担负着极其重要的涵养水源功能，同时具有过滤和沉淀作用，可以净化水质，一旦这一系统的植被受到破坏，将会导致水源净化功能失调、储水和输水系统产生一系列的生态灾难。

· 动物

青海扎陵湖湿地是青藏高原最典型的，也是海拔最高的淡水湖泊湿地生态系统。它不但是黄河上游的主要水源蓄集地，而且由于独特的自然地理环境，蕴藏了丰富的生物多样性，而且是高原多种珍稀鱼类和水禽理想的栖息场所，湖区沼泽和环湖半岛及周边水域是鸥类、雁鸭类和黑颈鹤等涉水禽的重要繁殖栖息地。湖中的小岛是鱼鸥、棕头鸥、鸬鹚、赤麻鸭等候鸟的栖息地。湖中盛产鱼类，主要有花斑裸鲤、极边扁咽齿鱼、骨唇黄河鱼等 8 种青藏高原高寒湖泊湿地特有的鱼类。其中，部分种类为青藏高原特有的或中亚的特产，具有重要的科研保护价值。

4) 社会经济状况

青海扎陵湖湿地所在的青海省果洛州玛多县，藏语意为"黄河源头"，位于青海省果洛藏族自治州西北部，地处青海省南部，是果洛藏族自治州下辖县。它与都兰县、兴海县、玛沁县、达日县等县接壤，南北宽为 207 公里，东西长约为 228 公里，全县总面积为 25 253 平方公里。鄂陵湖、扎陵湖、冬格措纳湖、星宿海、黄河等汇成了丰富的水利资源，地下蕴藏着可观的矿藏资源等待开发。玛多县唯一的主导产业是畜牧业。据统计，2013 年年末，玛多县全县共存栏各类牲畜 128 277 头（只/匹），其中马 1 469 匹、牛 58 057 头、羊 68 751 只，分别占牲畜存栏总数的 1.15%、45.26%、53.59%。年末全县共有牧户 3 838 户，牧业人口 11 355 人，牧民人均收入为 4 071.5 元。

5) 湿地受到的干扰

近年来，在全球气候变化和人类不合理的生产活动影响下，青海扎陵湖国际重要湿地生态环境日益恶化，表现为草地退化、黄河断流时间明显拉长、野生生物资源减少。因扎陵湖所在的三江源地区自然条件十分恶劣，生态环境脆弱，植被群落结构简单，系统内物质、能量流动缓慢，抗干扰和自我恢复能力低下，因此青海扎陵湖湿地生态系统对自然和人类活动响应十分敏感,加之人类活动不断加剧,在开发中往往超越了生态环境的承载力,对湿地生态系统造成了严重干扰,目前具体体现如下:一是扎陵湖湿地位于三江源保护区腹地,周边建设、施工、旅游参观等人类活动的增加对野生动物栖息地环境有所影响;二是近些年来,尽管国家和政府对湿地生态系统有所重视,湿地生态系统监测投入加大,但由于湿地附近居民多为藏族,其传统的生活方式为游牧,其湿地生态保护意识不足,常常会对湿地环境起到破坏作用。

2. 评价结果

1)湿地健康

·健康状况

青海扎陵湖国际重要湿地生态系统综合健康指数为 4.68,健康等级为“中”。结果表明,扎陵湖湿地水环境指标非常重要,尤其是水源保证率,其次是生物多样性、外来物种入侵度和土壤含水量权重较大,重要程度也较高,相比之下社会指标和景观指标对湿地健康的影响相对较小(表 4-121)。

表 4-121　青海扎陵湖国际重要湿地生态系统健康评价结果

评价指标		指标值		指标权重	综合健康指数
一级指标	二级指标	原始值	归一化值		
水环境指标	地表水水质	Ⅲ	6.00	0.083 3	
	水源保证率	4.34	4.34	0.146 7	
土壤指标	土壤重金属含量	0.86	9.30	0.067 5	
	土壤 pH	8.81	0.95	0.067 5	
	土壤含水量	0.15	1.48	0.120 1	
生物指标	生物多样性	27.97	1.99	0.120 1	4.68
	外来物种入侵度	0.00	10.00	0.120 1	
景观指标	野生动物栖息地指数	2.00	2.00	0.037 1	
	湿地面积变化率	0.03	10.00	0.067 5	
	土地利用强度	0.15	7.01	0.020 4	
社会指标	人口密度	<1	9.99	0.032 2	
	物质生活指数	0.00	0.00	0.040 9	
	湿地保护意识	1.00	0.20	0.076 6	

·结果分析

A. 湿地水环境状况中等

水环境指标对扎陵湖湿地生态系统健康影响较为显著,其权重值达到 0.2300,表明湿地水文状况、水环境质量是维持该湿地基本健康的前提和保证。但扎陵湖湿地水质一般(Ⅲ类水),水源保证率中等(仅为 4.34)。

B. 土壤环境整体适中

土壤环境整体对扎陵湖湿地生态系统健康的影响较为显著，其权重为 0.2551，土壤的重金属含量并不高，但土壤盐碱化程度大，pH 较高，含水量较低。

C. 湿地生物指标状况一般

扎陵湖湿地生物指标状况一般，虽然扎陵湖湿地面积较大，但由于地处高海拔，植被类型较为单一，动植物资源并不十分丰富，扎陵湖湿地生物多样性得分中等，没有外来物种入侵现象。

D. 景观指标状况较好

扎陵湖湿地面积变大，但变化程度很小；因玛多县以放牧为主，目前采取了禁牧养草政策使得土地利用强度很低，得分较高，野生动物栖息地适宜度中等。

E. 湿地面临压力加大

湿地位于青藏高原生态脆弱区，区内人口压力小，经济发展压力小，但居民对湿地的认知不足，湿地保护意识较为欠缺。

2）湿地功能

・功能状况

青海扎陵湖国际重要湿地生态系统综合功能指数为 7.25，功能等级为"好"。按照一级指标，扎陵湖湿地以支持功能为主，其次为文化功能和调节功能，供给功能较弱。按照二级指标，保护生物多样性功能最为显著，教育与科研功能次之，之后为水资源调节和净化水质功能，物质生产功能最弱（表 4-122）。

表 4-122　青海扎陵湖国际重要湿地生态系统功能评价结果

评价指标		指标值		指标权重	综合功能指数
一级指标	二级指标	原始值	归一化值		
供给功能	物质生产	0.07%	7.00	0.0989	
调节功能	气候调节	7.00	7.00	0.1211	
	水资源调节	7.27	7.27	0.1499	
	净化水质	7.40	7.40	0.1121	7.25
文化功能	休闲与生态旅游	8.70	8.70	0.1275	
	教育与科研	9.45	9.45	0.1630	
支持功能	保护生物多样性	27.97	5.00	0.2275	

・结果分析

A. 调节功能和文化功能巨大

扎陵湖湿地调节功能和文化功能很强，其中教育与科研功能评分为最高，休闲与旅游功能次之。扎陵湖作为黄河上游的第一大淡水湖泊，其对水资源的调节和净化水质的作用很大；另外，扎陵湖的高寒湿地生态系统为各类生物的生存、繁衍提供了良好的栖息地，具有很高的科研价值，吸引了许多国内外研究单位、专家到此开展科学研究。

B. 供给功能显著

扎陵湖湿地产品生产功能也比较强，其经济和社会效益显著。

C. 保护湿地生物多样性功能未充分显现

因扎陵湖湿地生物多样性评分较低，其保护生物多样性的功能仅为 5.0 分，在各湿地功能中得分最低，其生物多样性保护功能未能充分显现。

3）湿地价值

· 价值状况

青海扎陵湖国际重要湿地生态系统价值很高，总价值为 74.12 亿元/年，单位面积湿地价值为 13.09 万元/(公顷·年)。其中，间接使用价值最大，为 68.32 亿元/年，占 92.18%；其次为直接使用价值，为 3.21 亿元/年，占 4.33%，选择价值和存在价值较小，分别仅占 2.06% 和 1.43%。按照二级指标，湿地调蓄洪水价值最高，占总价值的 57.39%；其次为净化去污与调节大气价值，分别占总价值的 19.63% 和 15.17%；休闲娱乐价值最小，仅占总价值的 0.05%（表 4-123）。

表 4-123　青海扎陵湖国际重要湿地生态系统价值评价结果

（单位：亿元/年）

评价指标		单项价值	小计	总价值
一级指标	二级指标			
直接使用价值	湿地产品	0.10	3.21	74.12
	休闲娱乐	0.04		
	环境教育	3.07		
间接使用价值	调节大气	11.24	68.32	
	调蓄洪水	42.53		
	净化去污	14.55		
选择价值	生物多样性	1.53	1.53	
存在价值	生存栖息地	1.06	1.06	

· 结果分析

A. 湿地面积大，间接使用价值显著

扎陵湖湿地水域面积较大，蓄水量较大，对于调蓄洪水、净化水质方面有着很高的价值，其中调蓄洪水价值为 42.53 亿元，是所有项中价值最高的，净化去污价值为 14.55 亿元，而调节大气的价值也高达 11.24 亿元。

B. 生物多样性价值偏低

相比而言，存在价值、选择价值以及直接使用价值中的湿地产品价值相对较低。其中，湿地产品价值仅为 0.1 亿元（0.13%），而休闲娱乐价值仅为 0.04 亿元（0.05%），存在价值仅为 1.06 亿元（1.43%）。

4）总体评价

青海扎陵湖国际重要湿地生态系统健康级别为"中"，功能级别为"好"，湿地总价值为 74.12 亿元/年，单位面积湿地价值为 13.09 万元/（公顷·年）。湿地水质和水源补充率均属中等水平；土壤环境需改善；生物多样性指标偏低，外来物种入侵度指标得分很高；野生动物栖息地适宜程度适中，湿地面积变大；湿地附近居民的湿地保护意识欠缺。该国际重要湿地因地处高海拔，人类活动对其影响较少，其科研和教育功能较为突出，而生物多样性保护功能有所欠缺。湿地生态系统价值巨大，其中间接使用价值为最高，尤其是调蓄洪水的价值。

3. 存在问题及建议

1）存在问题

A. 总体监测能力有限，监测设施薄弱

随着国家和政府对湿地生态系统的重视，扎陵湖湿地生态系统监测工作有所加强，对保护湿地起到了一定的促进作用，但总体科研监测设施薄弱、监测能力有限，科研方面的投入严重不足。

B. 湿地保护管理人员和经费不足

通过野外调查发现，青海扎陵湖国际重要湿地所在的玛多县农牧林科技管理局湿地保护管理站的管理人员和经费严重不足。

C. 湿地附近居民保护意识较为薄弱，存在潜在威胁

青海扎陵湖国际重要湿地附近居民湿地保护意识较为薄弱，对湿地的了解比较匮乏，存在对湿地生态系统健康功能的潜在威胁。

2）建议

A. 加强保护力度，减少人类活动对湿地生态系统的影响

因扎陵湖所处的玛多县生态环境条件恶劣，生态环境比较脆弱，人类活动对其影响很大，且生态恢复较为缓慢。因此，应加强对青海扎陵湖国际重要湿地的保护力度，减少或降低因施工、建设和旅游等方面的人类活动对湿地生态系统造成的影响。

B. 加强对生态保护和建设的投入

近年来，国家已经意识到扎陵湖湿地的重要生态功能和意义，所以增加了生态保护建设的投入力度，先后实施了一系列重点生态保护和恢复工程，为改善地区生态环境、遏制生态持续恶化打下了基础（如三江源保护和建设工程等）。随着工程建设的不断推进，后续巩固任务日益艰巨，生态环境保护和建设的艰巨任务与投入不足之间的矛盾仍然很突出。

C. 加强生态保护宣传

青海扎陵湖国际重要湿地附近民众多为藏族，其以传统的游牧方式为生，对其加强生态保护意识和教育的宣传，普及湿地保护知识，将有助于湿地生态系统的保护。

4.2.42　青海鄂陵湖国际重要湿地

1. 基本情况

1）位置与范围

青海鄂陵湖国际重要湿地（见书后彩图42）位于青海省果洛藏族自治州玛多县境内，地处玛多县西部，地理位置为东经 97°30′～97°54′，北纬 34°42′～35°06′，属于三江源国家级自然保护区的一部分，与扎陵湖湿地共同构成扎陵湖-鄂陵湖国际重要湿地。扎陵湖-鄂陵湖两湖共占地逾 13 万公顷，总蓄水量约为 153 亿立方米，是黄河的天然水库。其中，鄂陵湖湖面平均海拔为 4 300 米左右，南北长约为 32.3 公里，东西宽约为 31.6 公里，湖面面积为 6 万公顷，平均水深为 17.6 米，平均蓄水量约为 107 亿立方米。

鄂陵湖国际重要湿地属于高寒湿地，以湖泊湿地类型为主，同时涵盖沼泽湿地和河流湿地两种类型。根据第二次全国湿地资源调查结果，鄂陵湖湿地总面积达 58 096.44 公顷，其中湖泊湿地为 57 570.59 公顷，沼泽湿地为 460.26 公顷，河流湿地为 65.59 公顷。

2）历史沿革

鄂陵湖是黄河上游的大型高原淡水湖，又称"鄂灵海"，古称柏海，藏语意为蓝色长湖，西距扎陵湖 15 公里，鄂陵湖形如金钟，东西窄、南北长，与扎陵湖由一天然堤相隔，形似蝴蝶，两湖并称为"黄河源头的姊妹湖"。青海省政府于 2000 年建立三江源省级自然保护区；2003 年晋升为国家级自然保护区。鄂陵湖湿地属于高原湿地生态系统，是三江源自然保护区的核心部分。2005 年 2 月，鄂陵湖湿地被列入国际重要湿地名录。

3）自然状况

· 地质地貌

鄂陵湖湿地属于典型的湖泊地质地貌，系更新世断陷盆地形成的构造湖，盆地边缘为湖成阶地和发育了的山前台地和洪积扇。北面为布尔汗布达山及其支脉布青山，南面为巴颜喀拉山，海拔多在 4 600 米以上，中间形成宽阔的古盆地。

· 气候

鄂陵湖湿地属青藏高原气候带，高寒缺氧、空气稀薄，多年平均气温为 −4.6℃，是青海省固定的寒区之一。每年仅 5～9 月日平均气温在 0℃以上，最冷的 1 月，平均气温为 −16.5℃，极端最低气温为 −53℃；最热的 7～8 月，月平均气温只有 8℃左右，最高气温也只有 22.9℃。每年 10 月中旬湖区出现岸冰，11 月下旬或 12 月上旬全湖封冻，岸边最大冰厚可达 1 米左右。翌年 3 月以后湖冰开始消融，5 月初湖冰消融殆尽，冰冻期长达半年以上。鄂陵湖地区盛行西风，最大风力为 9 级，最大风速为 30 米/秒。该地区日照时间很长，平均年日照时数为 2 700～2 800 小时，平均年辐射量达到 669 千焦耳/平方厘米。因此，气候总的特点是雨热同期，日照时间长，昼夜温差大，蒸发大于降水，干旱寒冷，多风沙天气。

・水文

鄂陵湖地区降水源于流域上空盛行的西南季风，为印度洋带来的水汽，由于受到地势和重山的阻隔，年降水量仅为 200～400 毫米，并且集中在 6～9 月，全年降雪日数占总降水日数的 62%。扎陵湖和鄂陵湖两湖流域径流的年内分配比较平稳，年内最大月径流量出现在 9～10 月，较降水量最大值出现晚 1 个月左右，根据黄河沿站历史资料，鄂陵湖多年平均年径流量约为 6.02 亿立方米。

・土壤

鄂陵湖湿地的土壤类型以泥炭土、泥炭沼泽土和草甸沼泽土为主。低洼地因地表常年积水，加之低温作用，发育着水成土、半水成土。鄂陵湖湿地区域地势起伏不大，海拔为 4272 米。湖水平均水深为 17.6 米，湖心偏北处最深达 30.7 米。

・植被

鄂陵湖湿地区域在世界植物区系中属泛北极植物区，在中国植物区系中属青藏高原植物亚区的唐古特地区。鄂陵湖湿地植物种类包括水生植物、高寒沼泽化草甸类植物和高寒草甸植物 3 种。鄂陵湖水生植物仅在湖湾浅水处见，以细叶水毛茛、狐尾藻、荇菜、篦齿眼子菜为优势种。环湖区域以高寒沼泽化草甸类植物为主，常见有藏嵩草和青藏薹草等。其他植物为高寒草甸植物，包括披碱草、华扁穗草、海韭菜等。高寒沼泽化草甸类植被和高寒草甸植被共同构成"中华水塔"主要的保水屏障和蓄水库，担负着将大量雨水转化成地下水以及过滤和沉淀的重要作用。

・动物

鄂陵湖地区动物种类包括鱼类、鸟类、陆生动物 3 种。其中，鱼类主要有花斑裸鲤、极边扁咽齿鱼、骨唇黄河鱼、厚唇重唇鱼等 8 种青藏高原高寒湖泊湿地特有的鱼类。鸟类包括鸥类、雁鸭类和黑颈鹤等，其中常见水禽有赤麻鸭、棕头鸥、渔鸥、鸬鹚、斑头雁等，涉禽常见为黑颈鹤。陆生动物常见的有白唇鹿、黄羊、旱獭和高原鼠兔等。

4）社会经济状况

鄂陵湖湿地位于青海省玛多县，其社会经济状况参考扎陵湖湿地的相应内容。扎陵湖-鄂陵湖湿地区域主要从事畜牧业生产，目前该地区共有牧户 318 户，牧民人口 961 人，牲畜 7969 头（只/匹），其中马 51 匹、牛 2177 头、羊 5741 只。土地利用形式是承包草场放牧，据调查，湿地草场平均产草量为每亩 45.9 公斤，不是湿地的草地平均产草量为每亩 25.6 公斤。除畜牧业外，由于湿地区域拥有天然的美丽景观，适宜发展以高原民族风情旅游、自然风光旅游及探险旅游为主的生态旅游业，因此旅游业是该地区另一个重要的经济产业。据统计，鄂陵湖-扎陵湖湿地每年通过旅游门票收入创造的生产价值达到 800 万元左右。

5）湿地受到的干扰

近年来，在全球气候变化和人类不合理的生产活动的影响下，鄂陵湖湿地生态环境日益恶化，恶劣的生态环境已严重影响到鄂陵湖湿地乃至整个三江源自然保护区。鄂陵湖湿地生态系统对自然和人类活动的反应十分敏感，加之人类活动不断加剧，在开发中往往超越了生态环境的承载力，所以对湿地生态系统造成了严重干扰，目前具体体现如下：

（1）在水电站蓄水高度的影响下，鄂陵湖沿岸小型湖泊被吞噬，鄂陵湖湖面面积增大，湖西部分沼泽地被淹没，部分鸟类栖息地受到威胁。

（2）随着国家和政府对湿地生态系统的重视，湿地生态系统监测工作频繁进展，对保护湿地起到了一定的促进作用，但是由于很多牧民没有按照保护协议采取保护湿地的行动，他们对湿地监测设备任意破坏，很大程度上干扰了湿地监测工作，因此当地牧民的湿地保护意识较弱，这也是湿地生态系统受到的干扰因素之一。

（3）鄂陵湖湿地位于扎陵湖-鄂陵湖国际重要湿地地区，周边旅游活动日渐频繁，对湿地生态系统逐渐产生威胁，对鸟类和其他野生动物栖息地的影响也逐渐加大。

2. 评价结果

1）湿地健康

· 健康状况

青海鄂陵湖国际重要湿地生态系统综合健康指数为5.73，健康等级为"中"。湿地健康状况表现为湿地面积稳定，水质良好，水源保证率充足，无外来物种入侵，区内人口稀疏，土地利用强度小；但湿地土壤呈碱性，生物多样性较低，野生动物栖息地指数居中，当地居民湿地保护意识不足，对湿地生态系统健康构成一定程度的威胁（表4-124）。

表4-124　青海鄂陵湖国际重要湿地生态系统健康评价结果

评价指标		指标值		指标权重	综合健康指数
一级指标	二级指标	原始值	归一化值		
水环境指标	地表水水质	Ⅲ	6.00	0.0625	
	水源保证率	8.57	8.57	0.1875	
土壤指标	土壤重金属含量	0.79	9.62	0.0625	
	土壤 pH	8.59	2.05	0.0625	
	土壤含水量	0.17	1.74	0.1249	
生物指标	生物多样性	27.97	1.99	0.1250	
	外来物种入侵度	0.00	10.00	0.1250	5.73
景观指标	野生动物栖息地指数	4.40	4.40	0.0371	
	湿地面积变化率	1.00	10.00	0.0675	
	土地利用强度	0.15	7.01	0.0204	
社会指标	人口密度	0.83	9.99	0.0313	
	物质生活指数	0.00	0.00	0.0313	
	湿地保护意识	1.00	0.02	0.0625	

·结果分析

A. 湿地水源保证率充足，水质良好

鄂陵湖湿地地处三江源自然保护区，该地区河网密集，湖泊和沼泽星罗棋布，是中国重要的江河发源地，因此鄂陵湖湿地上游给水充足，自身蓄水量大，水源保证率充足，水质为Ⅲ类。

B. 湿地面积保持稳定

通过对比青海鄂陵湖湿地 2012 年和 2013 年前后两期的 Landsat 卫星影像，发现湿地面积动态变化小于 1%，湿地面积基本保持稳定。

C. 土地利用强度低

鄂陵湖湿地区内受保护的湿地面积比例为 85.07%，未受保护而作为其他用途的湿地面积为 14.93%，整体上该湿地内土地利用强度较低，湿地保护措施较好。

D. 野生动植物栖息地环境一般

鄂陵湖湿地内分布有多个沼泽湿地斑块，破碎程度较高，物种种类较为单一，无外来入侵物种，野生动植物栖息环境一般，有待进一步提高。

E. 居民物质生活指数较高，湿地保护意识薄弱

鄂陵湖湿地地处青藏高原区，区内居民以藏族牧民为主，牧民因湿地面积补偿资金补贴收入，具有较高的物质生活指数，但是对当地居民的随机抽查问卷显示，鄂陵湖湿地内居民湿地保护意识比较薄弱，需要尽快提升他们对湿地重要性的认识。

2）湿地功能

·功能状况

青海鄂陵湖国际重要湿地生态系统综合功能指数为 7.50，功能等级为"好"。按照一级指标，湿地以文化功能为主，其次为调节功能和供给功能，支持功能较弱。按照二级指标，教育与科研功能最为显著，其次为休闲与生态旅游功能和净化水质功能，保护生物多样性功能最弱（表 4-125）。

表 4-125　青海鄂陵湖国际重要湿地生态系统功能评价结果

评价指标		指标值		指标权重	综合功能指数
一级指标	二级指标	原始值	归一化值		
供给功能	物质生产	0.07%	7.00	0.1089	
调节功能	气候调节	7.00	7.00	0.0502	
	水资源调节	7.27	7.27	0.1505	7.50
	净化水质	7.40	7.40	0.1505	
文化功能	休闲与生态旅游	8.70	8.70	0.1171	
	教育与科研	9.45	9.45	0.2341	
支持功能	保护生物多样性	27.97	5.00	0.1887	

·结果分析

A. 文化功能巨大

青海鄂陵湖湿地是三江源自然保护区的重要组成部分之一，区内少数民族人口比例较大，传统民族特色和人文景观别具一格，是典型的高原特色文化区。在自然风光方面，鄂陵湖湿地属于典型的高原湿地生态系统，动物和植物既有高原特色又有湿地特色。因此，鄂陵湖国际重要湿地凭借人文特色和自然风光吸引了国内外大量游客观光和学者开展科学研究，当地旅游业兴旺，旅游收入较高，也是教育和科研的典型地区之一。

B. 调节功能突出

鄂陵湖湿地内有大面积的天然草场，水资源丰富，蓄水量强大，对当地的局部气候调节功能显著，对水资源的调节功能较强，其净化水质功能明显。

C. 供给功能显著

鄂陵湖湿地是当地牧民的重要牧场，为当地居民提供了优质的牧草、饲料和牲畜产品，其供给功能较强，物质生产较高。

D. 对生物多样性的支持功能微弱

鄂陵湖湿地区内高寒缺氧、空气稀薄，动植物种类较少，物种多样性较低，湿地斑块多，野生动植物栖息地指数偏低，对生物多样性的保护功能较弱。

3）湿地价值

·价值状况

青海鄂陵湖国际重要湿地总价值为109.53亿元/年，单位面积湿地价值为18.85万元/(公顷·年)。其中，间接使用价值最大，为103.58亿元/年，占94.57%；其次为直接使用价值，为3.29亿元/年，占3.00%，选择价值和存在价值较小，分别仅占1.43%和1.00%。按照二级指标，湿地调蓄洪水的价值最大，占总价值的80.94%；其次为净化去污与环境教育价值，分别占总价值的13.63%和2.87%；调节大气价值最小，仅占总价值的0.38%(表4-126)。

表4-126　青海鄂陵湖国际重要湿地生态系统价值评价结果

（单位：亿元/年）

评价指标		单项价值	小计	总价值
一级指标	二级指标			
直接使用价值	湿地产品	0.10	3.29	109.53
	休闲娱乐	0.04		
	环境教育	3.15		
间接使用价值	调节大气	0.00	103.58	
	调蓄洪水	88.66		
	净化去污	14.92		
选择价值	生物多样性	1.57	1.57	
存在价值	生存栖息地	1.09	1.09	

· 结果分析

A. 湿地蓄水量大，间接使用价值显著

青海鄂陵湖蓄水量为 101.4 亿立方米，鄂陵湖湿地内沼泽湿地星罗棋布，是当地巨大的天然水库，在调蓄洪水、净化去污等方面发挥了重要作用，间接使用价值很高。

B. 湿地资源丰富，直接利用价值高

鄂陵湖湿地不仅为当地居民乃至江河湖泊提供了丰富、优质的水资源，也为藏区牧民提供了大量的泥炭和牧草，孕育了丰富的牲畜产品，在自然景观方面提供了优质的旅游资源，为科研机构、高等院校提供了良好的研究资源，为区域社会创造了直接利用价值。

C. 生存栖息地价值偏低

鄂陵湖湿地内河流密布，除湖泊等水域环境外，草地面积比例较小，沼泽湿地斑块破碎，生物多样性较低，为野生动植物提供的生存栖息地价值在湿地生态系统总价值中比重较小。

4）总体评价

青海鄂陵湖国际重要湿地生态系统健康等级为"中"，功能等级为"好"，湿地生态系统总价值为 109.53 亿元/年，单位面积湿地价值为 18.85 万元/（公顷·年）。青海鄂陵湖湿地总体上水环境良好，水质健康；土壤指标较好，但 pH 过高；生物多样性较少，野生动物栖息地指数中等偏低；湿地面积年际变化不大，土地利用强度较小；湿地内人口稀疏，物质生活富足，但当地居民欠缺湿地保护意识，对湿地重要性了解较少。鄂陵湖湿地的供给功能较稳定；对大气、水资源和洪水的调节功能突出；湿地文化功能十分强大；但保护生物多样性的功能较差。鄂陵湖湿地整体价值较高，有待进一步挖掘和提升。综合分析发现，鄂陵湖湿地生态系统健康状况需要改善，湿地生态系统功能有待提升，尤其是对生物多样性保护需要加强，同时在湿地价值方面有待进一步开发，如湿地的直接利用价值、生物多样性及生存栖息地的价值等。

3. 存在问题及建议

1）存在问题

A. 居民湿地保护意识薄弱，构成潜在威胁

鄂陵湖湿地周边居民湿地保护意识较为薄弱，对湿地的了解比较匮乏，构成了对湿地生态系统健康和功能的潜在威胁。

B. 生物多样性低，生态系统脆弱

鄂陵湖湿地地处高寒地带，物种稀少，生物多样性指数不高，湿地生态系统稳定性较差、脆弱性较高，极易遭受破坏，一旦破坏，将对整个三江源地区产生严重影响。

C. 植被覆盖度低

鄂陵湖湿地水域较多，植被面积较少，整体植被覆盖度较低，植被遭受人类和旱獭、高原鼠兔等动物的破坏较大，同时由于水坝的拦蓄作用，导致整个湿地湖面面积增加，

部分沼泽被吞没，不利于野生动物栖息，威胁到野生动物生存。

2）建议

A. 加强湿地宣传教育工作

提高鄂陵湖湿地内居民的湿地保护意识，积极开展教育宣传活动，普及湿地保护知识，提倡全民参与保护湿地，加强湿地巡护和管理工作。

B. 保护物种多样性

增强对鄂陵湖湿地物种多样性的保护，合理开发旅游资源，控制和减少对野生动物生存栖息地的破坏。

C. 合理开发，保护植被

保护鄂陵湖湿地天然植被，监测有效湿地斑块面积，提高野生动物栖息地指数，加强鄂陵湖湿地的生态修复工作。

4.2.43　四川若尔盖国际重要湿地

1. 基本情况

1）位置与范围

四川若尔盖国际重要湿地（见书后彩图43）位于若尔盖湿地国家级自然保护区内，地处青藏高原东北边缘、四川省阿坝藏族羌族自治州若尔盖县境内，经纬度范围是东经102°29′～102°59′，北纬33°25′～34°00′，属综合性湿地生态系统类型的自然保护区。若尔盖湿地四周界限是北面至唐克-红星公路，南面抵唐克-若尔盖县城公路，东面至若尔盖县城-迭部213国道，西面抵彻尼亚河、黑河、唐克-红星213国道。若尔盖湿地东西宽为47公里，南北长为63公里，总面积为166 570.60公顷。根据第二次全国湿地资源调查统计结果，若尔盖国际重要湿地面积为112 809.84公顷，其中沼泽湿地面积为109 618.56公顷，河流湿地面积为949.38公顷，湖泊湿地面积为2 241.9公顷。根据2013年8月遥感影像解译所得的湿地面积为62 278.9公顷。

2）历史沿革

若尔盖高原湿地生态系统，是中国第一大高原沼泽湿地，也是世界上面积最大、保存最完好的高原泥炭沼泽，同时也是青藏高原高寒湿地生态系统的典型代表。保护区始建于1994年；1997年晋升为省级自然保护区；1998年经国务院批准晋升为国家级自然保护区，并更名为若尔盖湿地国家级自然保护区；2008年若尔盖湿地被列入国际重要湿地名录。

3）自然状况

·地质地貌

若尔盖湿地为高原浅丘沼泽地貌。湿地范围内丘陵断续分布，丘顶浑圆，相对高度低于 100 米；丘间开阔，地势平坦，开阔度一般为 5～6 公里，最宽可达 20 公里以上。丘间沟壑纵横，蜿蜒迂回，流水不畅，形成较大面积的沼泽和数量众多的牛轭湖。湿地内地势东南高，西北低，主要是三叠系板岩、页岩、千枚岩及第四纪沉积物，成土母质主要为湖相沉积母质、冲积母质、洪积母质、坡积母质、残积母质。这些母岩、母质受到气候、生物、地形和时间等成土因素的影响，发育成沼泽土、亚高山草甸土、高山草甸土、冲积土、风沙土等。

• 气候

若尔盖湿地属高原寒温带湿润气候，春季气温回升缓慢，倒春寒频繁，解冻期长；秋季雨热同期，气温较高，降水集中；冬季寒冷干燥，日照强，降雪少，昼夜温差大。年平均气温为 0.7℃，最热月（7 月）平均气温为 10.7℃，最冷月（1 月）平均气温为 −10.7℃，气温年较差为 21.4℃，历年极端最高温为 24.6℃，极端最低温为 −33.7℃，5℃的积温为 1 014.6℃，10℃的积温为 311.8℃；年降水量为 493.60～836.70 毫米，相对湿度为 78%；日照时间长，辐射强度大，年大风日数多达 70 天，最大风速为 40 米/秒。灾害性天气主要有干旱、冰雹和大风。

• 水文

若尔盖湿地属黄河水系，西面离黄河 30 公里。湿地内的主要河流是黑河（墨曲）及其支流达水曲。黑河从东南至西北纵贯湿地，向北注入黄河，为黄河上游流量较大的一级支流。达水曲发源于若尔盖县阿西乡，流入湿地后，在黑河的北面与黑河呈平行流动，在湿地西北边与黑河交汇。湿地内河流迂回曲折，蛇曲发育，河床比降仅为 0.2‰～0.5‰。湿地内牛轭湖较多，较大的有哈丘湖、措拉坚湖、拉隆措湖 3 个，面积分别为 628.13 公顷、260 公顷、150 公顷，湖泊沼泽化明显，水质较差，浑浊，腐殖质含量较高。由于地面平坦低洼、水流不畅，形成大面积沼泽。有的地段人畜不能通行，但为水生动物，特别是为水禽提供了良好的栖息场所。

• 土壤

若尔盖湿地内地势东南高、西北低，出露地层主要是三叠系板岩、页岩、千枚岩及第四纪沉积物，成土母质主要有湖相沉积母质、冲积母质、洪积母质、坡积母质、残积母质。这些母岩、母质在气候、生物、地形和时间等成土因素的作用下，发育成沼泽土、亚高山草甸土、高山草甸土、冲积土、风沙土等。

若尔盖县境内土壤分为山地褐土、山地棕壤土、暗棕壤土、亚高山草甸土、高山草甸土、高山寒漠土、沼泽土、草甸褐土、风沙土、盐渍土十大类 22 个亚类。以沼泽土占地面积最大，占总土地面积的 33.10%。其次是亚高山草甸土，占总土地面积的 30.15%。

• 植被

若尔盖湿地具有丰富多样的植被类型，保存着完好的沼泽草甸和沼泽植被，使其成为中国乃至世界上生物多样性保护的关键地区和热点地区。若尔盖湿地植被的主要类型是由嵩草属种形成的草甸或沼泽草甸，面积占湿地总面积的 86.22%，其主要分布在海拔 3 600～4 800 米，共有 9 种植物群落：芦苇-水甜茅群落、肥壮薹草群落、毛果薹草-睡菜群落、毛果薹草-狸藻群落、木里薹草-狸藻群落、木里薹草-条叶垂头菊群落、乌拉薹草-眼子菜群落、龙须眼子菜群落和藏嵩草-驴蹄草群落。若尔盖湿地共有植物 197 种（包括变种、变型和亚种），分别隶属于 35 科 109 属。其中，伞形科小芹属的紫茎小芹和玄参科细穗玄参属的细穗玄参是中国的特有种。

　　·动物

　　若尔盖湿地生物多样性极为丰富，有脊椎动物 209 种，其中兽类 15 科 39 种、鸟类 28 科 149 种、爬行类 3 科 3 种、两栖类 2 科 3 种、鱼类 2 科 2 亚科 15 种、昆虫有 61 种。其中，国家 I 级保护野生动物有黑颈鹤、黑鹳、金雕、玉带海雕、白尾海鹏、胡兀鹫、斑尾榛鸡、马麝等 9 种，国家 II 级保护野生动物有灰鹤、红隼、大鵟、纵纹腹小鸮、大天鹅、豺、水獭、鬣羚等 30 种。若尔盖湿地独特的地理环境，为水鸟提供了理想的栖息、繁殖场所，是中国西部最重要的鸟类栖息地与繁殖地。湿地内有留鸟 65 种，夏候鸟 19 种，冬候鸟 25 种，旅鸟 28 种。若尔盖湿地重点保护对象是黑颈鹤等珍稀野生动物及高原湿地生态系统，是世界上面积最大、保存最好的高原泥炭沼泽湿地。

　　4）社会经济状况

　　四川若尔盖湿地位于四川省阿坝藏族羌族自治州若尔盖县境内，涉及辖曼、唐克、嫩洼、红星、阿西和班佑 6 个乡及阿西、辖曼、黑河、向东、分区 5 个国营牧场。乡镇居民经济来源以旅游业和畜牧业为主。若尔盖湿地畜牧资源得天独厚，保护区建立以前，其范围内已有牧民居住和放牧，保护区建立之后，实行草场承包到户制度，其主要作为牧民的夏秋牧场。经统计，2013 年共有牧民上千户，人均收入达到 7230 元/年。城南地区牲畜共 116 万头（湿地占城南地区的 40% 左右），出栏率为 30%。

　　若尔盖湿地旅游资源丰富，包括若尔盖花湖、黄河九曲第一湾、热尔大坝等著名景点。深度开发大湿地、大草原、红色文化、民俗宗教等旅游资源，加快旅游基础设施建设，提升旅游服务水平，加大宣传促销力度，使旅游市场得到进一步地拓展和扩张，旅游人次和收入呈现持续快速增长的态势。以花湖外附近的其他自然风景区为例，2014 年接待游客总量由 20 多万人次增长到 40 万人次，旅游收入也逐年增长。

　　5）湿地受到的干扰

　　若尔盖湿地受到的干扰主要分为自然因素、人为干扰和生物因素三个方面，具体如下。

　　一是自然因素。近 20 年来，若尔盖高原气候有转暖的趋势。若尔盖县近 50 年气象资料统计分析表明，该县平均气温以每年 0.0173℃ 的速度增长。同时，若尔盖县蒸发量呈增大趋势，降水量呈减少趋势。气候变暖引起沼泽退化，趋向自然疏干，沼泽变干趋势明显。地质构造上，若尔盖湿地粉沙分布较广，地表植被层一旦破坏，沙层随即露出，随水流和风向扩散，这些沙层是草地沙化扩大的物质基础。此外，该区域中低山地比重较大，岩体易崩解和风化，整体稳定性差，在外力作用下很容易疏松解体，一旦地表植被遭受破坏，地表极易形成纹沟和细沟，造成水土流失。

　　二是人为干扰。牧业是该区域的经济支柱，并维持着传统的低投入、高消耗、低效益、低产出的粗放型、原料型增长方式，"靠天养畜"的情况十分突出。若尔盖湿地人口增长速度较快，相应地牲畜数量增长也较快，因此对草场资源的需求不断增加，造成过度放牧，从而导致草场不断退化。

三是生物因素。这主要是指小型兽类对草场的破坏。对湿地植被有较大危害的兽类有黑唇鼠兔、高原鼢鼠、喜马拉雅旱獭等几种，其中分布广、密度大、危害较严重的是黑唇鼠兔和高原鼢鼠。

2. 评价结果

1）湿地健康

·健康状况

四川若尔盖国际重要湿地生态系统健康指数为 4.61，健康等级为"中"。湿地健康状况表现为湿地面积稳定，土壤重金属含量低，pH 接近中性，生物种类丰富，外来入侵物种少，野生动物栖息地环境适中，湿地内人口稀疏，土地利用强度小，社区居民湿地保护意识较好；但湿地水资源环境一般，土壤含水量较低（表 4-127）。

表 4-127　四川若尔盖国际重要湿地生态系统健康评价结果

评价指标		指标值		指标权重	综合健康指数
一级指标	二级指标	原始值	归一化值		
水环境指标	地表水水质	Ⅱ～Ⅲ	7.00	0.127 9	
	水源保证率	0.657	0.657	0.190 8	
土壤指标	土壤重金属含量	0.814	9.503	0.015 6	
	土壤 pH	6.802	10.00	0.039 6	
	土壤含水量	53.64	5.364	0.082 4	
生物指标	生物多样性	24.244	1.06	0.169 2	4.61
	外来物种入侵度	0.023	8.41	0.062 2	
景观指标	野生动物栖息地指数	7.00	7.00	0.072 5	
	湿地面积变化率	0.98	9.40	0.032 5	
	土地利用强度	0.332	4.68	0.032 5	
社会指标	人口密度	14.799	9.75	0.050 1	
	物质生活指数	7 430	2.57	0.050 1	
	湿地保护意识	21/50	4.20	0.074 6	

·结果分析

A. 湿地土壤环境较好

若尔盖湿地土壤重金属含量较低，pH 接近中性，表现良好，但湿地内整体土壤含水量表现一般。

B. 湿地面积稳定

通过对比若尔盖湿地 2012 年和 2013 年前后两期的 Landsat 卫星影像，湿地动态变化小，湿地面积基本保持稳定；土地利用强度较小，但有部分区域需要进行重点保护。

C. 野生动植物栖息地环境一般

湿地生物种类丰富，生物多样性较高，但存在轻微的外来物种入侵情况，野生动物栖息地指数适中，较为适合野生动物繁衍生存。

D. 湿地水环境一般

若尔盖湿地内水质良好，可以饮用，水源保证率居中，整体水环境表现一般。

2）湿地功能

· 功能状况

四川若尔盖国际重要湿地综合功能指数为 6.31，功能等级为"中"。按照一级指标，湿地以文化功能为主，其次为调节功能和供给功能，支持功能较弱。按照二级指标，教育与科研功能最为显著，其次为水资源调节和物质生产功能，保护物种多样性功能最弱（表 4-128）。

表 4-128　四川若尔盖国际重要湿地生态系统功能评价结果

评价指标		指标值		指标权重	综合功能指数
一级指标	二级指标	原始值	归一化值		
供给功能	物质生产	0.14%	8.00	0.0468	6.31
调节功能	气候调节	7.75	7.75	0.1322	
	水资源调节	8.875	8.875	0.1322	
	净化水质	6.625	6.625	0.1322	
文化功能	休闲与生态旅游	7.375	7.375	0.0229	
	教育与科研	9.50	9.50	0.1371	
支持功能	保护生物多样性	24.24	3.50	0.3966	

· 结果分析

A. 调节功能巨大

若尔盖湿地属于典型的沼泽湿地，湿地面积大，蓄水量高，对当地水资源的调节作用强大，在局部气候调节方面也发挥了很大的作用，同时具备较强的净化水质功能。

B. 供给功能显著

若尔盖湿地内有大面积的草场，是当地牧民的传统牧场，为当地经济社会提供了包括牧草、牲畜产品在内的大量物质资源，对当地经济贡献很大。

C. 科研教育功能独特

若尔盖湿地具有独特的藏族文化风情，风景秀丽，水源丰富，虽然有退化现象，但是为各界学者和研究人员提供了良好的科研环境，也是各地游客心中独具特色的旅游目的地之一。

D. 保护物种多样性功能较弱

若尔盖湿地退化现象明显，鼠害较严重，生物多样性较低，具有明显的高原气候，保护生物多样性功能较差。

3）湿地价值

·价值状况

四川若尔盖国际重要湿地总价值为 110.88 亿元/年，单位面积湿地价值为 17.80 万元/（公顷·年）。其中，间接使用价值最大，为 98.25 亿元/年，占 88.61％；其次为直接使用价值，为 7.49 亿元/年，占 6.76％，选择价值和存在价值较小，分别仅占 2.74％和1.89％。按照二级指标，湿地调蓄洪水的价值最大，占总价值的 36.21％；其次为调节大气与净化去污价值，分别占总价值的 26.33％和 26.06％；休闲娱乐价值最小，仅占总价值的 0.20％（表 4-129）。

表 4-129　四川若尔盖国际重要湿地生态系统价值评价结果

（单位：亿元/年）

评价指标		单项价值	小计	总价值
一级指标	二级指标			
直接使用价值	湿地产品	1.17	7.49	110.88
	休闲娱乐	0.22		
	环境教育	6.10		
间接使用价值	调节大气	29.20	98.25	
	调蓄洪水	40.15		
	净化去污	28.90		
选择价值	生物多样性	3.04	3.04	
存在价值	生存栖息地	2.10	2.10	

·结果分析

A. 湿地面积大，间接使用价值显著

四川若尔盖湿地范围总面积为 166 570.6 公顷，水资源丰富，草甸面积广阔，在固碳释氧、调节大气、调蓄洪水，以及净化去污等方面发挥了重要作用，间接产生的经济价值显著。

B. 湿地资源丰富，直接利用价值高

若尔盖湿地具有肥沃的草甸资源，是当地的重要牧场，为当地居民和牧户提供了优质的水资源、牧草资源，孕育了大量牛羊马等牲畜产品，直接为若尔盖地区创造了巨大的经济效益。

C. 生存栖息地价值偏低

若尔盖湿地独特的自然环境为大量野生动植物的生存、繁衍提供了优良的栖息条件，但由于人类活动、鼠害等外部破坏，湿地退化现象较严重，湿地生物多样性价值及生存栖息地价值在湿地生态系统总价值中比重较低。

4）总体评价

四川若尔盖国际重要湿地生态系统健康等级为"中"，功能等级为"中"，湿地总价值为 110.88 亿元/年，单位面积湿地价值为 17.80 万元/(公顷·年)。湿地水资源指标一般；土壤重金属含量较低，pH 接近中性，但湿地内整体土壤含水量表现一般；野生动物栖息地指数适中；湿地面积变化率小，土地利用强度小；湿地内人口稀疏，物质生活指数适中，公众的湿地保护意识仍有待提高。湿地内物质生产活动单一，湿地调节功能较好，教育与科研功能较为突出，保护生物多样性的功能较差。湿地价值巨大，尤其是调蓄洪水、调节大气，以及净化去污价值尤为显著。

3. 存在问题及建议

1) 存在问题

A. 沙化问题严重

沙化就像是湿地的癌症，伴随着有湿地面积大幅度减少、沼泽旱化、湖泊萎缩、生物多样性丧失、草地退化和沙化加剧等现象，使地区生态环境日益恶化，并出现湿地环境逆向演替的趋势，即"湿地-草甸-退化草甸-沙化草地-沙地"。

B. 超载过牧与鼠害引起湿地生态退化

放牧在湿地内普遍存在，牧业是当地社区居民生活的主要来源和手段。放牧对湿地有较大影响，它会干扰湿地内野生动物的正常活动，如干扰黑颈鹤的正常取食和繁殖，不利于黑颈鹤的生存、繁衍、保护。湿地的有害兽类主要是高原鼠兔、高原鼢鼠和喜马拉雅旱獭，它们种群数量大，严重的鼠害导致草场退化，最终导致湿地沙化、荒漠化。

C. 无序旅游现象普遍

2005 年全县共接待中外游客 30.30 万人次，同比增长 46.40%；实现旅游业收入 10 299.80 万元，同比增长 54.20%。旅游在若尔盖湿地已逐渐开展起来，并取得了较好的经济效益。旅游活动主要集中于花湖边，主要是无序的自驾游，旅游一方面使草场损坏严重，另一方面干扰了黑颈鹤的正常栖息，同时也消耗了湿地内的自然资源。

2) 建议

A. 监测湿地，治理沙化

治理沙化是湿地保护工作的一个重要部分，应积极向国家申请沙化治理研究经费，同时组织做好湿地监测工作，监测沙化发生、发展过程及演化规律。

B. 增强湿地放牧管理引导力度

这主要靠政府的宣传、解释、引导和示范。政府应根据当地的草场状况计算出当地单位草场的最适宜载畜量。引导牧民将过多的牲畜变成牧民的钱或物，这也在很大程度上降低了他们私有财产失去的风险。

C. 规范现有旅游活动，制定旅游管理规划

对旅游活动进行规范，如禁止鸣喇叭、划定自驾车应停放的位置、禁止游人追逐黑颈鹤等。

D. 开展科学研究

若尔盖湿地内进行的科研活动较多，可以和各大专院校、科研机构建立紧密的联系，开展一些基础研究，采用获得的理论成果指导湿地的科学管理与健康发展。

4.2.44　云南碧塔海国际重要湿地

1. 基本情况

1) 位置与范围

云南碧塔海地处香格里拉县城东部,距县城约 30 公里,地理坐标为北纬27°46′03″～27°57′21″,东经99°54′12″～100°08′10″。碧塔海国际重要湿地(见书后彩图 44)位于碧塔海省级自然保护区范围内,湿地斑块数量 3 个,其中,永久性淡水湖斑块 1 个,沼泽化草甸湿地斑块 2 个。根据第二次全国湿地资源调查统计结果,碧塔海国际重要湿地的面积为 531.33 公顷,其中沼泽湿地面积为 350.53 公顷,河流湿地面积为 0.47 公顷,湖泊湿地的面积为 180.33 公顷。根据 2014 年 7 月遥感影像解译所得的湿地面积为 518.58 公顷。

2) 历史沿革

藏语称碧塔海为"碧塔德错"。"碧塔"意为牛毛毯,"德"为魔,"错"为海。碧塔海位于普达措国家公园之内。普达措国家公园于 2006 年由云南迪庆藏族自治州通过地方立法建成,并宣告原已于 1988 年由国务院批准划入"三江并流国家重点风景名胜区"的有关地域为中国大陆地区的第一个"国家公园";2012 年 11 月,云南省香格里拉普达措国家公园等被授予国家 5A 级旅游景区;2005 年碧塔海湿地被列入国际重要湿地名录。

3) 自然状况

· 地质地貌

碧塔海湿地位于青藏高原东南缘横断山脉三江纵谷区东部,是镶嵌于横断山系高山峡谷区断陷盆地中的高原沼泽湿地,其完全被山地包围,湖周为茂密的原始森林。碧塔海湿地地质构造上属滇西地槽褶皱系,古生界印支槽褶皱带,中甸剑川岩相带。碧塔海湿地的东部分布有少量石灰岩,其他为大量分布的砂岩、板岩、千枚岩、玄武岩及第四系冲积、洪积、冰碛、湖积、坡积和残积物等。

· 气候

碧塔海湿地具有山地温带和山地寒温带两种主要气候类型。该地区年平均气温为 5.4℃,平均最高温出现在 7 月,为 13.2℃,平均最低温出现在 1 月,为-3.8℃。受南北向排列山地和大气环流的影响,全年盛行南风和南偏西风。每年 11 月至翌年 3 月湖面有冰雪封冻,时间达 7～8 个月。干湿季分明,5～11 月为湿季,阴雨天多,11 月至翌年 5 月为干季,晴天多,光照充足。碧塔海湿地具有较为明显的高原气候特征,太阳辐射强,气温年较差小,日较差大,春秋短暂,长冬无夏。由于湖泊和湖周森林的调节作用,气候与同海拔相比更为温暖湿润。

· 水文

碧塔海湿地水源补给以地表径流、地下水补给和大气降水补给为主。流出状况为永久性，积水状况为永久性积水。丰水位为 3 568.7 米，最大水深为 40 米，平均水深为 8.5 米，蓄水量为 1 080 万立方米。地表水 pH 为 7.9，呈弱碱性；雨季透明度为 1.32 米，透明度等级为混浊；总氮为 0.36 毫克/升，总磷 0.02 毫克/升，营养状况为贫营养；化学需氧量为 4.2 毫克/升；主要受地表径流挟带泥沙污染，地表水水质级别为 Ⅱ 类。

· 土壤

碧塔海湿地的主要土壤类型为沼泽土和泥炭土，由于冷凉气候及厌氧条件，有机物质难于分解，形成的沼泽土和泥炭土中有机质含量较高。

· 植被

碧塔海湿地湖泊周围植被有针叶林、阔叶林、灌丛和草甸 4 种类型。亚高山针叶林有长苞冷杉林、油麦吊云杉林、大果红杉林和高山松林，均为川西、滇北和藏东南的特有种。长苞冷杉林分布于海拔 3 500～3 800 米的阴坡、半阴坡及 3 700 米以上地带，蓄积量为 450～600 立方米/公顷，林下灌木有杜鹃、箭竹及藓类植物；油麦吊云杉林分布于海拔 3 200～3 700 米的阴坡、半阴坡以及沟谷中，蓄积量为 750～900 立方米/公顷，林下灌木有箭竹、忍冬等；大果红杉林是云杉林遭到破坏后形成的次生林，是高山强阳性速生先锋树种，蓄积量为 100～320 立方米/公顷；高山松林分布于海拔 3 800 米以下的阳坡、半阳坡，属次生林，高山松是耐旱、喜光、适应性极强的树种，蓄积量为 64 立方米/公顷。碧塔海湿地拥有裸子植物 4 科 9 属 20 种，被子植物 136 科 559 属 2 255 种，蕨类植物 25 科 45 属 133 种。

· 动物

碧塔海湿地野生动物属高原耐寒种类，具有较高的保护价值。湿地内国家 Ⅰ 级保护野生动物有云豹、黑颈鹤，国家 Ⅱ 级保护野生动物有小熊猫、猞猁、麝、鬣羚、藏马鸡、红腹角雉、血雉等。此外，来此越冬的鸟类还有赤麻鸭、红头潜鸭、凤头潜鸭、海鸥等。湖中有一种细鳞鱼——中甸重唇鱼，是该湿地特有种。湿地共拥有脊椎动物 28 目 70 科 279 种，其中常见的有水獭、喜马拉雅水鼩、蹼足鼩。

4）社会经济状况

碧塔海湿地属云南香格里拉县建塘镇。2011 年年末，香格里拉市的总人口为 17.45 万人，以藏族为主，还有汉族、纳西族等十几个民族，人口密度为 10 人/平方公里。2011 年，香格里拉实现县级生产总值 359 580 万元，人均 GDP 为 47 332.8 元。

建塘镇共有 56 000 余人，以藏民为主，其他多种民族聚居。乡镇居民经济来源以旅游业和农业为主。其中，农业结构主要是半农半牧，农作物主要有青稞、油菜、马铃薯等，牧业牲畜主要有牦牛、犏牛、马、羊等。

碧塔海湿地位于普达措国家公园内，湿地内无村寨等居民点，只有少量牧民的牛棚。碧塔海周边涉及 2 个乡镇，4 个村委会，26 个自然村，6662 人。收入以畜牧业为主。

5）湿地受到的干扰

碧塔海湿地所受的主要干扰因子为过度放牧和旅游。过度放牧始于 2001 年，影响面积为 500.0 公顷，破坏了湿地植被，而后经过碧塔海管理部门的努力保护，过度放牧现象已经得到了控制。对碧塔海湿地影响最大的是旅游带来的破坏，随着云南全省旅游业的快速发展和旅游经济效益的明显体现，在利益的驱使下，不规范旅游活动在自然湿地内及周边大量开展，不仅侵占了湿地资源，而且开展旅游所伴随而来的践踏、垃圾等，破坏了湿地植被，并导致土壤裸露和水质恶化，改变了湿地的生态环境，直接或间接导致湿地萎缩。另外，较大规模兴建旅游设施正在成为危害湿地资源的一个新因素，一些湖泊沿湖大量兴建宾馆、饭店、度假区、游乐场等旅游设施，极大地破坏了湿地景观。此外，游客的大量涌入对生长栖息于湿地的野生动植物也产生了相当大的干扰，有的地方甚至将当地的特有动植物作为招揽游客的工具，加剧了一些特有物种的消亡。

2. 评价结果

1）湿地健康

·健康状况

云南碧塔海国际重要湿地生态系统综合健康指数为 6.34，健康等级为"中"。湿地健康状况表现为水质较好，水源保证率较差；湿地面积稳定；土壤呈酸性，且含水量较高；湿地内有极轻微的外来物种入侵情况，生物多样性高，野生动物栖息地指数适中；湿地面积呈减少趋势，湿地变化率小，湿地面积稳定。湿地内人口稀疏，物质生活指数适中。湿地内公众的湿地保护意识仍有待提高（表 4-130）。

表 4-130　云南碧塔海国际重要湿地生态系统健康评价结果

评价指标		指标值		指标权重	综合健康指数
一级指标	二级指标	原始值	归一化值		
水环境指标	地表水水质	Ⅱ	8.00	0.149 0	
	水源保证率	1.00	1.00	0.149 0	
土壤指标	土壤重金属含量	1.56	6.26	0.059 6	
	土壤 pH	5.39	9.27	0.119 1	
	土壤含水量	49.5	4.95	0.119 1	
生物指标	生物多样性	36	9.00	0.105 2	6.34
	外来物种入侵度	0.000 7	9.95	0.052 6	
景观指标	野生动物栖息地指数	6.20	6.20	0.077 9	
	湿地面积变化率	5	8.57	0.049 0	
	土地利用强度	5	9.00	0.030 9	
社会指标	人口密度	34.8	9.42	0.026 3	
	物质生活指数	25 000	0.00	0.014 5	
	湿地保护意识	0.60	0.60	0.047 8	

·结果分析

A. 湿地水质良好

水环境指标对碧塔海湿地生态系统健康的影响最为显著，其权重值达到 0.2980，表明湿地水文状况、水环境质量对于维持湿地基本健康的重要性。湿地地表水属Ⅱ类水，水质良好。

B. 湿地面积稳定

通过对比碧塔海湿地 2013 年和 2014 年前后两期的 Landsat 卫星影像，发现湿地动态变化小，湿地利用率低，湿地面积基本保持稳定。

C. 野生动植物栖息地环境良好

云南碧塔海湿地物种种类丰富，有极轻微的外来物种入侵情况，为野生动物提供了较好的栖息地环境。

D. 湿地水源有效保证率低

碧塔海湿地水源主要依赖冰川融雪补给，该地区蒸发量大，湿地水源保证率低，这是对湿地健康的潜在威胁因素。

E. 湿地面临压力加大

碧塔海湿地地处青藏高原区，湿地内居民以牧民为主，草地超载过牧严重，湿地面临的压力逐渐增加，产草量不断减少，草质下降，草地退化现象明显。

2）湿地功能

· 功能状况

云南碧塔海国际重要湿地综合功能指数为 7.18，功能等级为"好"。按照一级指标，湿地以调节功能为主，其次为支持功能和文化功能，供给功能较弱。按照二级指标，保护生物多样性功能最为显著，其次为休闲与生态旅游和教育与科研功能，物质生产功能最弱（表 4-131）。

表 4-131　云南碧塔海国际重要湿地生态系统功能评价结果

评价指标		指标值		指标权重	综合功能指数
一级指标	二级指标	原始值	归一化值		
供给功能	物质生产	0.00	0.00	0.214 2	
调节功能	气候调节	9.00	9.00	0.085 4	
	水资源调节	9.20	9.20	0.085 4	
	净化水质	9.20	9.20	0.104 3	7.18
文化功能	休闲与生态旅游	9.90	9.90	0.136 9	
	教育与科研	9.00	9.00	0.112 1	
支持功能	保护生物多样性	36	8.80	0.261 7	

· 结果分析

A. 调节功能巨大

碧塔海湿地为镶嵌于横断山系高山峡谷区断陷盆地中的高原沼泽湿地，完全被山地包围，湖周围为茂密的原始森林。湿地内水资源丰富，在调节气候、调蓄洪水、调节径流、补充地下水等方面作用巨大。

B. 无供给功能

碧塔海湿地严格按照相关法律法规进行管理，并在列入国际重要湿地名录之后对湿地生态资源进行更严格的管理，湿地内没有进行物质生产活动，因此该湿地供给功能为零。

C. 保护生物多样性功能突出

碧塔海湿地完全被山地包围，气候湿润，适合生物生长及繁衍。湿地内生物物种丰富，仅有轻微的外来物种入侵情况。湿地对保护生物多样性有突出作用。

D. 文化功能显著

碧塔海湿地位于普达措国家公园内，环境优美，景色宜人，每年都会吸引成千上万的游客。同时，碧塔海丰富的生物数量、独特的地理位置及气候条件，为科研工作提供了丰富的实验材料与数据。

3）湿地价值

· 价值状况

云南碧塔海国际重要湿地总价值为 0.60 亿元/年，单位面积湿地价值为 11.57 万元/(公顷·年)。其中，间接使用价值最大，为 0.55 元/年，占 91.16%；其次为直接使用价值，为 0.03 元/年，占 5.00%，选择价值和存在价值较小，分别仅占 1.67% 和 1.67%。按照二级指标，湿地调节大气的价值最大，占总价值的 56.64%；其次为净化去污与调蓄洪水价值，分别占总价值的 22.62% 和 11.92%；无湿地产品价值（表 4-132）。

表 4-132　云南碧塔海国际重要湿地生态系统价值评价结果

（单位：亿元/年）

评价指标		单项价值	小计	总价值
一级指标	二级指标			
直接使用价值	湿地产品	0.00	0.03	0.60
	休闲娱乐	0.00		
	环境教育	0.03		
间接使用价值	调节大气	0.34	0.55	
	调蓄洪水	0.07		
	净化去污	0.14		
选择价值	生物多样性	0.01	0.01	
存在价值	生存栖息地	0.01	0.01	

· 结果分析

A. 湿地间接使用价值显著

碧塔海湿地周为茂密的原始森林，在固碳释氧、调节大气、减少洪水径流、调蓄洪水，以及净化去污等方面发挥了重要作用，其间接产生的经济价值显著。

B. 环境教育价值较高

碧塔海湿地位于普达措国家公园之内，环境优美，景色宜人，生物种类丰富。丰富的物种数量、独特的地理位置及气候条件等使得其能够提供的环境教育价值较高。

C. 无湿地产品价值

碧塔海湿地在列入国际重要湿地名录之后对湿地生态资源进行了严格管理，湿地内没有开展物质生产活动，因此湿地目前不具有提供物质产品的价值。

4）总体评价

云南碧塔海国际重要湿地生态系统健康级别为"中"，功能级别为"好"，湿地总价值为 0.60 亿元/年，单位面积湿地价值为 11.57 万元/（公顷·年）。湿地水质较好，水源保证率低；土壤呈酸性，土壤含水量较高；野生动物栖息地指数适中；湿地面积变化率小，土地利用强度较低；湿地内人口稀疏，物质生活指数适中，公众的湿地保护意识仍有待提高。湿地内无物质生产活动，湿地调节功能较好，旅游功能较为突出，保护生物多样性的功能适中。湿地生态系统的间接使用价值高达 5 515 万元，高于其他价值，尤其是调节大气一项就产生了 3 426 万元的间接使用价值。

3. 存在问题及建议

1）存在问题

A. 湿地水源保证率低

碧塔海湿地水源补给以地表径流、地下水补给和大气降水补给为主，该地区蒸发量大，湿地水源保证率低。

B. 超载过牧引起湿地生态退化

当地畜牧业长期以单纯追求牲畜规模和提高经济收入为主要目标，不顾湿地草场的载畜量，严重超载过牧，导致湿地草场退化，土壤侵蚀加重，一些高原野生动物栖息环境逐步恶化。

C. 游客对湿地造成了严重的破坏

该湿地位于著名的普达措国家公园内，每年都会接待数以万计的游客，一些游客的不文明行为对湿地生态的影响十分明显。

2）建议

A. 以草定畜，恢复湿地生态

按照碧塔海湿地不同植被类型生物生产力，依据其产草量，合理确定载畜量，将整个碧塔海湿地牲畜数量限定在合理的范围内，严禁超载放牧，遏制湿地生态退化趋势，增强湿地维持生物多样性的能力。

B. 实施生态补水工程，维护湿地健康与功能

针对湿地缺水现状，对碧塔海等重点湖泊及其周边沼泽实施生态补水，将湿地水量维持在较好的状态，保证湿地生态用水，有效提高湿地健康水平，恢复湿地功能。

C. 加强湿地监管力度，维护湿地环境

加强碧塔海湿地管理和宣传工作力度，一方面要严厉打击破坏湿地环境的旅游者，

并给予一定的惩罚；另一方面，要加强湿地保护的宣传，提高旅游者与当地居民的湿地保护意识。同时，建议严格控制每日接待游客的数量，减少湿地接待压力。

4.2.45　云南纳帕海国际重要湿地

1. 基本情况

1）位置与范围

云南纳帕海湿地(见书后彩图 45)位于迪庆藏族自治州香格里拉县境内，地处香格里拉县城北端，位于横断山系的核心部位，地理坐标为北纬 27°47′～27°55′，东经 99°35′～99°40′，距香格里拉县城 8 公里。纳帕海国际重要湿地部分位于纳帕海省级自然保护区范围内，纳帕海国际重要湿地斑块数量有两个，其中永久性淡水湖与沼泽化草甸湿地斑块各 1 个。根据第二次全国湿地资源调查统计结果，纳帕海国际重要湿地的面积为 1959.7 公顷，其中沼泽湿地面积为 1577.64 公顷，湖泊湿地的面积为 382.06 公顷。根据2014 年 8 月遥感影像解译所得的湿地面积为 2002.37 公顷。

2）历史沿革

纳帕海依拉草原景区是由香格里拉县政府批准的唯一获得开发与保护的纳帕海自然保护区旅游景区。纳帕海藏语称为"纳帕措"，汉语意为"森林背后的湖"，与依拉草原连为一体。1984 年建立省级自然保护区；2005 年纳帕海湿地被列入国际重要湿地名录。

3）自然状况

· 地质地貌

纳帕海地处青藏高原东南缘横断山脉三江纵谷区东部，为镶嵌于横断山系高山峡谷区断陷盆地中的高原沼泽湿地，其地貌形态较为复杂，具有冰川地貌、流水地貌、湖成地貌、喀斯特地貌、构造地貌等地貌类型及其组合特征。湖盆南北长 12 公里，东西宽 6公里，湖周围被海拔 3800～4449 米的高山所环绕，南部与建塘坝相连，为一独特的半封闭湿地类型。

· 气候

纳帕海湿地具明显的高原气候特征，受南北向排列的山地和大气环流的影响，全年盛行南风和南偏西风；干湿季分明，5～11 月为湿季，11 月至翌年 4 月为干季；太阳辐射强，年日照时数平均 2180.3 小时，长冬无夏，春秋短暂，年均温为 5.4℃，最热月 7 月均温为 13.2℃，最冷月 1 月均温为−3.7℃，≥10℃的年积温为 1392.8℃，气温年较差平均为 16℃，气温日较差平均可达 20℃；纳帕海位于多雨区与少雨区的过渡地带，年均降水量约为 619.9 毫米。

· 水文

纳帕海湿地水源补给状况为综合补给，主要为大气降水和地表径流。丰水位为3267.0 米，枯水位为 3180.0 米，最大水深为 5.0 米，平均水深为 3.7 米，蓄水量为

4 225.0 立方米。pH 为 8.0，呈弱碱性；水体透明度为 0.25 米，透明度等级浑浊；矿化度低于 1 克/升；总氮为 2.71 毫克/升，总磷为 3.71 毫克/升，化学需氧量 4.2 毫克/升。营养状况为富营养；地表水水质级别为 III 类，主要污染源为工业、农业、生活污水及旅游垃圾。

· 土壤

纳帕海湿地土壤类型为沼泽土和泥炭土，pH 为 7.34，土壤有机质平均含量为 85.3 克/公斤，全氮平均含量为 2.71 克/公斤，水解氮平均含量为 324.76 毫克/公斤，速效磷含量为 3.7~5.7 毫克/公斤，速效钾平均含量为 124.81 毫克/公斤，属于较为肥沃的土壤。

· 植被

纳帕海湿地由于海拔高差明显，形成了丰富多样的植被类型。虽然纳帕海湿地处于山地环境，海拔在 3 200 米以上，不利于水生植被的全面发展，但水生植物群落类型及其区系组成却比长江中下游湖泊湿地丰富。另外，与长江中下游的湖泊相比，纳帕海的水生植被群落也较为复杂，区系组成上以温带成分为主，包含了世界广布、旧世界热带分布、北温带分布、东亚分布、极高山地理成分和淡水湖泊特有植物群落类型六大地理成分，而且珍稀濒危和特有物种比例高，不仅具有国内湿地大部分水生植物群落，还具有长江中下游平原湿地所不具有的北极-高山类型（杉叶藻群落）。世界广布的眼子菜群落、水葱群落、丝草群落、芦苇群落以本带为分布的上限，北极-高山分布的杉叶藻以本带作为分布的下限。该地区有湿地植物 38 科 82 属 115 种，包括 3 个沉水植物群落、2 个浮叶植物群落、6 个挺水植物群落、4 个草甸群落。

· 动物

纳帕海湿地的动物以东洋界西南区的种类为主，南北动物均在此交汇，垂直分化明显，特有动物种类丰富，有许多横断山区的特有种或更狭窄范围的特有种，脊椎动物种群小，数量少，濒危种类和重点保护种类多。在纳帕海湿地重要动物区系中，鸟类占有重要位置，湿地共拥有鸟类 14 目 32 科 130 种，而鸟类区系组成中尤为突出的是丰富的横断山区特有成分和本地特有成分，许多都是珍稀濒危物种，如国家 I 级保护野生动物有黑颈鹤、黑鹳、胡兀鹫、白尾海雕；国家 II 级保护野生动物有 17 种，包括灰鹤、高山兀鹫、红隼等。纳帕海湿地记录有兽类 2 种，分属 2 目 3 科，代表物种有灰腹水鼩和蹼足鼩 2 种，爬行类 1 目 5 科 11 种，两栖类 2 目 5 科 13 种，鱼类 1 目 3 科 12 种，代表物种有中甸叶须鱼。纳帕海湿地是高原重要的水禽越冬地和候鸟迁徙途中的补给站，具有不能脱离湿地水域生活的水鸟 31 种，且种群数量大，如广布种中的绿头鸭、斑头雁，古北种中的赤麻鸭等雁鸭类有近万只。湿地还是云南西北部黑颈鹤的重要越冬地，仅记录的黑颈鹤就约有 320 只。

4）社会经济状况

纳帕海属云南香格里拉县建塘镇。建塘镇共有 56 000 余人，以藏民为主，其他多种民族聚居。乡镇居民经济来源以旅游业和农业为主。其中，农业结构主要是半农半牧，农作物主要有青稞、油菜、马铃薯等，牧业主要有牦牛、犏牛、马、羊等。纳帕海周边社区共有解放、北郊和尼史 3 个行政村，辖 17 个自然村、社，共计 719 户，3 904 人。目前，总共有耕地面积 90 614 亩，大小牲畜 10 680 头，当地居民收入以农业为主。而香格里拉市的总人口为 17.45 万人（2011 年），以藏族为主，还有汉族、纳西族等十几个民族，人口密度为 10 人/平方公里。2011 年，香格里拉实现县级生产总值 359 580 万元，人均 GDP 为 47 332.8 元。

5）湿地受到的干扰

纳帕海湿地受到的干扰主要包括围垦、污染、外来物种入侵、过牧、旅游等。1980年该地区开始进行围垦，影响面积为 10.0 公顷，造成陆地化和湿地面积减少。2005 年开始水体受到污染，影响面积为 520.7 公顷，导致水质下降、原生动植物减少。1990 年开始外来物种入侵，影响面积为 1 000.0 公顷，外来鱼对土著鱼造成破坏，其他物种减少、生物多样性保护能力降低。2005 年开始过牧，影响面积为 1 702.7 公顷，破坏了湿地植被，造成湿地退化；旅游从 2001 年开始，影响面积为 400 公顷，主要是旅游垃圾污染造成生态功能退化。

2. 评价结果

1）湿地健康

·健康状况

云南纳帕海国际重要湿地生态系统综合健康指数为 4.88，健康等级为"中"。湿地健康状况表现为湿地面积稳定，水质中等，生物多样性差，有轻微的外来物种入侵状况，野生动物栖息地环境较好，湿地内人口稀疏，社区居民湿地保护意识良好；但湿地水源保证率较低，局部土壤环境受到污染，对湿地生态系统健康造成一定程度的威胁（表 4-133）。

表 4-133   云南纳帕海国际重要湿地生态系统健康评价结果

评价指标		指标值		指标权重	综合健康指数
一级指标	二级指标	原始值	归一化值		
水环境指标	地表水水质	Ⅲ	6.00	0.164 5	
	水源保证率	2.64	2.64	0.164 5	
土壤指标	土壤重金属含量	1.21	7.78	0.043 4	
	土壤 pH	7.34	8.3	0.086 8	
	土壤含水量	36.1	3.61	0.086 8	
生物指标	生物多样性	21.2	0.30	0.109 8	
	外来物种入侵度	0.003 5	9.76	0.054 8	4.88
景观指标	野生动物栖息地指数	6.80	6.80	0.062 4	
	湿地面积变化率	94	8.34	0.031 2	
	土地利用强度	0.86	1.42	0.031 2	
社会指标	人口密度	34.8	9.42	0.026 9	
	物质生活指数	4 500	5.5	0.048 9	
	湿地保护意识	3.00	3.00	0.088 8	

· 结果分析

A. 湿地水质中等

水环境指标对云南纳帕海湿地生态系统健康的影响最为显著，其权重值达到0.3290，表明湿地水文状况、水环境质量对于维持湿地基本健康的重要程度。该湿地地表水属Ⅲ类水，水质中等。

B. 湿地面积稳定

通过对比纳帕海湿地 2013 年和 2014 年前后两期的 Landsat 卫星影像，发现湿地动态变化小，湿地面积基本保持稳定。

C. 野生动植物栖息地环境良好

纳帕海湿地植被覆盖率为 70%，有少量外来物种入侵情况，为野生动物提供了较好的栖息地环境。但近年来，因为生物种类单一，生物多样性低。

D. 湿地面临压力加大

纳帕海湿地地处放牧区，湿地内居民以牧民为主，草地超载过牧严重，湿地面临的压力逐渐增加，产草量不断减少，草质下降，草地退化现象明显。

2）湿地功能

· 功能状况

云南纳帕海国际重要湿地综合功能指数为 6.40，功能等级为"中"。按照一级指标，湿地以调节功能为主，其次为供给功能，文化功能与支持功能最少。按照二级指标，物质生产功能最为显著，其次为保护生物多样性和净化水质功能，气候调节与水资源调节功能最弱（表 4-134）。

表 4-134　云南纳帕海国际重要湿地生态系统功能评价结果

评价指标		指标值		指标权重	综合功能指数
一级指标	二级指标	原始值	归一化值		
供给功能	物质生产	5.61%	6.87	0.2613	
调节功能	气候调节	8.36	8.36	0.0827	
	水资源调节	6.13	6.13	0.0827	
	净化水质	5.50	5.50	0.1234	6.40
文化功能	休闲与生态旅游	8.88	8.88	0.1125	
	教育与科研	9.13	9.13	0.1125	
支持功能	保护生物多样性	21.2	3.12	0.2249	

· 结果分析

A. 调节功能巨大

纳帕海湿地部分位于纳帕海省级自然保护区范围内，湿地内水资源丰富，在调节气候、消洪抗旱、调节径流、补充地下水等方面作用巨大，尤其是对于水质的净化作用，纳帕海可以完全承担香格里拉县城的污水净化工作。

B. 供给功能显著

湿地内有大面积的草场，历来是当地藏族牧民的传统牧场，其为当地经济社会发展提供了包括牧草在内的大量物质产品，湿地物质生产年增加率在 5% 以上，其经济和社会效益显著。

C. 保护生物多样性功能突出

纳帕海湿地部分位于纳帕海省级自然保护区范围内，湿地斑块数量为两个，湿地总面积为 2 002.37 公顷，其中永久性淡水湖与沼泽化草甸湿地斑块各 1 个，其为各类生物的生存、繁衍提供了良好的栖息地。

D. 生态旅游功能未能充分显现

当前纳帕海湿地旅游业项目单一，主要项目为骑马。该项目的发展给湿地草场带来了压力，同时湿地区域缺乏行之有效的垃圾丢弃管理制度，造成垃圾严重破坏湿地环境。

3) 湿地价值

· 价值状况

云南纳帕海国际重要湿地总价值为 2.20 亿元/年，单位面积湿地价值为 10.99 万元/(公顷·年)。其中，间接使用价值最大，为 1.38 亿元/年，占 62.73%；其次为直接使用价值，为 0.73 亿元/年，占 33.18%，选择价值和存在价值较小，分别仅占 2.27% 和 1.82%。按照二级指标，湿地调节大气的价值最大，占总价值的 26.82%；其次为湿地产品与净化去污价值，分别占总价值的 25.00% 和 23.18%；生存栖息地价值最小，仅占总价值的 1.82%（表 4-135）。

表 4-135　云南纳帕海国际重要湿地生态系统价值评价结果

（单位：亿元/年）

评价指标		单项价值	小计	总价值
一级指标	二级指标			
直接使用价值	湿地产品	0.55	0.73	2.20
	休闲娱乐	0.07		
	环境教育	0.11		
间接使用价值	调节大气	0.59	1.38	
	调蓄洪水	0.28		
	净化去污	0.51		
选择价值	生物多样性	0.05	0.05	
存在价值	生存栖息地	0.04	0.04	

· 结果分析

A. 湿地面积大，间接使用价值显著

纳帕海湿地总面积为 2 002.37 公顷，广阔的湿地在固碳释氧、调节大气、减少洪水径流、调蓄洪水，以及净化去污等方面发挥了重要作用，间接产生的经济价值显著。

B. 湿地资源丰富，直接利用价值高

纳帕海湿地不仅为区域社会提供了丰富、优质的水资源，也为当地群众提供了大量的饲草和野生动植物等产品；良好的生态环境又给人们提供了休闲娱乐、生态旅游、环境教育等的良好场所。

C. 生物栖息地价值偏低

云南纳帕海湿地受到包括围垦、污染、外来物种入侵、过牧、旅游等各种形式的干扰，一些生物栖息地遭到破坏。

4）总体评价

云南纳帕海国际重要湿地生态系统健康等级为"中"，功能等级为"中"，湿地总价值为 2.20 亿元/年，单位面积湿地价值为 10.99 万元/(公顷·年)。湿地水资源指标一般；土壤含水量较少；野生动物栖息地指数适中；湿地面积变化率小，土地利用强度较大；湿地内人口稀疏，物质生活指数适中，公众的湿地保护意识仍有待提高。湿地内物质生产活动单一，湿地调节功能较好，教育与科研功能较为突出，保护生物多样性的功能较差。湿地生态系统价值较高，尤其是调节大气的价值最为显著。

3. 存在问题及建议

1）存在问题

A. 围垦与过度放牧造成湿地退化

纳帕海湿地从 1980 年开始进行围垦，造成陆地化和湿地面积减少；2005 年开始过牧，在一定程度上破坏了湿地植被，造成湿地退化。

B. 生物种类单一，并受到外来物种入侵

纳帕海湿地生物多样性低，物种单一。从 1990 年开始外来物种入侵，外来鱼类对土著鱼类造成破坏，减少了其他物种生存的空间，生物多样性维护能力降低。

C. 水体污染，导致湿地健康功能降低

2005 年开始，纳帕海湿地水体受到污染，导致水质下降、原生动植物减少。

D. 游客对湿地环境破坏严重

纳帕海湿地的旅游从 2001 年开始，随着旅游的发展和游客人数的不断增加，当地生态环境受到了一定的影响，主要是旅游垃圾污染造成生态功能退化。

2）建议

A. 以草定畜，合理划分禁牧、限牧和轮牧区，恢复湿地生态

按照纳帕海湿地不同植被类型生物生产力，依据其产草量，合理确定载畜量，合理划分禁牧区、限牧区和轮牧区，将整个纳帕海湿地牲畜数量限定在合理的范围内，遏制湿地生态退化趋势，增强湿地维持生物多样性的能力。

B. 加强监管力度，维护湿地健康与功能

加强监督力度，严格控制污水乱排乱放，同时建立污水处理厂，降低纳帕海湿地对

于城市污水的净化压力。控制外来物种数量，对本地物种影响严重的外来种要进行处理。有效提高湿地健康水平，恢复湿地功能。

C. 控制游客数量，加强湿地保护宣传工作

加强纳帕海湿地管理和宣传工作力度，一方面要控制每日接待游客数量，严厉打击破坏湿地环境的旅游者；另一方面，要加强湿地保护的宣传，提高旅游者与当地居民的湿地保护意识。

4.3　中国国际重要湿地现状总结

4.3.1　评价结果总结

1. 中国国际重要湿地基本概况

截至 2014 年 11 月评价时段末，中国已有 46 处湿地列入国际重要湿地名录，根据主要保护对象和湿地类型的不同，中国国际重要湿地可划分为濒危物种保护、近海与海岸和内陆湿地 3 种类型。

2. 总体评价结果

参与此次生态系统评价的 45 处国际重要湿地总面积为 234.10 万公顷；经评价，45 处国际重要湿地综合健康指数为 6.07，健康级别为 "中"；湿地综合功能指数为 6.99，功能等级为 "中"；湿地生态系统总价值为 2 668.32 亿元，单位面积湿地价值为 11.40 万元/（公顷·年）。

3. 湿地生态系统健康状况

经评价，中国 45 处国际重要湿地综合健康指数为 6.07，健康级别为 "中"，见表 4-136。其中 7 处湿地健康级别为 "好"，其余为 "中"，分别占 15.56% 和 84.44%，见附录 6。

湿地健康状况总体表现为湿地面积稳定，周边人口适中，地表水水质和土壤环境总体良好，能为野生动植物提供较为适宜的栖息地环境；生物种类丰富，景观类型多样。受气候变化、外来物种入侵、资源过度利用和湿地周边干扰等的影响，部分湿地有效水源补给减少，植被呈现退化趋势，生物多样性降低，成为威胁湿地生态系统健康的主要因素。

1）湿地水质水量

地表水水质：45 处国际重要湿地地表水水质总体较好，Ⅰ类、Ⅱ类、Ⅲ类、Ⅳ类地表水水质分别为 13 处、14 处、14 处和 4 处，分别占湿地总数的 28.89%、31.11%、31.11% 和 8.89%。其中，内蒙古达赉湖、辽宁双台河口、湖南南洞庭湖和江西鄱阳湖 4 处湿地由于放牧、油田开发、工农业污水排放等原因，湿地水质受到污染，地表水水质为Ⅳ类。

表 4-136　中国 45 处国际重要湿地生态系统健康综合评价表

评价指标		指标指数		综合健康指数
一级指标	二级指标			
水环境指标	地表水水质	0.72	1.49	6.07
	水源保证率	0.77		
土壤指标	土壤重金属含量	0.61	1.04	
	土壤 pH	0.24		
	土壤含水量	0.19		
生物指标	生物多样性	0.81	1.55	
	外来物种入侵度	0.74		
景观指标	野生动物栖息地指数	0.59	1.48	
	湿地面积变化率	0.61		
	土地利用强度	0.28		
社会指标	人口密度	0.22	0.51	
	物质生活指数	0.06		
	湿地保护意识	0.23		

水源保证率：除辽宁大连斑海豹等 9 处近海与海岸类型湿地外，其余 36 处湿地有 12 处水源保证率较好，10 处为中等水平，14 处较低，分别占 33.33%、27.78% 和 38.89%。影响湿地水源补充的主要因素有气候变化、上游修建水利工程设施、水资源过度利用等，其在一定程度上降低了湿地生态系统内部的活力，威胁了湿地健康，削弱了湿地生态系统功能。

2) 土壤环境

土壤重金属含量：45 处湿地中，有 31 处土壤环境没有受到污染，土壤中铜(Cu)、锌(Zn)、铅(Pb)、镉(Cd)、铬(Cr)5 种重金属含量较低，5 处湿地土壤受到轻微污染，9 处湿地土壤环境污染程度较高，分别占湿地总数的 68.89%、11.11% 和 20.00%。污染湿地土壤的主要因素为面源污染、工业废水排放、矿产开发等，这些因素对湿地生态系统健康造成潜在危害。

土壤含水量：除 6 处湿地外，其余 39 处湿地土壤含水量小于 50%。由于受评价时段、降水、样品采集点布设位置等因素的影响，此次评价的湿地土壤含水量也许不能完全反映实际情况。

土壤 pH：有 14 处湿地土壤 pH 为 5.5～7.0；10 处湿地土壤 pH 小于 5.5，呈酸性；1 处湿地土壤 pH 呈强碱性(内蒙古达赉湖湿地，pH＝9.1)，20 处湿地土壤呈碱性。由此表明，湿地土壤环境盐碱化程度有增强趋势，引起土壤盐碱化的主要因素有湿地受气候变化、资源不合理利用等，部分湿地有效水源补给降低，植被退化，土壤沙化和碱化程度上升。

3）生物状况

生物多样性：从 45 处湿地的评价结果来看，仅有 1 处湿地生物多样性丰富，39 处湿地生物多样性中等，内蒙古鄂尔多斯、云南纳帕海、广东惠东港口海龟、浙江杭州西溪湿地、辽宁大连斑海豹 5 处湿地生物多样性较低。

外来物种入侵度：45 处湿地中，有 24 处存在外来物种入侵现象，占湿地总数的 53.33%。在遭受外来物种入侵的湿地中，大多数因入侵时间短、分布范围小，仍处于可控制状态。但云南纳帕海、浙江杭州西溪、上海崇明东滩、江苏盐城、广东湛江红树林、广西山口红树林、广东惠东港口 7 处湿地因外来物种入侵已成为威胁湿地健康的主要问题。

4）景观状况

野生动物栖息地指数：在 45 处湿地中，有 13 处湿地野生动物栖息地环境适宜性较好，28 处栖息地环境适中，4 处野生动物栖息地环境稍差，分别占 28.89%、62.22% 和 8.89%。评价结果显示，随着中国湿地保护、恢复力度的加强，人为干扰减少，湿地植被得到逐步恢复，湿地植被覆盖度提高，湿地整体环境得到提升，野生动物栖息地环境得到改善。

湿地面积变化率：根据实地调查，结合卫星影像，对比评价基年及前一年湿地面积，32 处湿地面积保持稳定或有增加，9 处湿地面积有小幅度减少，云南碧塔海、云南纳帕海、湖北沉湖、云南拉什海 4 处湿地面积减少，分别为前一年湿地面积的 94.99%、94.19%、90.48% 和 90.55%。由于围垦、填海造田、基础设施建设、城市建设等原因，侵占或破坏了湿地资源。

土地利用强度：在 45 处湿地中，有 25 处湿地土地利用强度较小，14 处湿地土地利用强度中等，6 处湿地土地利用强度较高，分别占 55.56%、31.11% 和 13.33%。大部分湿地能够维持其自然状态，部分湿地还面临着人类活动干扰、生态系统压力较大等问题。

5）社会状况

人口密度：在 45 处湿地中，25 处湿地人口密度非常小（其中 4 处湿地人口绝对稀疏或无人区），1 处湿地人口密度相对稀疏，2 处湿地人口密度适中，12 处湿地人口密度处于低、中度集聚，5 处湿地人口密度高度集聚。近海与海岸湿地、东部与南方经济较发达地区湿地人口密度大，对湿地生态系统的结构和功能形成潜在的胁迫；内陆湿地、西北与华北地区湿地人口密度小，人类的活动强度对湿地的影响程度低。

物质生活指数：在 45 处湿地中，有 23 处湿地所在地区人均收入水平高于 1.0 万元/（人·年），其主要集中于沿海、东部与南部经济较发达地区，湿地面临周边地区经济社会发展的压力。

湿地保护意识：根据对 45 处湿地周边居民的问卷调查，有 18 处湿地社区居民保护意识较好(占被调查人数 50% 以上)，有 24 处湿地居民保护意识一般，有 3 处保护意识较差。随着中国湿地保护宣传力度的加大，全民湿地保护意识逐步提高。但部分居民，特别是湿地周边的居民对湿地的生态环境价值和可持续利用重要性缺乏认识，长期以来形成对湿地的不正确认识和湿地利用的片面理解，由此产生保护意识差和受经济利益驱动的短视行为。

4. 湿地生态系统功能状况

45 处国际重要湿地生态系统综合功能指数为 6.99（表 4-137），功能等级为"中"。湿地供给功能、调节功能、文化功能和支持功能指数分别为 1.21、2.70、1.92 和 1.16，湿地调节功能突出，文化功能显著，物质生产能力较强，在保护生物多样性方面发挥了重要作用。相比较而言，湿地的教育与科研功能、物质生产功能和保护生物多样性功能突出，水资源调节、气候调节和净化水质功能，以及休闲与生态旅游功能稍弱。

表 4-137　中国 45 处国际重要湿地生态系统功能综合评价表

评价指标		指标指数		综合功能指数
一级指标	二级指标			
供给功能	物质生产	1.21		
调节功能	气候调节	0.90	2.70	6.99
	水资源调节	1.00		
	净化水质	0.80		
文化功能	休闲与生态旅游	0.75	1.92	
	教育与科研	1.17		
支持功能	保护生物多样性	1.16		

全国 45 处湿地中，25 处湿地功能等级为"好"，20 处为"中"，分别占总数的 55.56% 和 44.44%，见附录 6。表明中国国际重要湿地总体功能状况良好，湿地生态系统调节局地气候能力明显，并因其巨大的渗透能力和蓄水能力，在消洪抗旱、调节径流、补充地下水等方面发挥了重要的水文功能，在净化水质、降低水体富营养化程度上发挥了天然的水质净化作用；湿地内风景旖旎，特色明显，生物种类繁多，自然资源丰富，不仅是人们生态旅游、休闲观光的大好去处，也是开展生态教育和科学研究的重要场所；独特的自然环境和较强的物质生产能力不仅向外界提供大量的可利用资源，同时也是许多野生动物的繁殖、栖息、迁徙、越冬的场所，在保护生物多样性方面发挥了不可替代的重要作用。

5. 湿地生态系统价值状况

45 处国际重要湿地生态系统总价值为 2668.32 亿元/年，单位面积湿地价值为 11.40 万元/（公顷·年）。其中，间接使用价值最大，为 1715.37 亿元/年，占总价值的 64.29%，其次为直接使用价值 835.26 亿元/年，占 31.30%，选择价值和存在价值所占比重较小，分别为 64.48 亿元/年和 53.21 亿元/年，仅占 2.42%、1.99%（表 4-138）。

表 4-138 中国 45 处国际重要湿地生态系统价值综合评价表

(单位：亿元/年)

评价指标		单项价值	小计	总价值
一级指标	二级指标			
直接使用价值	湿地产品	562.68	835.26	
	休闲娱乐	142.82		
	环境教育	129.76		
间接使用价值	调节大气	247.43	1 715.37	2668.32
	调蓄洪水	856.19		
	净化去污	611.75		
选择价值	生物多样性	64.48	64.48	
存在价值	生存栖息地	53.21	53.21	

在二级指标中，调蓄洪水价值量最大，为 856.19 亿元/年，占总价值的 32.09%；其次为净化去污和湿地产品价值，为 611.75 亿元/年和 562.68 亿元/年，分别占 22.93% 和 21.09%；生物多样性价值、生存栖息地价值在湿地总价值中所占比重较小，分别仅占 2.42% 和 1.99%。

4.3.2 中国国际重要湿地面临的主要威胁和问题

1. 气候变化的影响

受全球气候变化影响，湿地水热分配发生改变，有效水源补给减少，湿地水位下降，冻土层退化，湿地类型、分布和野生动物栖息地环境发生一系列变化。

内蒙古鄂尔多斯湿地的桃-阿海子是遗鸥等水禽的繁殖地和迁徙停歇地，其鼎盛时期繁殖水鸟群落仅遗鸥就有 3 600 巢，但从 21 世纪以来，因降水明显偏少，桃-阿海子水面下降明显，繁殖和迁徙水鸟的数量逐年减少，至 2006 年已基本干涸，无任何水鸟在那里繁殖。黑龙江南瓮河湿地所在的大兴安岭位于中国最北部，是中国高纬度多年冻土带，对大气温度升高和外界变化极为敏感，近年来由于受气候变暖的影响，湿地内冻土已经出现退化现象，冻土温度升高、厚度变薄、季节性融化深度增大。

2. 外来物种入侵

45 处湿地中有 24 处存在外来物种入侵现象，占湿地总数的 53.33%。外来物种入侵不仅会造成严重的生态破坏和生物污染，而且会压制和排挤本地物种，危及本地物种的生存，导致生物多样性降低，削弱湿地功能，降低湿地生态系统价值。云南纳帕海湿地自上世纪 90 年开始，由于外来鱼类入侵，土著鱼类资源造成严重破坏，影响面积已达到湿地总面积的 50%；杭州西溪湿地外来入侵植物有喜旱莲子草、臭荠、北美独行菜、野老鹳草、一年蓬、凤眼莲等 14 种，入侵动物有克氏原螯虾、牛蛙、巴西龟和鳄龟 4 种，对湿地生态系统的稳定性和生物多样性形成威胁；上海崇明东滩、江苏盐城、广东湛江红树林、广西山口红树林等湿地因互花米草的入侵和扩张，挤占了本地物种的生存空间，严重影响湿地的生态安全。

3. 有害生物干扰

青海鸟岛、西藏玛旁雍错、西藏麦迪卡、四川若尔盖、甘肃尕海5处国际重要湿地由于鼠兔、鼢鼠、旱獭等的破坏，导致湿地草场植被退化、土壤侵蚀、湿地沙化和荒漠化严重，其成为影响这些湿地生态系统健康和制约湿地功能的主要因素。

四川若尔盖湿地高原鼠兔、高原鼢鼠和喜马拉雅旱獭种群数量很大，尤其是高原鼠兔，在花湖边30米×30米的面积上有340多个洞道，在嫩洼乡25米×25米的面积上有163堆之多；被誉为"亚洲最好草场"的尕海，鼠害达到121.95只/公顷，土堆密度为733.05堆/公顷，覆盖草场61.6%以上。

4. 水资源过度利用

水资源的不合理利用主要表现为在上游修建水利工程截留水源，以及注重工农业生产和生活用水，而不关注生态环境用水等，导致的结果是湿地水资源减少，湿地生境遭到破坏，生物多样性降低，湿地功能下降。

辽宁双台河口湿地由于水稻种植、水产养殖业发展迅速，受干旱、上游截留，以及工业、农业和生活用水挤占的三重作用，湿地供水紧张，芦苇沼泽的水源保证率一直处于较低水平，每年需生态补水5亿立方米；湖南东洞庭湖湿地自三峡大坝建成后，夏季水位通过大坝的调控降低了1~2米，而冬季水位提前下落，致使湖泊滩地提前出露；湖北大九湖湿地实施沼泽挖沟排渍工程，使泄流量增大，湿地的水体调蓄容积减少，导致水域面积减小，湿地功能降低。

5. 生物资源过度利用

沿海和河口、湖泊湿地酷渔滥捕、挖掘水产品的现象严重，不仅使重要的天然经济鱼类资源受到破坏，也威胁着其他水生物种的安全；内陆湿地超载过牧，部分草地不堪重负，草量和草质明显下降，草场退化、沙化逐渐蔓延。生物资源的过度利用导致资源量减少，湿地生态环境遭到破坏，使一些物种甚至趋于濒危，生物群落结构发生改变，生物多样性降低。

6. 湿地周边环境的变化

由于围垦、城市建设、基础设施建设，以及旅游业的发展，一些湿地周围环境发生了明显变化，造成湿地资源被挤占，湿地面积减少，湿地生境被分割或岛屿、破碎化严重，湿地生境与生物栖息地改变，湿地健康和功能受损，价值下降。

广东惠州对大亚湾及稔平半岛开发，海龟湾周边的旅游、海景公寓群、石化工业等开发对湿地区域内的海流、水质、大气和野生动植物生活环境造成严重影响；辽宁双台河口湿地内道路四通八达，分割了原本为整体的湿地斑块，湿地斑块破碎化程度提高；浙江西溪湿地由于城市化和道路建设，湿地已逐步成为一个生态孤岛，四周全部被道路、城市和建筑围合，湿地与外界的交流被阻隔，制约了湿地生态系统与外界的物质交流和能量流动；云南拉什海湿地及周边已建成或正在建设的旅游项目包括度假村、山庄等，使湿地空间受到压缩，旅游服务业的发展、不当的排污也对湖水水质造成较大影响。

7. 湿地保护投入不足

湿地管理机构属于事业单位，管理经费和保护投入不足是各湿地面临的一个普遍问题。由于缺乏湿地污水治理、湿地监测、湿地研究、人员培训、执法手段与队伍建设等方面的专门资金的支持，导致保护管理基础设施落后，设备不足，工作人员素质得不到提升，许多湿地保护项目和行动难以实施，管理机构不能发挥正常的保护功能，必要的湿地监测、基础研究难以进行。

4.3.3　中国国际重要湿地保护和治理的建议

1. 加快湿地保护法制建设，依法保护湿地资源

通过加强湿地立法，为国际重要湿地保护管理提供法律依据，以法律的形式确定湿地保护和开发利用的方针、原则和行为规范，明确各级、各行业机构的权限以及管理分工，规定管理程序、对违法行为的处罚等，为从事湿地保护与合理利用的管理者、利用者等提供基本的行为准则。同时，通过立法建立湿地保护制度，如湿地生态效益补偿、退耕还草（湿）补偿、生态系统特征变化预警、水资源综合调配、湿地生态补水、外来物种引进等制度。

2. 加强湿地生态系统监测，为湿地的保护与利用提供科学依据

在完成第二次湿地资源调查的基础上，建立完善的湿地监测体系，对湿地水文水质变化、地下水位、动植物群落、土壤养分的变化及土壤退化的情况等进行监测，定期提供监测数据与监测报告，以及时评价湿地生态变化状况，掌握各湿地变化动态、发展趋势，为湿地管理、科学研究和合理利用提供及时、准确的参考资料，这对于保护湿地、维持湿地生态功能、实现经济的可持续发展都具有重大意义。

3. 完善防控体系，严防外来物种入侵

建立并完善外来入侵物种监测防控体系，制订外来生物入侵突发事件应急预案，是防止外来物种入侵的有效措施。加强外来物种的监控，严禁在国际重要湿地内从事外来物种引进和应用，禁止将湿地内无天然分布的外来野生动物放生野外，以控制外来物种侵入湿地。同时，应采取有效的工程、生物措施，积极治理已入侵的外来物种，恢复湿地生态环境和功能。

4. 实行流域综合管理，维持湿地生态系统健康

针对湿地周边污水排放、农业开发、城市扩张、旅游业发展、地下水过度利用等问题，要采取一切有效措施，加大执法力度，严格控制各类开发和占用湿地的活动，扭转湿地生态环境恶化的局面；加强流域综合管理和水资源调配，维护湿地生态结构和生态服务功能，保护湿地生物多样性和湿地资源环境。

5. 实施湿地生态恢复工程，提升湿地生态系统功能

着眼湿地生态系统功能的提升，对退化和遭到破坏的湿地，科学评估湿地利用方式和受损状况，因地制宜，采取自然恢复和各种生态工程修复措施，通过植被恢复、鸟类栖息地恢复、生态补水、污染防治、退耕还湿等系列手段，进行综合治理，改善湿地生态环境状况，恢复原湿地的结构和功能。

6. 增加湿地保护投入，提高湿地保护管理能力

湿地保护经费严重不足，已经成为制约湿地保护和利用的瓶颈。为此，应发挥政府投资的主导作用，将湿地保护专项资金列入各级财政预算，以保证湿地保护行动计划的实施。同时，应加大对湿地生态环境保护管理的资金投入和科学技术投入，尽快组织开展对湿地生态系统保护、修复、恢复和资源综合开发利用技术、措施的研究和攻关，为湿地生态系统的保护与管理提供有力的科技支撑。此外，在利于湿地保护的前提下，各湿地可适当开发生态旅游产业，增强湿地自养能力。

第5章　展　望

5.1　湿地生态系统评价体系的应用前景

湿地面积广阔、难以进入，且湿地健康状况与水、土壤、植被等多种因素相关，仅通过实地调查难以准确监测评价。遥感技术能够大范围、多时相、高精度地获取植被、水体、土壤、大气等环境健康的相关参数，使得大尺度、快速的湿地生态系统健康评价成为可能。曹春香(2013)提出环境健康遥感诊断的概念，并同时提出相应的环境健康遥感诊断指标体系框架，湿地生态系统健康诊断是其中重要的组成部分(图5-1)。

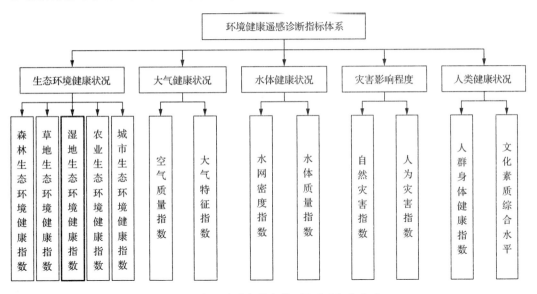

图 5-1　环境健康遥感诊断指标体系框架图(曹春香，2013)

综上所述，湿地生态系统非常重要，然而在人类活动的干扰下，湿地退化严重，湿地保护迫在眉睫，湿地生态系统健康评价可以全面、综合反映湿地自身状况及其与人类相互影响的结果，其是湿地生态系统保护的基础。在环境健康遥感诊断的框架下，引入遥感技术对湿地生态系统健康进行诊断研究势在必行。

此外，本书的评价方法中权重计算采用层次分析法(AHP)，其需要准确的先验知识，受主观因素影响较大，不同的区域权重不同，使得不同区域的湿地评价结果对比存在一些不确定性，今后应尝试不同的权重计算方法，选择更加客观的方法，并且在多个试点评价中总结出同区域同类型湿地各个指标的权重范围。同时，由于野外实际测量受诸多因素的限制，目前所构建和使用的湿地生态系统评价指标体系中并未包含反映湿地生态系统健康、功能和价值的全部指标，随着空间信息技术等高新技术的发展和引入，有望逐步解决这一问题。

最后，本湿地生态系统评价指标体系中指标计算过程较为复杂，与基层的湿地主管部门工作人员的简单操作还存在一定差距，有望开发出对应的操作软件进一步加强可操作性。

5.2　国际重要湿地评价对中国湿地管理工作的影响

中国国际重要湿地生态系统的评价对推动中国生态文明建设、增加中国政府应对全球气候变化话语权、为中国履行生物多样性和生态系统服务政府间科学-政策平台（intergovernmental science-policy platform on biodiversity and ecosystem services，IPBES）工作内容提供参考及推动环境健康遥感诊断交叉学科方向发展等都有非常重要的意义。

1) 推动中国生态文明建设

"十一五"以来，中国区域生态功能保护工作得到加强，生物多样性保护全面推进，但仍存在一系列问题，人员队伍、技术力量薄弱，生态监测技术体系与评价方法、规范标准建设落后，国家重点生态功能区、自然保护区、生物多样性保护优先区的生态监测和评估体系滞后，生态环境监测与评价工作亟待加强。十八大提出，把生态文明建设放在突出地位，全国生态保护"十二五"规划以大力推进生态文明建设为指导思想，初步建立起以生态环境质量监测与评估为核心的生态监管体系为规划目标，主要任务包括开展生态文明水平评估、推动各省（自治区、直辖市）深化、细化地方生态文明水平评估方法与标准，强化国家及区域生态功能保护-划定生态红线，加强重点生态功能区生态综合评估，完善中国生态环境监测与评估体系建设，全面构建"天地一体化"的生态环境调查监测评估体系，探索建立流域生态健康评价标准和制度（全国生态保护"十二五"规划，2013）。

目前，国内的生态系统研究无论是在生态系统评价方法、评价标准还是监测方面都无法满足中国生态文明建设的需要，开展中国国际重要湿地生态系统评价正是顺应国家"十二五"大力推进生态文明建设的指导思想，更加科学地揭示湿地在全国生态安全和生态文明建设中的重要作用和地位，提高中国湿地生态系统监测与评估水平，从而为生态文明水平评估的方法与标准提供科学依据，为生态红线划定的技术规范提供技术参考，推动遥感技术在生态系统评估中的应用，为"天地一体化"的生态环境调查监测评估体系构建添砖加瓦。

2) 增加中国政府应对全球气候变化的话语权

中国气候条件复杂，生态环境脆弱，极易受气候变化不利的影响，在全球气候变化的大背景下，2012年以来，中国极端天气气候事件频发，农业生产和群众生活受到极大影响。中国应对气候变化的政策与行动在2013年度报告中特别提到，中国在适应气候变化方面出台的举措包括完成第二次全国湿地资源调查并出台《湿地保护管理规定》，提出了湿地生态系统健康、功能和价值评价指标体系，新增湿地保护面积135万亩和85处国家湿地公园试点，以及确认了11处国家重要湿地等（国家发展和改革委员会，2013）。由此可见，湿地保护在中国应对气候变化方面的地位举足轻重。然而，目前所提出的湿地生态系统评价指标体系中包含的遥感指标不够，因此进行湿地生态系统健康遥感诊断研究有助于完善目前已有的湿地健康评价指标体系，推进中国湿地保护工作达到国际先进水平，为更好地履行《湿地公约》、增强国家软实力提供科学依据，为增强中国政府参与应对气候变化和国际碳贸易谈判的主动性和话语权提供有力的科学支撑。

3）为中国履行 IPBES 工作内容提供参考

IPBES 是一个类似于气候变化专门委员会（IPCC）的独立的政府间机构，于2012年4月在巴拿马正式成立，秘书处设在德国波恩，目前有包括中国在内的115个成员国。IPBES 旨在生物多样性和生态系统服务领域加强科学界和决策者之间的联系，促进科学知识向政府决策转化，更好地保护全球生物多样性和提升生态系统服务。2013年12月9～16日，IPBES 第二次全体会议在土耳其安塔利亚召开。本次会议通过了 IPBES 的概念框架（conceptual framework），确定了评估要素及其之间的关系。会议通过了2014～2018年的工作方案，在工作方案中确定要开展全球、区域/次区域生物多样性与生态系统服务评估。本次会议是一次里程碑式的会议，标志着 IPBES 进入实质性的运作阶段，可以预见其未来将会对全球生物多样性和生态系统服务领域的科学研究和政策走向产生引领性的作用。

本书开展中国国际重要湿地生态系统评价的成果，可以作为中国履行 IPBES 工作内容的重要组成部分，引领中国的生态系统服务领域的科学研究转换为政府决策，增加中国在 IPBES 中的地位和发言权。

4）推动环境健康遥感诊断交叉学科方向发展

湿地生态系统评价是环境健康遥感诊断在湿地生态系统中的具体实践，其研究成果能进一步完善环境健康遥感诊断指标体系，推动环境健康遥感诊断学科方向的发展。湿地生态系统评价研究综合了湿地、遥感、人工智能、地学等领域的知识，有利于推动湿地健康遥感交叉学科的发展，同时还能牵引更多湿地研究方面的人才，壮大中国湿地科学研究队伍。

参 考 文 献

边博，程小娟. 2006. 城市河流生态系统健康及其评价. 环境评价，213：66-69.

常高峰. 2010. 人工湿地在生态环境建设及污水处理方面的发展和应用. 陕西理工学院学报，26(3)：81-85.

陈贵龙. 2006. 扎龙湿地功能评价及生态需水量研究. 大连：大连理工大学硕士学位论文.

陈国强，陈鹏. 2006. 厦门滨海自然湿地生态系统服务价值的变化研究. 福建林业科技，33(3)：91-95.

陈鹏. 2006. 厦门湿地生态系统服务功能价值评估. 湿地科学，4(2)：101-107.

陈宜瑜，吕宪国. 2003. 湿地功能与湿地科学的研究方向. 湿地科学，1(1)：101-107.

崔保山，杨志峰. 2001. 湿地生态系统模型研究进展. 地球科学进展，16(3)：352-358.

崔保山，杨志峰. 2006. 湿地学. 北京：北京师范大学出版社.

崔丽娟，宋玉祥. 1997. 湿地社会经济评价指标体系研究. 地理科学，17(增刊)：446-450.

崔丽娟，张曼胤. 2006. 扎龙湿地非使用价值评价研究. 林业科学研究，19(4)：491-496.

崔丽娟. 2002. 扎龙湿地价值货币化评价. 自然资源学报，17(4)：451-456.

崔丽娟. 2004. 鄱阳湖湿地生态系统服务功能价值评估研究. 生态学杂志，23(4)：47-51.

邓培雁，陈桂珠. 2003. 湿地价值及其有关问题探讨. 湿地科学，1(2)：136-140.

邓培雁，刘威. 2007. 湛江红树林湿地价值评估. 生态经济，6：125-129.

段晓男，王效科，欧阳志云. 2005. 乌梁素海湿地生态系统服务功能及价值评估. 资源科学，2(27)：110-115.

付会，刘晓丹，孙英兰. 2009. 大沽河口湿地生态系统健康评价. 海洋环境科学，28(3)：329-333.

傅娇艳，丁振华. 2007. 湿地生态系统服务、功能和价值评价研究进展. 应用生态学报，18(3)：681-686.

傅娇艳. 2007. 红树林湿地生态系统服务功能和价值评价研究——以漳江口红树林自然保护区为例. 厦门：厦门大学硕士学位论文.

郭凤鸣. 1997. 层次分析法模型选择的思考. 系统工程理论与实践，9：54-59.

郭雪莲，吕宪国，郗敏. 2007. 植物在湿地养分循环中的作用. 生态学杂志，26(10)：1628-1633.

国家林业局. 2008. 全国湿地资源调查技术规程(试行).

国家林业局. 2013. 第二次全国湿地资源调查报告.

国家林业局《湿地公约》履约办公室. 2000. 湿地公约履约指南. 北京：中国林业出版社.

韩维栋，高秀梅，卢昌义，等. 2000. 中国红树林生态系统生态价值评估. 生态科学，19(1)：40-45.

郝伟罡，魏永富，等. 干旱区草型湖泊湿地价值量化评估. 生态环境，1：141-149.

郝运，赵妍，等. 2004. 向海湿地自然保护区生态系统服务效益价值估算. 吉林林业科技，4：25-26.

胡嘉东，郑丙辉，万峻. 2009. 潮间带湿地栖息地功能退化评价方法研究与应用. 环境科学研究. 22(2)：171-175.

黄初龙，郑伟民. 2004. 我国红树林湿地研究进展. 湿地科学，2(4)：303-308.

蒋卫国. 2003. 基于 RS 和 GIS 的湿地生态系统健康评价——以辽河三角洲盘锦市为例. 南京：南京师范大学硕士学位论文.

焦璀玲，王昊，李永顺，等. 2010. 人工湿地在水环境改善方面的应用. 南水北调与水利科技，8(2)：83-86.

鞠美庭，王艳霞，孟伟庆，等. 2009. 湿地生态系统的保护与评估. 北京：化学工业出版社.

康文星，何介南，席宏正. 2008. 洞庭湖滩涂和草甸沼泽湿地调蓄水量的功能研究. 水土保持学报，22(5)：209-216.

李华，蔡永立. 2008. 湿地公园规划的生态服务功能影响预评价. 国土与自然资源研究，2：56-58.

李加林，张忍顺. 2003. 互花米草海滩生态系统服务功能及其生态经济价值的评估——以江苏为例. 海洋科学，10(27)：68-72.

李九一，李丽娟，等. 2006. 沼泽湿地生态储水量及生态需水量计算方法探讨. 地理学报，61(3)：289-296.

李占玲，陈飞星，等. 2004. 滩涂湿地围垦前后服务功能的效益分析——以上虞市世纪丘滩涂为例. 海洋科学，08：76-81.

梁延海，朱万昌，王立功. 2005. 大兴安岭湿地价值的初步评价. 防护林科技，4(67)：54-55.

刘静玲，杨志峰. 2002. 湖泊生态环境需水量计算方法研究. 自然资源学报，17(5)：604-609.

刘韬，陈斌，等. 2007. 洪湖湿地生态系统服务价值评估研究. 华中师范大学学报(自然科学版)，2(41)：304-308.

刘兴土. 2007. 三江平原沼泽湿地的蓄水与调洪功能. 湿地科学，5(1)：64-68.

刘永，郭怀成，戴永立，等. 2004. 湖泊生态系统健康评价方法研究. 24(4)：724-734.

刘子刚，马学慧. 2006. 湿地的分类. 湿地科学与管理，2(1)：60-63.

吕宪国，刘红玉. 2004. 湿地生态系统保护与管理. 北京：化学工业出版社.

吕宪国，等. 2004. 湿地生态系统观测方法. 北京：中国环境科学出版社.

吕宪国，等. 2008. 中国湿地与湿地研究. 石家庄：河北科学技术出版社.

马学慧，牛焕光. 1990. 中国的沼泽. 北京：科学出版社.

麦少芝，徐颂军，潘颖君. 2005. PSR 模型在湿地生态系统健康评价中的应用. 热带雨林，25(4)：317-321.

倪晋仁，刘元元. 2006. 河流健康诊断与生态修复. 中国水利，(13)：4-10.

欧维新，杨桂山. 2009. 基于生态位的湿地生态——经济功能评价与区划方法探讨. 湿地科学，7(2)：125-129.

潘文斌，唐涛，邓红兵，等. 2002. 湖泊生态系统服务功能评估初探——以湖北保安湖为例. 应用生态学报，13(10)：1315-1318.

皮红莉. 2004. 洞庭湖湿地生态系统服务功能价值评价及其恢复对策研究. 长沙：湖南师范大学硕士学位论文.

湿地国际—中国项目办. 1999. 湿地经济评价. 北京：中国林业出版社.

孙妍. 2009. 基于 RS 和 GIS 的若尔盖高原湿地景观格局分析. 长春：东北师范大学硕士学位论文.

索安宁，赵冬至，张丰收，等. 2008. 景观指标与滨海湿地生态系统健康评价，27：137-143.

汪朝辉，王克林，许联芳. 2003. 湿地生态系统健康评估指标体系研究. 国土与自然资源研究，4：63-64.

王保忠，何平，等. 2004. 南洞庭湖湿地文化遗产的生态旅游价值研究. 北京林业大学学报，12：10-15.

王洪禄，王秋兵. 2006. 芦苇沼泽湿地开发为稻田前后生态系统服务价值对比研究——以丹东鸭绿江口湿地国家级自然保护区为例. 生态农业科学，2(22)：348-352.

王厚红. 2006. 安徽省湿地生态旅游的价值研究. 巢湖学院学报，8(3)：71-74.

王伟，陆健健. 2005. 三垟湿地生态系统服务功能及其价值. 生态学报，25(3)：404-407.

王晓春，蔡体久，谷金锋. 2007. 鸡西煤矿矸石山植被自然恢复规律及其环境解释. 生态学报，27(9)：3744-3751.

王学雷，杜耘. 2002. 洪湖湿地价值评价与生物多样性保护. 中国科学院院刊，(3)：177-180.

王艳，赵旭丽，等. 2005. 山东省大气污染经济损失估算. 城市环境与城市生态，18(2)：30-33.

王治良，王国祥. 2007. 洪泽湖湿地生态系统健康评价指标体系探讨. 中国生态农业学报，15(6)：153-156.

文科军，马劲，吴丽萍，等. 2008. 城市河流生态健康评价体系构建研究. 水资源保护，24(2)：50-55.

邬建国. 2000. 景观生态学——概念与理论. 生态学杂志，(1)：42-52.

邬建国. 2007. 景观生态学——格局、过程、尺度与等级. 第二版. 北京：高等教育出版社.

吴筠，刘金福，等. 2007. 福建沿海红树林可持续经营评价指标体系构建. 江西农业大学学报，29(5)：778-785.

吴良冰，张华，孙毅，等. 2009. 湿地生态系统健康评价研究进展. 中国农村水利水电，10：22-28.

吴玲玲，陆健健，等. 2009. 长江口湿地生态系统服务功能价值的评估. 长江流域资源与环境，12(5)：411-416.

席武俊，王金亮，等. 2010. 滇西北香格里拉典型湿地功能评价. 安徽农业科学，38(10)：5264-5267.

肖飞. 2003. 洪湖湿地结构与生态功能评价及系统稳定性研究. 北京：中国科学院测量与地球物理研究所硕士学位论文.

肖风劲，欧阳华. 2002. 生态系统健康及其评价指标和方法. 自然资源学报，(2)：203-209.

谢高地，肖玉，鲁春霞. 2006. 生态系统服务研究：进展、局限和基本范式. 植物生态学报，30(2)：191-199.

辛琨，谭凤仪，等. 2006. 香港米埔湿地生态功能价值估算. 生态学报，26(6)：2020-2026.

辛琨，肖笃宁. 2002. 盘锦地区湿地生态系统服务功能价值估算. 生态学报，(8)：1345-1349.

徐守国，辉军，田昆. 2006. 湿地功能研究进展. 环境与可持续发展，5：12-13.

徐治国，何岩，阎百兴. 2005. 沼泽湿地对污水中 NH_4-N 和 PO_4^{3-}-P 净化模拟资源科学研究. 湿地科学，3(2)：110-115.

颜利，王金坑，黄浩. 2008. 基于 PSR 框架模型的东溪流域生态系统健康评价. 30(1)：107-113.

叶春. 2000. 中国湖泊湿地的功能及主要环境问题. 上海环境科学，19：112-117.

叶东旭，杨锡臣，等. 2002. 三江平原湿地的生态价值及保护对策. 现代化农业，(7)：41-43.

叶林奇，袁兴中，刘红. 2008. 御临河流域河流湿地生态系统服务价值评价. 资源开发与市场，24(1)：22-25.

张培. 2008. 白洋淀湿地价值评价. 保定：河北农业大学硕士学位论文.

张素珍，王金斗，李贵宝. 2006. 安新县白洋淀湿地生态系统服务功能评价. 中国水土保持，7：12-16.

张天华，陈利顶，等. 2005. 西藏拉萨拉鲁湿地生态系统服务功能价值估算. 生态学报，12(25)：3176-3180.

张祥伟. 2005. 湿地生态需水量计算. 水利规划与设计，2：13-19.

张晓云，吕宪国. 2006. 湿地生态系统服务价值评价研究综述. 林业资源管理，10(5)：81-86.

赵焕庭，王丽荣. 2000. 中国海岸湿地的类型. 海洋通报，19(6)：72-82

赵美玲，成克武，等. 2008. 唐山南湖湿地公园生态系统服务功能价值评估. 安徽农业科学，36(14)：6020-6022.

赵平，夏冬平，王天厚. 2005. 上海市崇明东滩湿地生态恢复与重建工程中社会经济价值分析. 生态学杂志，24(1)：75-78.

赵淑江，梁冰，张树义. 2006. 浙江秀山岛湿地生态系统初探. 生态学杂志，25(3)：343-346.

赵彦伟，杨志峰. 2005. 城市河流生态系统健康评价初探. 水科学进展，16(3)：349-359.

智颖飙，韩雪，等. 2009. 洪泽湖湿地生态系统服务功能货币化评价. 安徽大学学报(自然科学版)，1(33)：90-94.

庄大昌，丁登山，董明辉. 2003. 洞庭湖湿地资源退化的生态经济损益评估. 地理科学，23(6)：680-685.

庄大昌. 2006. 洞庭湿地生态系统服务功能价值评估. 经济地理，3：391-393.

庄大昌. 2006. 基于 CVM 的洞庭湖湿地资源非使用价值评估. 地域研究与开发，25(2)：106-110.

Assessment M E. 2005. Ecosystems and human well-being: wetlands and water. Washington, DC: World Resources Institute.

Barbier E B. 1997. Economic Valuation of Wetland. Switzerland: Ramsar Convention Bureau.

Bergh J C, vanden J M, Barendregt A, et al. 2004. Spatial ecological-economic analysis for wetland management: modeling and scenario evaluation of land use. Cambridge: Cambridge University Press.

Chessman B C. 2002. Assessing the Conservation Value and Health of New South Wales Rivers. The PBH (Pressure-Biota-Habitat) Project. NSW Department of Land and Water Conservation, 2002.

Costanza R, Norton B G, Haskell B D. 1992. Ecosystem Health: New Goals for Environment Management. Washington, D. C: Island Press.

Costanza R. 1997. The value of the world's ecosystem and natural capital. Nature, 387: 253-260.

Dugan P. 1993. Wetlands in Danger. London: Michael Beasley.

Edward M, Tom B. 2009. The Wetlands Handbook. Blackwell Publishing Ltd.

EPA. http://water.epa.gov/type/wetlands/assessment/index.cfm♯survey[2011-03-06].

Fennessy M S, Jacobs A D, Kentula M E. 2004. Review of Rapid Methods for Assessing Wetland.

Finlayson C M, Davidson N C, Stevenson N J. Wetland Inventory, Assessment and Monitoring. Supervising Scientist Report 161, Supervising Scientist, Darwin.

Jørgensen S E. 2000. Application of exergy and specific exergy as ecological indicators of coastal areas. Aquatic Ecosystem Health & Management, (3): 419-430.

Kent D M, Reimold R J, Kelly J M, et al. Coupling wetlands structure and function: developing a condition index for wetlands monitoring//McKenzie D H, Hyatt D E, McDonald V J. Ecological Indicators, Volume 1. New York: Elsevier Applied Science.

Kirsten D S. 2005. Economic consequences of wetland degradation for local populations in Africa. Ecological Economics, (53): 177-190.

Kosz M. 1996. Valuing riverside wetlands: the case of the "DonauAuen" National Park. Ecological Economics, (2): 109-127.

Larson J S, Mazzarese D B. 1998. Rapid assessment of wetlands: history and application to Management.

Maltby E, Hogan D V, Immirzi C P. 1994. Building a new approach to the investigation and assessment of wetland ecosystem functioning.

MA 工作组. 2006. 千年生态系统评估(Millennium Ecosystem Assessment)评估框架(生态系统与人类福祉).

MA 工作组. 2006. 千年生态系统评估(Millennium Ecosystem Assessment)综合报告之《湿地与水综合报告》.

Mitch W J. 1994. Global wetlands: Old world and new Amsterdam. Elsevier Science B. V, 1994: 625-636.

Mitsch W J, Jame G G. 2000. Wetlands (Third edition). New York: John Wiley&Sons Inc.

Moffat A J, McNeill J D. 1994. Reclaiming Disturbed Land for Forestry. London, UK: Forestry Commission Bulletin 110.

Norris R H, Thoms M C. 1999. What is river health? Rreshwater Biology, 41: 197-209.

Oliver S B, David A, William D. 2009. An Intergrated Wetland Assessment Toolkit. Cambridge, UK: IUCN, Gland, Switzerland and IUCN Species Programme.

Oropeza S R, Delgado-Petrocelli L. 2009. Use of landscape metrics to relate malaria disease cycle as part of tropical coastal wetlands functioning. Tropical Medicine & International Health, 14: 157.

Rapport D J, Costanza R. , McMichael A J. 1998. Assessing ecosystem health. Trend in Ecology & Evolution, 13: 397-402.

Rapport D J, Friend A. 1979. Towards a Comprehensive Framework for Environmental Statistics: A Stress-response Approach.

Rapport D J. 1992. Evolution of indicators of ecosystem health//Daniel H, Mckenzie D, Hyatt E. Ecological Indicators. Barking: Elsevier Science Publisher Ltd: 121-134.

Rapport D J. 1995. Ecosystem health: exploring territory. Ecosystem Health.

Rende E. 1996. Functional Assessment of Five Wetlands Constructed To Mitigate Wetland Loss In Ohio, USA.

Resolutions of the 9th Meeting of the Conference of the Contracting Parties. http: //www. ny3721. com/url/8583/ [2011-08-19].

Richard T W, Wui Y S. 2001. The economic value of wetland services a meta-analysis. Ecological Economics, (37): 257-270.

Schaeffer D J, Herricks E E. 1988. Ecosystem health: I. measuring ecosystem health. Environmental Management, 12(4): 445-455.

Simpson J, Norris R, Barmuta L. 1999. AusRivAS-National river health program: user manual website version.

Spencer C, Robertson A I, Curtis A. 1998. Development and testing of a rapid appraisal wetland condition index in south-eastern Australia. Journal of Environmental Management, 54(2): 143-159.

Thiesing M A. 1998. An Evaluation of Wetland Assessment Techniques and Their Applications to Decision Making in Practical Techniques and Identification of Major Issues. Dakar, Senegal: Proceedings of Workshop 4, 2nd International Conference on Wetlands and Development.

Turner R K, Jeroen C J M, Brouwer R. 2003. Managing Wetlands: An Ecological Economies Approach. Edward Elgar Publication.

Turner R K, Jeroen C J M, Soderqvist T. 2000. Ecological-economic analysis of wetlands: scientific integration for management and policy. Ecological Economies, (35): 7-23.

Wilson M A, Carpenter S R. 1999. Economic valuation of freshwater ecosystem services in the United States: 1971-1997. Ecological Applications, 9(3): 772-783.

Xu F L. 2001. Lake Ecosystem Health Assessment: Indicators and Methods.

Young R A, Gray S L. 1972. Economic value of water: concepts and empirical estimates. Colorado State University.

2007. Index of wetland condition-review of wetland assessment methods. A Victorian Government initiative, Department of sustainability and environment.

附录1　土壤样品采集点布设规范

土壤重金属样品采集按《土壤环境监测技术规范》(HJ/T 166—2004)的要求,预先制定布点采样方案,从 HJ 影像上确定样品采样点,然后到实地采集样品。采样的规范主要有以下几点。

(1)土壤样品的采集应按照总体上规则、每个样品方便获取、具有代表性的原则进行样点布设;

(2)根据湿地类型,湖泊、河流等具有大面积水体的湿地,应以水陆交接线 1 米范围内的地带进行采样;沼泽湿地采用随机采样;滨海湿地采样潮上带和潮间带(样点数量比为 1∶2)进行土壤样品采集;

(3)在采集每一个土壤样品时,根据地形和土壤分布情况,将采样点划分为若干样方,在抽取的样方内随机选 3 点(彼此相离 10 米),各点所取土样混合成 1 个土壤样品;

(4)采样点选在被采土壤类型特征明显的地方,地形相对平坦、稳定、植被良好的地点,采样点离铁路、公路 300 米以上;

(5)选择不施或少施化肥、农药的地块作为采样点,以使样品点尽可能少受人为活动的影响;

(6)不在多种土类、多种母质母岩交错分布、面积较小的边缘地区布设采样点;

(7)土样深度以地下水位为底限,采集表层土壤,采样深度为 0～20 厘米,采集时要区分草根层;

(8)测量重金属的样品尽量用竹片或竹刀去除与金属采样器接触的部分土壤,再用其取样;

(9)每个采样点采集样品不少于 500 克,采集后用可密封的聚乙烯或玻璃容器在 4℃以下避光保存,最长保存时间为 180 天;

(10)采样的同时,由专人填写样品标签、采样记录;标签一式两份,一份放入袋中,一份系在袋口,标签上标注采样时间、地点、样品编号、监测项目、采样深度和经纬度。

附录 2　土壤重金属元素含量、pH、含水量测量流程

1. 土壤重金属含量

土壤重金属污染日益严重，重金属在土壤中累积，达到一定程度之后会对植物产生不良影响，不仅会直接影响植物的产量和品质，也会通过食物链最终影响到人类的健康。对土壤中重金属进行定性和定量的分析，对于防治重金属污染、维持生态平衡、保护人类健康都十分重要。

目前，常用的土壤重金属检测分析方法有激光诱导击穿光谱（LIBS）、感应耦合电浆质谱法（ICP-MS）、火焰式原子吸收光谱法（FLAA）、石墨炉式原子吸收光谱法（GFAA）、分光光度计比色法和微波消解高频电感耦合等离子体原子发射光谱法（ICP-AES）。本书采用 ICP-AES 测定土壤样品中的铜、锌、铅、铬、镉等重金属元素含量。

【土样预处理步骤】

1）称取 0.1 克土样

将土样使用烘箱烘干后，研磨并过筛得到土样细粉，使用电子天平称取 0.1 克并装入专门的塑料瓶。

2）土样液化

（1）加酸：使用 $HClO_4$ 等强酸注入瓶中进行液化，再将塑料瓶拧入金属罐，放入烘箱内 4~8 个小时。

（2）赶酸：将塑料瓶取出，并放在烤炉上烘烤，直至瓶中液体仅余一滴。

3）制作试验用样本

（1）加酸：往塑料瓶里加 1 毫升 HNO_3，使液体土样溶于酸中，振摇使土样与酸充分混合。

（2）定容：将样品用超纯水稀释，注入试管，并定容至 10 毫升，按照顺序放置在试管架上。

【注意事项】

（1）因整个处理过程中涉及粉尘、强酸和高温，一是会有大量尘土，二是如果强酸不小心滴到手上和衣服上都是很危险的，所以需要十分小心和注意；研磨烘干土样的过程中要戴上口罩，完毕后及时清理，以免对呼吸系统造成不必要的伤害；在处理酸化的样品时要格外小心，并佩戴橡胶手套，沾上酸时要及时冲水清洗；在赶酸使用电炉的过程中，要佩戴尼龙手套，量力而为，小心烫伤，并且最好备上口罩、创口贴等医用品；在

拧罐子开铝盒取土时，也要注意自身安全问题，小心弄破手。

（2）由于处理过程中要多次更换容器，所以一定要明确某一样品对应的各个容器的编号。

（3）每次加酸溶解稀释时，都要振摇使之充分混合。

2. 土壤 pH

土壤 pH 是土壤溶液中氢离子活度的负对数，是土壤重要的基本性质，也是影响土壤肥力的重要因素之一，它直接影响土壤养分存在的形态和有效性。我国各类土壤 pH 变化范围很大，可用"东南酸，西北碱，南北差异大"这句话来描述。

常用土壤 pH 测量方法有比色法和电位法两种。比色法便于野外测定，但准确度低（0.5 pH），而电位法多用于实验室，具有准确（0.02 pH）、快速、方便等优点。

本书中使用的测量仪器为 Delta 320 pH 计、酸中碱试剂、超纯水、洗瓶、滤纸、量筒、玻璃棒、胶头滴管、烧杯、电子天平。

【测量步骤】

1）电极校正

（1）使用超纯水清洗电极，并使用滤纸擦干。

（2）将探头依次使用标准溶液进行三点校准，包括酸性溶液（仪器读数为 4.01）、中性溶液（仪器读数为 7.00）、碱性溶液（仪器读数为 9.21），每次读数后需要清洗电极并擦干，然后再进行下一步操作。

2）预热 pH 计

将电极静置于超纯水中，约 30 分钟。

3）测量样品

将电极浸于样本上清液中，等读数稳定后进行数据记录。

【土样水溶样本制作过程】

（1）使用电子天平称取 10 克土样放置于烧杯中，记录烧杯编号，并用量筒称取 25 毫升超纯水。

（2）将超纯水倒入烧杯中，搅拌均匀，并静置 30 分钟。

（3）使用 pH 计测量样本的上清液，并记录读数。

【注意事项】

（1）需要保持电极清洁，在两次测量之间需要使用超纯水清洁电极。

（2）测定批量样品时，最好按土壤类型等将 pH 相差大的样品分开测定，可避免因电极影响迟钝而造成的测定错误。

3. 土壤含水量

土壤含水量（water content of soil）是土壤中所含水分的数量，一般是测量土壤的重量含水量,即土壤中水分的含量与相应固相物质重量的比值。测量方法采用目前国际上的标准方法——烘干称重法。

本书中使用的测量仪器为电子天平。

【测量步骤】

(1) 对铝盒编号,并称重,记作 M_1。

(2) 用取土钻采取土样,用至少 0.1 克精度的电子天平称重,记作土样的湿重 M。

(3) 在 105° 的烘箱内将土样烘 6~8 个小时至恒重,称重,记作土样的干重 M_s,并计算土壤净干重 M_{ns}。

(4) 根据以上测量数值进行土壤含水量计算,计算公式如下。

土壤含水量(%) = 水分重量 / 土样净干重 M_{ns} × 100%

　　　　　　 = (土样湿重 M - 土样干重 M_s)/(土样干重 M_s - 铝盒重 M_1) × 100%

附录 3 公众湿地认识及保护意识调查问卷

先生/女士：您好！

我们是来自国家林业局湿地保护管理中心的调查员，我们正在进行一项 50 人的抽样社会调查，目的是全面了解公众对湿地的认识及保护意识，您的合作对我们了解有关信息十分重要，问卷中问题的回答没有对错之分，您只要根据自己的了解和认识回答即可。对于您的回答，我们将按照《统计法》的规定，严格保密，并且只用于统计分析，请您不要有任何顾虑，希望您协助我们完成这次调查，谢谢您的合作。

填写说明：请您在所选答案上打"√"或在"_____"上填写数据或文字。

性别：_____   年龄：_____   调查时间：_____

职业：(A. 学生　B. 政府机关人员　C. 服务业务人员　D. 个体户　E. 教育工作者 F. 农民　G. 白领　H. 工人　J. 其他_____)

1. 您了解湿地吗？
   A. 了解很多
   B. 一般了解
   C. 听说一点
   D. 没听说过

2. 您一般是从哪些渠道了解到关于湿地信息的(可多选)？
   A. 广播电视
   B. 宣传画册
   C. 专题活动
   D. 学校教育
   E. 网络宣传
   F. 报刊杂志
   G. 旅行社推荐
   H. 其他_____

3. 湿地被称为？
   A. 地球之肺
   B. 地球之肾
   C. 地球血管
   D. 地球心脏
   E. 不知道

4. 世界湿地日(world wetland day)是每年的哪一天？
   A. 2 月 2 日
   B. 3 月 22 日

C. 4 月 22 日

D. 5 月 22 日

E. 不知道

5. 您认为湿地包括以下哪些(可多选)?

    A. 珊瑚礁

    B. 滩涂

    C. 红树林

    D. 湖泊

    E. 河流

    F. 河口

    G. 沼泽

    H. 水库

    I. 水稻田

    J. 其他_____

6. 您知道的湿地功能有哪些(可多选)?

    A. 涵养水源

    B. 调节气候

    C. 调蓄洪水

    D. 大气组分调节

    E. 降解污染

    F. 保护动植物

    G. 提供物质产品

    H. 休闲娱乐

    I. 固持土壤

    J. 传承民俗文化

    K. 其他_____

7. 您认为湿地保护生物多样性作用怎么样?

    A. 不清楚

    B. 不重要

    C. 一般重要

    D. 非常重要

8. 您认为危害湿地的行为有哪些(可多选)?

    A. 污水排放

    B. 围垦

    C. 农药化肥使用

    D. 修路筑坝

    E. 过度捕捞

    F. 捕捉水鸟和捡拾鸟蛋

G. 人工养殖

H. 其他_____

9. 您认为本地的湿地保护工作如何？

A. 很好

B. 较好

C. 可以

D. 不好

E. 不清楚

10. 假如政府要修建一条公路以促进该地区的经济发展，而这条公路计划是穿过该地区某湿地的中心地带，如果是您，您会认同以下哪个观点（单选）？

A. 经济发展最为重要，牺牲一点环境作为代价没什么大不了的

B. 经济发展的同时要注意环境保护，政府要慎重考虑该计划

C. 应该先发展经济，发展以后再慢慢弥补曾经造成的伤害

D. 环境保护是第一位的，这个计划不好

附录 4　湿地生态系统功能评价调查问卷

尊敬的领导：您好！

我们是来自国家林业局湿地保护管理中心的调查员。为了验证湿地生态系统功能评价指标体系的合理性，我们采用定性和定量相结合的方式获取本评价区湿地生态系统功能评价指标，定性指标通过此项调查问卷获得。您只需根据实际情况给出每项指标的得分即可，感谢您的合作。

单位：

姓名：　　　　　　　　电话：　　　　　　　　E mail.

功能指标	分值			得分
	[7, 10](好)	(3, 7)(中)	[0, 3](差)	
气候调节	局地小气候现象十分明显，气温日较差较周围地区明显减小，空气湿度明显大于周围地区	存在局地小气候现象，气温日较差较周围地区略有减小，空气湿度略大于周围地区	不存在局地小气候现象，气温和空气湿度与周围地区没有差别	
水资源调节	天然状态下，水资源调控能力强，基本无旱涝灾害和附加工程费用	需有筑提，水库和滞洪区配合，才具有较强的调控能力	工程附加费大，但是不能起到水资源调节的作用，且旱涝灾害发生频率很大	
净化水质	Ⅰ类，Ⅱ类水	Ⅲ类，Ⅳ类水	Ⅴ类，劣Ⅴ类水	
休闲与生态旅游	景观美学价值很高，观光旅游日很多，且在不断增加	具有一定的景观美学价值，在特定时间段有观光旅游活动	景观美学价值很小，没有开发旅游活动	
教育与科研	湿地具有很高的科研价值，能进行多方面有特色、代表性的研究，每年有较多的学者以其为研究区进行湿地的相关研究	湿地的科研价值一般，与其他同类型湿地相似，有部分学者以其为研究区进行湿地的相关研究	湿地没有代表性，科研价值很小，没有学者以其为研究区进行湿地的相关研究	

附录 5 遥感图像解译方法

遥感图像解译方法参考《第二次全国湿地资源调查——遥感图像判读规范》(征求意见稿),解译流程图如下。

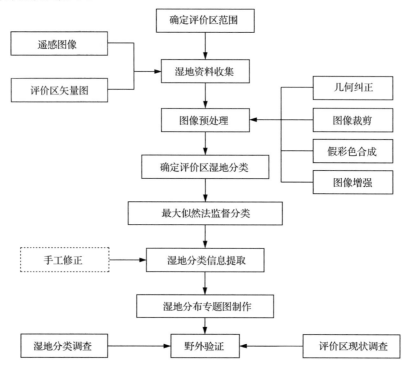

1) 评估遥感数据质量

一般来说,选择 30 米分辨率经过几何校正、大气校正等处理的环境星数据或 TM 数据。在获取数据时,选择雨季、定标处理较好且云覆盖较少的影像解译。

2) 基于分类技术的湿地面积提取

首先,根据评价区范围裁剪影像,对于无矢量范围的评价区采用外接矩形裁剪影像;然后选用近红外(0.7~0.9 微米)作为红通道,红(0.6~0.7 微米)作为绿通道,绿(0.5~0.6 微米)作为蓝通道显示,并对影像采用 2% 线性拉伸方法,均衡化和高斯 3 个模型将影像的对比度及各类的间距拉大;其次,采用最大似然方法对影像进行监督分类,一般分为 10 类;最后,根据经验,红色区域表示植被丰富区,亮白色表示裸地,黑色表示水体,合并相同类,手工修正分类错误较大的地区。

3）野外验证

湿地面积提取后，应到实地考察，一是为了验证解译精度；二是为了消除一些在解译时，感觉可能存在错误的地区的错误判读。

附录 6 中国国际重要湿地生态系统健康、功能与价值评价结果汇总表

附表 中国国际重要湿地生态系统健康、功能与价值评价结果汇总表

序号	国际重要湿地名称	湿地面积/公顷	综合健康指数	健康等级	综合功能指数	功能等级	总价值/（亿元/年）	单位价值/[万元/（公顷·年）]
1	福建漳江口红树林国际重要湿地	2 360.00	5.47	中	5.99	中	14.58	61.78
2	甘肃尕海国际重要湿地	58 067.88	4.6	中	7.15	好	59.12	10.18
3	广东海丰国际重要湿地	7 368.12	6.41	中	7.50	好	5.40	7.33
4	广东惠东港口海龟国际重要湿地	1 800.00	6.1	中	7.42	好	2.98	16.56
5	广东湛江红树林国际重要湿地	20 278.80	6.39	中	7.44	好	13.08	6.45
6	广西北仑河口国际重要湿地	3 000.00	7.1	好	7.39	好	3.90	13.00
7	广西山口红树林国际重要湿地	3 811.00	6.65	中	7.76	好	11.39	29.89
8	海南东寨港国际重要湿地	3 337.60	4.47	中	6.77	中	13.44	40.27
9	黑龙江东方红国际重要湿地	28 880.23	7.11	好	6.62	中	35.62	12.33
10	黑龙江洪河国际重要湿地	21 699.28	5.91	中	7.50	好	20.70	9.54
11	黑龙江南瓮河国际重要湿地	78 525.06	7.19	好	6.86	中	98.32	12.52
12	黑龙江七星河国际重要湿地	16 199.38	6.16	中	7.57	好	16.87	10.41
13	黑龙江三江国际重要湿地	55 787.09	6.22	中	7.42	好	67.82	12.16
14	黑龙江兴凯湖国际重要湿地	172 648.88	7.21	好	7.33	好	141.10	8.17
15	黑龙江扎龙国际重要湿地	171 066.87	6.19	中	6.03	中	197.94	11.57
16	黑龙江珍宝岛国际重要湿地	18 596.93	5.31	中	7.68	好	18.55	9.97
17	湖北沉湖国际重要湿地	7 005.50	5.31	中	6.35	中	4.68	6.68
18	湖北大九湖国际重要湿地	1 055.81	7.05	好	7.19	好	3.86	36.56
19	湖北洪湖国际重要湿地	39 341.46	5.05	中	6.50	中	95.44	24.26
20	湖南东洞庭湖国际重要湿地	129 500.00	5.25	中	6.32	中	125.53	9.69
21	湖南西洞庭湖国际重要湿地	105 300.00	4.63	中	6.59	中	112.07	10.64

续表

序号	国际重要湿地名称	湿地面积/公顷	综合健康指数	健康等级	综合功能指数	功能等级	总价值/(亿元/年)	单位价值[万元/(公顷·年)]
22	湖南西洞庭湖国际重要湿地	29 412.80	4.65	中	7.50	好	36.27	12.33
23	吉林莫莫格国际重要湿地	68 657.38	5.77	中	6.74	中	98.55	14.35
24	吉林向海国际重要湿地	28 402.70	5.18	中	7.17	好	36.02	12.68
25	江苏大丰麋鹿国际重要湿地	2 160.33	6.49	中	7.15	好	1.18	5.46
26	江苏盐城国际重要湿地	374 900.00	7.72	好	7.81	好	342.12	9.13
27	江西鄱阳湖国际重要湿地	17 220.00	5.26	中	6.66	中	42.87	24.89
28	辽宁大连斑海豹国际重要湿地	11 700.00	6.31	中	6.88	中	8.61	7.36
29	辽宁双台河口国际重要湿地	117 500.00	6.59	中	7.90	好	158.81	13.52
30	内蒙古达赉湖国际重要湿地	293 000.00	5.63	中	6.21	中	231.36	7.90
31	内蒙古鄂尔多斯国际重要湿地	1 915.00	4.81	中	6.16	中	1.19	6.21
32	青海鄂陵湖国际重要湿地	58 096.44	5.73	中	7.50	好	109.53	18.85
33	青海鸟岛国际重要湿地	40 502.40	5.87	中	7.80	好	64.31	15.88
34	青海扎陵湖国际重要湿地	56 635.00	4.68	中	7.25	好	74.12	13.09
35	山东黄河三角洲国际重要湿地	117 104.00	4.72	中	6.61	中	147.58	12.6
36	上海崇明东滩国际重要湿地	27 627.62	5.99	中	6.42	中	50.57	18.3
37	上海长江口中华鲟国际重要湿地	3 978.00	7.22	好	6.80	中	3.36	8.45
38	四川若尔盖国际重要湿地	62 278.9	4.61	中	6.31	中	110.88	17.80
39	西藏玛旁雍错国际重要湿地	70 271.87	5.41	中	7.46	好	72.97	10.38
40	西藏麦地卡国际重要湿地	8 689.06	6.79	中	7.26	好	5.53	6.36
41	云南碧塔海国际重要湿地	518.58	6.34	中	7.18	好	0.60	11.57
42	云南大山包国际重要湿地	1 156.24	4.74	中	7.28	好	2.69	23.27
43	云南拉什海国际重要湿地	1 425.83	6.26	中	6.97	中	2.98	20.90
44	云南纳帕海国际重要湿地	2 002.37	4.88	中	6.40	中	2.20	10.99
45	浙江杭州西溪国际重要湿地	200.97	4.7	中	7.81	好	1.63	81.11
	总　计	2 340 985.38	6.07	中	6.99	中	2 668.32	11.40

附录 7　中国国际重要湿地范围内动植物拉丁学名表

附表 7-1　中国国际重要湿地范围内植物拉丁学名表

中文名	拉丁学名
高等植物	
阿齐薹草	*Carex argyi* Level. et Vaniot.
矮地榆	*Sanguisorba filiformis*（Hook. f.）Hand. —Mazz.
矮金莲花	*Trollius farreri* Stapf
矮生嵩草	*Kobresia humilis*（C. A. Mey. ex Trautv.）Sergiev
艾	*Artemisia argyi* Levl. et Van.
桉树	*Eucalyptus robusta* Smith
八角莲	*Dysosma versipellis*（Hance）M. Cheng ex Ying
巴山冷杉	*Abies fargesii* Franch.
白车轴草	*Trifolium repens* L.
海榄雌	*Avicennia marina*（Forsk.）Vierh.
大白花地榆	*Sanguisorba sitchensis* C. A. Mey.
白桦	*Betula platyphylla* Suk.
白茅	*Imperata cylindrica*（L.）Beauv.
白莎蒿	*Artemisia blepharolepis* Bge.
班公柳	*Salix bangongensis* C. Wang et C. F. Fang
荸荠	*Heleocharis dulcis*（Burm. f.）Trin.
篦齿眼子菜	*Potamogeton pectinatus* L.
扁秆藨草	*Scirpus planiculmis* Fr. Schmidt
变色锦鸡儿	*Caragana versicolor* Benth.
藨草	*Scirpus triqueter* L.
藏北嵩草	*Kobresia littledalei* C. B. Clarke
糙野青茅	*Deyeuxia scabrescens*（Griseb.）Munro ex Duthie
糙隐子草	*Cleistogenes squarrosa*（Trin.）Keng
草玉梅	*Anemone rivularis* Buch. —Ham.
草地老鹳草	*Geranium pratense* L.
柴桦	*Betula fruticosa* Pall.
菖蒲	*Acorus calamus* L.
柽柳	*Tamarix chinensis* Lour.
赤杨	*Alnus japonica*（Thunb.）Steud.
川榛	*Corylus heterophylla* Fisch. var. *sutchuenensis* Franch.
野慈姑	*Sagittaria trifolia* Linn. var. sinensis（Sims）Makino

续表

中文名	拉丁学名
刺葵	*Phoenix hanceana* Naud.
刺叶高山栎	*Quercus spinosa* David ex Franch.
葱状灯心草	*Juncus allioides* Franch.
粗梗水蕨	*Ceratopteris pteridoides*（Hook.）Hieron.
翠柏	*Calocedrus macrolepis* Kurz
寸草	*Carex duriuscula* C. A. Mey.
大果红杉	*Larix potaninii* Batalin var. *macrocarpa* Law
大果榆	*Ulmus macrocarpa* Hance
大花杓兰	*Cypripedium macranthum* Sw.
大芒萁	*Dicranopteris ampla* Ching et Chiu
大米草	*Spartina anglica* Hubb.
大叶桉	*Eucalyptus robusta* Smith
大针茅	*Stipa grandis* P. Smirn.
大籽蒿	*Artemisia sieversiana* Ehrhart ex Willd.
单叶蔓荆	*Vitex trifolia* L. var. *simplicifolia* Cham.
单叶毛茛	*Ranunculus monophyllus* Ovcz.
灯心草	*Juncus effusus* L.
荻	*Triarrhena sacchariflora*（Maxim.）Nakai
地肤	*Kochia scoparia*（L.）Schrad.
垫状金露梅	*Potentilla fruticosa* L. var. *pumila* Hook. f.
条叶龙胆	*Gentiana manshurica* Kitag.
东方草莓	*Fragaria orientalis* Lozinsk.
香蒲	*Typha orientalis* Presl
杜鹃	*Rhododendron simsii* Planch.
短花针茅	*Stipa breviflora* Griseb.
短叶茳芏	*Cyperus malaccensis* Lam. var. *brevifolius* Bocklr.
椴树	*Tilia tuan* Szyszyl.
多花剪股颖	*Agrostis myriantha* Hook. f.
峨眉蔷薇	*Rosa omeiensis* Rolfe
拂子茅	*Calamagrostis epigeios*（L.）Roth
浮毛茛	*Ranunculus natans* C. A. Mey.
浮萍	*Lemna minor* L.
浮叶慈姑	*Sagittaria natans* Pall.
浮叶眼子菜	*Potamogeton natans* L.
甘草	*Glycyrrhiza uralensis* Fisch.

续表

中文名	拉丁学名
刚竹	*Phyllostachys sulphurea* (Carr.) A. et C. Riv. cv. *Viridis*
杠柳	*Periploca sepium* Bunge
高山松	*Pinus densata* Mast.
高山嵩草	*Kobresia pygmaea* C. B. Clarke
高山绣线菊	*Spiraea alpina* Pall.
高原毛茛	*Ranunculus tanguticus* (Maxim.) Ovcz.
狗尾草	*Setaria viridis* (L.) Beauv.
狗牙根	*Cynodon dactylon* (L.) Pers.
菰	*Zizania latifolia* (Griseb.) Stapf
光叶眼子菜	*Potamogeton lucens* L.
广布柳叶菜	*Epilobium brevifolium* D. Don subsp. *trichoneurum* (Hausskn.) Raven
海菜花	*Ottelia acuminata* (Gagnep.) Dandy
海韭菜	*Triglochin maritimum* L.
海莲	*Bruguiera sexangula* (Lour.) Poir.
海杧果	*Cerbera manghas* L.
海南海桑	*Sonneratia hainanensis* Ko，E. Y. Chen et W. Y. Chen
海漆	*Excoecaria agallocha* Linn.
海乳草	*Glaux maritima* L.
海桑	*Sonneratia caseolaris* (L.) Engl.
旱柳	*Salix matsudana* Koidz.
蒿柳	*Salix viminalis* L.
禾叶嵩草	*Kobresia graminifolia* C. B. Clarke
暗褐薹草	*Carex atrofusca* Schkuhr
黑荆	*Acacia mearnsii* De Wilde
黑三棱	*Sparganium stoloniferum* (Graebn.) Buch. —Ham. ex Juz.
红车轴草	*Trifolium pratense* L.
红海兰	*Rhizophora stylosa* Griff.
红桦	*Betula albosinensis* Burk.
红柳	*Tamarix ramosissima* Ledeb.
厚藤	*Ipomoea pes-caprae* (Linn.) Sweet
狐尾藻	*Myriophyllum verticillatum* L.
湖北海棠	*Malus hupehensis* (Pamp.) Rehd.
花丽早熟禾	*Poa calliopsis* Litw.
花蔺	*Butomus umbellatus* Linn.
花楸树	*Sorbus pohuashanensis* (Hance) Hedl.

续表

中文名	拉丁学名
华扁穗草	*Blysmus sinocompressus* Tang et Wang
华刺子莞	*Rhynchospora chinensis* Nees et Meyen
华山松	*Pinus armandii* Franch.
华中山楂	*Crataegus wilsonii* Sarg. Pl. Wils.
槐叶苹	*Salvinia natans*（L.）All.
黄菠萝	*Phellodendron amurense* Rupr.
猪毛蒿	*Artemisia scoparia* Waldst. et Kit.
黄花狸藻	*Utricularia aurea* Lour.
黄槿	*Hibiscus tiliaceus* Linn.
黄樟	*Cinnamomum porrectum*（Roxb.）Kosterm.
黄帚橐吾	*Ligularia virgaurea*（Maxim.）Mattf.
灰脉薹草	*Carex appendiculata*（Trautv.）Kukenth.
芨芨草	*Achnatherum splendens*（Trin.）Nevski
川三蕊柳	*Salix triandroides* Fang.
鸡树条荚蒾	*Viburnum sargenti* Koehne
榆树	*Ulmus pumila* L.
尖叶卤蕨	*Acrostichum speciosum* Willd.
剪股颖	*Agrostis matsumurae* Hack. ex Honda
碱茅	*Puccinellia distans*（L.）Parl.
碱蓬	*Suaeda glauca*（Bunge）Bunge
箭竹	*Fargesia spathacea* Franch.
角果木	*Ceriops tagal*（perr.）C. B. Rob.
角果藻	*Zannichellia palustris* Linn.
金莲花	*Trollius chinensis* Bunge
金露梅	*Potentilla fruticosa* L.
金丝梅	*Hypericum patulum* Thunb. ex Murray
金挖耳	*Carpesium divaricatum* Sieb. et Zucc.
金鱼藻	*Ceratophyllum demersum* L.
荩草	*Arthraxon hispidus*（Thunb.）Makino
桔梗	*Platycodon grandiflorus*（Jacq.）A. DC.
穗状狐尾藻	*Myriophyllum spicatum* L.
蕨麻	*Potentilla anserina* L.
卡开芦	*Phragmites karka*（Retz.）Trin. ex Steud.
康藏嵩草	*Kobresia littledalei* C. B. Clarke
克氏针茅	*Stipa krylovii* Roshev

中文名	拉丁学名
苦草	*Vallisneria natans*（Lour.）Hara
苦槛蓝	*Myoporum bontioides*（S. et Zucc.）A. Gray
苦郎树	*Clerodendrum inerme*（L.）Gaertn.
苦楝	*Melia azedarach* L.
蜡梅	*Chimonanthus praecox*（Linn.）Link
水蓼	*Polygonum hydropiper* L.
赖草	*Leymus secalinus*（Georgi）Tzvel.
蓝白龙胆	*Gentiana leucomelaena* Maxim.
榄李	*Lumnitzera racemosa* Willd.
狼尾草	*Pennisetum alopecuroides*（L.）Spreng.
老鼠簕	*Acanthus ilicifolius* L.
冷蒿	*Artemisia frigida* Willd.
狸藻	*Utricularia vulgaris* L.
荔枝	*Litchi chinensis* Sonn.
莲	*Nelumbo nucifera* Gaertn. Fruct. et Semin.
裂叶蒿	*Artemisia tanacetifolia* Linn.
三裂叶薯	*Ipomoea triloba* L.
鬣刺	*Spinifex littoreus*（Burm. f.）Merr.
菱	*Trapa bispinosa* Roxb.
柳叶蒿	*Artemisia integrifolia* Linn.
柳叶绣线菊	*Spiraea salicifolia* L.
芦苇	*Phragmites australis*（Cav.）Trin. ex Steud.
卤蕨	*Acrostichum aureum* L.
露兜树	*Pandanus tectorius* Sol.
轮叶狐尾藻	*Myriophyllum verticillatum* L.
罗布麻	*Apocynum venetum* L.
驴蹄草	*Caltha palustris* L.
马蹄参	*Diplopanax stachyanthus* Hand. —Mazz.
马尾松	*Pinus massoniana* Lamb.
马缨丹	*Lantana camara* L.
满江红	*Azolla imbricata*（Roxb.）Nakai
签草	*Carex doniana* Spreng.
芒萁	*Dicranopteris dichotoma*（Thunb.）Berhn.
辽东桤木	*Alnus sibirica* Fisch. ex Turcz
毛果薹草	*Carex miyabei* Franch. var. *maopengensis* S. W. Su

续表

中文名	拉丁学名
毛榛子	*Corylus mandshurica* Maxim.
蒙古黄榆	*Ulmus macrocarpa* var. *mongolica* Liou et Li
蒙古栎	*Quercus mongolica* Fisch. ex Ledeb.
米心水青冈	*Fagus engleriana* Seem.
岷江冷杉	*Abies faxoniana* Rehd.
貉藻	*Aldrovanda vesiculosa* L.
木果楝	*Xylocarpus granatum* Koenig
木榄	*Bruguiera gymnorrhiza*（L.）Poir.
木里薹草	*Carex muliensis* Hand.－Mazz.
木麻黄	*Casuarina equisetifolia* Forst
木贼	*Equisetum hyemale* L.
南蛇筋	*Rubus leucanthus* Hance
尼泊尔蓼	*Polygonum nepalense* Meisn.
拟海桑	*Sonneratia paracaseolaris* Ko，E. Y. Chen et W. Y. Chen
鸟巢兰	*Neottia nidus－avis*（L.）L. C. Rich.
柠檬桉	*Eucalyptus citriodora* Hook. f.
柠条	*Caragana korshinskii* Kom.
牛鞭草	*Hemarthria altissima*（Poir.）Stapf et C. E. Hubb.
牛毛毡	*Heleocharis yokoscensis*（Franch. et Savat.）Tang et Wang
膨囊薹草	*Carex lehmanii* Drejer
蟛蜞菊	*Wedelia chinensis*（Osbeck.）Merr.
披碱草	*Elymus dahuricus* Turcz.
披针穗飘拂草	*Fimbristylis acuminata* Vahl
漂筏薹草	*Carex pseudo－curaica* Fr. Schmidt
瓶花木	*Scyphiphora hydrophyllacea* Gaertn.
婆婆纳	*Veronica didyma* Tenore
铺地黍	*Panicum repens* L.
打碗花	*Calystegia hederacea* Wall. ex. Roxb.
蒲公英	*Taraxacum mongolicum* Hand.－Mazz.
祁连圆柏	*Sabina przewalskii* Kom.
芡实	*Euryale ferox* Salisb.
青藏薹草	*Carex moorcroftii* Falc. ex Boott
青海云杉	*Picea crassifolia* Kom.
秋茄树	*Kandelia candel*（L.）Druce
忍冬	*Lonicera japonica* Thunb.

中文名	拉丁学名
水虱草	*Fimbristylis miliacea*（L.）Vahl
锐齿槲栎	*Quercus aliena* Bl. var. *acuteserrata* Maxim. ex Wenz.
三裂狐尾藻	*Myriophyllum propinquum* A. Cunn.
三裂碱毛茛	*Halerpestes tricuspis*（Maxim.）Hand. —Mazz.
桑	*Morus alba* L.
沙棘	*Hippophae rhamnoides* L.
乌柳	*Salix cheilophila* Schneid.
山荆子	*Malus baccata*（L.）Borkh.
山生柳	*Salix oritrepha* Schneid.
山杨	*Populus davidiana* Dode
杉叶藻	*Hippuris vulgaris* L.
珊瑚菜	*Glehnia littoralis* Fr. Schmidt ex Miq.
湿地松	*Pinus elliottii* Engelm.
湿薹草	*Carex humida* Y. L. Chang et Y. L. Yang
石莼	*Ulva lactuca* L.
手参	*Gymnadenia conopsea*（L.）R. Br.
绶草	*Spiranthes sinensis*（Pers.）Ames
水葱	*Scirpus validus* Vahl
暗绿蒿	*Artemisia atrovirens* Hand. —Mazz.
水蕨	*Ceratopteris thalictroides*（L.）Brongn.
水毛茛	*Batrachium bungei*（Steud.）L. Liou
水毛花	*Scirpus triangulatus* Roxb.
水木贼	*E. heleocharis* Ehrh. —E. limosum L.
水曲柳	*Fraxinus mandschurica* Rupr.
水杉	*Metasequoia glyptostroboides* Hu et Cheng
水湿柳叶菜	*Epilobium palustre* L.
水甜茅	*Glyceria maxima*（Hartm.）Holmb.
水椰	*Nypa fructicans* Wurmb.
水烛	*Typha angustifolia* Linn.
睡菜	*Menyanthes trifoliata* L.
睡莲	*Nymphaea tetragona* L.
小眼子菜	*Potamogeton pusillus* L.
四角刻叶菱	*Trapa incisa* Sieb. et Zucc. var. quadricaudata Gluck.
丝颖针茅	*Stipa capillacea* Keng
酸模叶蓼	*Polygonum lapathifolium* L.

续表

中文名	拉丁学名
算盘子	*Glochidion puberum*（L.）Hutch.
台湾相思	*Acacia confusa* Merr.
三穗薹草	*Carex tristachya* Thunb.
桃金娘	*Rhodomyrtus tomentosa*（Ait.）Hassk.
甜茅	*Glyceria acutiflora* Torrey subsp. *japonica*（Steud.）T. Koyama et Kawano
条叶垂头菊	*Cremanthodium lineare* Maxim.
桐花	*Hibiscus tiliaceus* Linn.
桐花树	*Aegiceras corniculatum*（Linn.）Blanco
凸脉薹草	*Carexlanceolata* Boott var. macrosandra Franch.
土蜜树	*Bridelia tomentosa* Bl.
微齿眼子菜	*Potamogeton maackianus* A. Benn.
蒌蒿	*Artemisia selengensis* Turcz. ex Bess.
乌拉草	*Carex meyeriana* Kunth
乌头	*Aconitum carmichaeli* Debx.
无根藤	*Cassytha filiformis* L.
西北针茅	*Stipa sareptana* Becker var. *krylovii*（Roshev.）P. C. Kuo et Y. H. Sun
西伯利亚蓼	*Polygonum sibiricum* Laxm.
西藏沙棘	*Hippophae thibetana* Schlechtend.
锡金灯心草	*Juncus sikkimensis* Hook. f.
喜马拉雅嵩草	*Kobresia royleana*（Nees）Bocklr.
细穗玄参	*Scrofella chinensis* Maxim.
细叶狸藻	*Utricularia minor* L.
长叶水毛茛	*Batrachium kauffmanii*（Clerc）Krecz.
狭叶甜茅	*Glyceria spiculosa*（Schmidt）Roshev.
狭叶香蒲	*Typha angustifolia* Linn.
仙人掌	*Opuntia stricta*（Haw.）Haw. var. *dillenii*（Ker—Gawl.）Benson
茳芏（原变种）	*Cyperus malaccensis* Lam. var. *malaccensis*
线叶水芹	*Oenanthe linearis* Wall. ex DC
香附子	*Cyperus rotundus* L.
小斑叶兰	*Goodyera repens*（L.）R. Br.
小黑三棱	*Sparganium simplex* Huds.
箭叶蓼	*Polygonum sieboldii* Meisn.
小叶杜鹃	*Rhododendron lapponicum*（L.）Wahl.
小叶锦鸡儿	*Caragana microphylla* Lam.
小叶章	*Deyeuxia angustifolia*（Kom.）Y. L. Chang

中文名	拉丁学名
新疆杨	*Populus alba* var. *pyramidalis* Bge.
星星草	*Puccinellia tenuiflora* (Griseb.) Scribn. et Merr.
兴安胡枝子	*Lespedeza daurica* (Laxm.) Schindl.
兴凯湖松	*Pinus takahasii* Nakai
杏	*Armeniaca vulgaris* Lam.
荇菜	*Nymphoides peltatum* (Gmel.) O. Kuntze
瘤囊薹草	*Carex schmidtii* Meinsh.
盐地碱蓬	*Suaeda salsa* (L.) Pall.
盐地鼠尾粟	*Sporobolus virginicus* (L.) Kunth
盐角草	*Salicornia europaea* L.
眼子菜	*Potamogeton distinctus* A. Benn.
羊草	*Leymus chinensis* (Trin.) Tzvel.
羊茅	*Festuca ovina* L.
杨叶肖槿	*Thespesia populnea* (Linn.) Soland. ex Corr.
野大豆	*Glycine soja* Sieb. et Zucc.
野古草	*Arundinella anomala* Steud.
野牡丹	*Melastoma candidum* D. Don
细柄野荞麦	*Fagopyrum gracilipes* (Hemsl.) Damm. ex Diels
龙眼	*Dimocarpus longan* Lour.
野豌豆	*Vicia sepium* L.
一点红	*Emilia sonchifolia* (L.) DC.
异针茅	*Stipa aliena* Keng
意大利杨	*Populus canadensis* Moench
银杏	*Ginkgo biloba* L.
银叶树	*Heritiera littoralis* Dryand.
油蒿	*Artemisia ordosica* Krasch
油麦吊云杉	*Picea brachytyla* (Franch.) Pritz. var. *complanata* (Mast.) Cheng ex Rehd.
羽毛荸荠	*Heleocharis wichurai* Bocklr.
玉蕊	*Barringtonia racemosa* (L.) Spreng.
圆穗蓼	*Polygonum macrophyllum* D. D
圆叶茅膏菜	*Drosera rotundifolia* L.
云杉	*Picea asperata* Mast.
早熟禾	*Poa annua* L.
泽泻	*Alisma plantago－aquatica* Linn.
柞木	*Xylosma racemosum* (Sieb. et Zucc.) Miq.

续表

中文名	拉丁学名
窄叶鲜卑花	*Sibiraea angustata*（Rehd.）Hand. —Mazz.
獐毛	*Aeluropus sinensis*（Debeaux）Tzvel.
樟	*Cinnamomum camphora*（L.）presl
樟树	*Cinnamomum bodinieri* Levl.
长苞冷杉	*Abies georgei* Orr
长芒草	*Stipa bungeana* Trin.
长穗画眉草	*Eragrostis zeylanica* Nees et Mey.
长叶地榆	*Sanguisorba officinalis* L. var. *longifolia*（Bertol.）Yü et Li
沼柳	*Salix rosmarinifolia* L. var. *brachypoda*（Trautv. et Mey.）Y. L. Chou
沼生马先蒿	*Pedicularis palustris* Linn.
沼生水马齿	*Callitriche palustris* L.
针蔺系	*Ser. Aciculares* C. B. Clarke
针茅	*Stipa capillata* L.
榛	*Corylus heterophylla* Fisch.
红树	*Rhizophora apiculata* Bl.
中华补血草	*Limonium sinense*（Girard）Kuntze
珠芽蓼	*Polygonum viviparum* L.
锥栗	*Castanea henryi*（Skan）Rehd. et Wils.
紫点芍兰	*Cypripedium guttatum* Sw. in Kongl.
北方雪层杜鹃	*Rhododendron nivale* Hook. f. subsp. *boreale* Philip. et M. N. Philip.
紫果云杉	*Picea purpurea* Mast.
紫茎小芹	*Sinocarum coloratum*（Diels）Wolff
紫萍	*Spirodela polyrrhiza*（L.）Schleid.
菹草	*Potamogeton crispus* L.
低等藻类	
单棘盘星藻	*Pediastrum simplex*
飞燕角甲藻	*Ceratium hirundinella*
鼓藻	*Cosmarium*
硅藻门	*Bacillariophyta*
湖沼色球藻	*Chroococcus limneticus*
黄藻门	*Xanthophyta*
甲藻	*Pyrrophyta*
金藻门	*Chrysophyta*
具槽直链藻	*Melosira sulcata*
蓝藻门	*Cyanophyta*

中文名	拉丁学名
裸藻门	*Euglenophyta*
绿藻门	*Chlorophyta*
马尾藻	*Scagassum*
实球藻	*Pandorina morum*
四棘藻	*Treubaria crassispina*
四角藻	*Tetraedron minimum*
微色球藻	*Chroococcus minutus*
纤维藻	*Ankistrodesmus sp.*
夜光藻	*Noctiluca scintillans*
隐藻门	*Cryptophyta*
栅藻属	*Scenedesmus*
窄隙角毛藻	*Chaetoceros affinis*
中肋骨条藻	*Skeletonema costatum*
钟罩藻	*Dinobryon*

附表 7-2 中国国际重要湿地范围内动物拉丁学名表

中文名	拉丁学名
环节动物门	
海南沙蚕	*Nereis hainanica*
长吻沙蚕	*Glycera chirori*
软体动物门	
泥螺	*Bullacta ecarata*
扁旋螺	*Gyraulus compressus*
湖北钉螺	*Oncomelania hupensis*
卵萝卜螺	*Radix ovata*
长萝卜螺	*Radix pereger*
强卷螺	*Agadina stimpsoni*
鼬耳螺	*Cassidula nucleus*
虹光亮樱蛤	*Nitidotellina iridella*
文蛤	*Meretrix meretrix*
合浦珠母贝	*Pinctada fucata subsp. martensii*
长牡蛎	*Ostrea gigas thunberg*
毛蚶	*Scapharca kagoshimensis*
泥蚶	*Tegillarca granosa*
鲍鱼	Abalone

续表

中文名	拉丁学名
节肢动物门	
大闸蟹	*Eriocheir sinensis*
螃蟹	*Brachyura*
对虾	*Penaeus chinensis*
密毛龙虾	*Panulirus penicillatus*
日本沼虾	*Macrobrachium nipponense*
钩虾	*Gammarid*
中华假磷虾	*Pseudeuphausia sinica*
真刺唇角水蚤	*Labidocera euchaeta*
中华哲水蚤	*Calanus sinicus*
棘皮动物门	
滩栖阳遂足	*Amphiura vadicola*
毛颚动物门	
强壮箭虫	*Sagitta crassa*
脊索动物门	
狭心纲	
文昌鱼	*Epigonichthys cultellus*
鱼纲	
施氏鲟	*Acipenser schrenckii*
中华鲟	*Acipenser sinensis*
鳇	*Huso dauricus*
白鲟	*Psephurus gladius*
鳗鲡	*Anguilla japonica*
斑鰶	*Konosirus punctatus*
胭脂鱼	*Myxocyprinus asiaticus*
泥鳅	*Misgurnus anguillicaudatus*
鳊	*Parabramis pekinensis*
草鱼	*Ctenopharyngodon idellus*
鲂	*Megalobrama skolkovii*
骨唇黄河鱼	*Chuanchia labiosa*
红鳍原鲌	*Cultrichthys erythropterus*
厚唇重唇鱼	*Gymnodiptychus pachycheilus*
花斑裸鲤	*Gymnocypris eckloni eckloni*
青海裸鲤	*Gymnocypris przewalskii*
极边扁咽齿鱼	*Platypharodon extremus*

中文名	拉丁学名
鲫	*Carassius auratus*
鲤	*Cyprinus carpio*
鲢	*Hypophthalmichthys molitrix*
青鱼	*Mylopharyngodon piceus*
鳙	*Aristichthys nobilis*
兴凯鱊	*Acheilognathus chankaensis*
青梢红鲌	*Culter dabryi*
中甸叶须鱼	*Ptychobarbus chungtienensis*
条鳅	*Nemachilus barbatulus*
中华乌塘鳢	*Bostrychus sinensis*
弹涂鱼	*Periophthalmus modestus*
大黄鱼	*Pseudosciaena crocea*
小黄鱼	*Pseudosciaena polyactis*
棘头梅童鱼	*Collichthys lucidus*
鳜鱼	*Siniperca chuatsi*
鲈鱼	*Lateolabrax japonicus*
石斑鱼属	*Epinephelus*
狐蓝子鱼	*Siganus vulpinus*
黄鳍鲷	*Sparus latus*
大麻哈鱼	*Oncorhynchus keta*
乌苏里白鲑	*Coregonus ussuriensis*
长吻鮠	*Leiocassis longirostris*
怀头鱼	*Silurus soldatovi*
黄鳝	*Monopterus albus*
梭鲻	*Mugilsoiuy Basilewsky*
两栖纲	
黑眶蟾蜍	*Bufo melanostictus*
中华蟾蜍	*Bufo gargarizans*
虎纹蛙	*Hoplobatrachus chinensis*
泽蛙	*Fejervarya limnocharis*
中国雨蛙	*Hyla chinensis*
尖舌浮蛙	*Occidozyga lima*
黑斑蛙	*Pelophylax nigromaculatus*
金线蛙	*Pelophylax plancyi*
黑龙江林蛙	*Rana amurensis*

中文名	拉丁学名
沼蛙	*Hylarana guentheri*
斑腿树蛙	*Polypedates megacephalus*
大树蛙	*Rhacophorus dennysi*
大鲵	*Andrias davidianus*
爬行纲	
变色树蜥	*Calotes versicolor*
草原沙蜥	*Phrynocephalus frontalis*
白条锦蛇	*Elaphe dione*
黑眉晨蛇	*Orthriophis taeniurus*
眼镜蛇	*Naja naja*
环蛇	*Bungarus bungaroides*
南草蜥	*Takydromus sexlineatus*
蟒蛇	*Python bivittatus*
缅甸蟒蛇	*Python molurus bivittatus*
钩盲蛇	*Indotyphlops braminus*
石龙子	*Eumeces chinensis*
玳瑁	*Eretmochelys imbricata*
绿海龟	*Chelonia mydas*
红海龟	*Caretta caretta*
太平洋丽龟	*Lepidochelys olivacea*
棱皮龟	*Dermochelys coriacea*
四眼水龟	*Sacalia quadriocellata*
乌龟	*Chinemys reevesii*
鳖	*Pelodiscus sinensis*
鸟纲	
红喉潜鸟	*Gavia stellata*
赤颈䴙䴘	*Podiceps grisegena*
凤头䴙䴘	*Podiceps cristatus*
角䴙䴘	*Podiceps auritus*
斑嘴鹈鹕	*Pelecanus philippensis*
卷羽鹈鹕	*Pelecanus crispus*
普通鸬鹚	*Phalacrocorax carbo*
海鸬鹚	*Phalacrocorax pelagicus*
白鹭	*Egretta garzetta*
黄嘴白鹭	*Egretta eulophotes*

中文名	拉丁学名
岩鹭	*Egretta sacra*
池鹭	*Ardeola bacchus*
夜鹭	*Nycticorax nycticorax*
黑鹳	*Ciconia nigra*
白鹳	*Ciconia ciconia*
东方白鹳	*Ciconia boyciana*
黑头白鹮	*Threskiornis melanocephalus*
白琵鹭	*Platalea leucorodia*
黑脸琵鹭	*Platalea minor*
大天鹅	*Cygnus cygnus*
小天鹅	*Cygnus columbianus*
鸿雁	*Anser cygnoides*
豆雁	*Anser fabalis*
白额雁	*Anser albifrons*
小白额雁	*Anser erythropus*
斑头雁	*Anser indicus*
赤麻鸭	*Tadorna ferruginea*
罗纹鸭	*Anas falcata*
绿翅鸭	*Anas crecca*
绿头鸭	*Anas platyrhynchos*
斑嘴鸭	*Anas poecilorhyncha*
针尾鸭	*Anas acuta*
白眉鸭	*Anas querquedula*
琵嘴鸭	*Anas clypeata*
红头潜鸭	*Aythya ferina*
凤头潜鸭	*Aythya fuligula*
鹊鸭	*Bucephala clangula*
中华秋沙鸭	*Mergus squamatus*
鸳鸯	*Aix galericulata*
鹗	*Pandion haliaetus*
凤头蜂鹰	*Pernis ptilorhynchus*
黑翅鸢	*Elanus caeruleus*
黑鸢	*Milvus migrans*
玉带海雕	*Haliaeetus leucoryphus*
白尾海雕	*Haliaeetus albicilla*

中文名	拉丁学名
虎头海雕	*Haliaeetus pelagicus*
胡兀鹫	*Gypaetus barbatus*
高山兀鹫	*Gyps himalayensis*
秃鹫	*Aegypius monachus*
白头鹞	*Circus aeruginosus*
白腹鹞	*Circus spilonotus*
白尾鹞	*Circus cyaneus*
草原鹞	*Circus macrourus*
鹊鹞	*Circus melanoleucos*
凤头鹰	*Accipiter trivirgatus*
松雀鹰	*Accipiter virgatus*
雀鹰	*Accipiter nisus*
苍鹰	*Accipiter gentilis*
白眼鵟鹰	*Butastur teesa*
灰脸鵟鹰	*Butastur indicus*
普通鵟	*Buteo buteo*
大鵟	*Buteo hemilasius*
毛脚鵟	*Buteo lagopus*
乌雕	*Aquila clanga*
草原雕	*Aquila nipalensis*
白肩雕	*Aquila heliaca*
金雕	*Aquila chrysaetos*
黄爪隼	*Falco naumanni*
红隼	*Falco tinnunculus*
红脚隼	*Falco amurensis*
灰背隼	*Falco columbarius*
燕隼	*Falco subbuteo*
猎隼	*Falco cherrug*
矛隼	*Falco rusticolus*
游隼	*Falco peregrinus*
柳雷鸟	*Lagopus lagopus*
黑琴鸡	*Lyrurus tetrix*
花尾榛鸡	*Bonasa bonasia*
斑尾榛鸡	*Bonasa sewerzowi*
雪鹑	*Lerwa lerwa*

中文名	拉丁学名
红喉雉鹑	*Tetraophasis obscurus*
高原山鹑	*Perdix hodgsoniae*
藏雪鸡	*Tetraogallus tibetanus*（*Gould*）
血雉	*Ithaginis cruentus*
红腹角雉	*Tragopan temminckii*
藏马鸡	*Crossoptilon harmani*
蓝马鸡	*Crossoptilon auritum*
白腹锦鸡	*Chrysolophus amherstiae*
蓑羽鹤	*Anthropoides virgo*
白鹤	*Grus leucogeranus*
白枕鹤	*Grus vipio*
灰鹤	*Grus grus*
白头鹤	*Grus monacha*
黑颈鹤	*Grus nigricollis*
丹顶鹤	*Grus japonensis*
秧鸡科	Rallidae
紫水鸡	*Porphyrio porphyrio*
大鸨	*Otis tarda*
小杓鹬	*Numenius minutus*
红脚鹬	*Tringa totanus*
小青脚鹬	*Tringa guttifer*
普通海鸥	*Larus canus*
渔鸥	*Larus ichthyaetus*
棕头鸥	*Larus brunnicephalus*
红嘴鸥	*Larus ridibundus*
黑嘴鸥	*Larus saundersi*
遗鸥	*Larus relictus*
小鸥	*Larus minutus*
灰翅浮鸥	*Chlidonias hybrida*
白翅浮鸥	*Chlidonias leucoptera*
黑浮鸥	*Chlidonias niger*
褐翅鸦鹃	*Centropus sinensis*
小鸦鹃	*Centropus bengalensis*
东方草鸮	*Tyto longimembris*
领角鸮	*Otus lettia*

中文名	拉丁学名
红角鸮	*Otus sunia*
鹏鸮	*Bubo bubo*
雪鸮	*Bubo scandiaca*
长尾林鸮	*Strix uralensis*
花头鸺鹠	*Glaucidium passerinum*
领鸺鹠	*Glaucidium brodiei*
斑头鸺鹠	*Glaucidium cuculoides*
纵纹腹小鸮	*Athene noctua*
鬼鸮	*Aegolius funereus*
长耳鸮	*Asio otus*
短耳鸮	*Asio flammeus*
普通翠鸟	*Alcedo atthis*
金腰燕	*Cecropis daurica*
喜鹊	*Pica pica*
黄胸鹀	*Emberiza aureola*
灰头鹀	*Emberiza spodocephala*
哺乳纲	
藏羚	*Pantholops hodgsoni*
藏原羚	*Procapra picticaudata*
蒙原羚	*Procapra Gutturosa*
普氏原羚	*Procapra przewalskii*
鬣羚	*Capricornis sumatraensis*
中华鬣羚	*Capricornis milneedwardsii*
川西斑羚	*Naemorhedus griseus*
盘羊	*Ovis ammon*
岩羊	*Pseudois nayaur*
野牦牛	*Bos grunniens*
驼鹿	*Alces alces*
白唇鹿	*Przewalskium albirostris*
河麂	*Hydropotes inermis*
马鹿	*Cervus elaphus*
梅花鹿	*Cervus nippon*
麋鹿	*Elaphurus davidianus*
小麂	*Muntiacus reevesi*
林麝	*Moschus berezovskii*

中文名	拉丁学名
马麝	*Moschus chrysogaster*
原麝	*Moschus moschiferus*
小熊猫	*Ailurus fulgens*
豺	*Cuon alpinus*
狼	*Canis lupus*
赤狐	*Vulpes vulpes*
沙狐	*Vulpes corsac*
貉	*Nyctereutes procyonoides*
豹	*Panthera pardus*
云豹	*Neofelis nebulosa*
雪豹	*Uncia uncia*
东北虎	*Panthera tigris altaica*
金猫	*Catopuma temminckii*
猞猁	*Lynx lynx*
兔狲	*Felis manul*
貂熊	*Gulo gulo*
狗獾	*Meles meles*
猪獾	*Arctonyx collaris*
海南水獭	*Lutra lutra*
黄鼬	*Mustela sibirica*
青鼬	*Martes flavigula*
石貂	*Martes foina*
紫貂	*Martes zibellina*
鼬獾	*Melogale moschata*
北海狮	*Eumetopias jubatus*
斑海豹	*Phoca largha*
环海豹	*Histriophoca hispida*
黑熊	*Ursus thibetanus*
棕熊	*Ursus arctos*
大灵猫	*Viverra zibetha*
小灵猫	*Viverricula indica taivana*
果子狸	*Paguma larvata*
小须鲸	*Balaenoptera acutorostrata*
长须鲸	*Balaenoptera physalus*
布氏鲸	*Balaenoptera brydei*

续表

中文名	拉丁学名
虎鲸	*Orcinus orca*
灰海豚	*Grampus Griseus*
宽吻海豚	*Tursiops truncatus*
太平洋斑纹海豚	*Lagenorhynchus obliquidens*
真海豚	*Delphinus delphis*
伪虎鲸	*Pseudorca crassidens*
中华白海豚	*Sousa chinensis*
江豚	*Neophocaena phocaenoides*
长江江豚	*Neophocaena phocaenoides asiaeorientalis*
白暨豚	*Lipotes vexillifer*
犬蝠	*Cynopterus sphinx*
东亚伏翼	*Pipistrellus abramus*
远东刺猬	*Erinaceus amurensis*
华南兔	*Lepus sinensis*
蒙古兔	*Lepus capensis*
雪兔	*Lepus timidus*
高原鼠兔	*Ochotona curzoniae*
藏野驴	*Equus Kiang*
穿山甲	*Manis pentadactyla*
五趾跳鼠	*Allactaga sibirica*
褐鼠	*Rattus norvegicus*
田鼠	*Microtus*
小家鼠	*Mus musculus*
海南巨松鼠	*Ratufa bicolor*
喜马拉雅旱獭	*Marmota himalayana*
长尾旱獭	*Marmota caudata*
高原鼢鼠	*Myospalax baileyi*
树鼩	*Tupaia belangeri*
臭鼩	*Suncus murinus*
灰腹水鼩	*Chimarrogale styani*
喜马拉雅水鼩	*Chimarrogale himalayica*
蹼麝鼩	*Nectogale elegans*

彩　　图

(a)

(b)

彩图 1　甘肃尕海国际重要湿地景观(张勇 摄)

(a)

(b)

彩图 2　黑龙江东方红国际重要湿地景观(东方红湿地自然保护区 供稿)

(a)

(b)

彩图 3　黑龙江洪河国际重要湿地景观（党爱河和朱宝光 摄）

(a)

(b)

彩图 4　黑龙江南瓮河国际重要湿地景观（南瓮河自然保护区 供稿）

(a)

(b)

彩图 5 黑龙江七星河国际重要湿地景观（刘鹏飞 摄）

(a)

(b)

彩图 6 黑龙江三江国际重要湿地景观（吴智夫 摄）

(a)

(b)

彩图 7　黑龙江兴凯湖国际重要湿地景观（孙长山 摄）

(a)

(b)

彩图 8　黑龙江扎龙国际重要湿地景观（王文锋 摄）

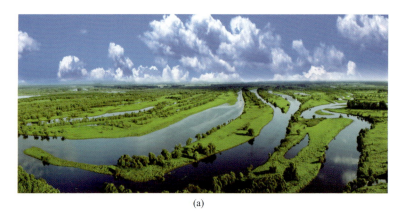

(a)

(b)

彩图 9　黑龙江珍宝岛国际重要湿地景观（单兆亮和万富强 摄）

(a)

(b)

彩图 10　湖北大九湖国际重要湿地景观（大九湖湿地自然保护区 供稿）

(a)

(b)

彩图 11　吉林莫莫格国际重要湿地景观（于国海 摄）

(a)

(b)

彩图 12　吉林向海国际重要湿地景观（李月安 摄）

(a)

(b)

彩图 13　西藏玛旁雍错国际重要湿地景观（嘎玛次珠 摄）

(a)

(b)

彩图 14　西藏麦地卡国际重要湿地景观（西藏那曲地区林业局 供稿）

(a)

(b)

彩图 15　云南大山包国际重要湿地景观（罗顺义 摄）

(a)

(b)

彩图 16　云南拉什海国际重要湿地景观（李智宏 摄）

(a)

(b)

彩图 17　广东海丰国际重要湿地景观（谢首冕和曾向武 摄）

(a)

(b)

彩图 18　广东惠东港口海龟国际重要湿地景观（陈华灵 摄）

(a)

(b)

彩图 19　广东湛江红树林国际重要湿地景观（梁苗苗和林广旋 摄）

(a)

(b)

彩图 20　广西北仑河口国际重要湿地景观（苏搏 摄）

(a)

(b)

彩图 21　广西山口红树林国际重要湿地景观（黄琦 摄）

(a)

(b)

彩图 22　湖北沉湖国际重要湿地景观（华旭贵 摄）

(a)

(b)

彩图 23　湖南东洞庭湖国际重要湿地景观(姚毅 摄)

(a)

(b)

彩图 24　湖南南洞庭湖国际重要湿地景观(湖南南洞庭湖自然保护区 供稿)

(a)

(b)

彩图 25　湖南西洞庭湖国际重要湿地景观（何权 摄）

(a)

(b)

彩图 26　江苏大丰麋鹿国际重要湿地景观（孙华金和李东明 摄）

(a)

(b)

彩图 27 江苏盐城国际重要湿地景观(吕士成和吉洪俊 摄)

(a)

(b)

彩图 28 辽宁大连斑海豹国际重要湿地景观(大连斑海豹自然保护区 供稿)

(a)

(b)

彩图 29　辽宁双台河口国际重要湿地景观（宗树兴 摄）

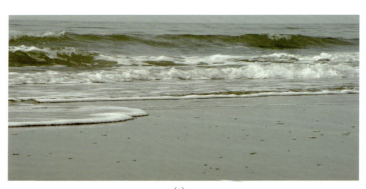
(a)

(b)

彩图 30　上海长江口中华鲟国际重要湿地景观（来自网络）

(a)

(b)

彩图 31 浙江杭州西溪国际重要湿地景观（杭州西溪国家湿地公园 供稿）

(a)

(b)

彩图 32 海南东寨港国际重要湿地景观（冯尔辉 摄）

(a)

(b)

彩图 33　湖北洪湖国际重要湿地景观（刘汉生和张红霞 摄）

(a)

(b)

彩图 34　江西鄱阳湖国际重要湿地景观（郑忠杰和朱英培 摄）

(a)

(b)

彩图 35 山东黄河三角洲国际重要湿地景观(丁洪安和刘月良 摄)

(a)

(b)

彩图 36 上海崇明东滩国际重要湿地景观(崇明东滩自然保护区 供稿)

(a)

(b)

彩图 37　福建漳江口红树林国际重要湿地景观（漳江口红树林自然保护区 供稿）

(a)

(b)

彩图 38　内蒙古鄂尔多斯国际重要湿地景观（鄂尔多斯遗鸥自然保护区 供稿）

(a)

(b)

彩图 39　内蒙古达赉湖国际重要湿地景观（刘松涛和范明 摄）

(a)

(b)

彩图 40　青海鸟岛国际重要湿地景观（侯元生和星智 摄）

(a)

(b)

彩图 41　青海扎陵湖国际重要湿地景观（张德海 摄）

(a)

(b)

彩图 42　青海鄂陵湖国际重要湿地景观（张德海 摄）

(a)

(b)

彩图 43　四川若尔盖国际重要湿地景观(董磊和顾海军 摄)

(a)

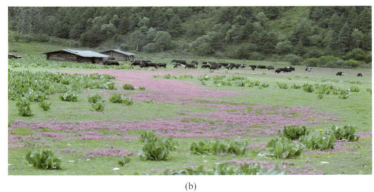

(b)

彩图 44　云南碧塔海国际重要湿地景观(松卫红 摄)

(a)

(b)

彩图 45　云南纳帕海国际重要湿地景观（陈光磊 摄）